트랜지스터의 개념 주워담기

I

Ohm사

머리말

초등학교 1학년 때쯤 인 것 같다.

공책에 1부터 1만 이상까지 순서대로 써 나갔다. 어린아이의 단순 무식한 생각으로 1만까지 숫자를 쓰면 총명하다는 소리도 듣고, 칭찬을 받을 것을 기대 했던 것 같다. 가정방문한 학교 선생님에게 자랑스럽게 보여 드렸으니 나름대로는 굉장한 자부심을 가졌던 것으로 기억한다. 그런데 1부터 1만까지 쓰는 것은 지금 생각해도 끔찍하게 수고로운 일이었다. 숫자에 대한 크기감각이 이때 철저히 체득 되었다. 그래서 1만 정도면 벌써 온몸이 어마무시한 수라는 것을 먼저 알아 차린다.

요사이는 손톱만한 칩 하나 안에 수천만개의 트랜지스터가 들어가는 극대규모 집적 회로, ULSI (ultra large scale integration)의 시대가 되었다. 1만을 1부터 몸소 공책에 써 봤던 사람에게 천만이라는 숫자는 후덜덜한 숫자이다. 공책에 하나 가득 숫자를 써도 겨우 1만을 헤아렸는데, 손톱만한 작은 크기 칩 안에 트랜지스터가 천만개 정도가 들어가니 현 시대의 산업이 극도로 고도화된 것만은 틀림없는 것 같다.

집적도(集積度)로서의 척도가 트랜지스터를 얼마나 우겨 넣었느냐 숫자로 표기 되는 것을 보면, 현대의 고도화된 산업사회에서 트랜지스터가 핵심중의 핵심이며, 트랜지스터를 빼고 산업을 논한다는 것이 말이 되지 않는다는 것을 또한 방증하는 것이 아닌가.

이런 의미에서 트랜지스터를 또다시 론(論)하는 것은 트랜지스터를 대체할 다른 사물이 태동하지 않는 한 여전히 중요하고, 의미 있는 작업일 수 밖에 없다. 중요하기 때문에 트랜지스터에 관한 자료와 책은 헤아리기 어려울 정도로 인쇄 되어 온 반면에 책이나 자료들의 내용이 너무 딱딱하고, 무미건조해서 풍성한 과즙(果汁)을 짜내기가 호락호락하지 않다는 것을 부인하기 어렵다.

수다한 책들이 지식나열에 방점이 찍혀져 있어, 지식을 전달 받아야 할 독자에게 전혀 친절하지가 않다. 이게 불만이다. 그래서 필자가 책을 집필하면서, 지식도 지식이려니와 독자에게 참고서가 필요 없게 이해의 지평을 활짝 열어 주는 자기충족적인 책을 서술하는 것이 목표가 되었다. 한마디로 소설 같이 읽기 쉬운 공학책이 책을 쓰는 화두쯤 된다. 하지만 바라는 바대로 책 내용이 걸맞게 되었는가 자문하면 쑥스러워진다. 지향하고 노력하는 자세와 결과물은 전혀 다를 수 있기 때문이다. 그러나 책 전반에 걸쳐 소설 같은 공학책 뉘앙스 정도는 느낄 수 있으리라 믿는다.

트랜지스터를 공부할 때 반드시 유념해야 하는 부분이 있다. 여러 번 강조해도 절대 지나치지 않을 만큼 뇌에 각인 시켜야 한다.

트랜지스터는 크게 소신호 해석과 대신호 해석으로 나뉜다.

소신호 해석이 무엇이고, 대신호 해석이 무엇인지 확실하게 각인하지 않고 공부 내용에만 전념하면, 어느 틈엔가 자기가 공부하는데 어디쯤에 와 있는지 전혀 낯설어 하며 방황하게 된다. 예를 들어 부하선을 그리고, 동작점을 구하는데 왜 이런 작업들을 해야 하는지 위치파악이 안 되면 트랜지스터 지식에 대한 정리 정돈이 쉽지 않다.

예전에는 일본의 영향으로 트랜지스터 1개가 들어 가면 돌석자를 써서 1석 라디오라 했고, 2개가 들어 가면 좀 더 성능 좋은 2석 라디오라고 했다. 결국은 신호를 증폭하는 과정이 트랜지스터 전반을 공부하는 내용이 된다면, 트랜지스터는 반드시 대신호 해석과 소신호 해석을 구분해서 이해하여야만 한다. 말이 거창해서 대신호, 소신호지만 공학하는 사람들에게 너무나 뻔한 직류와 교류를 일러 대신호, 소신호라고 불러 주는 것이다.

따라서 트랜지스터 구성상 항상 대신호 해석, 즉 직류해석이 앞부분에 나오고, 직류 (바이어스라고 불러 준다.)가 걸린 상태에서 교류신호 (예를 들면 음성 신호)가 입력 되어 증폭됨으로 일련의 증폭과정이 완료가 된다.

직류바이어스는 몇 V단위이고, 변조되어 라디오 입력으로 들어 오는 음성 신호는 몇 μV 단위이기 때문에, 직류를 대신호라고 하고 교류를 직류에 비해 현저히 작다고 해서 일반적으로 소신호라고 규정해 준 것이다. 따라서 V와 mA단위로 전압, 전류를 구하고 부하선이나 동작점을 공부하고 있다면 그 시점이 트랜지스터의 직류해석, 즉 대신호 해석 부분을 공부하고 있다는 것을 인식해 주어야 한다. 이런 기본적 가닥 구분이 몰이해의 슈바르츠발트라는 어두운 숲에서 헤매이지 않는 방향타가 됨은 물론이다.

이 책은 2권으로 구성될 예정이다.

1권은 대신호 해석에 관련된 내용이고, 앞으로 출간될 2권은 소신호 해석이 주로 담길 것이다. 1권은 크게 두 개의 부분으로 나누어져 있으며, 그 중 1부는 트랜지스터의 주변이야기들과 약간의 반도체 공학, 2부는 직류적 해석이 주를 이룬다.

특별히 사소한 내용이지만 출처가 필요한 것과 원의가 어떤 것인가를 찾아야 할 필요가 있었는데 개인적으로는 그 뜻을 알게 되어 매우 기뻤다.

예를 들면
트랜지스터의 명명법 2N3905에서 N이 의미하는 바를 알려 주는 책이나 자료가 거의 전무 했는데, 그 뜻을 찾은 것과 쇼클리가 1950년에 쓴 책 『electrons and holes in semiconductors』에서 흔히 사용하는 트랜지스터 NPN, PNP 회로기호가 어떻게 만들어 졌는지의 착상을 찾은 것, 페르미-디락 함수를 쇼클리가 어떤 의미로 차용했는지 등이다.

아무쪼록 이 책이 트랜지스터를 공부하는데 있어 길 앞잡이 노릇을 하고, 참고서 없이도 트랜지스터의 기본 개념들을 습득하는데 크게 도움이 되는 책이 되길 바란다.

언제 어디서나 항상 먼저 주님께 영광

2016. 4. 30 이용훈

차례

1 트랜지스터의 주변 이야기와 반도체 야금술 (冶金術)

2 트랜지스터 직류 해석

1

트랜지스터의 주변 이야기와 반도체 야금술(冶金術)

1-1. 개발초기 간략사(簡略史)

트랜지스터를 일컬어 '산업의 쌀' 이라고 한다. 현대 첨단 산업을 파헤치고 파헤쳐서 그 근본을 찾고자 한다면 트랜지스터로 귀착 될 수밖에 없기 때문에, 주식인 쌀에 비유한 것이리라.

만약 현대 산업사회를 이끌어 가는 바탕에 트랜지스터가 있다면 트랜지스터를 알아야 할 이유가 충분히 존재하는 셈이다. 그래서 전자공학의 첫 진입과정에 트랜지스터가 떡 버티어 있으며, 김이 팍팍 오르는 머리를 쥐어짜면서 어떻게 하든 트랜지스터를 알려고 애 간장을 태울 수밖에 없는 것이 공학을 입문하려는 사람들에게 닥친 현실이 되었다.

당장에 어떠한 회로가 주어지더라도 트랜지스터는 절대 빠지지 않는다. 연산증폭기나 TTL(Transistor Transistor Logic)의 오장육부를 해부해 본 사람이라면 그 내부가 온통 트랜지스터로 도배되어 있음을 발견할 수 있을 것이다. 마치 물질을 쪼개면 그 물성을 대표하는 분자(分子)로 쪼개지고, 또 그 분자를 잘게 쪼개면 원자(原子)가 물질의 기초단위로 부각 되듯이 트랜지스터는 회로에서 단연 원자적 위치를 점유한다.

따라서 트랜지스터를 모르고 회로를 분석한다는 것은 모래 위에 세운 집과 별반 다름이 없는 상태로 불안을 안고 가는 것이고, 트랜지스터를 모호하게 이해했다면 공학을 한다고는 하나 마음 한편이 계속 켕기는 것을 자기 자신이 잘 파악하리라 생각한다.

그래서 감이라도 잡자는 의미에서 트랜지스터를 주제로 삼아 보았다. 쉽게 접근하려고 온갖 노력은 다 모색 해 보겠지만, 수식으로 접근해야 되는 것도 있고, 학을 떼게 만드는 특성 그래프라는 요물들을 기(氣)쓰고 이해해야 하는 때도 있다. 그래~ 한 번 트랜지스터를 론(論)해 보기로 하자. 주로 기호와 용어를 풀어 가는 방식으로 구워삶을 작정이다. 도대체 어디서 어쩌자고 튀어나온 놈들인지 보자는 것이다. 예를 들자면 h_{FE}, gm 같은 특수전? 용어들....그리고 어떻게 전개되었는지 모를 수식들, 구렁이 담 넘어가듯이 스리슬쩍 넘어가는 증폭기 효율 η, 고주파용 하이브리드 파이 모델의 차단주파수 구하기 등등 커다란 바구니에 개념을 주워 담아 보기로 한다.

먼저 딱딱하고 삭막한 트랜지스터 소자를 거론하기 전에 트랜지스터에 관한 초기의 배경 약사(略史)를 훑어보는 것도 나쁘지 않을 것이라 생각된다. 트랜지스터를 론(論)하면서 개발자 정도는 알아 두어야 상식선에 다다르는 것쯤은 될 것 같다.

트랜지스터의 역사를 조금 아는 사람이라면 벨렙 3총사, 바딘 (Bardeen, John)과 브래튼(Walter Houser Brattain) 그리고 쇼클리 (Shockley, William Bradford) 세 사람이 트랜지스터 개발의 주역이라는 것은 귀 동량 정도로 들어 보았을 것이다. 오로지 트랜지스터의 동작체계만 알면 끝이라 고집하는 사람은 전혀 몰라도 전혀 상관없다.

1999년 미국 LA 타임즈지는 '세계경제에 엄청난 변화를 가져온 인물 50인'을 선정해서 발표한 적이 있었는데 공동1위는 윌리엄 쇼클리, 로버트 노이스(Robert Norton Noyce), 잭 킬비(Jack St. Clair Kilby)가 차지했다.

공동 1위 인물에 선정된 로버트 노이스는 컴퓨터 CPU로 유명한 인텔을 창립했기 때문에, 잭 킬비는 집적회로 (IC)를 개발했기 때문에 경제적인 측면이 부각 되었지만, 윌리엄 쇼클리는 사업적인 측면에서 쇼클리 반도체 주식회사로 명명된 '쇼클리 반도체 연구소'로 사업에 뛰어 들었으나, 얼마 못 가 실패한 사람이었는데도 불구하고 이름자 올린 것은, 그가 개발한 접합 트랜지스터의 산업 파급력이 실로 엄청 났기 때문이었을 것이다. 트랜지스터를 빼고 현대의 고도 정보, 산업사회를 상상할 수 있을까? 사정이 그렇다면 세계경제에 변화를 가져 온 사람으로, 그의 동료였던 바딘과 브래튼도 함께 거명 됐어야 할 것이 아닌가? 그런데 이들이 빠졌다. 어찌된 영문인지 고개가 약간 갸웃 해진다. 내막을 알고 싶기도 하다.

공동 1위에 올려 넣는데 칸이 좁았는가? 그렇지는 않았을 것이다. 반도체 개발로 치자면 바딘과 브래튼에 비해 업적이 탁월했기 때문에 대표성을 가진 것이 아닌가 생각이 든다. 도대체 역사적 배경이 어떠하기에 쇼클리가 대표성을 가지게 되었는가?

쇼클리, 바딘, 브래튼 세 명의 과학자는 '반도체 연구와 트랜지스터 효과의 발견'으로 1956년 노벨 물리학상을 공동으로 수상하게 되는 영광을 누렸지만, 후세에 쇼클리가 두드러지게 알려진 이유는 영 뭔지 궁금해진다.

1948년 여름 미국의 벨연구소 소속의 과학자인 바딘 (Bardeen, John)과 브래튼

(Walter Houser Brattain)이 기자회견을 통해 트랜지스터 개발 성공을 세상에 먼저 알렸다. 이들은 미국의 벨연구소에서 이론 물리학자 와 실험 물리학자로서 무겁고, 전기소모가 크며, 깨지기 쉽고, 히터를 달 구워야만 동작 되는 진공관 대신 이를 대체 하는 소자를 개발해 온 주인공들이었다. 조역들도 있지만 그들은 조용히 잊혀졌다.

그림 1-1-1. 존 바딘
(Bardeen, John 1908 ~ 1991)
미국의 물리학자

그림 1-1-2. 월터 하우저 브래튼
(Walter Houser Brattain, 1902~1987)
미국의 물리학자

트랜지스터 연구는 일차로 바딘과 브래튼이 점접촉 트랜지스터(point contact transistor)를 개발함으로 성과를 보았다. 내부적 갈등은 그 때를 기점으로 표면화 됐다. 특허권 신청 때 특허권자가 누구인가를 검토하면서 사단이 일어난 것이다. 점접촉 트랜지스터는 현재의 트랜지스터와는 상당히 거리가 있는 트랜지스터 초기모델이다. 겉보기로는 전혀 진공관을 대체할 소자로 보이지 않는다. 투박하기로는 진공관이나 점접촉 트랜지스터나 도긴개긴이다. 호기심에 동작 방식을 알려고 들이 대지 말기를...

바딘과 브래튼은 연구주임인 쇼클리가 아이디어를 냈으나, 자기들의 성과는 쇼클리의 아이디어와는 무관하게 발전 된 형태로 완료되었기 때문에, 쇼클리는 특허권리를 가진 사람으로 이름을 올릴 수 없다고 주장 했다. 한마디로 막가자는 말이다. 그들 연구의 윗 선인 쇼클리를 배제한다는 이야기는 이미 그들 사이에는 건너지 못할 갈등이 내재해 있었다고 보아야 하지 않을까? 그들 사이의 알력(軋轢)은 쇼클리의 괴팍하고 까다로운 성격이 한 몫 단단히 했을 터이다. 한국적 연구 상황이라면 쇼클리는 공동개발자에 당당히 이름이 올랐을 것이지만, 미국적 상황은 영 달랐던가 보다. 그렇다고 쇼클리가 순한 양처럼 고분했던 것은 아니고 자기만이 특허권을 가질 수 있다고 우겼나 보다.

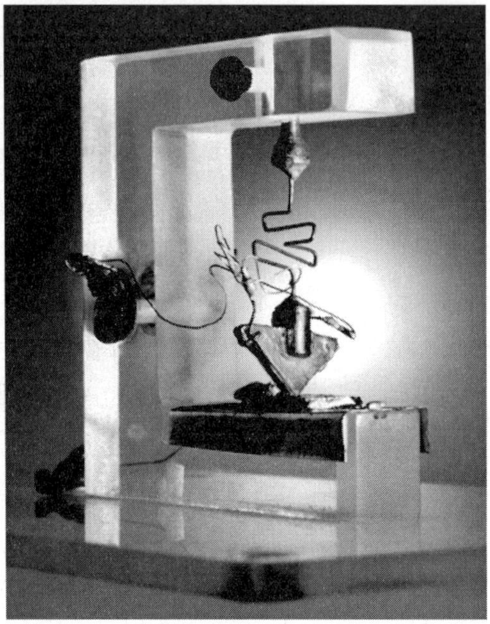

그림 1-1-3. 초기형태의 트랜지스터인 점 접촉 트랜지스터

쇼클리가 트랜지스터 개발에 더욱 적극적으로 임했어야 했다고 투덜거린 정황을 봐서 점접촉 트랜지스터 개발에서는 연구 주임이었음에도 불구하고 관리자수준에 머물러서 주도적이지 못했을 개연성이 농후했다.

결국 특허권 논쟁을 통해 상처를 주고받았지만 바딘과 브래튼만이 특허권리를 획득한다. 그 대신 트랜지스터 개발 홍보사진만 단란하게 찍는다. 상황적으로 참 이상하지 않은가! 사진에서는 어엿하게 쇼클리가 주도적으로 점접촉 트랜지스터를 개발한 것처럼 보이는데 개발권리는 하나도 없더라? 사진이 그 갈등의 타협점이랄 수 있다. 보여 지는 인간역사의 겉모습과 배경이 이렇게 괴리(乖離)가 있다는 것을 여실히 보여 주고 있는 셈이다. 재미있기도 한 측면이다. 존 바딘(좌)은 사진 속에서 노골적으로 어색하다.

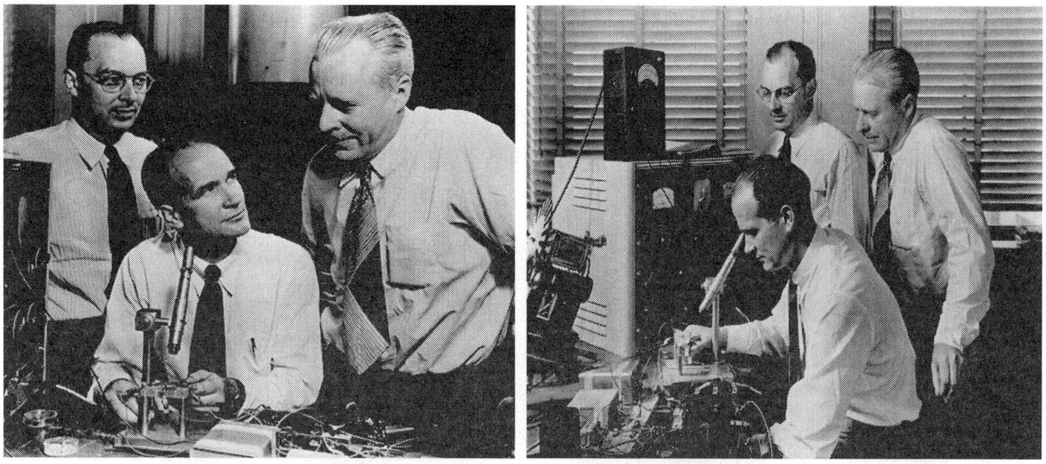

그림 1-1-4. 언론 홍보용 사진에는 바딘(좌) 과 쇼클리(중), 브래튼(우)이 사이좋게 연구하는 모습을 연출했다. 1948

쇼클리는 그대로 주저앉을 수밖에 없는가? 또는 개발할 다른 영역은 존재하기라도 하는 것인가? 쇼클리가 벨연구소에 들어온 것은 1936년쯤 이었고, 진공관부서에 배치된 쇼클리는 연구소의 연구단장 이었던 머빈 켈리의 다음과 같은 말에 영향을 받았다고 한다.

> 언젠가는 전화교환기에 들어 있는 모든 기계적 연결 장치를 없애 버리고 그것을 전자식으로 대체할 수밖에 없을 것이다. 그러기 위해서는 신기술이 필요 하다.

이런 사고를 가진 연구단장에 의해 쇼클리가 트랜지스터를 발명하는데 결정적 영향을 받았다는 전설이 내려온다. 하여튼 시작은 쇼클리였지만, 첫 번째 성과는 바딘과 브래튼의 승리가 역력했다. 어느 역사건 역사는 승리자 위주의 역사일 수밖에 없다. 승자 외에는 모두 주변인으로 전락하고 잊혀진다. 얄짤없이 승자독식이 판치는 영역이 바로 역사의 영역인 것이다. 여기까지로 만 정리하면 승리자는 바딘과 브래튼이고, 주변인은 쇼클리일 수밖에 없다. 명색이 제안자이면서, 트랜지스터 연구에 같이 몸담았었는데 안타깝게도 조연급으로 추락할 처지에 놓인 쪽은 쇼클리였다. 그러나 쇼클리는 그리 호락호락한 인물이 아니었다.

명석한 쇼클리가 주변에서 되어가는 일들을 멍청히 바라만 보고 있을 바보가 아니었다는 말이다. 꿍꿍이속이 있었던 것이다. 자기 딴에는 열심히 개념을 발전시키고, 향상 시켰던 것 같다. 반전의 때는 놀랍게도 몇 개월이 지나지 않아서 일어났다. 쇼클리는 바딘과 브래튼의 기자회견 뒤, 몇 달 못 되어 현재의 트랜지스터 형태인 접합트랜지스터(Junction Transistor)를 고안해 내었고 원하던 특허를 결국 획득했다. (U.S. Patent 2569347 ; Circuit Element Utilizing Semiconductive Material, W Shockly) 아이디어는 공유해야 한다는 벨연구소의 방침에도 홀로 남모르게 성숙시켜 온 새로운 트랜지스터에 대한 알토란같은 개념을 숨겼고, 그래서 비난을 받았지만, 결과적으로 그런 사실은 성과에 비해 조족지혈(鳥足之血)의 과오였다.

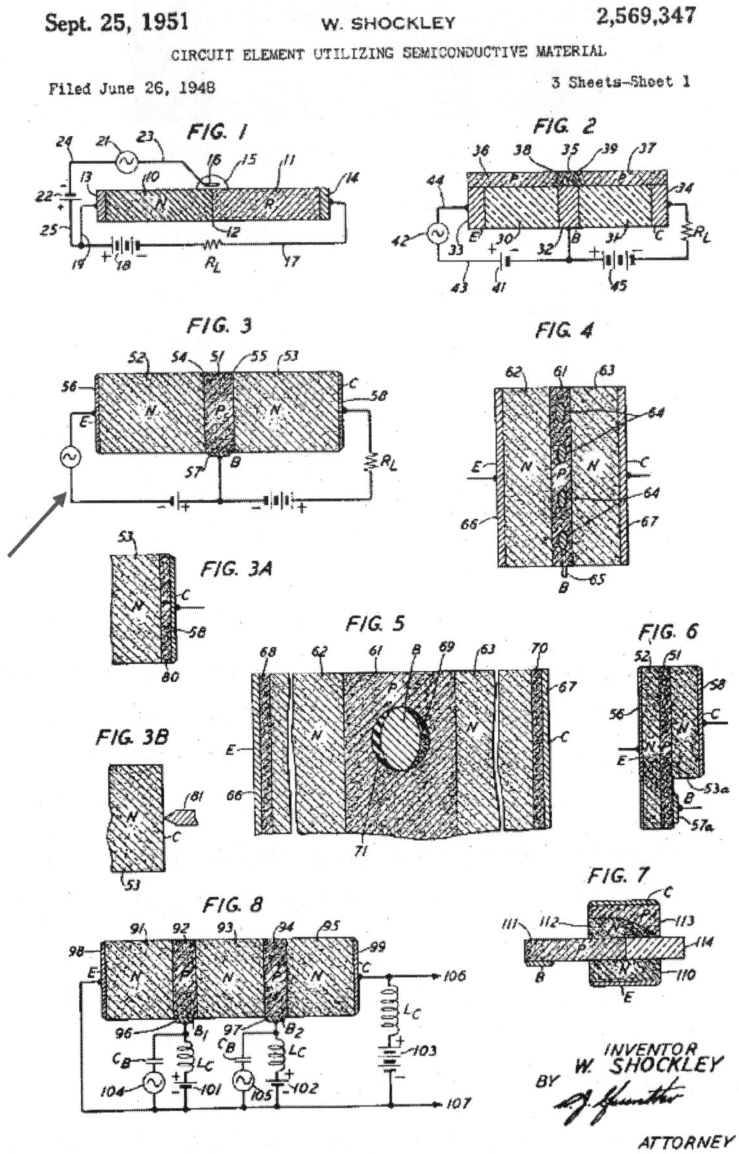

그림 1-1-5. 쇼클리 특허 그림 중 한 면

쇼클리가 낸 특허도면에서 화살표시 된 그림을 보면 현재의 접합 트랜지스터 구조와 정확히 일치한다. 쇼클리가 특허를 내고 그 이후에 개선에 개선을 거듭해서 오늘날 우리가 사용하는 접합 트랜지스터 모양이 완성 된 것이 아니라는 면이 흥미롭다. 보이시는가? 트랜지스터 하면 귀가 닳도록 끈끈하게 듣는 NPN 이라는 구조를!!! 결국 점접촉 트랜지스터는 양산성이란 문제에 걸리며 쇼클리의 접합 트랜지스터에 주도권을 내어 주게 된다.

쇼클리는 20세기 정보과학문명에 새로운 틀(패러다임)을 제공하고, 물질문명을 이끌어 오다시피 한 트랜지스터 개발에 지대한 공헌을 한 주인공으로 태산처럼 우뚝 섰다. 최후의 승리는 쇼클리가 정상에 깃발을 꽂음으로 성취했다. 승리의 월계관은 일반성을 획득할 때 성취되는 것이다. 접합 트랜지스터는 기술에 관계된 사람에게는 공공연한 명사가 되어 버렸다. 누구나 다 아는 명사가 될 때 일반적 성격이 부여 되는 것이다. 점 접합 트랜지스터는 태어나자마자 미처 생산에 이르기 전에 사산되고, 접합 트랜지스터가 일반명사로 굳어져 생명력이 확산 되었다.

쇼트키 다이오드로 이름이 난 스웨덴 출신의 독일 물리학자 쇼트키 (Wallter Schottky)와 혼동이 되기도 하는데, 누군가 접합 트랜지스터를 발명한 사람이 누구냐? 물어볼 때 쇼트키하면 욕을 먹어도 싸다.

트랜지스터 개발이 인류생활에 얼마나 엄청난 변화를 가져왔는지를 보여 주는 예로 초창기 컴퓨터를 자주 들먹인다. 아주 극적이기 때문이다. 진공관을 사용한 최초의 컴퓨터 에니악 (ENIAC, Electronic Numerical Integrator And Calculator)을 생각해 보자. 에니악은 개발 당시 무게 약 30t, 길이 25m, 높이 2.5m, 폭 1m의 크기에 사용 진공관의 수 1만 8, 800개, 저항기 7, 000개, 소요전력 120KW의 거대한 기계 덩어리였다. 이런 정도의 컴퓨터라면 지금은 손바닥 보다 작게 만들어 낼 수 있게 되었다. 바로 트랜지스터가 개발 되었기에 가능한 이야기다. 그 중에서도 접합 트랜지스터를 개발한 쇼클리의 공은 말할 것도 없다. 안 쓰이는 데가 별로 없다. 우리 주위를 보자. 스마트폰, HD TV, 자동차 라디오, 자동차제어 계통, 팩스, 전화기, 자판기, 마트 카터의 칼로리 소비표시 등등 헤아릴 수가 없을 정도다.

그러나

트랜지스터가 개발 될 당시에는 트랜지스터가 현대기술산업을 이끌게 되리라고는 누구도 상상하지 못했었던 것 같다. 트랜지스터 개발자 중 한 명 이었던 존 바딘이

1986년 5월13일에 한국 물리학회 초청으로 한국을 방문 했을 때, 인터뷰 내용이 이를 극명하게 보여 주고 있다.

> 트랜지스터를 발명할 당시엔 그것이 20세기 정보산업혁명의 원동력이 될 줄은 꿈도 꾸지 못했다. 그도 그럴 것이 당시 진공관이 15센트였는데 비해 트랜지스터의 값은 무려 15달러였으니 트랜지스터가 진공관을 대체하리라곤 내다 볼 수 없는 형편이었다.

그림 1-1-6. 윌리엄 브래포드 쇼클리 (Shockley, William Bradford 1910~1989) 영국 태생의 미국 물리학자.

쇼클리의 부모는 광산 관계 일을 하던 미국인이었지만 영국 런던에 살다가 쇼클리가 3살 때 가족 모두가 미국으로 귀국하여 캘리포니아 팔로알토에 살았다고 한다. 팔로 알토하면 칠레 콘차이 토르라는 꽤 유명한 포도주 제조업체에서 최근에 출시한 '팔로알토' 상표를 통해 이름 정도는 들어 본 지명이다.

쇼클리는 요즘말로 가방 끈이 꽤 길었다. UCLA에 다녔고, 캘리포니아 공대에서 학사 공부를 했고, 1936년 MIT공대로 잘 알려진 메사추세스 공대에서 [염화나트륨 결정에서 전자 파동함수의 계산]으로 박사 학위를 받았다. 트랜지스터가 게르마늄이나 실리콘이라는 돌멩이에서 나온 현대판 연금술이라면, 그 결정구조를 해석하는데 개발의 핵심이 있을 것이라 생각이 든다. 고체 물리학을 공부한 쇼클리가 트랜지스터를 개발 성공시킨 계기로 작동했을 토대는 박사 학위에서 벌써 엿보인다. 이런 연구경험이 벨연구소에 취직하게 되는 결정적인 계기가 되었을 것이다.

3만 3천 개의 특허를 보유 했고, 노벨상 수상자를 13명 배출 했으며 기술혁명의 총아였던 벨연구소는 모회사였던 AT&T와 결별하고 지금은 위상이 추락 할대로 추락 했지만, 쇼클리가 있던 당시에는 현대과학기술의 선두에 달리고 있었던 때이다. 쇼클리의 명목적인 연구는 그 당시 통신체계의 개선이었다. 주된 일은 전기신호의 증폭을 위해 그 시대 주류로 통했던 진공관의 성능을 향상시키는 것이었는데, 깨지기 쉬운 유리로 만들어진 진공관을 대체 하는 것이 목표였다. 본격적으로 게르마늄 실리콘으로 연구한 것은 2차 대전이 끝나고서이다. 돌을 금으로 해까닥 변질시키려는 인류의 오랜 꿈이 마침내 트랜지스터에서 새롭게 개화 된 것이다. 돌과 인간의 지혜가 만나서 트랜지스터가 탄생하였다.

트랜지스터 개발은 쇼클리 혼자만의 작품은 절대 아니다. 벨연구소 동료들이 그에게 조력자로 훌륭하게 도움을 주었기 때문에 그들 공동의 창조물이라고 해도 과언이 아니다. 그러나 상술 했듯이 개발 주역은 있기 마련이고 추리면 바딘, 브래튼, 쇼클리가 되며, 현대정보화 사회를 이끈 접합 트랜지스터 모델을 개발한 쇼클리가 단연 1인자로 세워지는 것이다.

그러나 안타깝게도 쇼클리는 노벨상 수상 이후에 과학적 명성에 치명적 흠집을 남기게 된다.

우생학적 관점에서 흑인은 선천적으로 백인 보다 지능이 낮다는 둥, 인류의 진보를 위해서는 지능지수가 100 이하의 사람들에게는 불임수술을 시켜야 한다는 둥, 일반적 상식으로는 도저히 용납하기 어려운 신념을 설파함으로 사람들로 하여금 혀를 차게 만들었다. 물론 이렇게 주장한 계기가 있었다. 지능지수가 70인 어느 10대 소년이 뿌린 청산가리로 식료품 주인이 실명 되었다는 기사를 읽고 우생학에 관심을 가지게 되었다는 것이다.

암만 그래도 그렇지 몇몇 지능지수가 낮은 사람들이 보이는 행태를 보고 이를 일반화시키고, 신념으로 가진다는 것은 비난을 받을 일이지 결코 동조 받을 수 있는 주장은 아니었다. IQ TEST 라는 것이 사실 인간지성의 의심스러운 수치를 나타내는 것임에도 불구하고 쇼클리가 IQ 100을 기준 삼았다는 것은 과학자로서 객관성을 추구해야 하는 태도와 거리가 상당히 멀었다. 알려진 바로는 전 세계 나라의 평균 IQ는 100이 못 된다. 평균 IQ100을 가까스로 넘어가는 나라는 20개국이 채 안 된다. 쇼클리의 논리라면 대부분의 인류는 불임을 시술해야 하고 극소수만이 후세를 남길 수 있다는 말이, 도대체 되는 말이냐 말이다!! 나치의 아리안족 우월주의 보다 조악하고, 형편없는 생각이 아닐 수 없다. 이런 사람들이 신세계질서에서 정권을 잡고 독재하면 600만 명을 죽인 유대인학살이 재연 되는 것이리라. IQ가 딱 100인 사람은 도대체 어쩌란 말이더냐!!

인류의 기술문명에 크게 이바지한 사람이 인류문명에 반하는 신념을 가진 것은 좀 아이러니하다. 여하튼 그는 미국 " 실리콘밸리에 실리콘을 가져온 장본인 " 이라는 말을 들을 정도로 반도체에서는 태두(泰斗)이며, 시쳇말로 하면 반도체의 대부, 짱쯤 되는 인물이다.

그래서 트랜지스터의 첫걸음은 BJT (Bipolar junction transistor)로부터 시작할 참이다. 그리고 FET (field effect transistor), MOSFET (Metal Oxide Silicon Field Effect Transistor)의 순서로 설명해 볼 요량이다. 참고로 MOSFET은 1960년에 벨연구소에서 연구했던 한국인 고(故) 강대원(姜大元, Dawon David Kahng)박사와 마틴 아탈라 (Martin Atalla)가 공동 개발 했다는 것을 알려 드린다.

1-2. 트랜지스터의 작명(作名)배경

예전에는 아이가 태어나면 이름을 지어주고 돈을 받는 작명소(作名所)라는 곳에서 아이들 이름을 지어 주곤 했었다. 대개 이름에는 아이가 장차 어떠한 사람이 되었으면 좋겠다는 부모의 희망을 담았다. '늑대와 함께 춤을' 이라는 영화에서, 영화제목 '늑대와 함께 춤을'은 주인공이 늑대와 잘 어울린다고 해서 붙인 인디언식 이름이다. 이름이란 희망도 포함되어 있지만, 행태나 고유한 기능도 포함되어 있다.

여타 사물에 이름을 부여하는 것은 하나님이 부여하신 사람의 고유한 임무였다.
성경 구약 창세기에 보면 첫 사람 아담이 모든 동물들에게 이름을 붙여 주었다고 한다. 사물의 명칭은 그 사물의 고유한 기능과 결부되어 있게 마련이다. 창세기 2장 19절에 보면 여호와 하나님께서 들짐승과 각종 새를 지으신 다음에, 아담이 무엇이라고 부르나 보시려고 아담에게 이끌고 가셨는데 아담이 각 생물을 부르는 대로 그 이름이 되었다고 기록 되어 있다.

그림 2-1-1. 아담의 이름 짓기

개념 없는 감성은 맹목이다. 칸트의 이 말을 어렵게 생각 할 것 없다. 단순하게 접근하면, 이름자 없는 사물을 사고하기란 하늘에서 별 따기 만큼이나 어렵다는 말이다. 그리고 내일 세계의 종말이 와도 한 그루 사과나무를 심겠다고 심금을 울린, 유대계 철학자 스피노자는 '규정은 부정'이라고 읊었다. 이름을 부여한다는 것은 한 사물을 다른 사물과 구별하여 울타리 친다는 것이다. 그러므로 규정한다는 것은 다른 존재와 차이를 두고, 너만을 부를 때 다른 사물을 부정하는 행위인 것이다. 이런 인식론적 부정없이는 질적으로 우수한 사고는 불가능하다. 이름 없이 뭘 사고 한다는 것이 가당하기나 한가? 그래서 이름부터 먼저 치고 들어가야 한다. 이름이 개념이다.

명칭, 이름은 사물의 본질을 잘 드러내는 속성을 갖는다. 어떤 학문을 배우든지 용어들은 절대 소홀히 할 수 없다. 사물의 기능을 우리에게 넌지시 알려 주기 때문에 중요하다. 그러면 우리가 논하려는 트랜지스터는 어떻게 명명 되었을까?

점 접촉 트랜지스터(point contact transistor)가 개발이 되고 나서 개발품에 알맞은 이름을 지어 주어야 하는 것은 당연한 수순이었다. 특허청원을 재빠르게 하기 위해서도 작명은 꼭 필요한 절차였다. 지금도 그렇지만 예전에도 특허는 특허 사무소에 발을 먼저 찜 하는 사람이 우선권을 갖게 되는 때였으므로, 서둘러 이름을 정할 필요는 절실했다. 전화 발명자로 이름을 남긴 알렉산더 벨도 엘리사 그레이 보다 특허국에 일찍 도착했기 때문에 특허권을 소유하게 됐다는 전설 같은 이야기는 널리 알려진 사실이었다. 트랜지스터라는 이름이 붙여진 경위는 존 거트너가 쓴 [벨연구소 이야기] (출판사 : 살림biz) p130~p131에 자세히 서술되어 있다.

벨연구소 직원, 임원에게 회람지가 돌려 졌다. 회람지에는 개발품의 이름으로 거론되는 몇몇 명칭들이 첨부되어 있었다. 반도체 삼극 진공관 (Semiconductor Triode), 표면 장벽 삼극진공관, 결정 삼극진공관, 고체 삼극진공관, 아이오테트론(iotatron), 트랜지스터 (Transistor). 진공관이라는 용어가 많이 나오는 것을 보면 그 시대가 진공관이 판을 치는 기술사회였음을 시사해 준다.

트랜지스터라는 이름에 대한 부가설명 메모에는 '상호 전도도(trans-conductance)' 또는 '전송하다 (transfer)' 라는 단어와 ' 배리스터 (varistor ; 저항소자) 라는 단어를 조합한 합성어라는 설명이 부가되었다. 벨연구소 직원들은 단어 끝에 '-이스터(-istor) '라는 접미사를 붙이길 좋아 했다고 한다. 물성적인 현상설명에 부합하고, 선호하는 접미사도 끼어 있겠다, 단연 트랜지스터라는 이름으로 결정하자는 의견이 지배적이었다.

해서 개발품의 이름은 점접촉 트랜지스터(point contact transistor)가 개발되고 난 다음에 바로 트랜지스터라고 정해졌다. 우리말로 전환저항기, 또는 전달저항기...이름

만으로는 언뜻 트랜지스터의 본질을 감(感) 잡을 수가 없다. 저항이 제멋대로 왔다리 갔다리 하나?

그림 1-2-2. 트랜지스터...전달저항기???

그러나 잘 살펴보면 그 이름이 의미하는 바는 명백하다. 예를 들어 베이스단의 작은 입력전류에 의해, 컬렉터-에미터 단에 이 보다는 아주 큰 전류를 증폭해 낼 수 있기 때문에, 결국 전류라는 것은 저항의 크기가 크면 작게 흐르고, 저항의 크기가 작으면 많이 흐른다는 사실과 연관이 되기 때문에, 아주 적절한 명칭으로 환영 받은 것이라 추측이 된다.

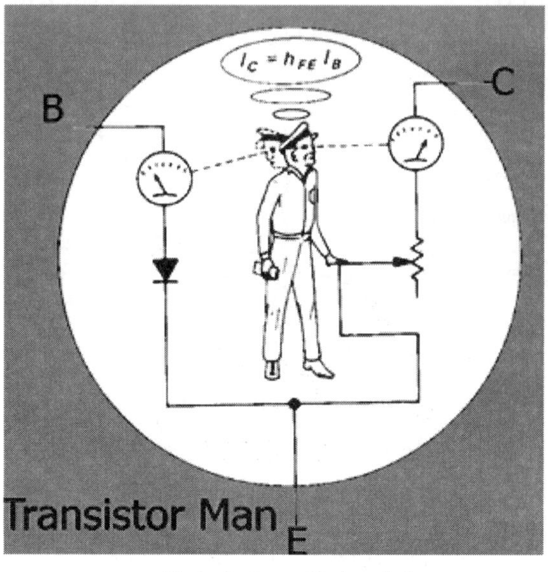

그림 1-2-3. 트랜지스터맨

트랜지스터 (Transfer + Resistor)라는 명칭을 좀 더 이해하기 위해서 트랜지스터 인간을 초청해 오기로 한다.

위에 정신없이 바빠 보이는 사람이 트랜지스터 인간이다. 달에도 토끼가 산다고 옛날 사람들이 상상했듯이, 저 그림을 보고 트랜지스터 안에 사람이 들어가 기계를 작동 시키고 있다고 착각하는 사람은 없을 것이다. 이해를 위한 그림이니 유비적 상상화라고 치부해 두자.

트랜지스터 인간은 베이스단에 흐르는 전류 (또는 걸리는 전압의 미세한 차이)를 보고, 컬렉터-에미터 단 사이에 있는 저항의 크기를 조절해서 전류가 와장창 또는 중창, 추장창창 흐르는 지를 조절해 주고 있다. 여하튼 알듯 모를 듯 트랜지스터의 뜻이 좀 더 친근감 있게 그럴싸해 진다. 저 그림은 트랜지스터의 알파와 오메가를 설명해 주는 그림이다. 단언컨대, 저 그림의 오묘한 뜻을 파악하기만 하면 트랜지스터는 정복 한 것이나 마찬가지다.

트랜지스터 인간 그림은 증폭의 단적인 면을 보여 주고 있는데, 처음 증폭기를 배운 사람들은 하나 같이 이런 몽상에 잠긴다. 아~ 미세한 전기신호로 큼지막한 전기신호를 만들 수 있는 것이 증폭이라고 했다~. 트랜지스터를 열나게 많이 써 증폭된 전기를 많이 발생시키면 원자력 발전소 여러 개 지을 필요 없는 것이 아닌가!!!! 이윽고 전력난에 마침표!!!

그림 1-2-4. 증폭기로 전력난을 해소하려는 망상가

아마들 이런 환각에 잠기셨던 분들이 꽤 되었으리라 생각한다. (가슴에 손을 얹고 추억에 잠긴다. ..맞다. ..나다) 그러나 증폭기는 인가된 전기 안에서 노는 놈들인 것을 몰랐을 때 이야기다. 증폭기는 절대로 에너지를 창조하지 못하는 소자이다. 게다가 오해를 불러일으키는 용어를 덧붙이는데, 트랜지스터 같이 증폭 작용을 하는 소자더러 능동소자(active element, 能動素子)라고 용어를 덜컥 붙여 준다. 꼭 자발적으로 없던 에너지를 창조해 낼 것 만 같은 뉘앙스를 가진 용어다. 그럼 수동소자(passive element, 受動素子)라는 것도 있나? 있다 저항, 코일 콘덴서 같이 증폭작용은 꿈에도 꾸지 못하는 소자를 수동소자라고 분류한다. 참으로 능동소자라는 별칭은 별로 마음에 들지 않는다. 다기능 소자 정도면 알맞을 것 같은데, 감히 생물에게만 부여하는 능동(能動)을 참칭하다니!!

하여튼 진실은 능동소자도 에너지를 공급 받아야만 그 범위 안에서 작은 신호를 큰 신호로 변환해 주는 소자라는 것이다. 전기 에너지의 창조적 발생은 증폭기에 대한 오해 중에 가장 범하기 쉬운 오해이다. 생각해 보라! 트랜지스터 증폭기를 사용한 스마트 폰이 전기를 생산하기는커녕, 분기탱천된 축전지(배터리)를 얼마나 빠르게 에너지를 먹어 치우는지 고려하면 증폭의 오해가 풀릴 법도 한데... 스마트 폰으로 인터넷 자료를 조금만 볼라치면 축전지는 100% 충전에서 70%로 빠르게 소모된다. 트랜지스터 증폭기를 논하면서 이런 오해가 얼마나 터무니없는 것인가를 까발려 보기도 하자.

그렇다면 트랜지스터의 구조는 어떻게 생겼는지 살펴 볼 차례다. 역시 명칭 다음에는 관상이다. 트랜지스터는 세 개의 다리(세 단자)가 나와 있다. 이 다리(단자)들의 역할은 서로 확연히 다르다. 역시 표찰을 붙여 주어야 이론을 세우든 말든 할 것이 아닌가!

주로 사용되는 트랜지스터 소자를 보기로 한다.

트랜지스터 하나로 구성된 것을 개별소자 (Discrete) 라고 하며, 트랜지스터를 모아 모아 어마어마하게 모아 만든 회로를 IC 또는 집적회로 (Integrated Circuit, 集積回路) 라고 불러 준다. 아래는 C945 NPN Transistor 로 이런 형태를 가진 트랜지스터에는 고유의 번호가 매겨지는데 종류별로는 나중에 알아보기로 하고, 일단 요것만 보면, TO-92 타입이라고 한다. TO 번호는 미국의 JEDEC (Joint Electron Device Engineering Council) 이라는 곳에서 정해준다. 이것이 국제 표준 외형번호가 된다. 현장에서는 트랜지스터 패키지 타입이라고 한다.

그림 1-2-5. C945 NPN 트랜지스터

트랜지스터 (TRANSISTOR)에서는 전자가 방출 되는 곳을 영어에서 방출을 의미하는 에미트 (EMIT)를 차용하여 에미터 (EMITTER)단자라고 하였고, 에미터에서 방출된 전자가 집적되는 것처럼 보이는 부분이라고 해서 전자가 헤쳐 모이는 곳을 컬렉터 (COLLECTOR)단자라고 불렀다. 매우 적당한 이름이 되겠다.

그러나 베이스(BASE)는 야구의 베이스 같은 기지 또는 안착하는 곳을 의미할 수도 있으나, 베이스라는 영어 단어는 토대, 기초, 기반이라는 의미를 가지고 있다. 지금 우리가 접하는 접합 트랜지스터의 모양을 봐서는 베이스(Base) 라는 단어와 토대, 기반, 기초라는 의미와 연관을 맺기가 매우 어렵다.

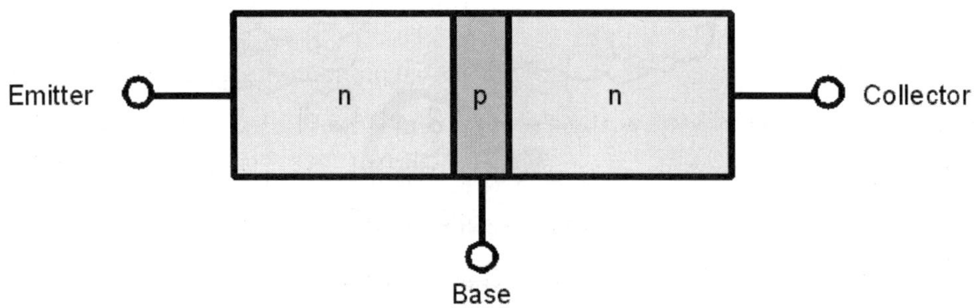

그림 1-2-6. NPN 접합 트랜지스터 구조

접합 트랜지스터의 베이스는 에미터와 컬렉터 사이에 찌부러진 형태로 있기 때문에 베이스의 본래 의미와는 거리가 멀다. 역시 베이스(Base) 라는 명칭은 아무래도 트랜지스터 초기 모델인 점접촉 트랜지스터(point contact transistor)의 구조를 보지 않으면 이해하기 어려운 명칭일 것 같다. 그래서 다시 점접촉 트랜지스터(point contact transistor)의 구조를 살펴보기로 한다.

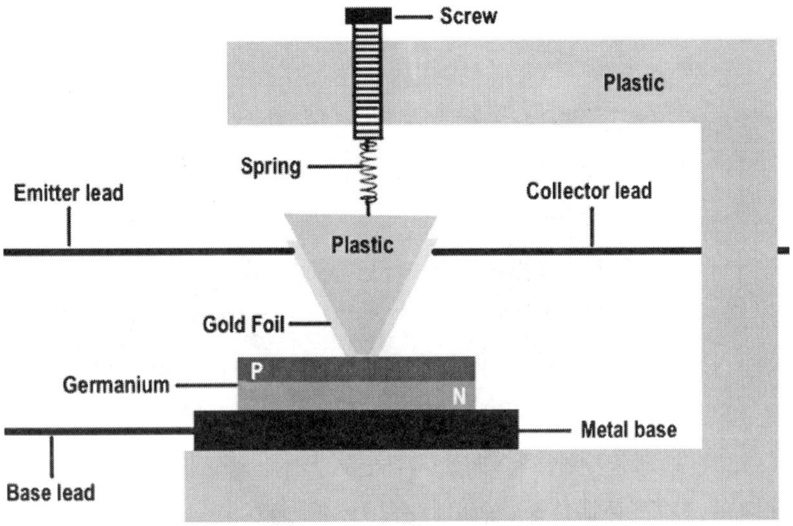

그림 1-2-7. 초기 점 접촉 트랜지스터 구조

화살표 표시의 베이스를 보면 접합 트랜지스터와는 다르게 완연하게 크고, 기초, 기반을 온전히 이루고 있다. 따라서 베이스라는 명칭은 전자적 흐름에 대한 역할을 잘 나타내 주고 있는 에미터(Emitter), 컬렉터(Collector)라는 명칭과 다르게, 생긴 관상구조 때문에 붙인 이름딱지라는 것을 확연히 알 수가 있다

트랜지스터의 초기 모델인 점접촉 트랜지스터(point contact transistor)를 힐끗 보면 대량생산은 고사하고 사용하기에도 굉장한 어려움이 따를 것 같다. 실제로 너무 잘 부서졌다고 한다. 외양으로만 비교해도 쇼클리의 접합 트랜지스터가 얼마나 많은 장점이 있는 구조인지를 알 수 있고, 쇼클리가 트랜지스터 하면 단연 독보적 존재로 부각 되는 이유를 설명해 줄 것 같다.

그렇다고 접합 트랜지스터가 처음부터 완벽 했다는 이야기는 아니다. 자주 죽어 속을 썩이는 경우가 많았다고 전해진다. 그 이후로 차차차차 안정화가 이루어진 것이다. 예를 들면 납땜할 때의 열 때문에 리드선이 열 받아 트랜지스터가 죽었던 때도 있었던 것 같다. 그 흔적이 연산증폭기에 보면 **최대리드선 온도** (Maximum Lead Temperature) 라는 특성으로 아직까지 남아 있다. 지금은 납땜으로 소자가 죽는다면 소자를 제작한 회사는 이미 망해 버린다. 납땜 할 때 10초간 제시된 온도까지 상승해도 연산증폭기가 파괴되지 않는다고 보증 한다는 온도 특성이다. 트랜지스터로 연산증폭기를 만든 때가 1960년대 초이니 1940년대 말 트랜지스터가 납땜에 의해 손상 되는 것은 예사였을 것이다.

그림 1-2-8. 초기 저마늄 트랜지스터는 납땜 온도로도 죽었다.

1-3. 복마전(伏魔殿) 같은 트랜지스터의 명명법

총론(總論)이 있으면 각론(各論)이 있고, 숲이 있으면 나무를 보아야 하듯이, 트랜지스터의 명칭문제를 아주 일반적인 것에서 개별적인 것에로 시야를 돌려 보자.

개별적인 소자의 명칭으로 눈을 돌려 보면 악~ 소리 나온다. 춘추전국시대를 방불할 만큼 통일과 질서는 찾아 볼 수 없고, 백가쟁명이며, 복마전처럼 난맥상을 보이는 것이 트랜지스터 개별 명칭의 세계이다. 아쉽게도 일목요연하게 체계를 세운 세계공통의 명명법은 존재하지 않는다. 기대하지도 마시라. 이런 면을 비추어 보면 진시황이 문자와 도량형(度量衡)을 통일한 이유에 고개가 끄떡여 지는 것이다.

미국은 미국대로, 일본은 일본대로, 유럽은 유럽대로 자기네가 개발 생산한 대로 트랜지스터 명칭을 붙이기 때문에, 같은 트랜지스터라도 이름이 달라서, 오죽했으면 트랜지스터 호환 책자까지 나왔겠는가? 찾아보니 우리나라에서는 성안당에서 출판한 『 최신 트랜지스터 호환표 』라는 책자가 있었다. 나올 것 다 나왔으니 발행을 취소한 건지, 하도 복잡다단해서 정리하기를 포기했는지 현재는 인쇄되어 나오지 않는다.

트랜지스터의 일련번호를 정리하자면 두툼한 책자가 한 권 필요할 만큼 내용이 무척 복잡할 것이나, 우리는 무질서한 트랜지스터 개별명칭 문제에서 벗어나 실무 중에 가끔 귀에 들려지는 건더기만을 추리고, 추려서 정리해 주면 된다. 그리고 아리송한 기호들이 왜 그렇게 이름 붙여졌는지 개략적인 배경 정도를 고개 끄덕일 정도로만 숙지하면 족하다. 깊게 들어갈 필요가 없으니 주마간산(走馬看山) 격으로 개요 정도만 건드리겠구나 하고 호기심 수준을 낮추어 주면 좋겠다.

보통 미국의 트랜지스터는 2N- 형식으로 명칭이 부여 되어 있다.(보통이라고 단서를 붙인 이유는 미국 같은 경우에 제조사에 따라 번호가 붙여지는 경우도 있기 때문이다. MOTOROLA社가 대표적으로 혼자 튀는 제조사다.) 예를 들면 페어차일드사의 2N3904 NPN General Purpose Amplifier 트랜지스터를 보면 앞에 2N-이 붙어 있다. 그 외로 2N43A, 2N105 PNP....등등 수없이 많다. 2N- 형식은 미국의 JEDEC (Joint Electron Device Engineering Council) 이라는 곳에서 정해 준다.

표 1-3-1. 미국 JEDEC 반도체 명명법 일부

첫 번째 번호	두 번째 문자	이어지는 숫자
1 : Diode	N : ?	등록 순서대로 숫자 부여
2 : Transistor		

일본에서는 2N-을 붙이기보다는 2S-를 트랜지스터 앞머리에 붙여 준다. JIS (Japanese Industrial Standard)는 일본에서 생산되는 트랜지스터의 명칭을 체계화, 공식화 시키는 곳이다. 그런데 미국이든 일본이든 트랜지스터 앞머리 기호에 공통적으로 2라는 숫자가 붙어 있다.

왜 트랜지스터에는 2라는 숫자가 붙을까?

느낌으로는 베이스, 에미터, 컬렉터 세 다리가 나오기 때문에 구분의 필요성에 따라 상식적으로는 다리 수에 맞춰 3이라는 숫자가 붙어 주어야만 할 것 같은데, 의외로 2라는 숫자가 붙는다. 만약 다리수로 숫자를 정해주면 문제가 생기기 때문이 아닐까 한다. 예를 들어 보자 트랜지스터를 표시하는 숫자가 대충 다리 수에 맞춰 3이라고 한다면 TO-3형태의 POWER TRANSISTOR 같은 경우는 예외가 되어 버리는 상황이 된다. 2N3713 POWER TRANSISTOR는 컬렉터 단자가 발열 때문에 금속케이스 자체로 만들어져 있다. 그렇기 때문에 다리 수로 트랜지스터를 적시하기에는 종류가 다른 것들이 있어 곤란했던 것이다. 금속 케이스 자체가 컬렉터이기 때문에 방열판과 금속케이스 사이에 절연물을 설치하지 않으면 곤란해진다.

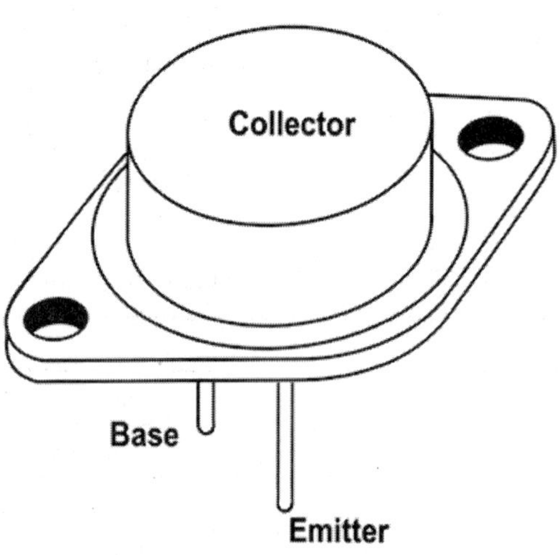

그림 1-3-1. TO-3 형태의 트랜지스터

다리수로는 트랜지스터를 적시하지 못하게 되었다. 트랜지스터에 2 라는 숫자가 왜 부여 됐는지 그나마 만족할 만한 설명은 내부의 접합면을 기준으로 했다는 것이다. JEDEC에서 다이오드에는 1N-, 트랜지스터에는 2N- 접두사가 붙는데, 다이오드 같은 경우는 PN 접합면이 한 개이기 때문에 1N- 이라고 규정하고(1N4148), 트랜지스터의 경우에는 NPN이나 PNP처럼 접합면이 2개이기 때문에 2N- 이라는 접두어를 부여 했다는 것이다. 물론 접두어로 3N-, 4N-, 5N- 까지도 있지만 자주 사용하는 것이 아니기 때문에 두 눈에 쌍심지 켜고 덤벼들어 알 만큼 중요하지는 않다.

그런데 2자 다음에 붙은 'N'의 의미는 도통 알 수가 없다. 자료들을 쎄 빠지게 찾아봐도 통상적으로 N을 붙인다고만 기재 되어 있다. 분명히 처음에는 의미를 가졌으나 인용과 인용을 하는 틈에 원래의 의미를 상실해 버린 경우가 아닌가 한다. 다행히 한 군데에서 원래의 의미를 알 수 있는 단서를 찾았다.

『Aircraft Engineering Principle』(저자 : Lioyd Dingle and Mike Tooley)페이지 402에 "North American JEDEC - coded device"라고 적시되어 있다. 따라서 1N-, 또는 2N- 등에서 붙는 N의 의미는 북아메리카 (North American), 그러니까 미국 JEDEC에서 부여한 코드라는 의미를 갖는데, 여기서 N은 북아메리카(미국)를 의미했던 것이다. 2N- 다음에 오는 숫자는 제작사가 만들어 JEDEC에 등록 신청한 우선순위대로 번호가 매겨지게 된다. 따라서 2N224 보다는 2N241 이 나중에 등록된 트랜지스터라는 것을 알 수 있다.

일본에서도 트랜지스터에는 2S- 접두사를 붙인다고 했다. 2는 미국 JEDEC에서 규정한대로 그대로 차용했지만 S라고 붙임으로써 반도체 (Semiconductor) 임을 확실히 했다. 따라서 2S-는 반도체 트랜지스터~라는 구별기호가 되겠다. 이 뒤에 바로 뒤에 붙이는 4가지 알파벳 기호로 일본에서 통용되는 트랜지스터의 번호는 대충 감 잡는다.

표 1-3-2. 일본식표기 2- 다음 문자의 의미

기호	의미
A	High-frequency PNP
B	Low-frequency PNP
C	High-frequency NPN
D	Low-frequency NPN

따라서 일본 쪽 트랜지스터 족보는 크게 2SA, 2SB, 2SC, 2SD 네 종류로 분류되고, 접두사 2S- 다음에 붙이는 숫자는 미국과 마찬가지로 등록 순서대로 번호를 취하게 되어 있다. 도시바 제품에서 2SC372 와 2SC1815가 비슷한 제품인데 번호가 늦은 2SC1815가 2SC372 보다는 좀 더 개량된 시기적으로 나중 형태의 트랜지스터가 되는 것이다. 숫자가 크면 클수록 더 최근의 제품이라고 하는 것은 미국과 동일하다. 2SC- 접두사가 붙었으니 고주파용 NPN 트랜지스터라고 바로 알아먹을 수 있다. 보통은 2S를 빼고 나머지 번호로 트랜지스터를 구별하기도 한다. 2SC372는 C372로...

표 1-3-3. 일본 JIS 반도체 명명법

<table>
<tr><th>첫 번째 숫자</th><th>두 번째 문자</th><th colspan="2">세 번째 문자</th><th>일련번호</th><th>개량기호</th></tr>
<tr><th>예 : 2</th><th>S</th><th colspan="2">C</th><th>1815</th><th>B</th></tr>
<tr><td rowspan="2">1 : Diode</td><td rowspan="4">Semiconductor</td><td>A</td><td>High-frequency PNP</td><td rowspan="4">등록
순서 번호</td><td rowspan="4">ABC..
버젼</td></tr>
<tr><td>B</td><td>Low-frequency PNP</td></tr>
<tr><td rowspan="2">2 : Transistor</td><td>C</td><td>High-frequency NPN</td></tr>
<tr><td>D</td><td>Low-frequency NPN</td></tr>
</table>

삼성전자 같은 경우는 일본의 영향이 커서 일련번호를 일본 JIS가 정한 2SA, 2SB, 2SC, 2SD에서 번호 2를 지우고 대신 KOREA를 의미하는 K를 붙여 KSA, KSB, KSC, KSD로 부른다. 예를 들면 KSC945 하면 한국에서 만들어진 고주파 NPN 트랜지스터 945라는 의미를 갖는다.

트랜지스터의 일련번호들은 나라마다 제조사마다 천양지차(天壤之差)의 차이를 보이지만, 그나마 통일이 되어 있는 것은 외양이라 할 것이다. 주로 사용되는 외양번호는 TO- 라는 접두사를 쓴다. TO는 Transistor Outline 의 약자로 소자 크기나 모양 또는 기판 실장양상에 따라 주안점을 외장(CASE)에 둔 분류법이다. 다이오드는 Diode Outline의 약자를 써서 DO- 번호를 사용한다. 마찬가지로 미국 JEDEC (Joint Electron Device Engineering Council) 이라는 곳에서 정해 주었다.

보통 우리가 익히 보았던 작은 플라스틱 패키지로 되어 있는 TO-92, 중 전력용의 TO-220, 대 전력용으로 무지막지하게 금속케이스로 만들어진 TO-3등이 있다. 여기서도 종류가 번잡 하리 만큼 수다하다.

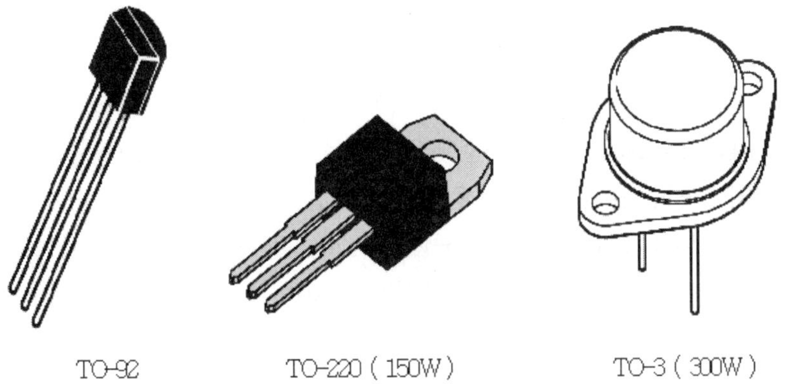

그림 1-3-2. 다양한 트랜지스터 외관

TO-3같은 경우는 외관이 착륙한 미확인 비행물체처럼 생겼다. 나사구멍도 보이고, 열이 펄펄 나서 방열판 정도는 달아 주어야 할 모양새를 갖추고 있다. 사용 예를 사진으로 보기로 한다.

그림 1-3-3. 화살표에 표시된 부분을 보라. 열을 발산시키기 위해 방열판을 달아 줬다.

그런데 위의 그림에서 방열판을 달아주지 않은 부품도 보인다. 그것은 대 전력용 트랜지스터가 아니라 BB3581J라고 하는 연산증폭기이다. BB3581J가 TO-3 모양을 흉내 낸 이유는 $+V_{CC}$와 $-V_{EE}$를 ±75V (따라서 내압은 150V)까지 견디어야 하는 연산증폭기이기 때문에 열이 쉽게 나고 열 방출을 용이하게 하기 위해 열전도도가 뛰어난 금속케이스를 사용한 것이다.

한 가지 덧붙일 것은 트랜지스터에서는 아마도 가장 중요한 특성으로 전류증폭률, 또는 직류 전류이득을 의미하는 h_{FE} (DC current gain)가 어느 값 범위에 있는지 대략 알려 준다. 전류이득을 말할 때 직류전류이득과는 다르게 교류전류이득(ac current gain)을 구별해 줄 때가 있다. 트랜지스터 등가회로를 그려 줄 때 하이브리드 모델이라고 들어 보셨을 것이다. 이때는 직류에 관련된 것이 아니라 교류에 대한 등가식이기 때문에 직류전류이득의 기호와는 다르게, 글자 모두를 소문자 h_{fe}로 쓰게 된다. 직류 전류이득 h_{FE}에는 값의 크기에 따라 식별 기호가 번호 뒤에 부가(附加) 되는데, KSC945의 부품 규격표를 보면 아래와 같이 구분해서 알려 주고 있다.

표 1-3-4. h_{FE} 분류

h_{FE} 분류					
분류	R	O	Y	G	L
h_{FE}	40~80	70~140	120~240	200~400	350~700

예를 들면 KSC945Y가 붙으면 이 트랜지스터는 h_{FE}가 120~240 범위사이에 있음을 알려 주고 있다. 물론 A, B, C, D 등이 번호 끝에 붙으면 트랜지스터의 개량된 버전을 나타내기도 하는데, 박치기 시키지는 않을 것이기 때문에 알아 두는 것도 나쁘지 않다. 위 표에서 G는 GR로도 쓰이고, L은 BR로도 보통 쓰인다.

1-4. 진성반도체

제목을 야금술(冶金術)로 붙인 것은 뭔가 호기심을 잔뜩 유발시키려고 일부러 가져온 제목이 아니다. 쇼클리가 이론적으로만 완성시켰던 접합 트랜지스터를 현실화시킨 것은 벨연구소의 야금학자들이었기 때문에 엉뚱한 제목은 전혀 아니다.

PN 접합은 접근하는 방법에 따라 정말 쉬울 수도, 쌔 빠지게 어려울 수도 있다. 쉽게 쓰려면 단지 몇 줄로 처리할 수도 있다. 어렵게 접근하자면 물리, 화학, 더군다나 양자역학까지 동원한 식을 잔뜩 쓰고, 일일이 설명을 덧붙인다면 이것만 해도 분량이 녹록치 않을 뿐더러, 이해하기도 여간 어렵지 않다. 샅샅이 알기도 어렵다. 또 하나의 전문 분야가 된다. 그러면 어느 선까지 깊이 들어가야 하는가? 가 문제다.

사정이 그러하다면

적당한 선, 중용의 수준은 어떤 지점일까? 어떤 자료를 보더라도 감을 잡을 수 있는 수준으로 다잡아 가는 것이 옳을 듯하다. 수식이건 그림이건 간에 당황하지 않을 수 있는 수준 말이다. 여하튼 반도체를 설명한 책에서 물리와 화학을 너무 깊게 들어간 나머지, 대부분은 PN 접합을 쉽게 입문했다가 학을 띄고 책을 서둘러 덮어 버리는 불상사를 겪게 된다. 머리를 탓해야 하나? 아니면 학문적 수준을 한껏 높인 책들을 탓해야 하나? 그렇다고 뭐든 탓만 할 순 없지 않은가!! 조선시대 양사언(陽士彦)은 태산이 높다 하되 하늘 아래 있고, 오르고 또 오르면 오르지 못할 산이 없다고 읊었다. 실제로는 오르기 힘들어 죽는다. 시적 표현이기 때문에 그렇군~ 하고 들릴 뿐이다. 허나 산소마스크 끼고 에베레스트 정상까지 올라 갈 필요는 없다. 오르되 뒷동산 정도면 족하다. 뒷동산 꼭대기 정자에만 앉아 있어도 바람이 선선하고, 경치가 제법 훤하다.

PN 접합이라고 했으니 P가 뭐고, N은 무엇인지 확실히 해 둘 필요가 있다. 전기전자, 반도체의 ABC는 P와 N이 무엇인지를 파악하는 것에서부터 출발한다. P와 N을 알려면 **진성반도체**(intrinsic semiconductor, **眞性半導體**)가 전제 되어야 한다. 반도체에서 진성반도체란 최외각 전자가 4개인 4가 원자의 단결정 결합체를 말한다. 고등학교 화학에서 배웠듯이 최외각 전자가 8개일 때 화학적으로 안정하다는 소리를 들었을 것이다. 따라서 4가인 원소들은 나머지 4개를 채우는 것이 목표가 된다.

만약 최외각 전자가 1개라면 전자를 버리는 것이 손쉽고 낮은 **이온화 에너지**(ionization energy)를 갖는다고 한다. 원자와 결속되어 있는 전자 1개를 떼어 버리는데 드는 에너지가 작다는 것이다. 최외각 전자가 7개라면 전자 하나를 받아들이는 것이 최선일 것이다. **전자 친화도**(electron affinity)가 좋다고 한다. 그러나 4개 정도 되면 버릴지 받아들일지 애매한 상태가 되기 때문에 에라 모르겠다, 좋은 게 좋은 것이다 하고~이웃이 서로 4개씩 전자를 공유해서 최외각 전자의 개수를 딱 8개 만들어 버리는 공유결합(covalent bond , 共有結合)을 형성한다.

실리콘 (Si) 과 저마늄(Ge;게르마늄은 일본식 발음이라 요사이는 저마늄이라고 부르고, 쓰는 데가 많아 졌다. 따라서 우리도 저마늄이라고 불러 주기로 한다. 절대 오렌지를 아륀지라 굴리며 원래발음 써야 한다고 티 내는 것은 아니니 오해하지 마시라.)이 공유결합 하는 대표적인 4가 원자들이다.

반도체는 초기에 저마늄을 많이 사용 했으나 지금은 거개가 다 실리콘으로 만들기 때문에 실리콘 공유 결합에 의한 진성반도체를 주로 사용한다. 저마늄은 열에 굉장히 약한 결점을 가지고 있다. 보통 80°이면 파괴 되는데, 납땜 온도가 200°정도이니 초기 저마늄 반도체 품질이 어떠했는지 알 수 있다. 이러구 저러구한 이유로 저마늄 보다는 실리콘을 선호하게 된 계기가 된 것이다. 아래 그림은 실리콘 결정만을 그린 것이다. 최외각전자 4개씩을 사이좋게 주고받아 모나지 않게 최외각전자 8개를 간결하게 소유한 것을 볼 수 있다.

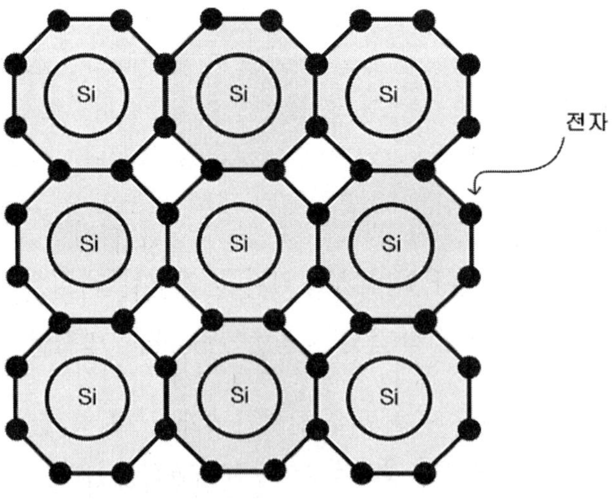

그림 1-4-1. 실리콘 진성 반도체 구조

진성반도체는 순수하기가 이를 데 없다. 얼마나 순수하냐면 9가 무려 12개인 「트웰브 나인」 이라고 해서 불순물이 없고, 순수한 실리콘만으로 99.999999999% 까지 잡티를 제거한 물질이라 하겠다.

만드는 방법은 1940년대 말에 벨연구소 야금학자 고든 틸이 고안한 것으로 자연적으로는 존재하지 않는 저마늄 단결정을 만들어 낸 것으로부터 시작되었다. 방법은 저마늄 단결정 씨앗을 용융되어 있는 저마늄에 담갔다가 서서히 꺼내면 **잉곳**(ingot)이라는 원통형의 단결정 주괴(鑄塊)가 만들어진다. 이를 얇게 횡단면으로 절단하면 회로를 새겨 넣을 수 있는 토대가 마련되는데 이를 흔히 **웨이퍼**(wafer)라고 한다. 웨이퍼의 다른 뜻에는 밀가루를 얇고 둥글게 구워 만든 전병(煎餠)이라는 뜻에서 알 수 있듯이, 전병처럼 생긴 것을 연상하면 된다. 그림 (1-4-2) 잉곳 사진에서 원통형의 머리부분에 뾰쪽한 곳이 실리콘이나 저마늄의 단결정 씨앗 부분이다.

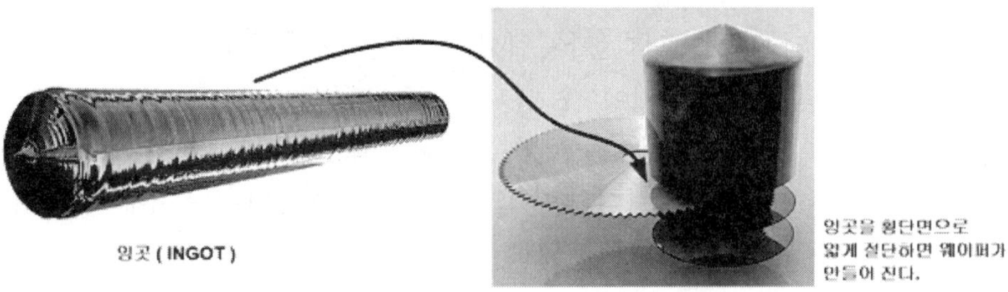

그림 1-4-2. 잉곳과 웨이퍼

사람들은 물질을 구분할 때 전기를 잘 통하느냐 통하지 않느냐에 따라 전통적으로 **전도체** (electric conductor, **電導體**)와 **부도체** (insulator, **絕緣體**)로 나누었다. 전도체는 전기가 아주 잘 통하는 금속 같은 물질이고, 플라스틱같이 전기가 통하지 않은 물질에 대해서 부도체, 또는 절연체라고 구분한 것이다. 그런데 행동 패턴이 이상한 물질 하나가 툭 튀어 나왔다. 그냥 곧이곧대로 놔두면 부도체인데 열이나, 불순물이 조금만 들어가도 전기 전도도가 확 증가하는 요상한 물체가 나타난 것이다. 그래서 전도체도 아니고 부도체도 아닌 것이, 기행을 일삼는다고 해서 반쯤은 도체라고 볼 수 있다고 판정을 내림으로 **반도체** (semiconductor, **半導體**)라고 이름 붙여 준 것이다.

그러면 실리콘 결정만으로 이루어진 진성반도체에서 몇 가지 성질들을 추출해서 알아보기로 하자. 반도체라는 물질은 정도의 차이는 있지만 열에 약하다는 특징을 태생적으로 안고 있다고 했다. 일반적인 실내온도 만으로도 반도체는 뭔가 꿈틀거리기 시작한다. 실내온도에서 진성반도체의 행태를 보자는 것이다. 만약 절대온도 0°K 라면 전자의 움직임은 없을 것이나, 실내온도 정도가 되면 진성 반도체 내에서 원자에 묶여 있어 자유롭게 활동하지 못했던 전자가 약간 요동치기 시작한다. 움직임이 일어나는 것이다. 열 받았으니 열 뻗치는 대로 가출해 버리는 상황도 생겨 버리는 것이다.

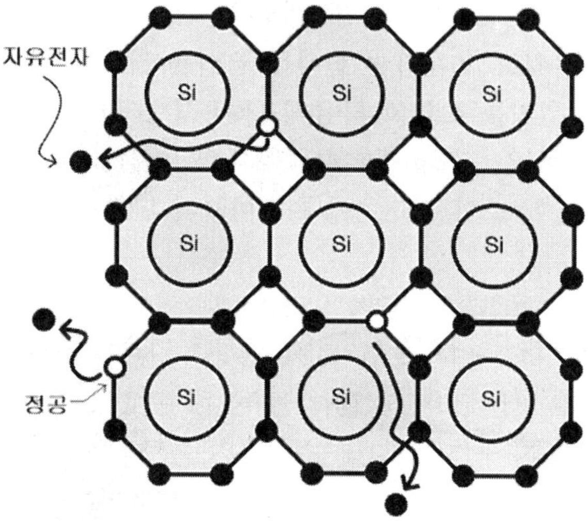

그림 1-4-3. 열 뻗힌 실리콘 진성 반도체

전자는 자기가 원래 붙들려 있던 원자의 구속력에서 벗어나면 근대일본의 낭인처럼 번(藩)에 속하지 않고 떠돌아다닐 수밖에 없는 처지로 전락된다. 이런 전자를 구속에서 벗어난 전자라고 해서, **자유전자**(free electron, **自由電子**)라고 한다. 전자가 떠나간 자리는 텅 비어 있다. 그러나 언제든지 다른 전자가 채워질 조건이 구비 되어 있기 때문에 홀 (Hole)이라고 하며, 전자와 같은 동등한 입장으로는 **정공**(Positive Hole), 또는 요즘에는 양공 이라고 불러준다. 전자는 (−) 전하를 갖는데 비하여 정공이라는 것은 전자가 떠난 자리이기 때문에 당연히 (+)전하를 갖는다고 할 수 있다. 정공도 (−) 전하를 갖는다면 극성이 같은 전하를 가진 전자가 반발될 것이다. 그러므로 정공은 (+) 전하가 맞다.

사정이 그렇다면 진성반도체에서는 떠나는 전자의 수와 정공의 수는 같다고 추론할 수가 있다. 물론 전자적 세계이기 때문에 그 수는 어마어마한 숫자가 된다. 여하튼 정공이란 전자가 떠난 자리에 불과 하겠지만, 아래와 같이 사유해 줄 때, 정공도 전자와 같이 운동하는 존재라고 가정할 수가 있게 된다.

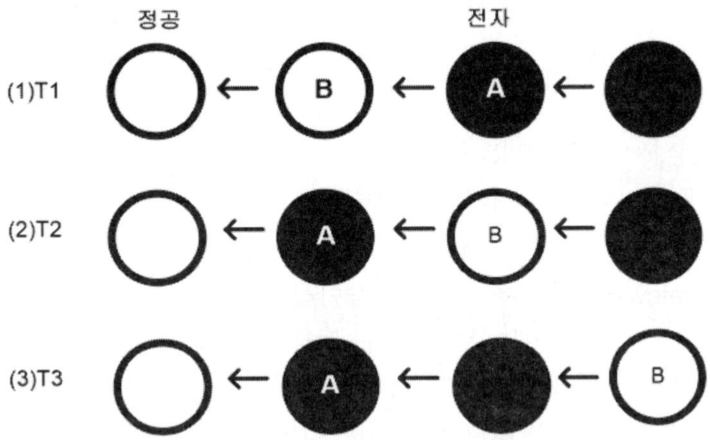

그림 1-4-4. 전자, 정공의 움직임

위의 그림은 도식적으로 그린 것이다. 실제로는 예측불허, 중구난방으로 전자가 이동 한다는 것을 염두에 두어야 한다. 전자 A가 왼쪽으로 움직인다고 가정해 보자. 정공 B는 그대로 있다고 생각하기 보다는 (+) 전하를 가지고 전자와는 반대쪽인 오른쪽으로 움직여 갔다고 간주해도 전혀 이상할 것이 없다. 그래서 반도체에서는 **운반자 (Carrier)**를 전자와 정공이라고 우기는 것이다. 운반자라고 하니 운반할 대상이 있어야 한다. 운반되는 대상을 **전하**(electric charge, **電荷**)라고 한다. 전자 하나가 갖고 있는 전하량은 -1.6021×10^{-19}C 이라고 고등학교 때 배운 기억이 있을 것이다. 전하를 띄고 있는 전자가 무지막지한 거대 집단으로 들썩거림에 따라 비로소 전기현상이라는 것이 유발 되는 것이다. 역동적인 세계가 펼쳐진다는 말이다. 따라서 진성 반도체에서는 열에 의해 같은 수의 **전자-정공 쌍** [Pairs, EHP(electron-hole pair)]이 생성된다고 볼 수 있다.

그렇다면 진성반도체에서 운반자의 **농도**(concentration, **濃度**)는 얼마가 될까? 농도라는 것은 일정한 부피에 얼마만큼의 개수가 있는가의 정도를 나타낸다. 반도체공학에서는 개수/㎤(= 개수$\times$cm^{-3})로 표현한다. 가로, 가로, 높이가 각각 1cm인 아주 작은 입체적 공간 안에 운반자 개수가 얼마인가 보자는 것이다. 보통 실내온도 범위에서 진성반도체 운반자의 농도 n_i는 아래와 같다. 특별히 i 라는 첨자는 반도체에서 진성이라는 의미를 가진 첨자로 쓰인다는 것을 알아두자.

$$n_i = 1.45 \times 10^{10} cm^{-3}$$

대충 때려잡아서 세제곱 센티미터 안에 자그마치 145억 개씩이나 들어 있다!! 그러나 전자들의 미시적 세계에서는 큰 값이 결코 아니다. 오히려 작은 값에 불과하다. 운반자는 어떤 종류가 있는지 앞서 살펴보았다. 전자와 전공이 운반자라고 했다. 전자가 튀어 나오면 정공이 하나 생기고 두 개 튀어 나오면 정공도 두 개 생성 되므로, **진성반도체 안에 전자의 수와 전공의 수는 같다**고 말할 수 있다. 진성반도체 안의 전자의 밀도를 n 이라고 하고, 진성반도체 안의 정공의 밀도를 p라고 하면 n_i 와의 관계식은 아래와 같다. (세제곱 센티미터당 전자 전공의 개수이기 때문에 밀도라고 불러 준다.)

$$n = p = n_i$$

이렇게 식이 전개 되는 이유는, 반도체 **질량작용의 법칙**(law of mass action, **質量作用 法則**)에서 추출 할 수가 있다. 아래 식은 하나의 법칙이다. 법칙이기 때문에 겸허하게 받아들이면 된다.

$$np = n_i^2$$

그런데 진성반도체에서는 *n=p*가 된다고 했다. 위의 식에서 n과 p를 같다고 하면 다음과 같은 식들이 나온다.

$$n_i = \sqrt{np}$$
$$n_i = \sqrt{nn} = \sqrt{n^2} = n \quad \text{또는}$$
$$n_i = \sqrt{pp} = \sqrt{p^2} = p$$

이러한 식들이 유도되는 과정을 세밀하게 더 확인하고 싶으면 반도체의 역사라고 할 수 있는 **쇼클리가 1950년에 저술했던**『electrons and holes in semiconductors』를 읽어 보라고 권하고 싶다. 물론 내용은 대단히 난해하다. 반도체공학에서 기초라고 해서 서술된 모든 내용이 이 책에 대부분 수록이 되어 있다. 앞에 나올 대부분의 수식들은 쇼클리의 책을 보면 확인할 수 있을 것이다.

이왕 쇼클리 책 이야기가 나왔으니, 전자와 정공의 농도를 표현하는 식을 서술하고 넘어가기로 한다. 물론 추출과정은 여타 반도체공학 책이나 쇼클리가 저술한『electrons and holes in semiconductors』책을 참고하면 된다.

전자의 농도

$$n = N_C e^{\frac{-(E_C - E_F)}{kT}} = N_C e^{\frac{E_F - E_C}{kT}}$$

정공의 농도

$$n = N_V e^{\frac{-(E_F - E_V)}{kT}} = N_V e^{\frac{E_V - E_F}{kT}}$$

이 식들은 뒤에 나오겠지만, N_C=전도대역에서의 유효상태밀도(the effective density of states in the conduction)나 N_V=가전자 대역의 유효 상태 밀도(effective density of states of the valence band)는 전도 대역, 가전도 대역 내의 모든 에너지 상태가 단 하나의 에너지 준위 Ec, E_V로 유효하게 압착된다면 (세제곱 센티미터당) Nc, 또는 N_V 개의 전자를 수용할 수 있는 상태가 되는 것과 같다. 다른 말로 환언하면 여러 수준인 에너지의 양자적(연속적이 아니라 개별적으로 나누어 졌다는 의미를 내포한다) 상태를 어디서부터 어디까지 (밴드 또는 대역) 하나로 뭉쳐 일개의 에너지 준위를 상정하여 거기에 얼마만한 운반자들을 수용할 수 있는가를 나타낸다고 굳이 해석할 수 있을 것이다. 물론 상기한 것과 같이 식 유도 과정은 난해하다. 여기서 다룰 수 있는 주제가 아니다.

그러면 다음에는 본격적으로 진성반도체를 역동적으로 만들어 주는 P형 반도체와 N형 반도체에 대해서 궁구해 보기로 한다. 자유전자 설명하다가 일본의 낭인이야기가 나왔으니 한마디 덧붙인다.

낭인(浪人)하면 거지발싸개처럼 추레한 몰골로 일본의 전국을 싸돌아다니는 사이비 무사, 무뢰배쯤으로 여겨서는 안 된다. 특히 근대일본의 낭인들은 지사이며 선각자들이었다. 조선에 선비가 있듯이, 일본에서는 날 선 무사가 있었다. 그들은 문무를 겸한 일본사회의 지도급 무리들이었으므로 우리의 편견과 예상과는 사뭇 다르다.

무사들은 무력에 대해서는 일가견이 있는 인물들이었기 때문에 무력에 대해서만큼은 무척 잽싸게 반응한다. 좁은 일본 안에서 아웅다웅하다가 미국의 페리제독이 1853년 방수 때문에 시커먼 타르로 떡 칠한 흑선4척을 이끌고 도꾜만(灣)으로 들어와 대포를 앞세워 통상을 요구하자, 우후죽순처럼 자각한 무사들이 우물 안 개구리 처지에서 깨어났다.

조선은 붓(문반)이 통치하던 시대였기 때문에 무력에 대해서는 둔감했다. 서양이 대포로 밀고 들어와도 까딱하지 않고 쇄국으로 나아간 것만 봐도, 하룻강아지 범 무서운 줄 모른다고, 모르면 깡다구가 세지는 법이다. 펜이 칼보다 강할 때는 가뭄에 콩 나듯이 아주 드물게 있지만, 실제 세계는 펜보다 칼이 더 강할 때가 많은 법이다. 이걸 놓쳐서는 죽도 밥도 안 된다. 임진왜란에, 병자호란에, 한일병합에.. 나라가 풍지박살 난 것이 극단적으로 말하면 칼보다는 펜대를 우대해서 사단이 난 것이 아니었겠는가!! 이런 데서 문무의 차이는 극명하다. 문은 골수에 사무치도록 정적이고 비현실적인 이념 세계에 착념 하지만, 무는 변화무쌍한 현실세계를 정조준 하게 된다. 일본은 이 때부터 서양을 배우자는 운동이 일어났고, 그 중심에는 무사들이 있었다. 서양 대포에 굴복하여 통상을 맺은 도꾸가와 막부를 폐지하고, 천황에게 통치권을 되돌리고, 천황 중심으로 나라를 다시 건설하자는 대정봉환(大政奉還)의 움직임이 무사들 사이에서 거세게 일어난다. (무사는 상급무사와 하급무사로 구분 되는데, 변역을 바라는 계급은 하급 무사들이었다.)

지금도 일본인들이 좋아 하는 낭인 한 명이 영웅으로 떠오르는데 사카모토 료오마가 힘이 강하고 유력한 두 번(藩), 사쓰마, 죠수와의 동맹을 주도해서 체결시키고, 결국 삿죠동맹으로 막부를 무너뜨리며, 메이지 유신으로 일본의 근대화를 이끌게 된다. 메이지 유신의 영웅 사카모도 료오마는 막부 잔당들에게 습격당해 죽임을 당한다. 일본 근대화의 분수령, 메이지 유신에 일신을 제물로 바친 것이다. 사쓰마와 죠수의 무사들이 주축이 된 메이지 유신의 장본인들이 얼마나 서양을 배우려고 열화와 같았는지 ,메이지 유신이 일어난지 겨우 3년 만에 정부요원들과 유학생 등이 포함된 106명의 이와꾸라 사절단을 구성해 세계를 돌아다니며 문물을 배우게 한 데서 알 수가 있다. 하필 강하게 인상 받은 곳이 무력이 강한 비스마르크의 통일 독일이어서 문제였지만....

서양의 앞선 문물을 배우고, 부국강병을 지향하는 것이야 탓 할 일은 못 된다. 문제는 힘이 뻗쳤을 때 영국, 프랑스, 독일, 미국의 기세등등했던 19세기 제국주의라는 독을 주입 받았다는 데에 심각한 문제가 야기 되는 것이다. 그래서 일본 제국주의,

일제가 된 것이다. 메이지 유신의 주축이 된 죠슈번에는 학문적 신동이 한 명 있었다. 요시다 쇼인이라는 인물로 사숙(개인학교)인 쇼카손주쿠(松下村塾)에서 메이지 유신의 주역들을 길러 냈다. 그는 조선을 정벌하자는 정한론의 태두쯤 된다. 서양에서 받은 상처를 조선이나 청나라에서 보상 받아야 한다고 후학에게 인식시켰다. 서쪽에서 뺨 맞고, 동쪽에서 화를 풀자는 격이다. 이토오 히로부미가 바로 요시다 쇼인의 제자 중 한 명이다. 그의 제자들은 스승의 유지를 잘 받들어 결국 한일병합을 이루어 한국민에게 씻을 수 없는 상처를 주었다. 만주를 유린한 것은 물론이고, 중국 본토인 난징에서 30만 명을 학살하는 만행을 저지르기까지 눈을 부라렸다.

지금 일본 총리인 아베가 바로 정한론이 태동한 죠슈번 출신이라는 것을 알면 그의 행태를 이해하게 되는 것이다. 왜 그가 강한 일본을 주먹을 불끈 쥐고 주장하는지 죠슈번의 정치적 DNA를 보면 정황을 꿸 수 있게 된다. 역사의 무서운 면이 이런 곳이다. 허울만 좋았던 대동아 공영론, 정한론과 맥이 닿아 있는 DNA를 말이다.

1-5. 진성 페르미준위

PN접합으로 들어가기 전에

에너지 밴드(energy band) 그림을 이해하고 넘어가기로 한다. 에너지 밴드에 대해서 감을 잡아야 하는 이유는 반도체를 다루는 자료 중에 심심찮게 에너지 밴드에 대해서 거론하는 것을 쉽게 찾아 볼 수 있기 때문이다. 전자 세계의 거시적인 흐름인 트랜지스터 이해를 위해 필요한 디딤돌 지식은 결코 아니다. 에너지 밴드를 모르더라도 트랜지스터를 이해하는데 있어 전혀 걸림돌로 작용하지 않는다. 그런 차원에서 가볍게 생각하시라는 말이다. 물론 반도체 공학 전공자는 입장이 다르겠지만, 여하튼 전기전자 공학차원에서는 알아도 그만, 몰라도 그만인 것이 사실이다. 약간의 호기심만 발동시켜 관심 가져 보자.

그림 1-5-1. 진성 반도체에서의 페르미 준위

위의 그림은 불순물이 첨가되지 않은 진성반도체의 에너지 준위를 단적으로 보여주고 있다. 위에 보이는 선들은 에너지 수준이라고도 볼 수 있고, 실제 원자가 가지고 있는 궤도(orbit)라고 볼 수 있다. 아래쪽에 있을수록 원자핵과 가깝다는 것을 의미한다. 전자가 역마살이 끼여서 싸돌아 다니려면 전도대에 있어야 하므로, 위로 갈수록 전자가 가진 에너지가 높다고 생각하여야 한다. 원자에 붙들려 있다가 열이나 전기 에너지 등 에너지라고 불릴 만한 것들이 유혹하고, 자극을 주면 전도대로 튀어 나가기 때문에 열 받는다는 것은, 결국 좀 더 높은 에너지대로 진입한다고 사고해주어야 한다.

E_V : **가전자대(Valence band, 價電子帶)** 에너지 준위. 전자가 옴짝달싹 하지 못하

는 에너지대.

E_i : **진성페르미 준위 (보통은 페르미 에너지 준위를 Ef 라고 쓰나, 진성반도체는 구분해서 Ei 기호를 써준다.)**

E_C : **전도대(Conduction band, 傳導帶)의** 에너지 준위. 전자가 자기 멋대로 싸돌아 다닐 수 있는 에너지대.

가전자대에 있는 전자가 에너지(열, 전기 등)를 받으면 전도대로 올라가 자유전자가 된다는 것은 대충낌새를 알아차릴 수 있다. 문제는 페르미 준위라고 하는 것으로, 왜 진성반도체에서는 전도대와 가전자대 에너지 준위의 중간에 위치하는가가 매우 궁금하다. 그리고 페르미 에너지준위가 무엇을 의미하는지도 아리송하다.

보통 페르미 준위에 대해서는 이 몇 가지 규정들이 설왕설래한다.

- '절대온도 0도에서 최외각 전자가 가지는 에너지 높이' 라고 하며,
- '전자가 채워질 확률이 ½인 에너지 준위' 라고 하기도 한다.

그러나 안타깝게도 이런 정의들로 페르미 준위를 이해하기는 매우 어렵다. 예를 들어 위의 그림만 보더라도, 가전자대와 전도대 사이에는 **금지대(禁止帶, forbidden band)**라고 해서, 전자가 존재할 수 있는 영역이 절대 아니다. 그런데도 페르미 에너지 준위가 버젓이 있다는 것은 가상의 에너지대라는 것을 드러낸다. 일단 페르미 준위는 가상적임을 알아야 한다. 실제 존재하는 에너지 준위가 아니라는 것이다.

또 한 가지 알아야 할 것은 페르미 준위는 확률적 존재?라는 것이다. 미시적인 전자의 세계에서 상세한 숫자로 대상을 파악한다는 것은 번거롭기도 하거니와 알기도 어렵다. ~ 대한 확률 몇% 라면, 그나마 이해하는데 어려움은 없을 것이다. 일상에서 확률적 상황을 많이 접하고, 이미 많이 노출 되어 있기 때문에 확률에 익숙하다. 예를 들어 로또 맞을 확률이 팔백만지 일이다 하면 무슨 의미인지 바로 깨닫는다. 따라서 페르미 준위도 익숙한 확률을 동원해 대상을 서술한 것이라는 것을 두 번째로 알아야 한다. 그까이거 대충 때는잡는 데는 확률 값을 곱하기 하는 것 보다 단출한 것은 없다.

진성반도체에서 가전자대와 전도대 사이에 페르미 준위가 있는 이유는 말로 설명하기가 꽤 까다롭다. 식을 동원해야 확실해진다. 이 때 동원 되는 것이 페르미-디락 함수(Fermi-Dirac function)라고 하고 또는 **페르미-디락 분포 함수**(Fermi-Dirac distribution function)라고 한다. 쇼클리가 저술한 책『electrons and holes in semiconductors』 page 231, 이 함수에 대하여 다음과 같이 해석을 달아 놓았다.

> *The value of the Fermi–Dirac function f is the probability that under thermal equilibrium a quantum state of energy E is occupied by an electron. It is, therefore, the average value of the fraction all the quantum states of energy E occupied by electrons*

요약하면 이 함수는 열평형상태라는 조건 하에서 양자상태의 에너지 E가 전자로 점유될 확률을 나타내고 있다. 양자상태란 연속적이지 않고 불연속적인 에너지 띠를 의미한다. 에너지 띠가 여러 개(밴드, 또는 대역이라고 했다.)이므로 이를 하나로 압축한 에너지를 의미한다. 식이 확률이기 때문에 값은 0~1사이에 있다는 것을 명심하자. 이제 식을 가져와 감상해 보기로 한다.

$$f(E) = \frac{1}{1 + e^{\frac{E-E_F}{kT}}}$$

1–4장에서 나왔던 전자와 정공의 밀도를 표현하는 식과 엇비슷하다. 전자와 정공의 밀도를 표현하는 식의 출신성분이 바로 페르미–디락 함수였던 것이다. 이런 수식이 나오면 절대다수의 평균적인 이성들은 경색되고, 당황하는 것은 아주 당연한 반응이다. 그러나 충분히 당황하기 전에 잠깐! 조곤조곤 사유해 주면 별거 아닐 수 있는 식이다.

먼저 함수를 볼 때 주목해서 보아야 하는 항목은 변수 부분이다. 페르미–디락 함수는 에너지(E)와 온도(T)에 관한 함수식이다. k는 **볼츠만 상수**(Boltzmann constant)로 값은 k= 1.38054×10^{-23}J/K 이고 고정 값을 가진 일정한 수다. E_f는 페르미 에너지라는 것. 이것저것 따져 보기 전에 위의 함수가 어떤 값을 가지는지 확인해 보기로 한다. 그전에 먼저 자연지수함수의 성질을 뜯어보자. 자연지수함수의 성질을 알면 자연지수함수가 근간인 페르미–디락 함수의 성깔도 이해하기 어렵지 않다.

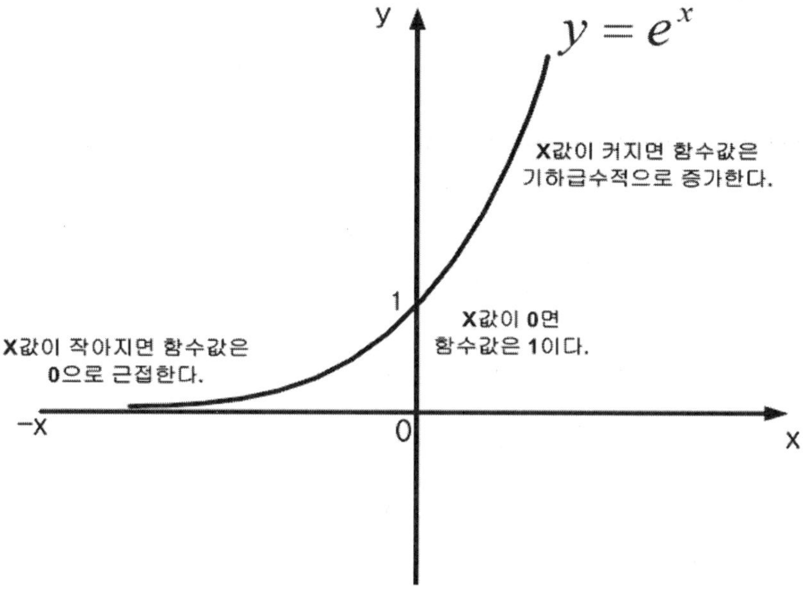

그림 1-5-2. 자연지수함수의 몇 가지 성질머리

자연지수함수의 그래프를 보고 페르미-디락 함수가 꽤 복잡할 것이라고 판단하면 어려워진다. 쉽게 쉽게 접근해야 한다. 자연지수함수에 상수항이 들어가면 어떤 일정한 상수 값이 나오게 된다는 것을 주목해야 한다. 보통은 세 가지로 나누어서 설명을 한다. 페르미-디락 함수에서 변수가 몇 개 나오는데 그 중에 하나인 온도를 미리 설정하고 파고 들어가 보자. 절대온도가 0°K 일 때를 보면 대충의 그림이 그려진다.

① 어떤 임의의 에너지가 페르미 에너지 보다 클 때, (아예 무한대로 생각해 버리는 것이 시원시원하고 극단적이어서 쉽다) → $E(=\infty)\rangle\rangle E_f$이면

$$f(E) = \frac{1}{1+e^{\frac{E-E_f}{0}}} = \frac{1}{1+e^{+\infty}} = \frac{1}{\infty} = 0$$

② 어떤 임의의 에너지가 페르미 에너지 보다 작을 때, (아예 0으로 생각해 버리는 것이 속 편하다) → $E(=0)\langle\langle E_f$ 이면

$$f(E) = \frac{1}{1+e^{\frac{E-E_f}{0}}} = \frac{1}{1+e^{-\infty}} = \frac{1}{1+0} = 1$$

자연지수함수의 성질에서 x가 작아지면, 즉 (−) 쪽으로 가면 갈수록 함수값은 0이 되므로 위와 같이 페르미−디락 함수의 값은 1로 수렴한다. 확률에서 1이면 ×100해서 100% 확률이라는 말이 된다. 이는 절대온도 0°K 일 때, 임의의 에너지가 페르미 준위 보다 작으면 전자로 점유 될 확률이 100%라는 말이 된다. 그래서 '절대온도 0도에서 최외각 전자가 가지는 에너지 높이' 라고 하는 이유가 여기에서 유래된다. 페르미 준위 이상에서는 전자가 발견되기 불가능하다는 말은 페르미 준위가 최외각 전자가 있는 곳이며, 절대 벗어 날 수 없는 에너지 준위가 된다는 말이다.

③ 어떤 임의의 에너지가 페르미 에너지 와 같을 때 → $E = E_f$ 이면

$$f(E) = \frac{1}{1+e^{\frac{0}{0}}} = \frac{1}{1+e^{0}} = \frac{1}{1+1} = \frac{1}{2}$$

따라서 임의의 에너지가 페르미 에너지와 같으면 전자가 점유하고, 찾아질 확률은 50%가 된다.

이러한 과정을 통해서 알게 되는 사실은, 절대온도 0°K시 가전자대에는 전자가 꽉 차있고, 전도대에서는 전자가 없으며, 가전자대와 전도대의 중간인 지점에서 전자가 있을 확률은 50% 이면서, 이곳이 바로 우리가 이해하려고 하는 페르미 준위가 된다고 할 수도 있다. 그래서 ' 전자가 채워질 확률이 $\frac{1}{2}$인 에너지 준위' 라고 규정하기도 하는 것이다.

그래서 아래와 같은 그림이 일단의 자료에서 유령처럼 출몰하는 것이다. 페르미 준위를 중심으로 전자가 없다와 있다가 일도양단(一刀兩斷) 된다. 평퍼짐한 구간은 없다. 바로 절대온도가 0°K일 때 말이다.

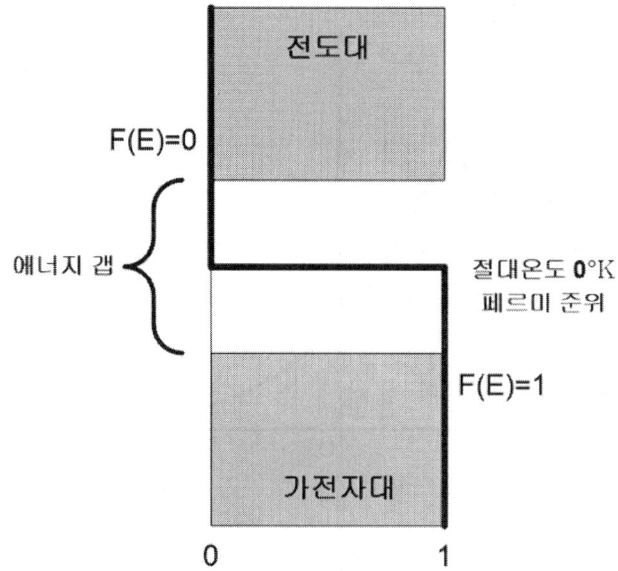

그림 1-5-3. 절대온도 0°K 에서 페르미 준위

그러면 페르미-디락 함수가 에너지 뿐만이 아니고, 온도의 함수라고 했기 때문에 절대온도 0°K 에서 온도를 증가시킨다고 할 때 함수의 그래프는 어떻게 변화되는지 보기로 한다. 군인으로 따지면 각 잡힌 수준 정도가 현역에서 예비역 같이 유연하게 변한다. 페르미-디락 함수 값은 0~1사이에서 움직이는 확률값이기 때문에 그래프를 이해하는데 어려움은 없을 것 같다. 진성 페르미 준위를 기준으로 변화하는 것을 관찰하시라. 위로 올라갈수록 에너지는 높다는 것을 상기하셔야 한다.

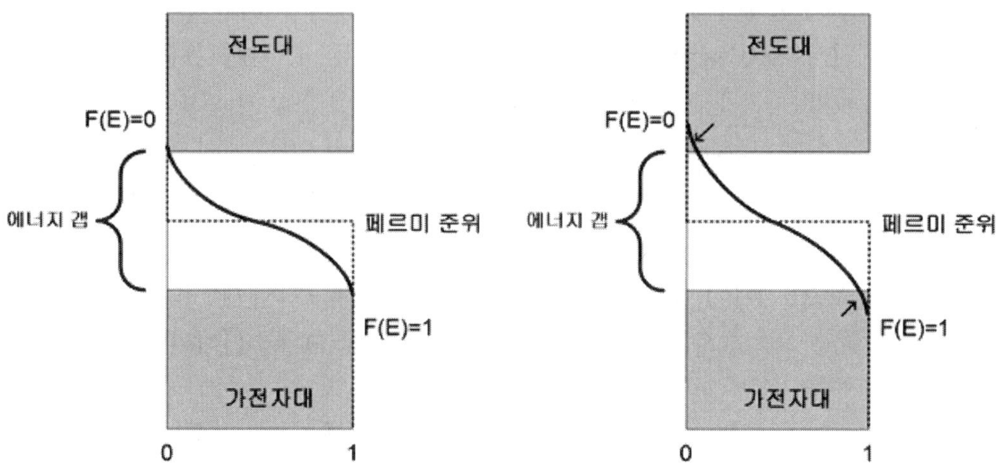

그림 1-5-4. 온도에 따른 페르미 준위의 변화

온도를 점점 올려 보면 페르미-디락의 함수 그래프는 흑백논리로 화끈하게 이것 아니면 저것 이라는 모습으로부터, 성질 팍 죽여 완만하게 변형이 가해진다. 이 그래프를 통해서 또 하나 알 수 있는 것은 가전자대에서 꼼짝없었던 전자가 구속에서 벗어나서 전도대로 훌쩍 뛰어 넘어 들어가는 것을 확인할 수 있다는 점이다. 우측 그림에서 보일 듯 말듯하게 그려진 화살표로 표시된 곳을 주시하시라. 가전자대에서는 전자가 떠난 자리인 정공이 슬쩍 보이고, 전도대에서는 떠돌이 전자가 올라가 있는 모습이 살짝 보일 것이다. 면적으로 표시 되어 있다. 이런 종류의 그림이 의미하는 바다.

여하튼 진성반도체에서의 페르미 준위가 왜 가전자대와 전도대의 중간에 있는지를 조합해서 설명해 보았지만 좀 미진한 구석이 있다. 확실하게 하기 위해서 확인사살 들어가자. 다음에는 아예 수식으로 단촐?하게 정리해 보기로 하자.

진성반도체에서의 페르미 준위가 가전자대와 전도대의 중간에 있다고 하는 점을 수식으로 확인해 보자고 했다. 한 번 설명 했는데 똑같은 이야기를 거듭하는 것을 동어반복이라고 하는데, 노골적으로 동어반복 하겠다는 것이다. 왜?? 여기에서 나오는 수식은 불순물 반도체에서의 페르미 준위를 알아내기 위해서도 꼭 필요한 식이 포함이 되어 있기 때문에 미리 복선을 깔아 놓을 필요가 있어서 그렇다.

진성반도체에서 실내온도에서는 전자-전공 쌍 (EHP ,electron-hole pair)이 생긴다고 했다. 그 말은 전자와 정공의 수가 거의 같은 수로 발생한다고 간주할 수 있다고도 했다.

열평형상태에서 전자와 전공의 밀도를 생각해 보기로 한다. 열평형 상태란 진성반도체가 있을 때 주의 온도에 반도체 온도가 고루고루 맞춰졌을 때라고 생각하면 된다. 이때 에너지 수준으로 말해서 전자의 운동은 가전자대에서 전도대로 올라가기도 하고, 가전자대로 내려가기도 한다. 왔다리 갔다리 운동을 많이 한다. 구조적으로 말해서 원자와 결합을 끊었다가 빈 곳이 있으면 채우고 하는, 매우 복잡한 움직임을 보인다.

온도는 실내온도라고 가정한다. 그 때 가전자대에는 전공이 들어갈 자리가 생기고, 전도대에서는 전자가 들어갈 자리가 생긴다고 했고 그림으로 확인도 했다. 자리가 생긴다고 해서 전자, 전공이 다 채워지는 것은 아니기 때문에, 열평형상태에서 전자와 전공의 농도는 들어갈 자리에 전자와 전공이 얼마큼 들어 갈 수 있는 지로 표현할 수 있다. 이런 것을 표현할 때는 수학의 분수가 제격이다.

그림 1-5-5. 고밀도와 저밀도

이때 전공이 들어갈 수 있는 자리를 **가전자밴드에서의 유효상태밀도** N_V(the effective density of states in the valence)라고 하고, 전자가 들어갈 수 있는 자리를 **전도대역에서의 유효상태밀도**(the effective density of states in the conduction) **라고 해서** N_C 라고 기호화 해준다. 이때의 전자 전공의 개수를 각각 n 과 p라고 하면 전자 전공의 농도는 근사적으로 아래와 같이 된다. 1-4장에서 이미 한 번 건드려 본 식들이다.

$$\frac{n}{N_C} = f(E_C) = \frac{1}{1+e^{\frac{E_C - E_f}{kT}}} \cong \frac{1}{e^{\frac{E_C - E_f}{kT}}} = e^{\frac{-(E_C - E_f)}{kT}} = e^{\frac{E_f - E_C}{kT}}$$

$$n = N_C e^{\frac{E_f - E_C}{kT}}$$

위의 식에서 보면 전도대에서 전자가 들어갈 자리에, 전자가 얼마만큼 차 있는지를 나타내므로, 열평형상태에서의 전자의 밀도라고 말할 수 있다. 그런데 페르미-디락 함수가 약간 형태가 바뀌었다. 자연지수함수의 항이 1보다 크다고 보고 1은 의미가 없어지므로 삭제하였다. 두 번째 나온 식은 나중에 불순물 반도체에서 페르미 준위를 알아내기 위해서 필요한 식이 되므로 대충 감은 잡아 놓기로 한다.

마찬가지로 가전도대에서 전공의 농도를 전자와 같은 방법으로 구할 수가 있다.

$$\frac{n}{N_V} = f(E_V) = \frac{1}{1+e^{\frac{E_f - E_V}{kT}}} \cong \frac{1}{e^{\frac{E_f - E_V}{kT}}} = e^{\frac{-(E_f - E_V)}{kT}} = e^{\frac{E_V - E_f}{kT}}$$

$$p = N_V e^{\frac{E_V - E_f}{kT}}$$

페르미-디락 함수가 근사로 변한 식을 유심히 보면 에너지밴드가 전자일 때는 전도대에서의 밀도가 되므로 Ec가 되고, 정공일 때는 가전자대이기 때문에 Ev가 되는 것을 주목하시라. 실내온도에서 진성 반도체의 전자와 홀은 쌍으로 만들어 지므로 개수는 같다. 그러므로 식은 다음과 같이 전개될 것이다.

$$n = p$$

임을 확인했으므로

$$N_V e^{\frac{E_V - E_f}{kT}} = N_C e^{\frac{E_f - E_C}{kT}}$$

위의 식을 가벼운 마음으로 풀어 제켜 보자.

$$\frac{N_V}{N_C} = \frac{e^{\frac{E_f - E_C}{kT}}}{e^{\frac{E_V - E_f}{kT}}}$$

$$\frac{N_V}{N_C} = e^{\frac{E_f - E_C}{kT}} e^{\frac{-(E_V - E_f)}{kT}}$$

$$\frac{N_V}{N_C} = e^{\frac{2E_f - E_C - E_V}{kT}}$$

번거로운 자연지수함수 형태를 무너뜨리기 위해 양변에 자연로그를 취해 주기로 한다.

$$\ln\frac{N_V}{N_C} = \ln e^{\frac{2E_f - E_C - E_V}{kT}}$$

$$\ln\frac{N_V}{N_C} = \frac{2E_f - E_C - E_V}{kT}$$

$$2E_f - E_C - E_V = kT\ln\frac{N_V}{N_C}$$

$$E_f = \frac{E_C + E_V}{2} + kT\ln\frac{N_V}{N_C} --- (1.5.1)$$

식 (1.5.1)에서 진성반도체는 실내온도, 열평형상태에서 전자 전공이 들어갈 집 규모가 똑 같으므로, $N_C=N_V$ 가 된다. 보통 10^{19} 되는 어마어마한 값이다. 따라서 식은 최종적으로 아래와 같이 간단하게 변한다. (N_C, N_V를 규정하는 복잡한 식이 따로 있지만 거기 까지 생각해 줄 필요는 없다. 각각 가전자대의 가장 위쪽, 전도대의 가장 아래쪽의 전공과 전자가 들어가 앉아 있을 수 있는 의자수라고 생각하면 된다.)

$$E_f = \frac{E_C + E_V}{2} + kT\ln\left(\frac{N_V}{N_C}\right) = \frac{E_C + E_V}{2} + kT\ln(1) = \frac{E_C + E_V}{2} \qquad (\because \ln 1 = 0)$$

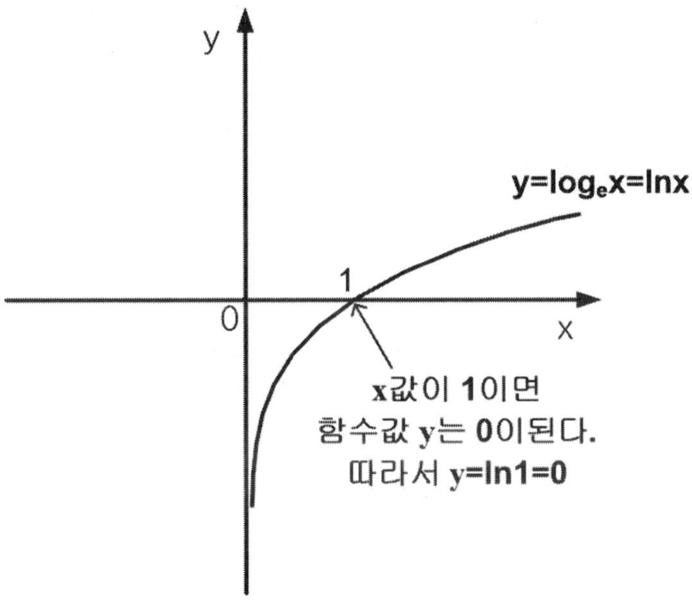

그림 1-5-6. y=ln x 의 그래프

그러므로 결론은 그림으로 확인한 진성반도체에서의 페르미 에너지 준위는 가전자대와 전도대의 중간이라고 확인할 수 있다. 백 마디 말보다는 식으로 확인하는 것이 훨씬 본질을 들추어내는 방법으로 아주 적절하다. 너절하게 말로 이러쿵저러쿵 사족을 붙일 필요가 없는 것이다. 수식이 가지는 장점이 이런 것이다. 백가쟁명을 침묵시키는 확실한 방법. 그래서 수학이 매력 있는 학문일지도 모르겠다. 지금까지 페르미 준위 설명은 바로 아래 그림이었음을 상기하도록 하자.

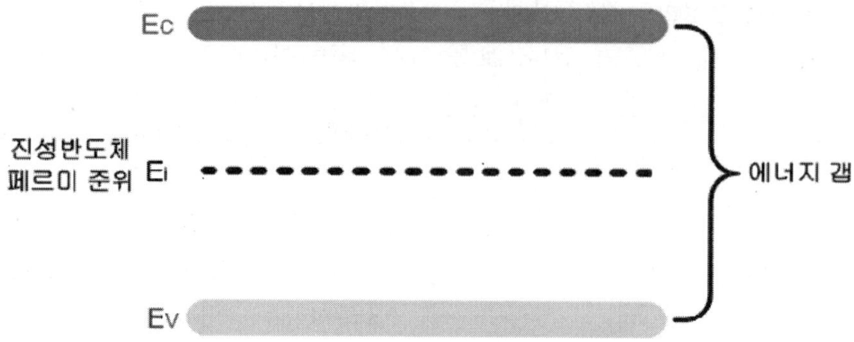

그림 1-5-7. 진성 반도체에서의 페르미 준위

다음은 PN이 무엇이고, P와 N 반도체에서 페르미 준위가 어떻게 변화 되는지 감상하기로 하겠다. 결론적으로 PN이 합체 했을 때, 에너지 준위 그림이 어떻게 되는지 보는 것이 번거롭게 식을 동원해서 설명하는 이유가 된다. 교과서에 나오는 그림 하나 이해하자고 하는 노력인 것이다.

그리고 하나 먼저 언질을 드리는 것은 전자의 세계는 보통 개수 단위가 10^{10} 정도는 아무 것도 아니다. 그래서 왕초의 법칙이 작동한다. 예를 들면 이런 것이다. 군화 위의 개미는 안 보이는 것으로 간주하듯이 개수가 10^{10} 과 10^{15}승이 더해지면 그냥 10^{15}승으로 처리해 버리는 작동체계가 전자의 미시적인 세계이다. 이점을 염두에 두지 못하면 반도체 공학에서 기호가 해까닥 변하는 이유를 따라잡지 못하게 된다. 나중에 맛보기 하자.

1-6. N형 반도체

PN 접합에 들어가기 전에 **불순물 반도체**(impurity semiconductor, **不純物半導體**)를 알아보기로 한다. 불순물이라는 용어가 들어갔다고 해서 뭔가 지저분한 것이 섞인 것을 연상하면 곤란하다. 전기전자를 전공하는 사람들이 곤란을 겪는 것이 바로 이런 용어의 무차별적 공격 때문에 혼란이 와서 그런 면도 있다. 인격도 없는 것이 능동소자를 참칭 한다거나, 공기 중에서의 유전율과 비교한 비유전율이나 비저항이 아닐 비(非)잔지, 비견 할 비 (比)자인지 헷갈린다거나, 지금처럼 순수(진성)한 것이 뭔지를 알아야 불순한 것을 인지한다거나 하는 것들이 널려 있다. 불순물반도체를 무언가 다른 것이 첨가 됐다고 해서 첨가물반도체(添加物半導體)라고 하기도 객쩍고 참 꺼림칙 하긴 하다.

불순물 반도체는 진성반도체에 외부에서 불순물을 넣어 준다고 해서 **외인성반도체**(extrinsic semiconductor)라고도 한다. 잘 아는 대로 최외각 전자가 5가인 원소를 진성반도체에 넣어 주면 N형 반도체가 되고, 최외각 전자가 3가인 원소를 진성반도체에 넣어 주면 P형 반도체가 된다.

먼저 N형 반도체부터 파헤치자. 불순물 반도체를 만드는 방법은 고온화로(高溫火爐) 속에 진성 실리콘 반도체를 넣고, 불순물을 증기 형태로 불어 넣는다. 이렇게 되면 불순물이 연기처럼 실리콘 결정에서 확산이 된다.

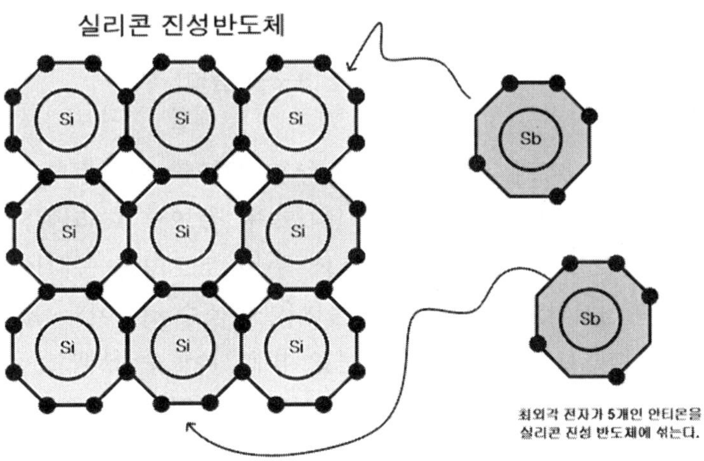

그림 1-6-1. 진성반도체에 3가 불순물 주입

최외각의 전자가 5개인 인, 비소, 안티몬 같은 것을 진성반도체에 섞으면 둘이 결합해서 외각 전자 8개가 되고 싶은 나머지 전자 1개는 내쫓아 버린다. 전자 1개는 일본의 낭인과 같이 어디에도 속하지 못하고 자유의 몸이 되어 자유전자가 된다. 이렇게 형성된 물질을 N형 불순물 반도체(N형 반도체)라고 한다. 자유전자의 전하는 (−) 이기 때문에 전기적으로 Negative 여서 N이라는 명칭을 부여한 것이다. 이 때 첨가되는 불순물은 자유전자를 결과적으로 주게 되므로 도우너 (donor)라고 한다.

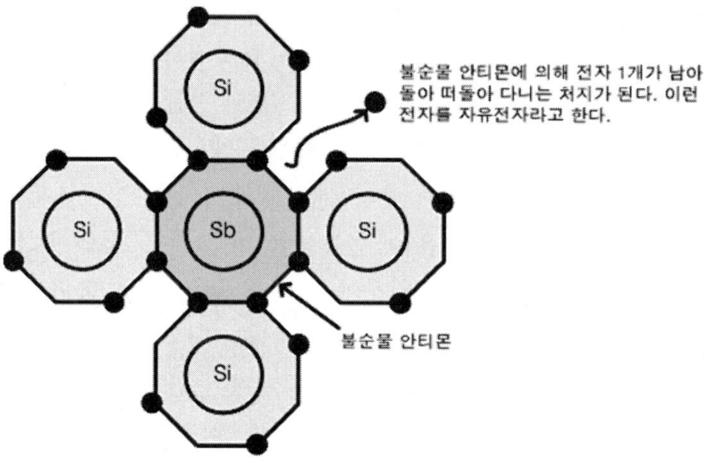

그림 1-6-2. N형 반도체 구조

진성반도체에서는 전하의 운반자 (캐리어)로서 전자와 전공이 동일한 비율로 균형이 맞추어 져 있었는데, 불순물 반도체에서는 다수와 소수로 캐리어가 나누어진다. N형 반도체에서는 다수 캐리어가 전자가 되는 반면에, 쪽수에서 밀리는 캐리어는 정공이 된다.

그러면 우리의 관심사인 N형 반도체의 페르미 준위를 알아보기로 한다.

$$\frac{n}{N_C} = f(E_C) = \frac{1}{1+e^{\frac{E_C-E_f}{kT}}} \cong \frac{1}{e^{\frac{E_C-E_f}{kT}}} = e^{\frac{-(E_C-E_f)}{kT}} = e^{\frac{E_f-E_C}{kT}}$$

$$n = N_C e^{\frac{E_f-E_C}{kT}}$$

위의 식은 진성반도체에서 페르미 준위를 알기 위해 썼던 식이다. 한 가지 고려해야 할 것은 왕초의 법칙이 지배 한다는 것이다. 큰 놈이 작은 놈을 삼켜 버리는 약육강식의 세계가 펼쳐진다. 이런 규칙은 반도체 공학에서 흔히 나온다. 두 가지 값이 비교 될 때 한쪽이 다른 쪽에 비해 현저히 크면, 작은 것은 과감히 지워 버리는 능률적 사고가 필요하다. N형 반도체에서 **도핑** (doping, 진성반도체에 불순물 반도체를 심는 것)된 5가 원소의 개수만큼 자유전자가 생긴다고 우선 생각해 보자. 진성반도체에서도 실내온도에서는 운반자 (캐리어)로서 전자가 있었다고 했다. 그 개수는

$$n_i = 1.45 \times 10^{10}\, cm^{-3}$$

정도라고 했다.

5가의 불순물이 들어 왔을 때, 이 불순물에 의해 제공되는 전자는 이 보다는 많은 10^{15}승 정도 되니 진성반도체에 의해 발생 되는 전자는 무시되고 불순물 반도체에 의해 발생 되는 전자만 생각해 주어도 된다. 생각해 보라 앞자리 무시하고 진성반도체의 전자와 불순물 반도체에 의한 전자를 더해 보면 $10^{10}+10^{15} \fallingdotseq 10^{15}$ 이라고 해도 별 문제가 없다. 따라서 식은 진성반도체의 전자가 무시된 형태로 변경 될 것이다. 이 때 도우너를 N_D 라고 하자. 이 숫자만큼 전자가 생기니 도우너 개수를 캐리어 개수와 동일시하여 써도 된다. 따라서 식은

$$\frac{N_D}{N_C} = f(E_C) = \frac{1}{1+e^{\frac{E_C - E_f}{kT}}} \cong \frac{1}{e^{\frac{E_C - E_f}{kT}}} = e^{\frac{-(E_C - E_f)}{kT}} = e^{\frac{E_f - E_C}{kT}}$$

$$N_D = N_C e^{\frac{E_f - E_C}{kT}}$$

위의 식을 페르미 준위로 풀어내면

$$N_D = N_C e^{\frac{E_f - E_C}{kT}}$$

$$\frac{N_D}{N_C} = e^{\frac{E_f - E_C}{kT}}$$

자연지수함수를 지우기 위해 양변에 자연로그를 취해 주면 식이 간략화 된다.

$$\ln\frac{N_D}{N_C} = \ln e^{\frac{E_f - E_C}{kT}}$$

그러므로 식은

$$E_f - E_C = kT\ln\frac{N_D}{N_C}$$

결론적으로 N형 반도체에서의 페르미 준위는 아래와 같이 표현 될 수 있다.

$$E_f = E_C + kT\ln\frac{N_D}{N_C} --- (1.6.1)$$

이때 수식을 잘 파악해야 한다!!!!

만약 식 (1.6.1) 대로라면 전도대 에너지 준위 E_C 보다 (+) 쪽으로 되어 있으므로, 불순물 반도체 N형에서의 페르미 준위는 전도대의 에너지 준위 보다 위로 올라갈 것만 같다. 그러나 그렇게 되지 않는다. 자연로그 쪽을 주시하시기 바란다. $N_D=10^{15}$ 라고 했고, $N_C=10^{19}$ 이라고 했다. 그렇다면 자연로그의 값은 (−)의 값이 된다는 것은 불문가지다.

$$E_f = E_C + kT\ln\frac{10^{15}}{10^{19}}$$

대략적인 값을 넣어 확인해 보기로 한다. 볼츠만 상수 (Boltzmann constant) $k_B = k = 8.61\times10^{-5}$ eV/K, 절대온도는 300°K 라면 kT≒0.026 이므로,

$$E_f = E_C + [0.026\times(-9.21)] = E_C - 0.023eV$$

따라서 N형 반도체의 페르미 준위는 전도대에 가깝게 되지만 전도대 위로 올라가지는 않는다. (진성반도체에서 전도대와 가전자대 사이의 에너지 차이는 대략 1.1eV 정도 된다.)

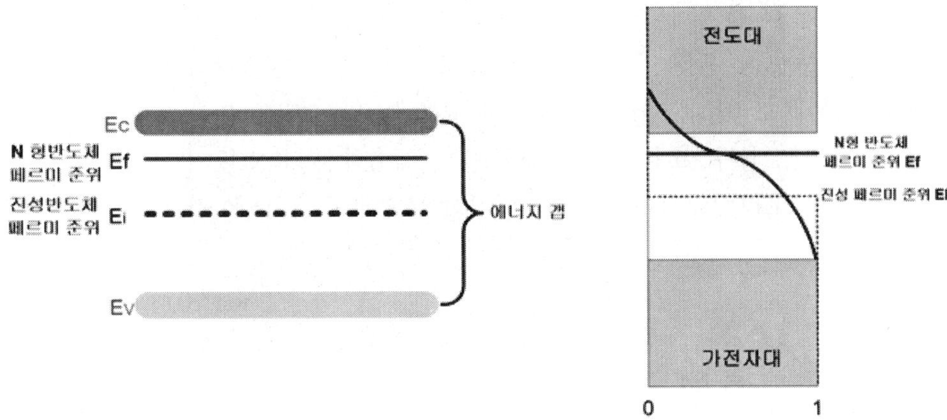

그림 1-6-3. N형 반도체 페르미 준위

만약 불순물의 농도를 진하게 하면 페르미 준위는 어떻게 될까?

$$E_f = E_C + kT \ln \frac{10^{16}}{10^{19}}$$

만약 불순물 농도를 10^{16} 정도로 하면 E_C−0.18eV로 되어 전도대에 가까워진다. 그렇다면 농도가 낮을수록 전도대에서 멀어진다고 할 수 있다. 이는 아주 당연한 귀결이다. 왜냐 하면 자유전자를 많이 만들어 낼 수 있는 불순물의 농도가 진해 지면 전도대로 올라가는 자유전자가 많아지게 되므로 당연히 에너지 준위는 전도대 가까이에 갈 수밖에 없는 것이다.

페르미−디락 함수가 나왔으니 페르미라는 인물이 어떤 인물인가 궁금해진다. 개략적인 소개로 페르미라는 인물과 가까워져 보자.

미국 시카고 근교 바타비아에 위치한 페르미 국립 가속기 연구소에는 그 이름도 유명한 페르미 입자 가속기가 있다. 페르미는 이탈리아 사람인데 미국인들이 그 이름을 기려 연구소와 가속기에 그의 이름을 붙여 주었다. 왜 일까? 물론 미국에서 그가 남긴 업적이 남 달랐을 것이란 예상이 든다.

그림 1-6-4. 엔리코 페르미 (Enrico Fermi 1901~1954)

페르미는 1901년 이탈리아의 로마에서 태어났다. 어려서부터 수학을 좋아 했고, 특히 물리학에 강한 흥미를 가져 용돈을 아껴 로마의 노점거리에 나가 물리학 헌책을 사서 읽었다고 하니 신동이긴 신동이었나 보다. 우리 같으면 학교 앞 문방구에서 신나게 불량식품의 세계로 빠져 드는 나이에 그는 물리학 책에 빠져 든 것이다.

1926년 로마대학 이론물리학 주임교수로 공개 채용되기 전에, 중요한 이론물리학 논문을 써서 세계적으로 명성을 날리게 되었는데, 그 논문이 바로 페르미-디락 통계로 유명한 논문이다. 영국의 물리학자 폴 디락도 페르미가 그 논문을 쓴 직후에 비슷한 이론을 내놓아서, 새 이론은 페르미-디락 통계라고 불려 지게 되었다. 페르뮴, 페르미-디락통계, 페르미면, 페르미 준위, 페르미온 등 그의 이름이 들어간 물리학 용어가 제법 되는데, 페르미-디락 통계는 최초로 그의 이름이 붙은 개념이 되겠다.

페르미의 공적(功績)은 핵물리학에서 빛을 발했다.

그는 [중성자에 의한 인공방사성 원소의 연구]로 1938년에 단독으로 노벨 물리학상을 수상한다. 인공방사선 원소란 인간이 만든 원소라는 말이다. 노벨상 시상연설에서 나왔듯이 그가 밝힌 것은

중성자 충돌 실험들을 통해 대단히 유용한 결과들을 얻었으며, 원자핵의 구조를 밝히는 새로운 길을 " 열었다는 데에 있었다. 그 결과 인류는 처음으로 이 세계에 존재하지 않은 물질을 창조해 내게 되었다!!!

페르미가 노벨물리학상을 받기 전 이탈리아 독재자 무솔리니는 독일의 히틀러가

만든 인종차별 법을 받아들여 유대인들의 자유를 제한했는데, 페르미의 아내가 바로 유대인 이었다. 페르미는 아내와 함께 1938년 스웨덴 스톡홀름에서 노벨상을 받자마자 미국으로 망명하여 컬럼비아 대학의 교수로 지냈다. 그 후 1942년 시카고대학 야금연구소로 옮겨 대학의 한쪽 구석에서 세계최초의 원자로인 CP-1(Chicago Pile-1)을 제작하여 핵분열의 연쇄반응을 통제할 수 있는 실험에 성공했다. 핵을 통제할 수 있다는 의미는 가공할 폭탄이 만들어 질 수도 있고, 평화적으로는 원자력에너지를 만들어 낼 수 있다는 것을 뜻했다. 핵에너지가 비로소 인간의 손아귀에 쥐어진 셈이었다.

그림 1-6-5. 세계 최초의 원자로인 CP-1 (Chicago Pile-1)

2차 대전의 조기종료에는 핵폭탄이 필요하다고 인식한 미국정부가 원자폭탄 제조계획인 맨해튼 계획을 수립해서 1945년 7월에 사상최초의 원자폭탄 실험에 성공 했는데, 페르미는 세계에서 가장 유명하고 뛰어난 중성자 물리학자로서 맨해튼 계획에

참여 했다. 결국 핵폭탄은 1945년 8월6일 히로시마에 떨어 졌고, 20만 명이 한순간에 목숨을 잃게 된다. 8월 9일에는 나가사키에 두 번째 핵폭탄이 투하되어 7만 명이 사망했고, 그 후 5년 동안 더 많은 사람이 방사능 피폭으로 목숨을 잃었다. 이로 인해 더 많은 사상자가 없이 전쟁은 조기에 종료 되었다.

그 후 페르미는 시카고 대학에서 연구하다가 53세의 나이에 암으로 세상을 뜨게 된다. 어떤 사람은 그를 일러 핵물리학의 아버지라고 칭송한다.

1-7. P형 반도체

페르미도 알아보았으니 페르미-디락 함수라는 명칭에 들어 있는 디락에 대해서도 잠깐 언급하고 넘어가기로 한다. 디락이란 인물은 뉴턴이나, 아인슈타인처럼 널리 알려진 인물은 아니지만, 물리학을 전공하는 사람들 사이에서, 적어도 영국에서 만큼은 뉴턴 다음가는 일류 물리학자라고들 치켜세운다.

가끔은 신문지상에서도 디락이라는 이름은 나오지만 읽고 바로 잊어버릴 만큼 우리의 관심을 끄는 정도는 아니다. 시사저널 2013년 5월 1일자에 단편으로 디락의 이름이 나온다. " 그(건국대 조용민 교수)는 1931년 디락(Dirac)이 전자기 이론에서 예언한 자기홀극을 전기약력 이론으로 확장시켜 이른바 '조 마이슨 자기홀극'의 존재를 예측한 바 있다. " 라든가, 2014년 3월 11일자 중앙일보는 ' 서울대 안경원 (물리천문학부) 교수 연구팀은 10일 나노m(1nm=10억분의 1m) 크기의 격자와 바륨(Ba) 원자를 이용해 진공에너지의 3차원 공간분포를 형상화하는 데 성공했다고' 보도 하면서 " 진공(眞空)은 흔히 아무 것도 없는 공간으로 알려져 있다. 그러나 1933년 노벨물리학상을 받은 영국의 물리학자 폴 디락은 전혀 다른 이론을 제시했다. 진공이 실제로 텅 빈 것이 아니라 아주 약한 **'영점 에너지(zero-point energy)'** 로 채워져 있고 이 에너지에 의해 입자와 반(反)입자가 끊임없이 만들어졌다 사라지고 있다"고 디락의 이론을 소개한다. 이렇듯 그의 이름은 간간이 비춘다.

그가 그래도 물리학계에서 제법 유명세를 타는 것은 그의 유명한 방정식 때문이다. 물리학자들은 이 방정식을 보고 이해하려고 하지 말고 그냥 추상화 보듯이 감상하라고 권면 하는 식이다. 디락 자신은 수학의 아름다움을 추구 했다고 전해진다. 얼마나 아름다운지 감상해 보시기로 하자.

$$\gamma^{\mu}(i\partial_{\mu} - eA_{\mu})\psi = m\psi$$

음~.........음~..............물리전공이 아닌 이상 이해하기도 어렵거니와 아름다움을 찾을 길이 안 보인다. 현대 회화도 사전지식이 있어야 감상가능 하듯이 디락의 방정식도 물리와 수학을 바탕으로 해서 느껴지는 아름다움일 것 같다. 디락 자신도 자기가 아는 것 보다 방정식 자체가 더 많이 알고 있다고 감탄 할 정도니, 이해와 아름다움을 떠나서 인간 이성의 경이로움만이 느껴진다. 물리의 물자도 모르는 사람이 디락의 방정식에서 지금 보이는 우주와 다른 우주가 있다는 것을 유추해 낼 수 있다면 진정 최고수의 반열에 오른 사람이리라!!!

그 유명한 아인슈타인조차도 불과 24살 밖에 안 되는 디락의 논문을 읽고 다음과 같이 다소? 부정적인 평가를 했다고 한다.

난 디락의 생각에 찬성하지 않는다.
그의 천재와 광기는 아찔한 균형 위에 놓여 있다.

이렇게 말하는 속내는 '너는 터무니없고, 미쳤다'가 아닐까? 이상한 것은 디락의 논문이 수학적으로 치밀하고 논리적으로 하자가 없었다면 아인슈타인이 찬성하지 않는다고 말하는 것은 엄밀한 과학세계에서 어딘가 앞뒤가 맞지 않는다. 학문의 최전방에 이르면 이런 현상은 다반사가 된다.

아인슈타인은 평생 양자역학에 대해서 회의하고 불신을 가졌다고 한다. 하이젠베르크에 이르러서는 불확정성의 원리가 대두가 되고 1932년에 노벨물리학상을 받게 된다. 그럼에도 아인슈타인은 한마디 촌평으로 확률에 바탕을 둔 하이젠베르크의 불확정성의 원리를 뭉개 버린다.

신은 주사위 놀이를 하지 않는다.

객관성이 우선이라고 생각되는 학문의 영역에서 그것도 가장 객관적이어야 하는 물리의 영역에서 각자의 신념이 끼어 들 여지가 있다는 것은 현대 물리학이 불완전하다는 의미일까? 아니면 사물을 보는 각도가 달라 시야가 양분되어 의견이 갈린 것일까? 그렇다면 이들의 이론을 뒷바침하는 수학은 진정한 사물의 본질을 드러내는 수단이라고 확신할 수 있을까?

여하튼 상대성이론의 아인슈타인과 닐스 보어를 주축으로 하는 양자역학은 디락에 의해서 결합이 시도 되지만 성공의 여부는 확인할 길이 없다. 다만 알 수 있는 것은 디락이라는 인물이 상대성이론과 양자역학이 진리적 명제의 정과 반이라면 진리적 합을 추구했던 인물이라는 것쯤은 알아둘 필요가 있어 보인다.

그림 1-7-1. 폴 디랙
(Paul Dirac, OM, 1902~1984).
영국의 이론물리학자.

결국 그는 기기묘묘한 형태의 디락 방정식으로 1933년 [양자역학에 파동방정식 도입] 이라는 주제 하에 노벨 물리학상을 슈뢰딩거와 공동으로 수상한다. 물질과 반물질 하면 디락을 생각해 주어야 한다. 그가 예견한 **양전자** (positive electrons, 전자의 대칭적 존재)는 1932년에 미국의 물리학자인 앤더슨이 우주선으로부터 양전자를 발견하여 실험적으로 뒷받침 되었다.

이쯤 되면 물리를 설명하고 있는지 전기전자를 말하고 있는지 헷갈린다. 하지만 역시 반도체의 기본 가닥구는 물리학에서 잡아 온 것이기 때문에 이런 정도의 물리학적 양념 정도는 쳐 주어야 할 것 같다.

다시 전기전자에 가까운 본령으로 넘어가기로 한다. 이전에 N형 반도체에 대해서 설명을 하였는데 P형 반도체는 N형 반도를 알면 거의 주워 먹다시피 알아먹을 수 있는 내용이 되어 버린다. 마치 서로 간에 댓구를 이룬 것처럼 보인다.

P형 불순물 반도체를 만드는 방법도 고온화로 속에 진성 실리콘 반도체를 넣고, 불순물을 증기 형태로 불어 넣는 방법으로 제작한다. 이렇게 되면 불순물이 연기처럼 실리콘 결정에서 확산이 된다는 것은 앞서 이야기 했다.

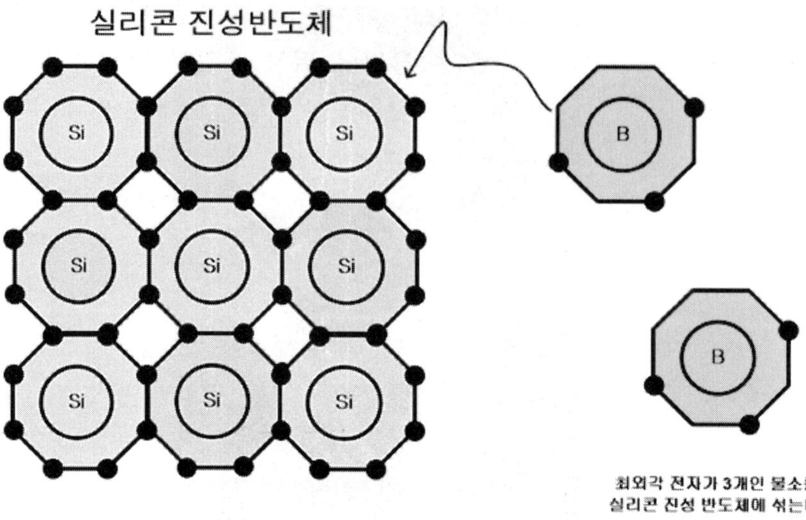

그림 1-7-2. 진성반도체에 5가 불순물 주입

알루미늄, 갈륨, 인듐, 보론은 최외각 전자들이 3개씩인 불순물들이다. 이 물질들을 진성반도체에 섞으면 전자 8개가 되지 못하여 7개가 되므로 전자 1개를 간절히 바라게 된다. 이때 전자가 빠진 구멍을 전공(요사이는 양공이라 불러주기도 한다)이라고 하고, 전기적으로는 (+) 성격을 가지게 되므로, 전기적으로 Positive라서 P형이라고 불리게 되는 것이다. 이 때 첨가 되는 불순물을 전자가 하나 비어 받아들일 수 있는 여지가 있다고 해서 억셉터 (acceptor)라고 불러 준다. 따라서 도우너나 억셉터는 전자를 중심으로 명칭을 정해 준 사고방식이라고 하는 것을 알 수 있다. 어떻게 보면 전기전자에서 갑은 전자이고, 을은 정공이라고 봐도 된다.

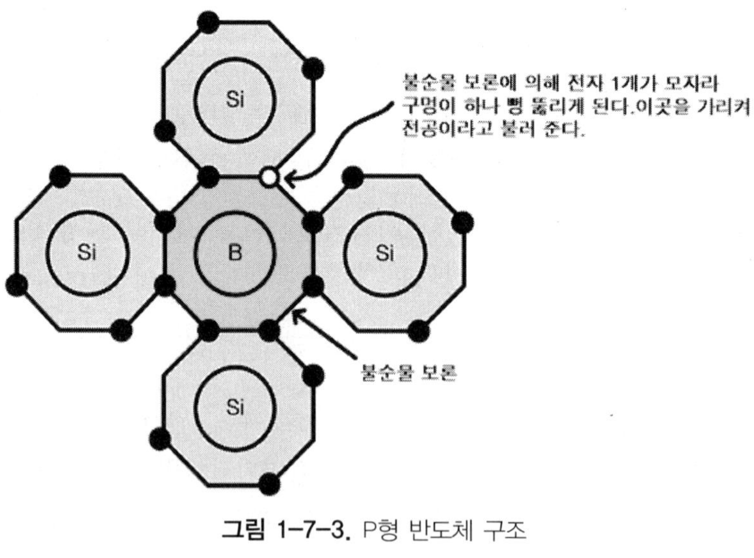

그림 1-7-3. P형 반도체 구조

P형 반도체에서는 N형 반도체와는 달리 다수를 점하는 운반자 (캐리어)는 정공이 되고, 빽 없는 소수는 전자가 된다. 그러면 역시 우리의 관심사인 P형 반도체의 페르미 준위를 알아보기로 한다.

$$\frac{p}{N_C} = f(E_V) = \frac{1}{1+e^{\frac{E_f - E_V}{kT}}} \cong \frac{1}{e^{\frac{E_f - E_V}{kT}}} = e^{\frac{-(E_f - E_V)}{kT}} = e^{\frac{E_V - E_f}{kT}}$$

$$p = N_V e^{\frac{E_V - E_f}{kT}}$$

설명도 N형 반도체와 댓구로 나가보기로 하자.

위의 식은 진성반도체에서 페르미 준위를 알기 위해 썼던 식이다. P형 반도체에서 도핑 (doping ,진성반도체에 불순물 반도체를 심는 것)된 3가 원소의 개수만큼 정공이 생긴다고 판단해 보자. 진성반도체에서도 실내온도에서는 운반자 (캐리어)로서 전자가 있었다고 했다. 그 개수는

$$n_i = 1.45 \times 10^{10} cm^{-3}$$

정도라고 했다.

3가의 불순물이 들어 왔을 때, 이 불순물에 의해 제공되는 정공은 이 보다는 많은 10^{15} 정도 되니 진성반도체에 의해 발생 되는 전자는 무시되고 불순물 반도체에 의해 발생 되는 정공만 생각해 주어도 문제없다. 따라서 식은 진성반도체에서의 정공이 숫자가 무시된 형태로 변경 될 것이다. 이 때 억셉터를 N_P 라고 하자. 이 숫자만큼 정공이 생기니 억셉터 개수를 캐리어 개수와 동일시하여 써도 된다.

따라서 식은

$$\frac{N_P}{N_V} = f(E_V) = \frac{1}{1+e^{\frac{E_f - E_V}{kT}}} \cong \frac{1}{e^{\frac{E_f - E_V}{kT}}} = e^{\frac{-(E_f - E_V)}{kT}} = e^{\frac{E_V - Ef}{kT}}$$

$$N_P = N_V e^{\frac{E_V - E_f}{kT}}$$

위의 식을 페르미 준위로 풀어내면

$$N_P = N_V e^{\frac{E_V - E_f}{kT}}$$

$$\frac{N_P}{N_C} = e^{\frac{E_V - E_f}{kT}}$$

자연지수함수를 지우기 위해 양변에 자연로그를 취해 주면 식이 간략화 된다.

$$\ln\frac{N_P}{N_V} = \ln e^{\frac{E_V - E_f}{kT}}$$

그러므로 식은

$$E_V - E_f = kT\ln\frac{N_P}{N_C}$$

P형 반도체에서의 페르미 준위는 아래와 같이 표현 될 수 있다.

$$E_f = E_V - kT\ln\frac{N_P}{N_C} --- (1.7.1)$$

마찬가지로 이때 (1.7.1)수식을 잘 파악해야 한다!!!!

만약 식 (1.7.1) 대로라면 가전자대 에너지 준위 E_V 보다 (−) 쪽으로 되어 있으므로, 불순물 반도체 P형에서의 페르미 준위는 가전도대의 에너지 준위 보다 아래로 내려갈 것만 같다. 역시 그러나 그렇게 되지 않는다. 자연로그 쪽을 주시하시기 바란다. $N_P=10^{15}$ 라고 가정하고, $N_C=10^{19}$ 이라고 하자. 그렇다면 자연로그의 값은 (−)×(−)=(+)의 값이 되어 가전자대 에너지 준위보다 위로 올라가는 형태로 될 것이다.

$$E_f = E_V + kT\ln\frac{10^{15}}{10^{19}}$$

볼츠만 상수 (Boltzmann constant) $k_B = k = 8.61 \times 10^{-5}$ eV/K, 절대온도는 300°K 라면 kT≒0.026 이므로,

$$E_f = E_V - [0.026 \times (-9.21)] = E_V + 0.023eV$$

그렇다면 에너지 준위의 그림을 아래와 같이 그릴 수 있게 된다. 마찬가지로 억셉터 농도를 늘이면 가전도대에 가깝게 접근한다. 반대로 농도가 낮을수록 가전자대에서 멀어진다.

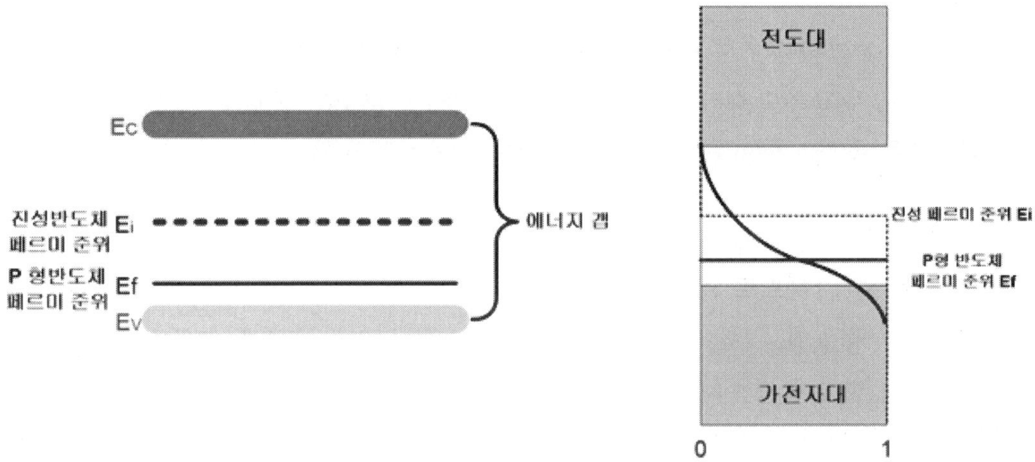

그림 1-7-4. P형 반도체 페르미 준위

N과 P형 반도체를 알아보았으니 이 둘이 합체해서 생기는 현상들에 대해서 생각해 보기로 한다. 이 둘이 합체 하면 우리가 너무도 잘 알고 사용도 많이 하는 다이오드 소자가 되는데 다이오드의 성격을 좀 더 물리학적?으로 상세하게 알아보자는 것이다.

P와 N형 반도체에 대해 기본적인 것을 짚어 보았다. 여기서 사소하지만 한 가지 확실하게 해 두고 가야 할 것이 있다. N형 반도체는 전기적으로는 (−) 성격을 가지게 되므로, 전기극성으로 NEGATIVE 라서 N형 반도체라고 불리고, P형 반도체는 전기적으로는 (+) 성격을 가지게 되므로, 전기극성으로 POSITIVE 라서 P형 반도체라고 불린다고 했다. 그런데 어느 곳에서는, 심지어 강단에서는 P형 반도체는 4가인 불순물 Acceptor 가 들어가므로 영어의 억셉터에서 P자를 가져와 P형 반도체라 불

리고, N형 반도체는 5가인 불순물 Donor 가 들어가므로 영어의 도우너에서 N자를 가져와 N형 반도체라 불리고 있다고 가르침을 주는데도 있다. 중요한 문제는 아니지만 이견이 있으므로 확실히 해둘 필요가 있다고 했다. 역시 원래의 사용처가 어딘지를 보는 것이 확실하게 판가름 할 수 있는 권위를 가지게 마련이다. 반도체하면 역시 쇼클리이기 때문에 그의 저서에서 원래의도를 찾아냄으로 양주장간에 어느 것이 옳고 그른지를 밝힐 수 있을 것 같다.

쇼클리는 1950년에 『electrons and holes in semiconductors』 12 페이지에서 이 부분을 명확하게 서술하고 있다.

If the conductinity of the sample is due to excess electrons it is called n–type, since the current carriers act like negative charges; If due to holes, it is called p–type, since the carriers act like positive charges.

대충 요약하면 이렇다. 전류가 음전하 때문에 흐른다면 (정공에 비해) 초과되는 전자에 의한 것이므로 이를 (Negative)N형이라 하고, 그 반대로 양전하 때문에 흐른다면 이는 정공에 의한 것이므로 (Positive) P 형이라고 한다는 것이다. 상식적으로 생각해도 Acceptor나 Donor처럼 P형과 N형을 철자의 중간에서 딴다는 것은 조금 납득하기 어렵다. 보통은 철자의 첫머리를 따서 용어를 정하는 관례로 보아도 그렇다. 혹시 이런 문제로 설왕설래 한다면 출처가 확실하기 때문에 이설이 나올 수가 없을 것이다.

1-8. 공핍층

지금까지 실리콘 결정만으로 이루어진 진성반도체와 이 결정에 불순물을 섞어 제조한 외인성반도체, P형 반도체와 N형 반도체의 구성 그리고 에너지 준위에 대해서 살펴보았다. 물리적인 현상들을 설명해 왔지만, 전기전자 공학적으로 관심 있는 거시적 전기현상은 아직 설명하지 않았다.

각각의 P형 반도체와 N형 반도체를 접합시키면 비로써 우리에게 관심이 가도록 하는 전기적 현상들이 속출하기 시작한다. P형 반도체와 N형 반도체를 접합시키면 말 그대로 PN 접합이 되지만, 전자소자로서의 특성이 나타나는 출발점이 되기도 한다. 이름하여 다이오드(diode)!!!. 전기전자를 전공하는 사람에게 아주 익숙한 소자 중 하나이다. 직 바로 전기 전자적 현상으로 파고들기 보다는 아직까지는 PN접합의 물리적 현상들에 대해서 더 고찰 해 주어야 할 부분이 남아 있다. 여하튼 거기까지는 고비다. 거시적인 전기 현상은 상대적으로 쉽지만, 물리적 측면에서는 어려움이 아직 남아 있다.

사족, 부연, 되풀이 하자면 물리적 측면을 이유 없이 건드리는 것은 아니다. 반도체 관련해서 자료에 나오는 부분이 있어 이를 이해하고자 함이었다고 언질을 드렸다. 그래서 전기전자와 전혀 무관하다고만 할 수 없기 때문에 필수는 아니지만 참고사항으로 알아 두자는 것이다.

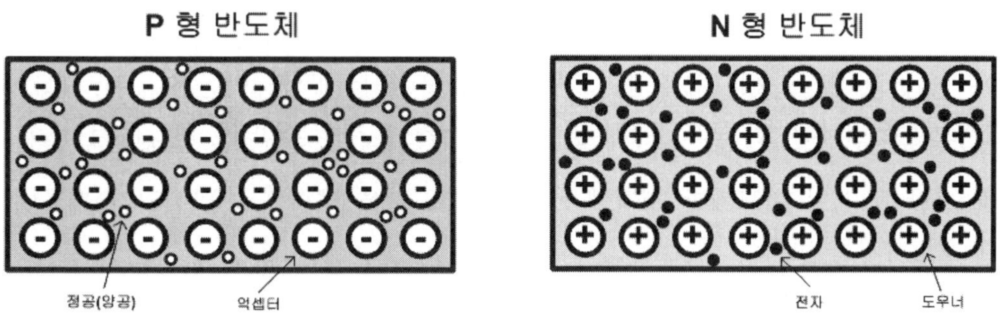

그림 1-8-1. P와 N형 반도체

위의 그림은 P형 반도체와 N형 반도체를 그린 것인데, 왜 P형 반도체에서는 (−)기호가 붙은 돌글뱅이가 있고, N형 반도체에서는 (+)기호가 붙은 동글뱅이가 있을까? 그림을 볼 때 이런 점이 궁금할 수가 있다.

N형 반도체이면 NEGATIVE라서 (−)기호가 붙은 알갱이가 보일 것 같고, P형 반도체라면 POSITIVE 라서 (+) 알맹이가 그려질 것 같은 데 고개가 갸웃거리게 만든다. 의외 아닌가!

P형 반도체에서는 앞서 설명한 것처럼 억셉터로 주입되는 불순물이 최외각전자가 3가인 원소라고 했고, N형 반도체에서는 도우너로 주입되는 불순물이 최외각전자가 5가인 원소라고 했다. 그렇다면 최외각전자가 3가인 원소가 실리콘 결정에 불어 넣어지면 억셉터의 개수만큼 전자를 받아들일 수 있는 여지가 생긴다고 했다. 그 말은 전자 1개를 받아들이면, 전자는 (−)전하를 띄므로 (−)이온으로 되어 버릴 가능성이 농후해 지기 때문에 P형 반도체에서는 그림 상으로 (−)알맹이로 억셉터를 그려 주게 된다. 가능성만 있다는 것에 주목해야 한다. 따라서 그림은 실리콘 결정 전체에 불순물이 추가 된 모든 것을 그리는 것이 아니라 , 불순물만 간추려서 그려 주기 때문에 이를 유의해서 그림을 보아야 한다. N형 반도체는 전자를 하나 덜어 낼 수 있는 5가의 도우너가 인입(引入) 되기 때문에 마찬가지의 이유로 일단은 (+)이온처럼 그려 주게 된다. 그렇다고 이온화 된 것은 절대 아님을 알아 채 주어야 한다.

화학적으로 이온화 된다는 말은 핵의 양성자수와 전자가 같은 전하량으로 (+)=(−) 존재하기 때문에 전기적으로 중성을 유지하다가, 전자를 하나 받아 들여 (−) 이온화 되거나, 전자를 하나 버려 (+) 이온이 되어 전하의 평형이 깨져 있는 상태를 말한다.

그러면 언뜻 생각하기에 N형 반도체에서는 자유전자, P형 반도체에서는 정공이 많아지므로 전기적 현상이 일어날 것만 같다. 그런데 전기적으로 중성을 띈다는 말은 왜 그럴까? N형 반도체만 생각해 주면 P형도 같은 맥락으로 이해되기 때문에 한쪽만 설명하기로 한다.

실리콘 결정에 최외각 전자가 5가인 안티몬이 결합된다고 하자. 실리콘과 안티몬은 각자 양성자수와 전자의 개수가 같기 때문에 (+)나 (−) 전하를 띄지 않는다. 결합해서 전자가 하나 남더라도 전체적으로 볼 때 양전하와 전자의 개수는 동일하기 때문에 전기적으로는 중성이다.

그런데 그림을 보면 P형 반도체는 (−) 알갱이가 그려져 있고, N형 반도체는 (+)알맹이가 그려져 있어 접합되지 않은 상태에서 전기적으로 성질을 갖는 것이라고 오도될 수가 있는 것이다. 그러니 그림이 썩 잘 그려졌다고 말할 수는 없다. 그래서 다른 자료들을 찾아보면 아예 헷갈릴 필요 없이 아래 그림처럼....N형 반도체는 전자만 나뒹굴고 있고, P형 반도체에서는 정공만 어지럽게 널려 있는 것처럼 그려 주기도 한다.

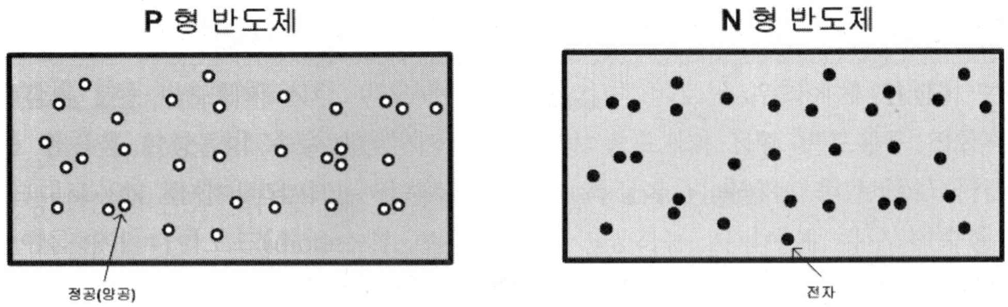

그림 1-8-2. 전자와 정공만 그린 P, N 형 반도체

위의 그림이 헷갈리지 않게 되어 있어서 보기는 좋은데 PN접합이 될 때의 현상을 그리 썩 잘 표현해 주지는 못한다. 그래서 전자와 정공만 달랑 그려 있는 그림보다는 PN접합을 생각해서 이온화 될 수 있는 여지를 보여 주는 그림이 종종 많이 사용되는 것이리라.

이 글에서는 헷갈리는 면을 이미 도려 내 버렸으므로 이온화 될 수 있는 여지를 보여 주는 그림을 사용하는 것으로 한다. 다시 한 번 강조하지만 P형 반도체와 N형 반도체에 극성을 가진 알맹이가 보이더라도 이온화 되지 않았으며, 충분히 이온화 될 수 있는 가능성으로 여겨 주어야 마땅한 것이다. 그리고 전기적으로는 항상 중성!!!!!!!!!!!!임을 약삭빠르게 눈치 채 주어야 한다. 서설은 여기까지만 하고, P형 반도체와 N형 반도체를 도킹시키면 어떤 현상이 일어나는지 엮어 보기로 하자.

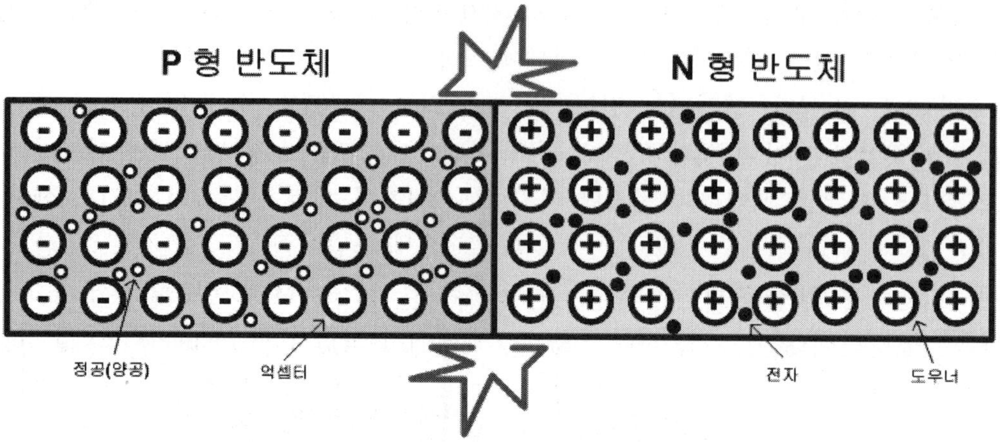

그림 1-8-3. P형 반도체와 N형 반도체의 접합

P형 반도체와 N형 반도체가 접합 되면 어떤 일어 벌어질까?

두 개로 갈라졌던 동독과 서독이 통일이 되는 것과 엇비슷한 현상이 생겨난다. 베를린 장벽이 허물어지면 사람들이 살았던 집은 그대로 있고, 인적교류가 활발해진다. 서독사람들은 여행이나 기타 목적으로 동독에 갈 것이고, 동독사람들은 잘사는 서독에 취직자리 알아보려고 대이동이 가능케 되는 것처럼 P형 반도체와 N형 반도체 사이에 필요에 따라 전자와 정공이 넘나들기 시작한다.

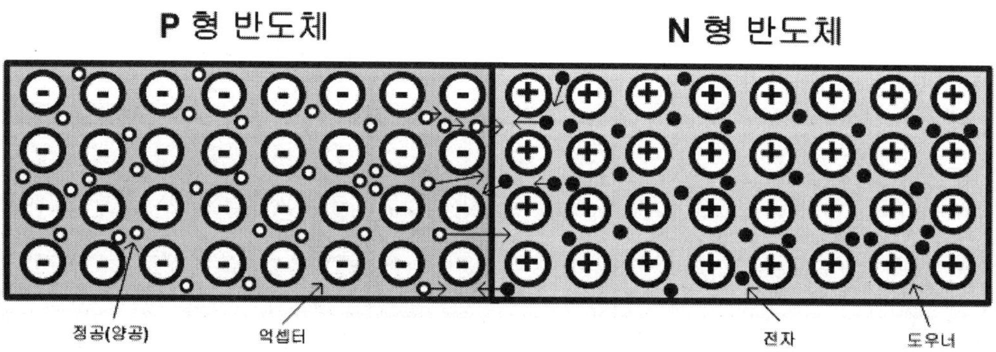

그림 1-8-4. 확산

P형 반도체와 N형 반도체 사이에 필요에 따라 전자와 정공이 넘나드는 현상을 **확산**(diffusion, 擴散)이라고 한다. 처음 PN접합이 이루어 질 때는 확산현상이 주도적으로 나타난다. N형 반도체는 P형 반도체보다 전자의 개수가 월등히 많기 때문에 전자 농도가 높은 곳에서 전자 농도가 낮은 곳으로 진군한다. 반대로 P형 반도체는 N형

반도체보다 정공의 개수가 훨씬, 상당히 많기 때문에 정공 농도가 높은 곳에서 정공 농도가 낮은 곳으로 침투한다.

그럼 확산을 어디에 비유할까?

스펀지에 노란색과 파란색 물감을 묻히고 경계면이 서로 닿을 수 있도록 접촉 시킨다고 하자. 파란색 물감이 묻은 스펀지는 노란색 물감이 묻은 스펀지로, 노란색 물감이 묻은 스펀지는 파란색 물감이 묻은 스펀지로 물감이 서로 이동되면서 중간쯤에는 녹색으로 변해 갈 것이다. 이런 현상을 가리켜서 확산 (diffusion) 이라고 한다.

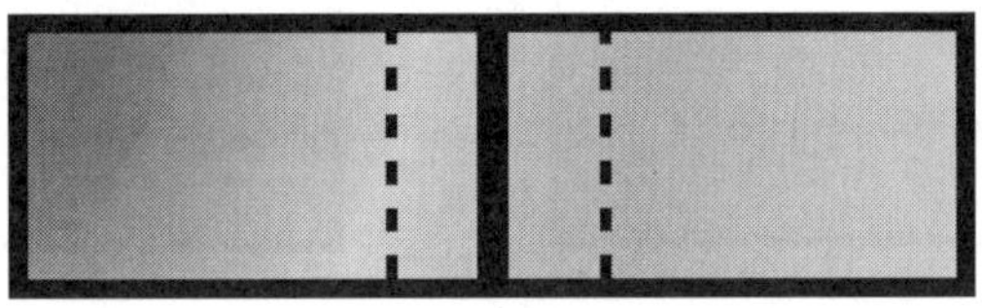

그림 1-8-5. 스펀지에 서로 다른 물감을 묻혀 접합시키면 확산현상이 일어난다.

스펀지로 비유한 확산에서 중간쯤에는 니성질 내성질이 아닌 다른 성질이 나타나는 것에 주목하자. 파란색도 아니고, 노란색도 아닌 제3의 색깔인 녹색이 출현했다. PN 접합에서 이런 현상이 또 골 때리는 수식으로 전개 되거니와 일단 PN 접합 중간에 어떤 성질이 나타나는지 보자.

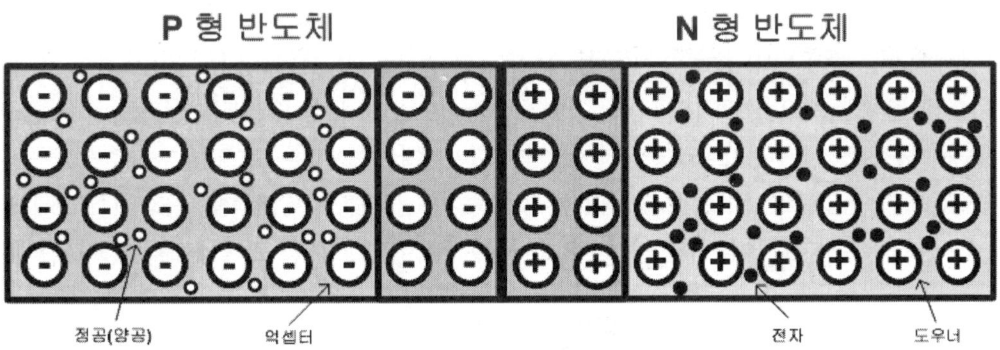

그림 1-8-6. 공핍층 형성

이때는 마치 남북한 휴전선 비무장지대(DMZ ; demilitarized zone)처럼 교류가 끊겨 버리는 완충지대가 생겨 버린다. 38선을 기준으로 남북한 서로 2㎞ 씩 물러서 있는 것처럼 뉘앙스가 엇비슷하다. 이때야 말로 이온화가 이루어지는 때인 것이다. 양성자수와 전자의 전하량이 평형상태에서 한쪽으로 깨져 버리게 된다. P형 반도체에서는 N형 반도체에서 온 전자를 받아들여 그야말로 전기적으로 (−)인 이온화가 되고, N형 반도체에서는 P형 반도체에서 온 정공을 받아 들여 그야말로 전기적으로 (+)인 이온화되는 것이다.

P형반도체와 N형 반도체를 접합시킬 때 확산 현상만 일어나는 것은 아니다. **표동(drift, 漂動)**이라는 현상도 생긴다. 이 과정은 평형상태에 이를 때까지 시간 순서적으로 일어난다. PN접합 초기에는 P형 반도체의 정공과 N형 반도체의 전자 농도에 의해 확산 현상이 지배적으로 일어난다. 그러다가 P형 반도체와 N형 반도체사이에 공핍층이 형성되면 공핍층 공간에 내부 전계가 형성이 된다. 이 전계에 의해 캐리어들의 움직임이 드리프트 현상을 유발한다. N형 반도체측면에서 보면 공핍층의 P형 반도체에는 전기적으로 (−) 성질을 갖는 이온화가 진행 되어 있으므로 전자는 극성이 같기 때문에 다시 쫄래쫄래 되돌아오는 일이 발생된다. 표동의 움직임은 좀 복잡하게 그려진다. 전계가 없을 때의 입자의 움직임과 전계가 있을 때 입자의 움직임을 벡터를 취해 기술적으로 그려진다. 그런데 이렇게 움직임을 기술하는 근거는 어디에 있는가? 사고실험(thought experiment , 思考實驗)일 수도 있다고 생각 된다. 전자의 세계는 개별자를 기술하기 보다는 거대한 무더기, 통째로 사유하는 통계역학으로만 설명할 수 있기 때문이다.

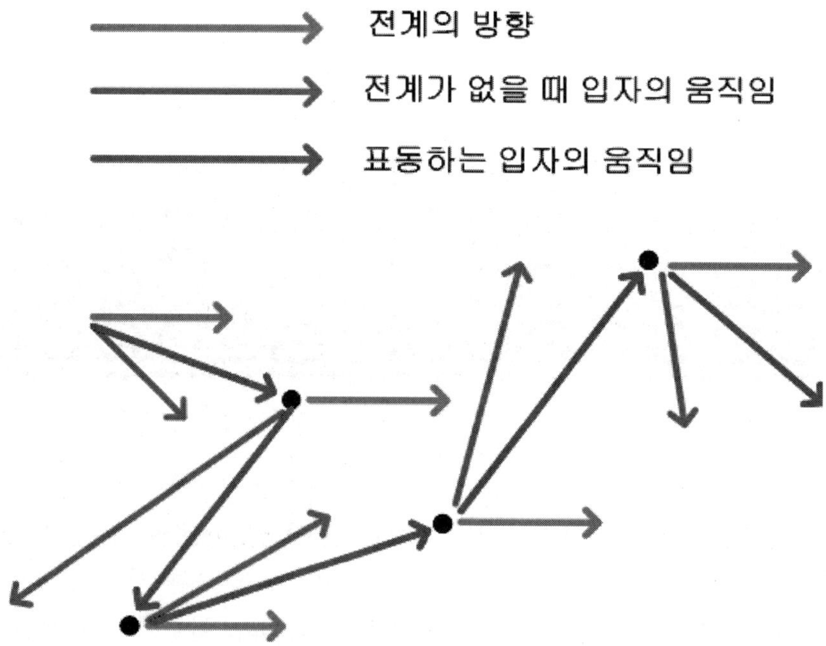

그림 1-8-7. 표동(Drift) 움직임

위와 같은 경우는 정공의 움직임이 되겠다. 전계가 좌측에서 우측방향으로 걸려 있는데, 우측 방향은 (−) 극성이므로 (+)전하를 갖는 정공은 이리저리 표동 하면서 결국 전계의 방향 쪽으로 흘러들어 간다. 확산과 표동은 전하를 갖는 입자들의 움직임이므로 전류 흐름으로 표현 될 수 있고, 시간이 가서 열평형 상태가 되면 확산 과 표동에 의한 전류는 같고, 방향이 서로 간에 반대가 되어 상쇄됨으로 전류의 합은 0 이 된다.

또한 공핍층의 크기는 P형 반도체와 N형 반도체의 불순물 농도와 연관이 깊다. 불순물 농도가 진해지면 교류가 왕성하다가 어느 정도가 되면 평형상태가 유지되나, 불순물 농도가 약하면 원하는 만큼의 결합이 진행 될 동안 공핍층의 넓이가 더 넓어지다가 평형상태를 이룬다. 아마도 얼마 정도의 에너지 차이로 도달 될 때까지 공핍층이 넓어지는 듯이 보인다. 아래 그림은 구분하기 쉽게 과장해서 그렸다. 말로 하는 것 보다는 백문이 불여일견(百聞不如一見)이라고 전하밀도와 전계, 전압을 수식으로 설명할 때 곁들여 공핍층의 크기도 농도에 따라 어떻게 변하는지 수식으로 보기로 하자.

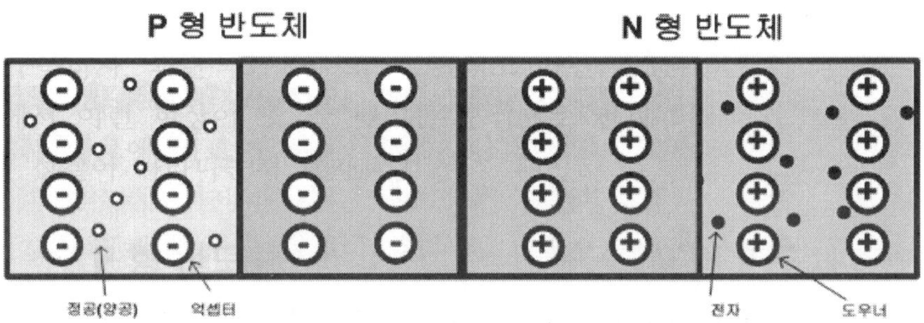

불순물 농도가 약하면 공핍층이 넓어진다.

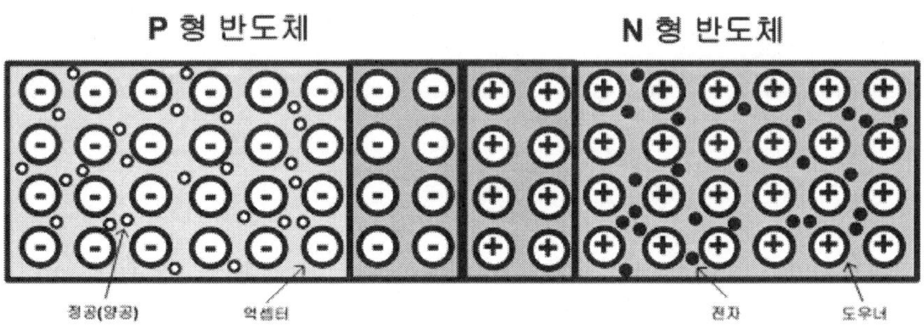

불순물 농도가 진하면 공핍층이 엷어진다.

그림 1-8-8. 불순물 농도에 따른 공핍층의 변화

중간지대가 무풍 지역이 되어 버리면 N형 반도체의 전자는 P영역에 있는 완충지대의 (－) 이온화가 진행이 되어 극성이 같아 진입할 수가 없게 되며, P형 반도체의 정공은 N영역에 있는 완충지대의 (＋) 이온화가 진행이 되어 극성이 같아 진입하기 어렵게 되어 버린다. 이렇게 생긴 이온화지대를 일러서 공핍층 (depletion layer, 空乏層)이라고 한다. 공핍이란 말 그대로 공허할 공자에, 모자랄 핍 자를 쓴다. 공핍층에는 무엇이 모자란 걸까? 그렇다 전자와 정공이 말 그대로 씨가 마른 지대가 되어 버린다. 다른 용어로 **공간전하영역** (space charge region ; SCR)이라고도 한다. 이런 지대가 떡 허니 버티고 있으니 P형 반도체와 N형 반도체는 분단의 아픔을 겪게 되는 것이다. 교류가 아예 딱 끊어져 버리고 만다. 실로 절통한 일이 아닐 수 없다.

다음에는 공핍층에서 일어나는 일들을 가만히 살펴보기로 하자. 에너지 준위 움직임과 전하, 전기장, 전압이 어떤 요동을 칠지 보자는 말이다.

1-9. Built in potential

많이 접해 보았던 그림 먼저 보시기로 하겠다. 한글로 표시해서 좀 어색한 감은 있지만 PN 접합에서 취할 수 있는 정보는 속속들이 들어가 있다. 이미 설명을 마친 내용들인 것이다. 여태까지는 불순물의 농도가 같다는 가정 하에 논의를 해 왔지만, 우리가 흔히 보는 그림에는 공간전하영역을 보고서 바로 P형 반도체와 N형 반도체의 불순물 농도가 다르게 도핑(doping)되어 있음을 눈치 채 줄 수 있다.

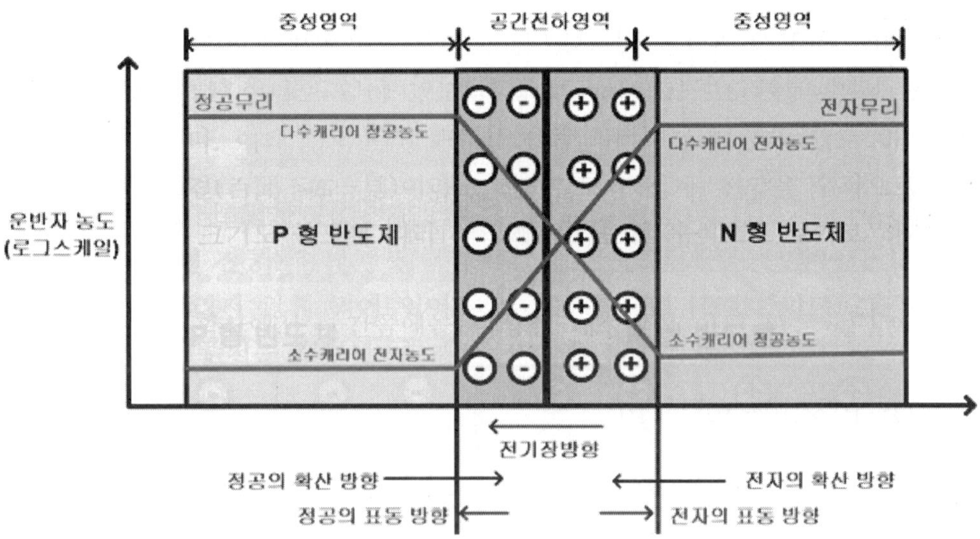

그림 1-9-1. PN접합 구조

위의 그림에서 알 수 있는 불순물 농도는 억셉터 농도가 도우너 농도 보다 진하다는 것이다. 개수가 더 많다는 말과 같다. 그런데 하도 숫자가 억세게 많아서 개수로 표현하기 보다는 농도나 확률로 사유해 줄 수밖에 없다. 위의 그림은 N_A(억셉터 농도) > N_D (도우너 농도)

농도가 진하면 공핍층의 크기가 엷고, 농도가 약하면 공핍층의 크기가 넓어진다고 했다. 물론 식으로 확인이 안 되어 진짜 그런지는 나중에 식으로 표현 해야겠지만, 일단 그것이 맞는 사실이라는 전제 하에, 위의 그림을 해석하면 억셉터 농도가 도우너 농도 보다 진하다는 것을 알 수 있다.

위의 그림에서 좌측 화살표 방향으로 로그스케일이라고 되어 있다. 이런 표식이 나오면 당황할 필요가 전혀 없다. 밑이 10인 상용로그를 썼다는 것을 알아채 주기로 하자. 그렇게 되면 캐리어들인 전자나 정공의 수가 엄청 많지만 1~20 사이의 숫자로 간단히 표시 된다. 그리고 로그스케일이라는 부제를 하나만 달아 주면 끝난다.

예를 들어 보자. 전자나 정공의 농도가 10^{15} 이라고 하면, 1000,000,000,000,000 이라고 써야 될 판에 상용로그를 적극 활용해 주면,

$$\log_{10} 10^{15} = 15 \log_{10} 10 = 15 \qquad \left(\because \quad \log_{10} 10 = 1 \right)$$

그전까지는 로그가 얼마나 편리한지 아리송했으나 이것만 봐도 큰 수를 취급할 때 복잡함을 덜어 줄 수 있다는 매력이 있는 것이다. 로그를 취하면 지수를 구하는 것이라는 것을 알면 납득이 간다. 지수를 생각해 보자.

$$1 = 10^0$$

$$10 = 10^1$$

$$100 = 10^1 \times 10^1 = 10^{1+1} = 10^2$$

지수를 구하는 방법으로 관계를 바꾸어 보자. 10이 지수를 걷어차고 건너가면 식이 성립 될까? 요컨대 이런 식으로 말이다.

$$1 = 10^0$$

지수

밑

이때는 예의 반듯하게 로그를 취해 주어야 건너갈 수 있게 된다.

$$\log_{10} {}^{1} = 0$$

이 되어 일반적인 수 10 이래 보았자, 지수로는 0일 뿐이다.

$$\log_{10} 1 = 0$$
$$\log_{10} 10 = 1$$
$$\log_{10} 100 = 2$$

........100,000,000이라고 해야 겨우 트림이 나올 정도의 숫자인 8이 된다. 따라서 상용로그라는 것은 원래 10을 밑으로 하는 지수!!!!! 구하는 방편이라고 하는 것을 꼭 기억해야 한다.

PN 접자 전에 N형 반도체 페르미 준위 따로, P형 반도체 페르미 준위를 따로 설명 했는데, PN 접합 시에 페르미 준위에 대해서 알아보기로 하자.

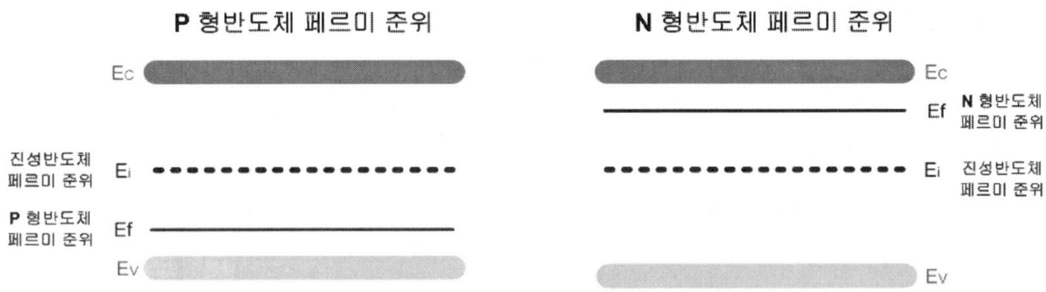

그림 1-9-2. 접합 전의 페르미 주위

이렇게 따로 국밥일 때와는 다르게 PN 접합 때에는 열평형이 상태에서 페르미 준위는 스멀스멀 P와 N형 반도체의 페르미 준위와 눈높이를 맞추게 된다.

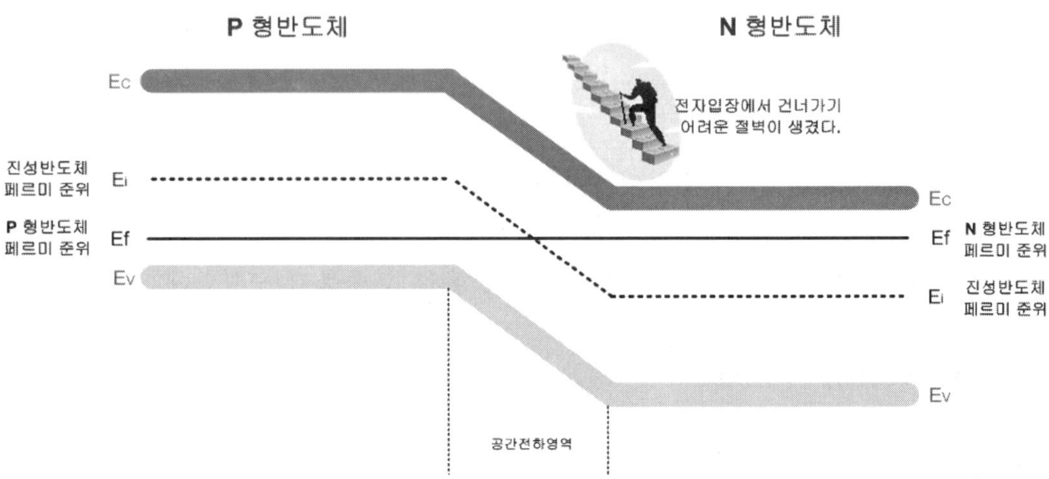

그림 1-9-3. 접합 후의 페르미 준위의 변화

전자와 입장에서 사고해 보자. 공간전하영역이 마치 절벽처럼 전위가 높아져 진입할 수 없는 장벽으로 존재하게 된다. 그러면 이 전위장벽을 수량화해야 어느 정도의 에너지로 길을 가로 막고 있는지 알 수 있다.

이 에너지 장벽을 일러 열 평형상태에서의 **내부 확산 전위 장벽** (Built in potential barrier)이라고 한다. 보통 eV라고 하면 전자 하나가 1V에서 받는 힘을 의미하고, 이를 e (=q)로 나누어 주면, eV/e 로 우리가 잘 알고 있는 전위차(전압)가 된다. 위와 같은 그림은 전자의 입장에서 전위장벽을 생각하는 것이니까. eV로 보면 되겠다.

먼저 열평형 상태에서의 에너지 준위를 다시 보기로 하자. 여태까지 식을 동원하고 그림을 그린 것은 바로 이 에너지 밴드를 이해하기 위함이었다. 드디어 출현한 것이다!!!

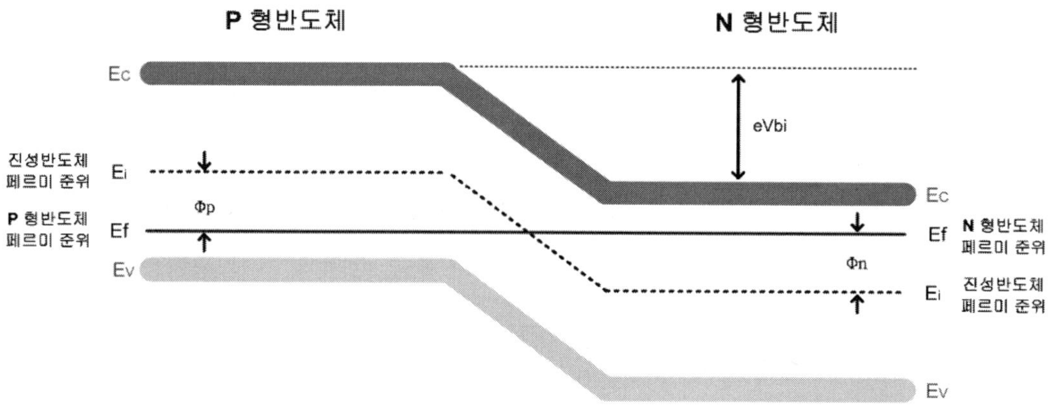

그림 1-9-4. 내부확산전압

위의 그림에서 확인할 수 있듯이 열 평형상태에서의 내부 확산 전위는 진성 페르미 준위가 틀어진 만큼의 에너지 차이에 해당한다. 따라서 내부 확산 전위는 아래와 같이 구해질 수 있다. 크기의 절댓값만 취하면 되므로 부호는 무시한다.

$$eV_{bi} = |e\Phi_n| + |e\Phi_p|$$

이 값을 계산하기 위하여 진성 페르미 준위 E_i와 불순물 반도체에서의 페르미 준위 E_f에 대한 관계식을 얻어야 한다. 어떻게 얻을까? 우리는 N, P형 반도체에서 불순물 반도체의 페르미 준위를 구하려고 가져온 식이 있었다.

$$n = N_C e^{\frac{E_f - E_C}{kT}}$$

$$p = N_V e^{\frac{E_V - E_f}{kT}}$$

이 식은 열적 평형상태에서의 진성 또는 외인성반도체에 상관없이 운반자 (캐리어)농도를 구할 수 있는 식에서 나온 것이다. 열적 평형상태를 기호로 사용하면 n_o, p_o처럼 아래첨자 o를 붙여 준다. 따라서 일반식은 아래와 같이 그대로 쓸 수 있다. 어라~ 형태가 좀 다르다!!! 그러나 자연지수함수에서 지수의 분자 부분이 위치와 기호가 다르지만 전체에 (−)를 해주면 위에 식과 거진 흡사하다.

$$n_o = N_c e^{\frac{-(E_c - E_f)}{kT}} \quad ---(1.9.1)$$

$$p_o = N_V e^{\frac{-(E_f - E_V)}{kT}} \quad ---(1.9.2)$$

그렇다면 열적 평형상태에서 진성반도체의 운반자 농도는 위 와 똑같은 식으로 쓸 수 있을 것이다. 진성 캐리어의 기호표기는 n_i, p_i처럼 아래첨자 i를 붙여 준다.

$$n_i = N_C e^{\frac{-(E_C - E_i)}{kT}} \quad ---(1.9.3)$$

$$p_i = N_V e^{\frac{-(E_i - E_V)}{kT}} \quad ---(1.9.4)$$

뭐 그 식이 그 식이라서 헷갈려 할 필요는 전혀 없다. 그러면 이 두 가지 식을 이용하여 우리가 원하는 식을 얻어 올 수 있게 되었다. (1.9.3)식을 (1.9.1)식에 대입하고, (1.9.4)식을 (1.9.2)식에 대입해 보기로 한다.

식 (1.9.3)에서 Nc에 대해서 정리하면 아래와 같이 되고,

$$N_C = \frac{n_i}{e^{\frac{-(E_C - E_i)}{kT}}}$$

식 (1.9.4)에서 Nv에 대해서 정리하면 아래와 같이 된다.

$$N_V = \frac{p_i}{e^{\frac{-(E_i - E_V)}{kT}}}$$

(1.9.1)식에 Nc 구한 것을 대입하자.

$$n_o = n_i \frac{e^{\frac{E_f - E_c}{kT}}}{e^{\frac{-(E_C - E_i)}{kT}}} = n_i e^{\frac{E_f - E_c}{kT}} e^{\frac{E_C - E_i}{kT}} = n_i e^{\frac{E_f - E_i}{kT}} \quad ---(1.9.5)$$

또한 (1-9-2) 식에 Nv를 구한 것을 넣어 보기로 한다.

$$p_o = p_i \frac{e^{\frac{E_V - E_f}{kT}}}{e^{\frac{-(E_i - E_V)}{kT}}} = p_i e^{\frac{E_V - E_f}{kT}} e^{\frac{E_i - E_V}{kT}} = p_i e^{\frac{E_i - E_f}{kT}} \quad ---(1.9.6)$$

(1.9.5) 와 (1.9.6)식을 구함으로 해서 내부확산전위를 구할 수 있는 토대를 마련했다. 유도된 두 식이 맞는지 확인하는 방법은 $E_i=E_f$일 때를 보면 된다. 그 때의 자연지수함수 부분이 1이 되기 때문에 $n_o=n_i$가 되고, $p_o=p_i$가 된다. $E_i=E_f$ 일 때는 진성반도체의 페르미 준위이기 때문에 전자나 정공의 농도 no, po는 진성반도체의 전자와 전공의 농도 n_i와 p_i와 같게 되는 것이다. 따라서 식은 적절히 타당한 것이 된다. 아니 그런가!!! 본격적으로 내부확산전위를 구해 보기로 하자.

열평형 상태에서 N형 반도체의 캐리어 농도 no는 도우너 농도 N_d와 같고(n_o=Nd), P형 반도체의 캐리어 농도 p_o는 억셉터 농도 Na와 같다. (p_o=Na) 따라서 (1.9.5)식과 (1.9.6) 식은 각각 아래와 같이 변화 시킬 수 있게 된다.

$$N_d = n_i e^{\frac{E_f - E_i}{kT}} \quad ---(1.9.7)$$

$$N_a = p_i e^{\frac{E_i - E_f}{kT}} \quad ---(1.9.8)$$

자연지수함수 분자를 보면 진성 페르미 준위 E_i 와 불순물 반도체에서의 페르미 준위 E_f에 대한 관계식이 보인다. 그리고 진성반도체에서는 $n_i=p_i$이기 때문에 p_i를 n_i

로 놓아도 상관이 없게 된다. 또는 우리가 진성반도체에서 고찰 했듯이 $n=p=n_i$ 관계에서 $n\times p=n_i^2$을 이용해도 된다. 그러므로

$$E_f - E_i = kT \ln \frac{N_d}{n_i} = e\Phi_n$$

$$E_i - E_f = kT \ln \frac{N_a}{n_i} = e\Phi_p$$

따라서 내부확산전위는

$$\log AB = \log A + \log B$$

이므로

$$eV_{bi} = |e\Phi_n| + |e\Phi_p| = kT \ln \frac{N_d}{n_i} + kT \ln \frac{N_a}{n_i} = kT \ln \frac{N_d N_a}{n_i^2} \quad ---(1.9.9)$$

가 된다. ln은 자연로그라고 한다. log에서 밑을 10으로 할 때 상용로그라고 별칭하듯이, 밑을 e로 한 로그를 자연로그라고 하는 것을 알아 두어야 한다. **자연로그 ln은 프랑스어 ' logarithmic natural' 의 첫 글자들을 따서 만든 기호**이다. 여하튼 지수든 로그든 밑을 e로 하면 자연지수, 자연로그라고 불러 준다. 물질세계의 이법(理法)을 밝히는 물리학에서 e를 많이 쓰는 이유는 자연현상을 수학으로 해석할 때 e가 적절하게 들어맞아 사용되기 때문이다. 개념적으로 자연, 또는 물리 친화적인 수라서 자연~이라는 접두사를 붙여 준 것이 아닐까 생각한다. e=2.71828.....의 무리수일 뿐인데 그런 효능이 있다는 것이 무척 경이롭지 아니한가! 따라서 공학을 연구하는 사람은 자연상수 e와 무척 친해져야만 한다. 이것은 당위다. 공학에서 e 를 뺀다는 것은 팥소도 호두도 없는 호두과자 정도가 아니다.

윗 식에서 전압으로 환산하려면 간단하게 e (=q ; 여기서는 e가 자연상수가 아니다.)로 나누어 주기만 하면 되니 최종적인 내부확산전압은 아래식이 된다. 자연지수 함수표기와 전자의 표기 e가 같으므로 전자 한 개의 전하를 q로 표현하는 식이 더 나을 것 같다.

$$V_{bi} = \frac{kT}{e} \ln \frac{N_d N_a}{n_i^2} \quad or \quad V_{bi} = \frac{kT}{q} \ln \frac{N_d N_a}{n_i^2}$$

내부확산전압을 구하는 또 다른 방법은 확산과 표동에 대한 전류밀도식과 아인슈타인 관계식을 이용해 유도하는 방법이 있다. 개인적으로는 아인슈타인 관계식을 이용하는 방법이 깔끔하다고 생각이 드나, 확산과 표동의 전류밀도를 세워야 하는 번거로움이 있고, 적분을 수행해야 하는 수고로움도 있기 때문에, 위와 같이 우리에게 익숙한 페르미-디락 함수를 근사시킨 방법으로 파헤쳐 보았다.

전자입장에서 볼 때 에너지 준위는 P형 반도체 쪽에 높게 그려지나, 아래서 보는 바와 같이 전위차(전압)는 반대로 N형 반도체 쪽이 높게 그려지게 된다. 이는 나중에 식으로도 증명이 된다.

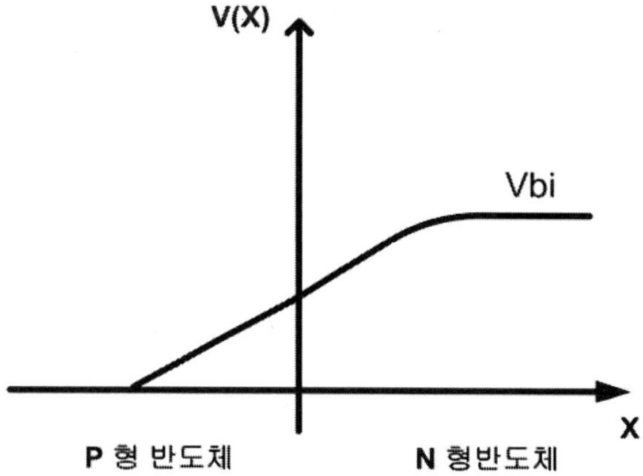

그림 1-9-5. 내부 확산전압

하나 예를 들어 본다. $N_d=10^{15}/cm^3$, $Na=10^{15}/cm^3$ 라고 하면 내부확산전위차 (전압)은 아래와 같이 구할 수 있게 된다. 보통 $n_i=10^{10}/cm^3$

$$V_{bi} = \frac{kT}{q} \ln\left(\frac{10^{15} \times 10^{15}}{10^{20}}\right) = \frac{0.026 \times 23.025eV}{q} \cong 0.6V$$

바로 이 PN접합 내부의 전위차 때문에 나중에 보게 되겠지만 실리콘으로 만들어진 다이오드는 순방향전압차가 0.6~0.7V가 되어야 비로소 도통이 되게 된다. 범인은 바로 내부 확산 전압이 되겠다. 아래 (1-9-6) 그림은 실리콘 다이오드가 도통될 때의 전압을 잘 보여 주고 있다.

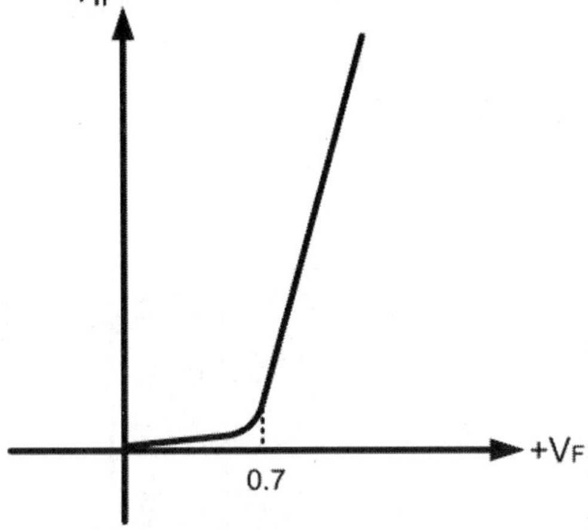

그림 1-9-6. 순방향 전압이 0.6V~0.7V가 될 때 도통이 된다. 그 이유는 다이오드 내부확산 전위차 때문이다.

1-10. 맥스웰 방정식

아래 그림 (1-10-1)은 전기전자 책이나 자료들 첫 머리에 다짜고짜 등장하는 그림들이다. 전자공학의 입문과정에서부터 우리를 쫄게 만들었던 그림들이며, 또는 엎드려 잠이 들게 만들었던 강력 수면제이기도 했다. 속이 울렁거릴 수 있는 그림이다. 멀미 약 한 장 귀에 붙여야 할 만 같다.

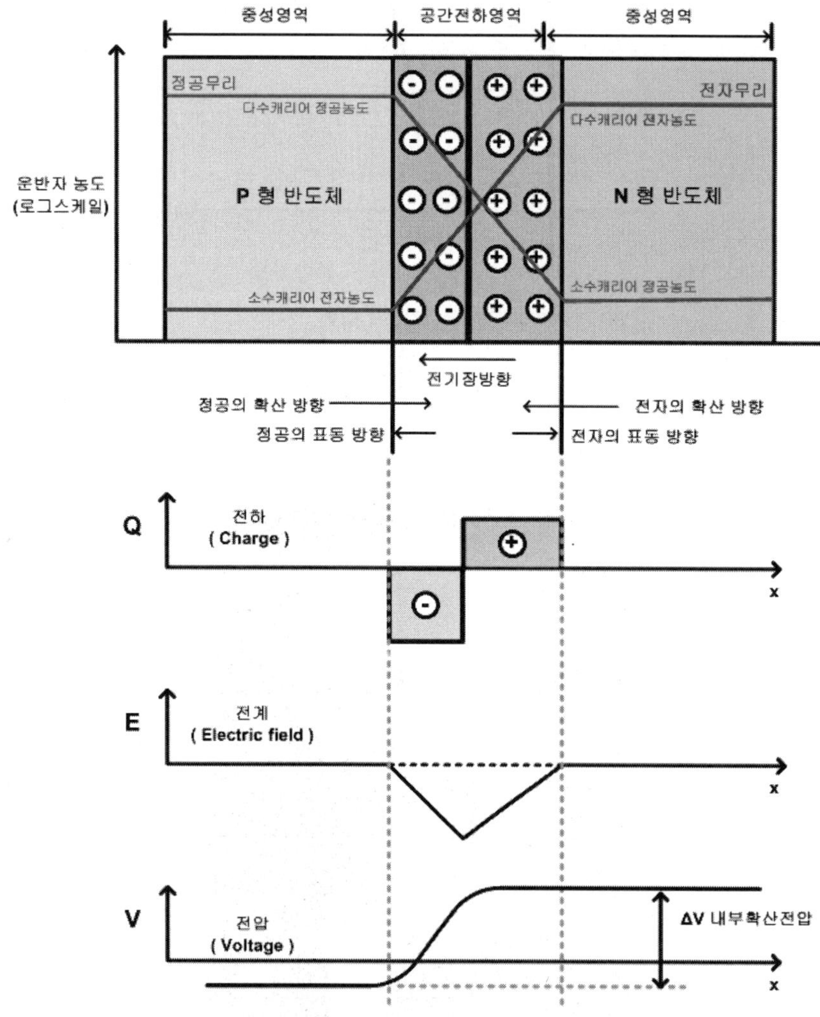

그림 1-10-1. 외부전압이 인가되지 않은 조건에서 열평형상태의 PN접합

대부분의 평균적 이성을 가진 사람들은 저런 것이 있구나 하고 좀 고민하다가 책장을 그냥 넘기는 부분이 되겠다. 트랜지스터를 공부하면서 저런 그림을 기억하는

사람이 몇이나 될까? 공학 입문과정에서 걸림돌로 작용하는 그림이 틀림없다. 이번에는 이 그림을 작살 내 보기로 하자. 복잡한 수식은 기억할 필요는 전혀 없지만, 아~ 그래서 저 따위로 그려지는구나 하고 감은 잡자는 말이다.

골수만 빼 먹자면, 내부확산전압이 대략 0.7V가 된다는 점을 아는 것이 중요하다. 그것은 다이오드 특성 그래프를 이해하는 데에 열쇠가 되기 때문이다. 다이오드가 순방향전압이 걸렸어도 당장 도통 되는 것이 아니라 실리콘인 경우 순방향전압이 0.7V가 되어야 도통 되는 이유와 근거가 되는 내용이다. 그 나머지는 지우개로 지워져도 하등 문제될 것이 없다. 내부확산전압에 대해서는 이미 유도 과정을 마쳤기 때문에 그림을 보기에 좀 수월해 진 것은 사실이다.

그런데 내부확산전압은 이미 설명 했는데 왜 굳이 성가시게 다시 이런 그림을 거론 하는 것이냐 하면, 불순물 농도에 따른 공간전하의 영역이 어떻게 변하는지 머리에서 시뮬라시옹(Simulation) 되기 위해서는 수식으로 전개시켜야 하는데 저 그림들이 단계적으로 수식 형태로 드러나고, 이왕 수식으로 물고 늘어질 바에는 내친 김에 곁들여 타작해 보자는 단순한 이유에서이다.

이야기의 서두(序頭)를 맥스웰로부터 시작하자. 주제를 약간은 벗어나지만 상식선인 이야기 정도를 곁들이며 가기로 한다.

그림 1-10-2. 제임스 클러크 맥스웰
(James Clerk Maxwell 1831~1879)
스코틀랜드의 물리학자

전자공부를 할 때 지긋지긋하게 만드는 과목들이 있곤 하는데, **전자기학**(electromagnetics, 電磁氣學)은 단연 우리를 괴로움에 몸부림치게 만들었던 주제 중의 하나일 것 같다. 난해한 전자기학을 수학 이론으로 집대성한 사람이 바로 맥스웰이라는 인물이다. 맥스웰의 프로파일(Profile)부터 들추어 본다.

개별적 학문에는 분수령(分水嶺)이 되는 인물들이 어김없이 존재한다. 철학에서는 '이전의 철학이 칸트에게로 흘러들어 가고, 그 이후의 철학은 칸트로부터 흘러 나왔다'고 칸트 철학을 자리매김 하거니와, 물리학에서도 비슷한 평가를 받는 인물이 존재하는데 맥스웰이 바로 그런 사람 축에 속한다. 일찍이 아인슈타인이 이렇게 말했다.

물리학은 맥스웰 이전과 이후로 나뉜다.

맥스웰을 아주 높게 평가 했다. 아인슈타인은 맥스웰의 사진액자를 자기 연구실에 늘 걸어 놓았을 정도로 그를 무척 존경했다. 물리학이라면 바로 연상되는 인물이 아인슈타인인데, 그런 아인슈타인이 높게 평가했으니 맥스웰이라는 인물이 물리학에서 차지하는 위상이 가히 어림짐작 된다.

그런데 반면

우리에게 맥스웰 하면 떠오르는 표상은 마시는 맥스웰 하우스 커피 정도이다. 물리학자 맥스웰 이름자 정도를 아는 사람은 맥스웰 하우스 커피를 전자기학을 집대성한 맥스웰의 이름을 고상하게 따서 만들어진 상표라고 착각할 수도 있다. 맥스웰 하우스 커피와 물리학자 맥스웰은 어원?이 다르지만 같은 이름을 쓴 것이다. 맥스웰 하우스 커피라는 이름은 미국 내슈빌에 있는 맥스웰 하우스 호텔에 커피를 납품 하면서 따진 이름이라는 것이다. 쉰 소리 그만하고 다시 전자기학의 그 맥스웰로 다시 돌아가자.

맥스웰은 24세 때 [패러데이의 역선에 관하여 (On Faraday's lines of Force)] 라는 논문을 발표 했다. 우리가 잘 아는 마이클 패러데이는 수학을 잘하지 못했기 때문에 물리적 현상을 그림으로 이해하는 데에는 재능이 탁월 했다. 그 중의 하나인 그림개념이 역선 인데 말하자면 전하를 갖는 점에서 흘러나오고, 흘러 들어가는 장, 또는 마당을 아래와 같이 생각한 것이다.

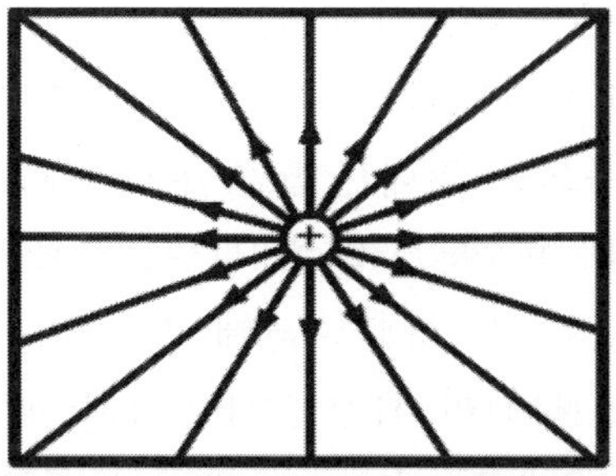

점 전하가 만드는 전기장은 물이 샘에서 솟아 나는 것 과 같은
용출형이다.전기력선은 물의 흐름과 같이 생각하면 된다.

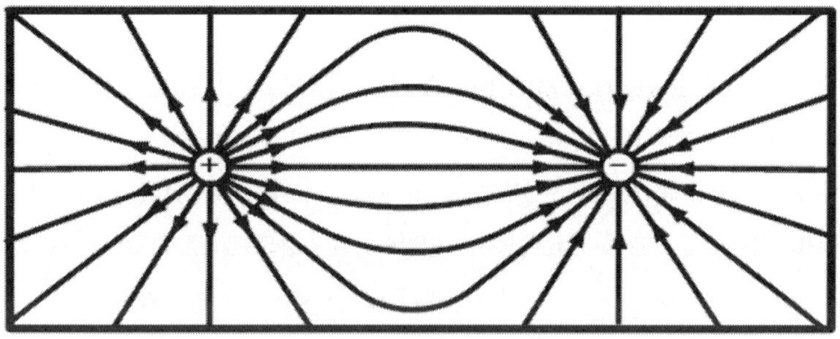

크기가 같지만 극성이 다른 점 전하가 만드는 전기장은 하나는 용출하고,
하나는 흡수하는 것처럼 그려진다.

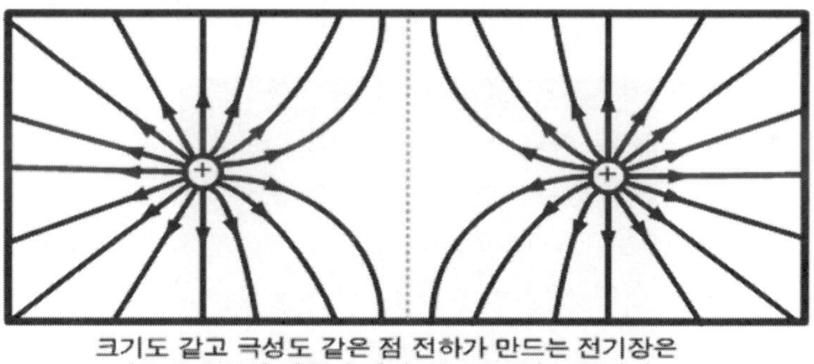

크기도 같고 극성도 같은 점 전하가 만드는 전기장은
서로 용출하기 때문에 반발하는 것처럼 그려진다.

그림 1-10-3. 전기력 선

지금은 전기력선 세기, 전계라고 부르는 이 단위 면적당 역선들을 맥스웰은 수학 이론으로 정리를 하려고 논문을 통해 시도한 것이다. 이를 출발점 삼아 1855년에 전자기 이론을 연구하기 시작하여 맥스웰은 20년이 지난 1873년에 이론을 완성시켰다. 1873년에 완결을 보았다고 하는 이유는 그가 전자기학을 집대성한 **『전자기학 논고』**(A Treatise on Electromagnetism)라는 두 권의 책을 썼는데, 뉴턴이 쓴 [프린키피아 를 빗대어 '전자기학의 프린키피아'라고 불릴 정도로 물리학에서는 비중이 꽤 높은 책을 발간했기 때문이다.

대략 간결하게 분류하면 1권은 전기에 대해, 2권은 자기에 대해 서술하고 있다. 과학자들은 너절한 것을 굉장히 기피하기에 책 전체는 수식(數式)으로 도배 되어 있어서 무척 난해하다. 물론 후학자들에 의해서 난해한 방정식들이 간결한 형태의 미분방정식들로 정화? 되었지만, 그 이론의 정수와 골자들은 지금까지 그대로 유산으로 남았다. 『전자기학 논고』 1권에 부록 형식으로 들어 가 있는 도판 (plates)에 역선 그림들 중의 하나만 가져와 역선을 어떻게 이해했나 알아보기로 한다. (1-10-4) 그림은 보통 역선(lines of force, 力線)을 설명할 때 자주들 인용하는 유명한 그림이다.

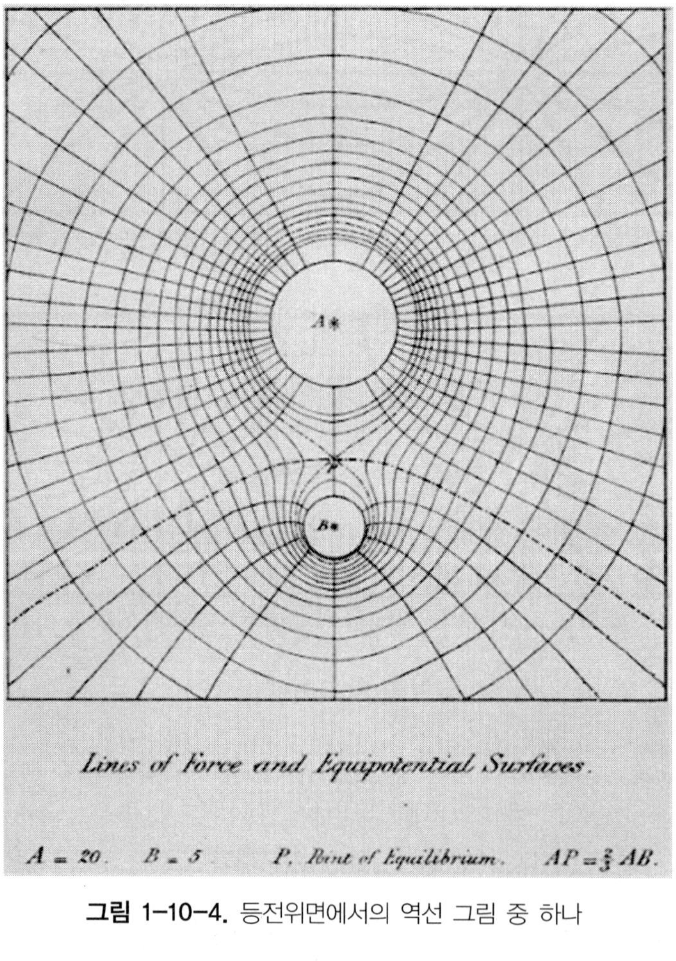

그림 1-10-4. 등전위면에서의 역선 그림 중 하나

이제부터 깔끔하게 정리된 맥스웰 방정식을 감상하도록 하자. 맥스웰의 방정식은 미분형과 적분형의 수식으로 표현 될 수가 있다. 둘은 서로 다른 의미를 갖는 것이

아니라, 정확히 똑 같은 의미를 갖는다.

한 가지 유념해야 할 것은 맥스웰의 방정식은 그 전까지의 전자기학에 대한 지식의 집대성을 의미하는 것이지, 맥스웰이 독창적으로 만든 이론이 아니라고 하는 점을 염두에 둘 필요가 있다. 전기, 자기에 대한 수학적 성과는 캠브리지 대학 트리니티 칼리지에서 자연현상을 수학적으로 풀어내는데 완벽하게 길들여진 맥스웰에게 공을 돌려야 하겠지만, 창조적인 토대는 다른 사람에 의해 마련 된 것이라는 것을 알아주자. 역선의 개념을 수학적으로 풀어 낸 착상도 다른 사람(톰슨)에 의해 마련되었다는 것도 일반에게는 알려지지 않은 사실이다.

맥스웰 방정식을 보면 맥스웰과는 다른 이름으로 방정식 마다 구별되어 가우스, 패러데이, 앙페르 같은 사람들 이름이 붙어 있다. **패러데이**라는 인물은 그 중에서 특별히 기억해야만 하는 이름이다.

그래서 맥스웰의 전기를 쓴 에버릿 (C. W F. Everitt)은 맥스웰을 가리켜 " 건축하는 것처럼 생각하는 사람"이라고 평하는데, 이는 흩어졌던 전기와 자기에 관련된 지식의 편린들을 전자기학이라는 학문으로 통섭(consilience, 統攝)하는데, 기존의 지식들을 건축 재료로 삼아 전자기학이라는 건축물로 견고하게 세웠다는 의미도 포함될 것 같다.

표 1-10-1. 맥스웰 방정식

맥스웰의 방정식	적분형식	미분형식
전기장의 가우스 법칙	$\oint E \bullet dA = \frac{Q}{\varepsilon_o}$	$\nabla \bullet E = \frac{\rho}{\varepsilon_o}$
자기장의 가우스 법칙	$\oint B \bullet dA = 0$	$\nabla \bullet B = 0$
패러데이의 법칙	$\oint E \bullet dl = \frac{d\Phi_B}{dt}$	$\nabla \times E = -\frac{\partial B}{\partial t}$
맥스웰이 수정한 앙페르의 법칙	$\oint B \bullet dl = \left(I + \varepsilon_O \frac{d\Phi_E}{dt} \right)$	$\nabla \times B = \mu_o J + \mu_o \varepsilon_o \frac{\partial E}{\partial t}$

누군가 위의 형식은 초보자가 보는 형식이란다. 헐~ 초보자가 보더라도 눈 돌아가는 방정식이다. 전자기학을 배울 때 책 끝머리쯤에 결론 삼아 나오는 방정식이니, 저 결론이 나올 때까지의 과정이 무척 지난하였으리라고 예상은 된다. 전자기학을 배운

사람들은 안다. 저 식도 단순하지 않을 뿐더러, 유도과정은 머리 뚜껑이 열려 김이 모락모락 피어 올라와도 따라가기 힘들게 지랄 맞은 방정식이라는 것을 말이다. 식만 보고 방정식이 가지는 의미를 요약 해 보기만 한다.

1. $\oint E \bullet dA = \dfrac{Q}{\varepsilon_o}$

☞ 전하 (양전하, 음전하)가 있어야만 전기장(전기력이 미치는 공간)이 생겨난다. 말로 푸는 것이 수식보다 읽기 부드러워졌다. 당연한 말 같이 들린다.

2. $\oint B \bullet dA = 0$

☞ 자기홀극(magnetic monopole)은 없다고 설명하는데, 이런 설명은 식과 잘 유유상종(類類相從) 하지 못한다. 자기홀극이 존재하지 않는다는 말은 자석을 암만 자르고 잘라 극미하게 잘라도 N과 S극 두 극은 계속 존재한다는 말이다.

그렇게 이해하기 보다는 자기력선이 폐곡면에서 들어오고 나가는 것은 어디에서나 같다고 이해하는 편이 좀 덜 껄끄럽다.

전자기학의 네 개의 방정식 중에서 두 개씩이나 가우스라는 이름이 붙었으니, 얼굴 정도는 알고 넘어 가야 하지 않겠는가! 그렇지 않으면 섭섭하다. "나는 말하는 것보다 계산하는 것을 더 먼저 배웠다." 고 떵떵거렸던 수학의 거장이다. 어렸을 때 지도교사였던 뷔트너가 1~100까지의 숫자들을 모두 더하면 얼마가 나오는지 계산해 보라고 했을 때, 문제를 듣자마자 석판에 정확한 답 5050이라고 쓴 뒤 선생에게 제출했다는 일화는 꽤 알려져 있다.

3. $\oint E \bullet dl = \dfrac{d\Phi_B}{dt}$

☞ 자기장이라는 것은 전기장의 변화에 의해서만 만들어 진다. 여기에서 무엇인가 댓구가 마련될 것 같은 강한 예감이 든다. 그럼 전기장은 자기장에 의해서 만들어 질 수 있을까? 라는 댓구.

그림 1-10-5. 카를 프리드리히 가우스
(Carl Friedrich Gauss 1777.4.30~1855.2.23)
19세기 최대의 수학자, 독일

패러데이라는 인물은 우리에게 너무 유명한 입지전(立志傳)적인 인물이다. 그의 전기(傳記)나 그의 생애에 전기와 자기에 대해 실험한 내용에 대해서는 어렵지 않게 책으로 찾을 수 있다.

그는 1791년 가난한 대장장이의 아들로 태어났다. 열 살 때 서점에서 심부름꾼으로 일을 하기 시작해서 우연한 기회에 왕립연구소 회원이었던 윌리엄 댄스가 준 험프리 데이비의 값비싼 강연 입장권을 준 계기로 서점원의 장점을 살려 데이비 강연 내용을 정성껏 제본하여 헌정하였으며, 그런 인연으로 여차하여 데이비에 의해 왕립연구소의 실험실 조수로 추천되었고, 결국 왕립연구소의 화학조수가 되었다. 1825년 34살 무렵에는 왕립연구소의 실험실 책임자 자리까지 올라갔다. 당대 최고의 과학자들과 왕실 관계자 앞에서 강연을 하는 위치에까지 우뚝 선 인물이다. 수학이 딸렸기 때문에 오로지 실험에 정진함으로써만 이루어 낸 성공이었다.

그림 1-10-6. 마이클 패러데이
(Michael Faraday, 1791.9.22~1867.8.25)
영국의 물리학자이자 화학자

4. $\oint B \bullet dl = \left(I + \varepsilon_O \frac{d\Phi_E}{dt} \right)$

☞ 역시 댓구가 있었다!!! 이런 것이 자연의 조화 아닌가! 위의 식은 전류나 전기장에 의해 자기장이 형성된다는 뜻이다. 이 방정식은 예언과 같은 방정식이다. 전기장과 자기장은 떼래야 뗄 수 없다는 의미를 내포한다.

전자기의 역사를 설명하는 것이 아니라서 아주 짧게 촌스런 비평을 한다면, 덴마크의 코펜하겐 대학 물리학교수인 한스 크리스티안 외르스테드 (Hans Christian Oersted)가 기초를 놓았고, 프랑스의 앙드레 마리 앙페르 (Andre Marie Ampere)가 들보를 놓았으며, 마이클 패러데이 (Michael Faraday)가 지붕을 얹었다. 그리고 이윽고는 제임스 클라크 맥스웰(Maxwell, James Clerk)이 집의 인테리어를 화려하고, 장엄하게 꾸며 주었고, 인테리어 종자돈을 준 것은 독일의 카알 프리드리히 가우스 (Karl Friedrich Gauss)라고 요약 한다면 지나친 비약을 감행한 것인가?

그림 1-10-7. 앙드레 마리 앙페르
(Amp re, Andre Marie 1775.1.22~1836.6.10)
프랑스의 물리학자이자 수학자, 철학자

맥스웰 방정식에서 4번째 식에 주목해야 하는 점은 맥스웰이 전자기파를 예언했다는 점이다. 네 번째 방정식에서 앙페르의 법칙을 맥스웰이 수정한 항목이 (+)되어 덧 붙여 있다. 이 항이 무엇을 의미할까? 이 항은 매우 의미심장하다. 그 전까지는 별개의 현상이라고 치부한 전기와 자기를 통일했기 때문이다. 어떻게 통일 했을까?

네 번째 식에 사족을 다시 한 번 달라치면, 패러데이의 법칙에서 자속(磁束)이 시간적으로 변할 때, 전계가 발생한다는 것을 알 수 있고, 맥스웰이 앙페르의 법칙을 수정한 항목을 보면 전속이 변하면 자계가 변한다는 것을 이끌어 낼 수 있다. 이것이 바로 맥스웰 방정식의 별미 중의 별미가 되는 내용이다. 공간에 전계가 생기면 시간적으로 변하기 때문에 자계가 생기고, 시간적으로 변화되는 자계가 생기면 다시 전계가 생겨 전계와 자계가 서로 고리처럼 수직으로 맞물려 전자기파가 비로소 공간을 활개치고 날아다니게 되는 이론적인 배경이 되는 것이다.

맥스웰의 이론적 예언은 맥스웰이 유명을 달리한 1879년까지도 실험적인 증명이 이루어지지 않다가 물리학계의 모차르트라고 불렸던 하인리히 헤르츠에 의해서 실험적으로 확증된다. 우리가 주파수의 단위로 쓰는 헤르쯔 (Hz)가 이 사람의 이름을 기려 붙인 단위가 되겠다.

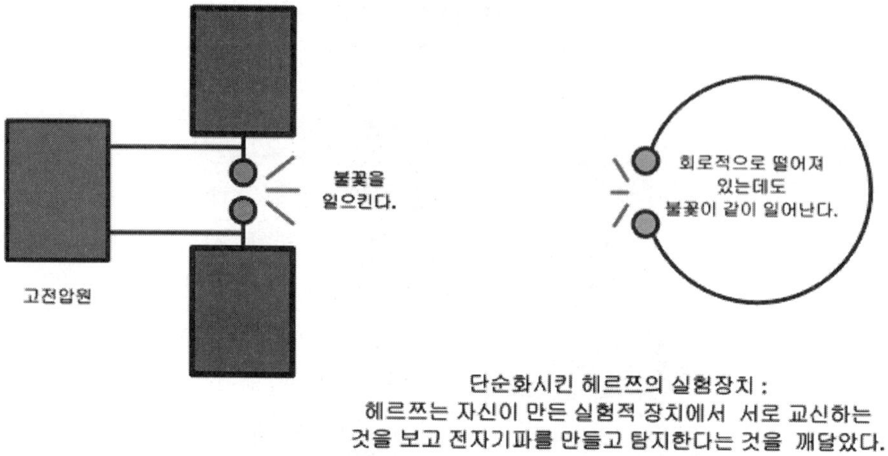

그림 1-10-8. 헤르츠의 실험

위의 방정식 중에서 우리의 논의를 위해 필요한 것은 '전기장의 가우스 법칙'이라는 첫 번째 방정식을 가져 오기만 하면 되겠다. 여기서부터 수식으로 풀이 과정이 시작 되는 것이다.

$$\oint E \bullet dA = \frac{Q}{\varepsilon_o}$$

방정식의 형태를 바꾸어 써 모양을 변모시키자.

유전율 항만 왼쪽으로 이항시켜 보기로 한다. 유전율이란 전기장을 얼마나 잘 흐르게 해 주는가를 알려 주는 상수이다. 값이 주어져 있다. 물질마다 전기장을 잘 통과 시킬지, 통과시키기 어렵게 할지를 알려 주는 상수이기 때문에 크게 신경 쓸 것이 없는 항이다. Q는 전하량이고, E는 전계, 또는 전기장의 세기, A는 면적을 나타낸다. 유전율(ε) 아래첨자에 εo가 붙으면 진공상태에서의 유전율 이라고 해서 그 값은 상수로 8.8541878176... ×10－12 F/m 값을 가진다.

$$\varepsilon_o \oint E \bullet dA = Q$$

식을 이렇게 쓰고 보면, 전하를 가진 존재가 있다면 단위면적당 전계의 세기에 비례상수인 유전율을 곱한 꼴로 된다. 법칙은 아니 그럴 수 없는 이법(理法)이기 때문에 꼭 그렇게 되어야 한다는 공리이다. 이 식이 의미하는 것을 간단히 말하면, 전하가 있으면 반드시 전계, 전기력선의 세기, 또는 전장, 그리고 패러데이가 말한 역선(力線)이 반드시 흘러 나와야 한다는 뜻을 가지고 있는 것이다.

적분기호가 약간 입맛 떨어지게 생겨 먹었지만, 약식으로 사유해서 공같이 생긴 구(毬)이면 구의 표면적(4πr2), 원통이면 원통 둘레 면적(2πrh ; 위, 아래 원면적이 빠진 이유는 선 전하일 때 수직인 방향에 있는 원통의 둘레 면적만 고려하면 된다.) 등을 산수적으로 계산해 주면 된다. 빙 둘러서 면적을 구해야 되기 때문에 적분기호에 동글뱅이가 중간에 그려 있는 기호를 사용하는 것이다. 전계가 일정하다면 적분기호 밖으로 튀어 나오고, 표면적만 생각해 주면 된다. 잘게 쪼갠 미소 면적을 누더기 이어 붙이듯이 끝까지 이어 붙이면 전면적이 된다는 것이 위의 적분식이 의미하는 바가 되겠다.

이 가우스 법칙을 가지고, 약간 비튼 것이 포아송의 방정식(Poisson's equation)이다. 다음에는 가우스 법칙이 어떻게 변질되어 포아송의 방정식으로 무늬를 바꾸고, 더 나아가 최종적으로 그림 (1-10-1)에서 그렸던 공핍층의 전하분포나, 공핍층의 전계, 공핍층의 전위차 그래프를 구할 때 우리가 원하는 수식으로 어떻게 전개가 되는지 살펴보기로 하겠다.

1-11. 포아송 방정식

계산을 위한 준비단계로 가우스 법칙이 어떻게 포아송 방정식으로 살짝 변조되는지 조사해 보기로 한다. 착상은 아주 간단하다.

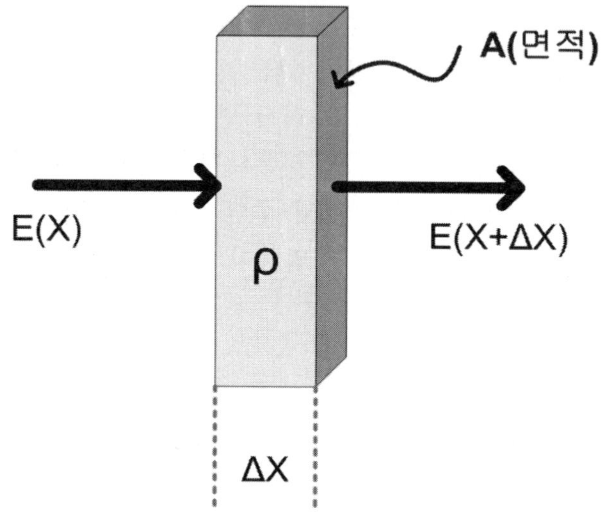

그림 1-11-1. 포아송 방정식 유도 그림

물리학에서 거리를 시간으로 나누면 속도가 되고, 속도를 한 번 미분해주면 가속도를 구할 수 있듯이, 전기전자에도 이와 비슷한 양상을 가지는 방정식이 존재한다. **포아송 방정식** (Poisson Equation)이라고 하는 것으로, 전압을 두 번 미분하면 전하량이 되고, 전계를 한 번 미분해도 전하량이 된다는 것이다. 따라서 전압을 한 번 미분하면 전계를 구할 수 있는 식이다. 앞으로 계산할 순서는 부피전하밀도(ρ)를 한 번 적분해서 전계를 얻고, 전계를 적분해서 전압을 얻는 역방향으로 나아갈 예정이다.

위의 그림을 보면 단위 체적에 전계가 있을 때 흘러 나오는 전계에서 흘러 들어가는 전계를 빼주면 단위 체적당의 전하를 구할 수 있다는 것을 보여 준다. 수식으로 쓰면 가우스 정리를 이용하면 된다. 가우스의 법칙이 무엇이었던가? 전하가 있으면 전계가 반드시 존재해야 한다는 법칙이 아니었던가? 따라서 식은 아래와 같이 쓰인다.

$$\varepsilon E(x+\Delta x)A - \varepsilon E(x)A = \rho \Delta x A$$

우측 항이 이상한데 절대 이상한 것이 아니다. ρ는 부피전하밀도로 일정한 부피를 나누어 주면 전하량 q가 된다. [이에 대해 선(線)전하밀도는 λ라고 하고, 면(面)전하밀도는 σ로 표기한다.] 왼쪽 항은 단위부피당 전계에 유전율을 곱한 식이 두 개 나오지만 결국 가우스 법칙을 그대로 적용한 꼴로 이루어져 있다. 면적 A는 세 항에 공통이므로 나누어 주면 상쇄 된다.

$$\varepsilon E(x+\Delta x) - \varepsilon E(x) = \rho\Delta x$$
$$\varepsilon[E(x+\Delta x) - E(x)] = \rho\Delta x$$

잘 보면 뭔가 도함수(미분)의 꼴이 드러나기 시작한다. 항을 이항시켜 보면 확연히 보인다.

$$\frac{E(x+\Delta x) - E(x)}{\Delta x} = \frac{\rho}{\varepsilon}$$

위의 식은 평균변화율을 보여 주고 있다. 평균변화율에서 사용되는 델타 △기호는 극히 작다고 단정할 필요가 없는 기호이다. 크든 작든 그저 변화된 양만을 의미한다고 간주해 준다.

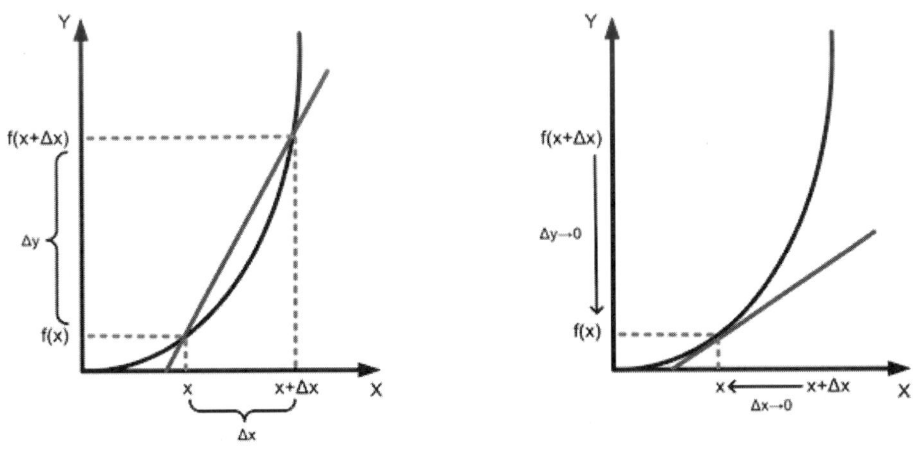

평균변화율 $= \dfrac{f(x+\Delta x)-f(x)}{\Delta x}$ 순간변화율 → 미분 $= \lim_{\Delta x \to 0} \dfrac{f(x+\Delta x)-f(x)}{\Delta x} = f'(x) = \dfrac{d}{dx}f(x)$

그림 1-11-2. 평균변화율과 순간변화율 (미분)

평균변화율에서 $\triangle x \to 0$으로 생각하면 식은 미분으로 바뀐다. $\triangle x \to 0$으로 간다고 해서 $\triangle x$가 0이 되는 것은 절대 아니다. 단지 x로부터 $\triangle x$구간의 변위(구간)가 거의 0에 가까워진다는 의미이다. 따라서 x에서의 미분은 그 점에서의 기울기가 된다.

$$\lim_{\Delta x \to 0} \frac{E(x+\Delta x) - E(x)}{\Delta x} = \frac{\rho}{\varepsilon}$$

$$\frac{dE}{dx} = \frac{\rho}{\varepsilon}$$

식이 단출하게 정리가 되었다. 전계를 함수로 표현해야 되나 약식으로 그냥 써 버린 것을 양해하시라. 그런데 좌측의 $\triangle x \to 0$으로 가는 변화를 겪을 때 우변의 부피전하밀도는 그대로 변화를 겪지 않는 것 같다. 나중에 보게 되겠지만, 부피전하밀도는 불순물 농도에 관계가 되기 때문에 $\triangle x \to 0$으로 가게 되면 불순물 농도가 작아지는 변화를 같이 겪는다. 불순물이 존재하는 공간이 작아지면 전하밀도도 작아지는 것은 당연지사다. 그래서 동떨어진 식이 되지 않는다. 형식상 식이 위와 같이 된다는 점을 깨달아 줘야 한다.

포아송의 방정식(Poisson Equation)을 가져 와서 형태가 비슷한지 비교해 하기로 한다. 포아송의 방정식은 아래와 같다.

$$\frac{d^2V}{dx^2} = -\frac{dE}{dx} = -\frac{\rho}{\varepsilon_s}$$

전압을 출 번 미분하면 전계가 되고, 두 번 미분하면 전하밀도가 구해진다. 또한 전계를 한 번 미분하면 전하밀도가 된다.

가우스의 법칙에서 만들어진 식과 포아송의 방정식을 비교해 보면 똑 같다는 확연히 알 수 있다. 유전율은 실리콘 반도체이기 때문에 ε_s로 바뀐 것에 불과하므로 신경 거스를 필요가 없다.

표 1-11-1. 포아송방정식과 가우스 법칙에서 유도한 식 비교

	가우스법칙에서 유도한 식	포아송의 방정식
방정식 형태	$\frac{dE}{dx}=\frac{\rho}{\varepsilon}$	$-\frac{dE}{dx}=-\frac{\rho}{\varepsilon_s}\Leftrightarrow\frac{dE}{dx}=\frac{\rho}{\varepsilon_s}$

이제 식을 전개하기 위하여 부피에 대한 전하밀도 ρ에 대해서 생각해 주어야 한다. 전하밀도를 나타내는 그래프는 아래와 같이 그릴 수 있다. 많이 접해 보았던 그림이다.

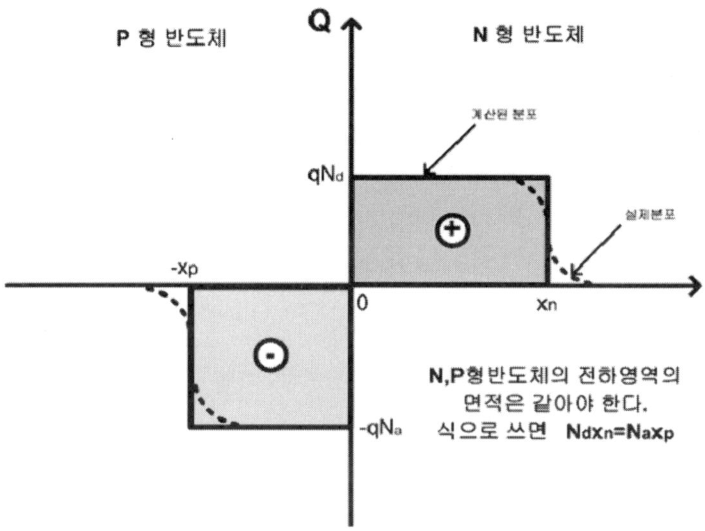

그림 1-11-3. 공핍층의 전하분포

부피전하밀도 ρ가 수량적으로 얼마가 되는지 사유해 보자. 공핍층 이외는 중성영역이므로 고려해 줄 필요가 없다 따라서 공핍층에 있는 억셉터와 도우너 그리고 운반자 (캐리어)에 전자 하나가 가지고 있는 전하량을 곱해주면 부피전하밀도를 쉽게 구할 수 있다.

$$\rho=q(p-n+N_d-N_a)$$

그런데 공핍층의 특성상 자유롭게 떠다니는 운반자는 존재하지 않는다. 극소수양이 있겠지만 고려 대상은 안 된다. 따라서 부피 전하밀도를 구하는 것은 더욱 간단하게 변한다.

$$\rho = q(N_d - N_a)$$

위에서 언급했지만 공핍층만 고려하면 되므로 부피전하밀도를 두 개로 쪼개서 사고해 줄 수 있다. 접촉면을 변위 0로 기준점을 잡고, P형 반도체의 공핍층과 N형 반도체의 공핍층 변위를 나누어 계산해 주기로 한다. 어차피 두 항이 (+)로 되어 있기 때문에 적분을 각각 해서 더해 줘도 된다.

$$\rho = -qN_a \quad (-x_p \le x \le 0)$$

$$\rho = qN_d \quad (0 \le x \le x_n)$$

부피에 대한 전하 밀도가 구해졌으니 전계를 구할 수 있게 되었다. 전계를 구하는 방법은 아래 전계를 구하는 포아송의 방정식에서 양쪽을 적분해 주면 된다.

$$\frac{dE}{dx} = \frac{\rho}{\varepsilon}$$

양변에 적분을 취하면 된다.

$$E = \int \frac{\rho}{\varepsilon} dx --- (1.11.1)$$

(1.11.1)식에 위에서 구한 부피에 대한 전하밀도를 넣어 주면 되는데, 편의상 접촉면을 기준으로 P형과 N형의 전하밀도를 나누어서 생각해 주기로 했다. 먼저 부정적분을 구하는 방법을 요령을 간단하게 짚고 포아송 방정식을 이용해 전계와 전압 계산을 하기로 한다.

$f(x) =$ 상수 a일 때

$$F(x) = \int a dx = ax + C$$

$f(x) = x$일 때

$$F(x) = \int x dx = \frac{1}{2}x^2 + C$$

위의 두 가지 형태의 적분방법을 알면 전계와 전압을 구하는 것은 식은 죽 먹기다. 식 형태가 복잡하게 되어 있다고 해도 잘게 쪼개는 변수 dx 와 관계 되어 있지 않은 항은 상수로 생각하고 적분을 할 필요가 없다는 것을 염두에 두면 방정식을 다루기 아주 쉽게 된다. 변수 x는 dx와 관계있으므로 제외하고 나머지 분수식을 상수 a로 놓고 계산해도 된다. 그렇게 하면 위에서 연습한 적분과 아주 동일한 적분이 수행되기 때문에 날로 먹게 되는 것이다.

1-12. 공핍층의 전계

전계를 구하기 전에 전계(전기장의 세기)에 대한 정의(定義)를 음미하고, 어떤 식으로 규정했는지 알아야 할 것 같다. 공학은 정의를 잘 알아야 다음 단계로 진입이 훨씬 수월하다. 정의는 본질을 규정한 것이기에 무척 중요한 것이다. 용어와 용어에 대한 정의를 소홀히 해서는 기반이 약한 모래 위에 세운집이 될 것이다.

고등학교 물리에서 배운 쿨롱의 법칙을 생각해 보자. **쿨롱의 법칙**(Coulomb' s law)에서 전하를 가진 두 물체 사이에 작용하는 힘의 크기는 두 전하의 곱에 비례하고 거리의 제곱에 반비례한다는 것을 배운 적이 있을 것이다. 1785년 프랑스의 물리학자 C. A. 쿨롱이 실험적으로 발견한 법칙이다. 수식으로 써보면 뉴턴의 만유인력 법칙과 아주 흡사하다.

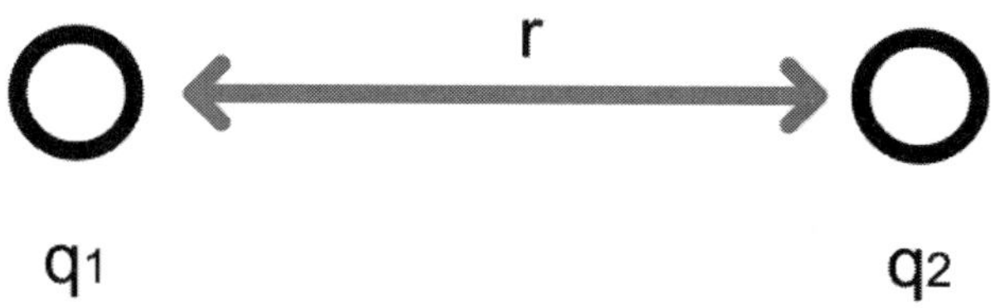

그림 1-12-1. 전하를 가진 두 물체

전하 q_1과 q_2가 거리 r 만큼 떨어져 있을 때 잡아당기는 인력이나, 서로 배척하는 척력 이라는 전기력은 아래 수식에 따른다.

$$F_{전기력} = k\frac{q_1 q_2}{r^2}$$

그렇다면 q_1 에 의해 q_2 에 미치는 전기력선의 세기는 결국 q_1 에 의해 q_2 가 받는 힘이 되기 때문에 단지 전기력에서 q_2를 나누어 주면 전계가 구해진다. 따라서 일반적인 전계의 식은 아래와 같이 유도 된다.

$$E = \frac{F_{전기력}}{q_2} = \frac{k\frac{q_1 q_2}{r^2}}{q_2} = k\frac{q_1}{r^2} = k\frac{q}{r^2}$$

전계를 정의하는 다른 하나의 방법은 전기력선으로 표현 하는 방법이다. 아래와 같이 일정한 면적에 전기력선이 통과 할 때의 전계 (전기력선의 세기)는 밀도를 구하는 것처럼 식을 세운다. 단위 면적당 전기력선이 많이 통과 되면 전계의 세기가 커지는 것은 일반적 상식이다.

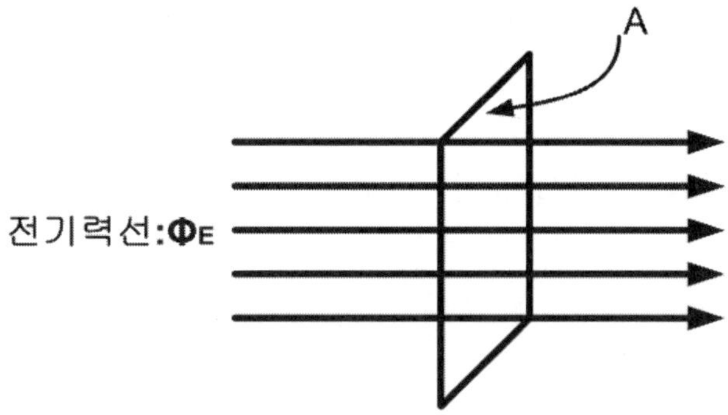

그림 1-12-2. 단위면적을 통과하는 전기력선

전기력선의 세기는

$$E = \frac{\Phi_E}{A}$$

로 표현이 될 수 있다. 전기력선은 셀 수 있는 선이기 때문에 면적으로 나누어 주면 전계가 바로 구해 질 수 있다. 물론 이렇게 정의된 전계의 정의(定義)가 아래 구하는 방정식과는 거리가 있지만, 전계가 어떤 물리적 의미를 갖는지에 대한 개념을 숙지하는데 필요한 기초영양공급원이 될 것이다.

이제 P형 반도체 측의 전계를 구해 보기로 한다. 식이 복잡하다고 한 숨 쉴 필요가 전혀 없다. 변수 빼고는 모두 상수이기 때문이라고 언질을 드렸다. 적분하기 전에 확인!!

$$\frac{qN_a}{\varepsilon_s} = \text{상수!!!!!}$$

상수를 a로 대체하던, b로 대체하던 마음대로 해도 된다. 그리고 상수 적분이라는 간단한 형태가 눈에 확 들어 올 것이다. 또한 미분할 때 상수는 0 이 되었기 때문에, 거꾸로 적분 할 때는 없어진 상수를 복원해야 하기 때문에 적분상수 C를 붙여 준다.

$$E = \int -\frac{qN_a}{\varepsilon_s}dx = -\frac{qN_a}{\varepsilon_s}x + C_1 \quad (-x_p \le x \le 0)$$

$$E(x = -x_p) = 0$$

$$\frac{qN_a}{\varepsilon_s}x_p + C_1 = 0$$

$$C_1 = -\frac{qN_a}{\varepsilon_s}x_p$$

$$E = -\frac{qN_a}{\varepsilon_s}x - \frac{qN_a}{\varepsilon_s}x_p \quad (-x_p \le x \le 0)$$

다음에는 N형 반도체의 전계를 구해 보자, 위와 같은 방법으로 구하면 된다. 거의 대칭적이다.

$$E = \int \frac{qN_d}{\varepsilon_s}dx = \frac{qN_d}{\varepsilon_s}x + C_2$$

$$E(x = x_n) = 0$$

$$\frac{qN_d}{\varepsilon_s}x_n + C_2 = 0$$

$$C_2 = -\frac{qN_d}{\varepsilon_s}x_n$$

$$E = \frac{qN_d}{\varepsilon_s}x - \frac{qN_d}{\varepsilon_s}x_n \quad (0 \le x \le x_n)$$

이렇게 해서 전계를 구하는 포아송의 방정식을 적용하여 P형, N형 반도체 각각의 전계를 구하였다. 정리하면 아래 두 가지 방정식으로 표현 할 수 있다. 함수로 따지자면 직선의 그래프로 그려지는 1차 함수에 다름 아니다.

$$E = -\frac{qN_a}{\varepsilon_s}x - \frac{qN_a}{\varepsilon_s}x_p \quad (-x_p \le x \le 0)$$

$$E = \frac{qN_d}{\varepsilon_s}x - \frac{qN_d}{\varepsilon_s}x_n \quad (0 \le x \le x_n)$$

겉보기에는 무척 복잡해 보인다. 위의 방정식으로 그림을 그리면 어떤 그림이 나올까 보면 전계의 그림이 그려진다. 방정식에 X=0 일 때와 X=공핍층의 변위를 넣어 주면 간단하게 그림이 그려진다.

먼저 P형 반도체 전계 그래프를 보기로 하겠다. 유도한 전계식의 x값을 두 가지로 나누어 생각한다.

1) $x=-x_p$이면

$$E=-\frac{qN_a}{\varepsilon_s}x-\frac{qN_a}{\varepsilon_s}x_p=-\frac{qN_a}{\varepsilon_s}(-x_p)-\frac{qN_a}{\varepsilon_s}x_p=\frac{qN_a}{\varepsilon_s}x_p-\frac{qN_a}{\varepsilon_s}x_p=0$$

2) $x=0$이면

$$E=-\frac{qN_a}{\varepsilon_s}x-\frac{qN_a}{\varepsilon_s}x_p=-\frac{qN_a}{\varepsilon_s}(\times 0)-\frac{qN_a}{\varepsilon_s}x_p=-\frac{qN_a}{\varepsilon_s}x_p$$

이를 그려 주면 아래와 같은 그래프가 된다.

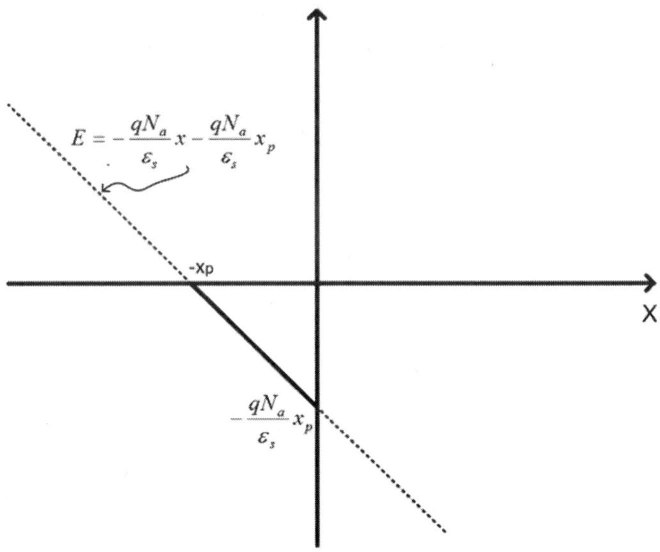

그림 1-12-3. P형 공핍층의 전계

다음은 N형 반도체 전계 그래프를 보기로 하겠다.

3) x=x_n이면

$$E = \frac{qN_d}{\varepsilon_s}x - \frac{qN_d}{\varepsilon_s}x_n = \frac{qN_d}{\varepsilon_s}(x_n) - \frac{qN_d}{\varepsilon_s}x_n = 0$$

4) x=0이면

$$E = \frac{qN_d}{\varepsilon_s}x - \frac{qN_d}{\varepsilon_s}x_n = \frac{qN_d}{\varepsilon_s}(\times 0) - \frac{qN_d}{\varepsilon_s}x_n = -\frac{qN_d}{\varepsilon_s}x_n$$

마찬가지로 이 함수를 그림으로 그려 주면 아래와 같이 된다.

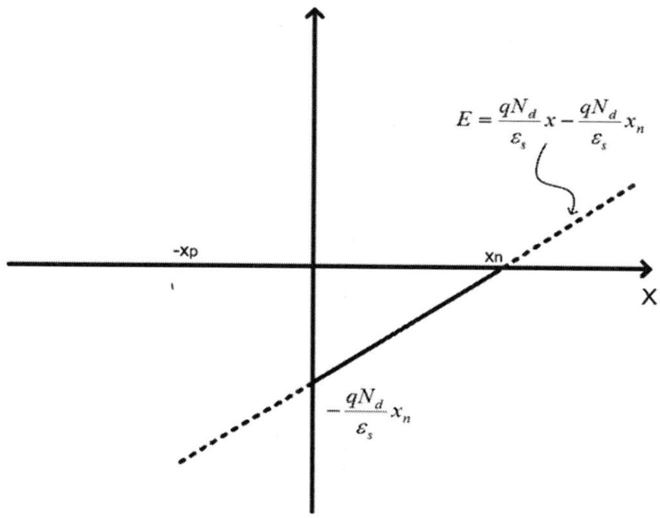

그림 1-12-4. N형 공핍층의 전계

이제 그림 (1-12-3)과 (1-12-4)에 그려진 그래프를 합체해 보기로 한다. 많이 보던 그림이 불쑥 튀어 나올 것이다. 범위를 $-x_p$ ~ x_n 으로 한정해서 사고해 주면 된다. 나머지 영역은 중립 영역이라고 이미 언질을 드렸다. 사고할 필요가 없는 영역을 들입다 고민해 줄 필요는 전혀 없다. 고로 무시!!!

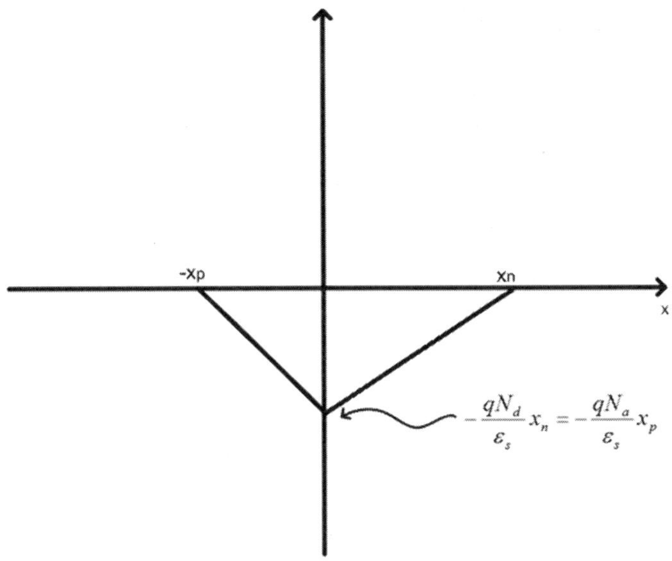

그림 1-12-5. 공핍층에서의 전계

드디어 공핍층의 전계가 나타났다.

P형과 N형이 만나는 접촉면에서 전계의 최댓값이 된다. 기억하시는가? 공핍층의 전하영역을 그림으로 나타낼 때

$$N_a x_p = N_d x_n$$

라고 하였다.

따라서 그래프상 전계의 최댓값이 정량적으로 같은 값을 갖는 것이 아주 당연하다. 여기에 각각 전하량을 곱하고, 유전율로 나누어 준다고 해도 동일한 값은 변하지 않는다. 이 관계식은 꼭 기억해 주기를 당부 드린다. 나중에 P와 N형의 공핍층 영역을 수식으로 정량화 할 때 나타나는 관계식이기 때문에, 그 때까지 만이라도 기억해 주시기를 바란다. 다음은 공핍층에서의 전압이 어떤 그림으로 그려질지 수식으로 명징하게 파헤치기로 한다.

1-13. 공핍층의 전위차

이번에는 지금까지 유도한 전계식을 가지고 내부확산전압을 구해 보기로 한다. 우리는 물론 페르미-디락 함수를 근사시켜 내부확산 전위차를 구해 보았다. 지금 풀이하는 방법은 결과는 같지만 포아송의 방정식을 이용해서 구하는 방법이라고 생각할 수 있다. 설명에서 드러나겠지만 페르미-디락 함수를 근사시켜 유도하는 방법에 비하면 좀 번거로울 수 있지만, 공핍층의 넓이를 불순물 농도와 관계시킬 수 있기 때문에 결론으로 얻어 지는 식은 상당히 중요하다.

식 전개과정이 좀 거추장스럽다고 생각 되시는 분은 중간과정을 건너뛰고, 결론부분의 방정식으로 그래프를 상상해 보면 문제가 없을 것 같다.

포아송의 방정식으로 돌아가 보자

$$\frac{d^2V}{dx^2} = -\frac{dE}{dx} = -\frac{\rho}{\varepsilon_s}$$

여기서 전압을 한 번 미분하면 전계가 된다는 식이 유도 된다.

$$\frac{dV}{dx} = -E$$

따라서 양변을 적분하면 내부 확산전압을 구할 수 있게 된다.

$$V = \int -Edx$$

전계에 대한 식은 이미 우리 수중에 있다. 풀이를 위해 다시 한 번 상기하기로 하겠다.

$$E = -\frac{qN_a}{\varepsilon_s}x - \frac{qN_a}{\varepsilon_s}x_p \quad (-x_p \le x \le 0)$$

$$E = \frac{qN_d}{\varepsilon_s}x - \frac{qN_d}{\varepsilon_s}x_n \quad (0 \le x \le x_n)$$

전계를 구할 때와 마찬가지로 P형과 N형을 각각 나누어서 적분해 주기로 한다. 먼저 P형 반도체 공핍층을 사고하자.

$$V = \int -Edx = \int -\left(-\frac{qN_a}{\varepsilon_s}x - \frac{qN_a}{\varepsilon_s}x_p\right)dx = \frac{qN_a}{2\varepsilon_s}x^2 + \frac{qN_a}{\varepsilon_s}x_p x + C_3 \qquad (-x_p \le x \le 0)$$

$$V(x = -x_p) = 0$$

$$\frac{qN_a}{2\varepsilon_s}x^2 + \frac{qN_a}{\varepsilon_s}x_p x + C_3 = 0$$

$$C3 = -\frac{qN_a}{2\varepsilon_s}x^2 - \frac{qN_a}{\varepsilon_s}x_p x = -\frac{qN_a}{2\varepsilon_s}x_p{}^2 + \frac{qN_a}{\varepsilon_s}x_p{}^2 = \frac{qN_a}{2\varepsilon_s}x_p{}^2$$

$$V = \frac{qN_a}{2\varepsilon_s}x^2 + \frac{qN_a}{\varepsilon_s}x_p x + \frac{qN_a}{2\varepsilon_s}x_p{}^2 = \frac{qN_a}{\varepsilon_s}\left(x + x_p\right)^2 \qquad (-x_p \le x \le 0)$$

P형과 동일한 방법으로 N형 반도체의 공핍층의 전압을 생각해 준다.

$$V = \int -Edx = \int\left(\frac{qN_d}{\varepsilon_s}x - \frac{qN_d}{\varepsilon_s}x_n\right)dx = \frac{qN_d}{2\varepsilon_s}x^2 - \frac{qN_d}{\varepsilon_s}x_n x + C_4 \qquad (0 \le x \le x_n)$$

$$V_P(X = 0) = \frac{qN_a}{2\varepsilon_s}x_p{}^2 = V_n(x = 0) = \frac{qN_d}{2\varepsilon_s}x^2 - \frac{qN_d}{\varepsilon_s}x_n x + C_4 = C_4$$

$$C_4 = \frac{qN_a}{2\varepsilon_s}x_p{}^2$$

$$V = \frac{qN_d}{2\varepsilon_s}x^2 - \frac{qN_d}{\varepsilon_s}x_n x + \frac{qN_a}{2\varepsilon_s}x_p{}^2 = \frac{qN_d}{\varepsilon_s}\left(x_n - \frac{x}{2}\right)x + \frac{qN_a}{2\varepsilon_s}x_p{}^2 \qquad (0 \le x \le x_n)$$

위의 식 전개 중에 Vp 와 Vn은 x=0 인 점에서는 값이 같기 때문에 적분상수 C_4를 구하는 방법으로 활용하였다. 과정을 빼 버리고 공핍층 전압의 결과식만 추려 보기로 한다.

$$V = \frac{qN_a}{\varepsilon_s}\left(x + x_p\right)^2 \qquad (-x_p \le x \le 0)$$

$$V = \frac{qN_d}{\varepsilon_s}\left(x_n - \frac{x}{2}\right)x + \frac{qN_a}{2\varepsilon_s}x_p{}^2 \qquad (0 \le x \le x_n)$$

그의 식을 전계에서와 같이 x 값에 특정한 값을 넣어서 그래프로 그려 보기로 한다. 먼저 P형 반도체 그래프를 제도해 보기로 하겠다.

1) $x=-x_p$이면

$$V=\frac{qN_a}{\varepsilon_s}\left(x+x_p\right)^2=\frac{qN_a}{\varepsilon_s}\left(-x_p+x_p\right)^2=0$$

2) $x=0$이면

$$V=\frac{qN_a}{\varepsilon_s}\left(x+x_p\right)^2=\frac{qN_a}{\varepsilon_s}\left(0+x_p\right)^2=\frac{qN_a}{\varepsilon_s}x_p^{\ 2}$$

그래프는 아래 그림에서 조그만 하게 그린 그림처럼 나오게 되지만, 구간이 $-x_p \le x \le 0$ 이라는 것을 염두에 두어야 한다. 그 외에는 전하가 없는 중성영역임을 기억하도록 하자.

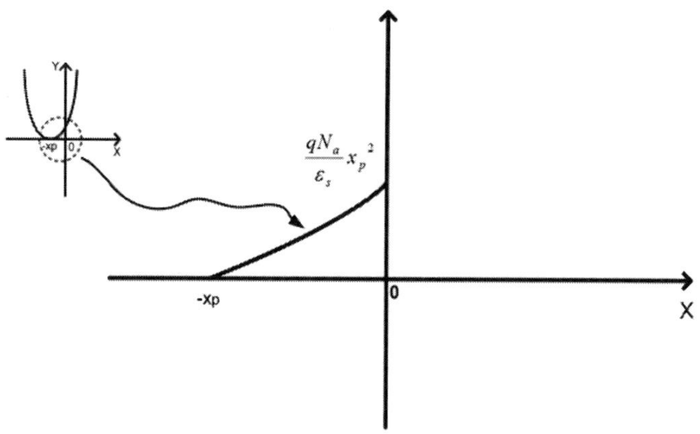

그림 1-13-1. P형 반도체 공핍층의 내부확산 전압

다음은 N형 반도체 전압그래프를 보기로 하겠다.

3) $x=x_n$이면

$$V=\frac{qN_d}{\varepsilon_s}\left(x_n-\frac{x}{2}\right)x+\frac{qN_a}{2\varepsilon_s}x_p^{\ 2}=\frac{qN_d}{\varepsilon_s}\left(x_n-\frac{x_n}{2}\right)x_n+\frac{qN_a}{2\varepsilon_s}x_p^{\ 2}=\frac{qN_d}{2\varepsilon_s}x_n^{\ 2}+\frac{qN_a}{2\varepsilon_s}x_p^{\ 2}$$

4) $x=0$이면

$$V=\frac{qN_d}{\varepsilon_s}\left(x_n-\frac{x}{2}\right)x+\frac{qN_a}{2\varepsilon_s}x_p^{\ 2}=\frac{qN_d}{\varepsilon_s}\left(x_n-\frac{0}{2}\right)\times 0+\frac{qN_a}{2\varepsilon_s}x_p^{\ 2}=\frac{qN_a}{2\varepsilon_s}x_p^{\ 2}$$

마찬가지로 조그마하게 그린 2차 함수그래프가 원래 그려지는 그래프이지만 $0 \leq x \leq x_n$ 영역만 고려해 주면 된다.

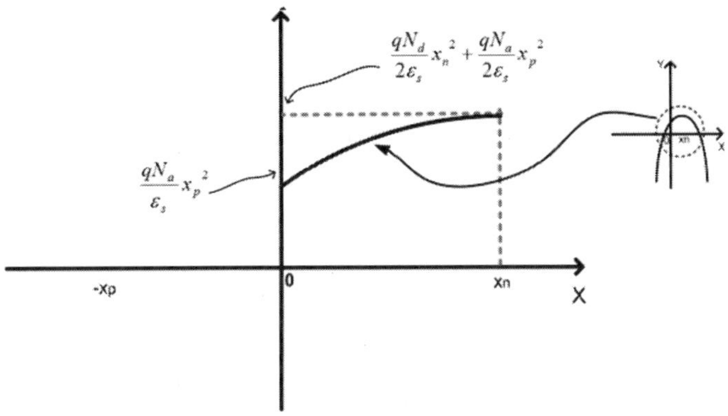

그림 1-13-2. N형 반도체 공핍층의 내부확산전압

이제 두 그래프를 합체해 보면 일찍이 우리가 구했던 내부확산전압 그래프가 얻어질 것 같다. 그림은 약간 마음 들지 않게 그려졌지만, 양해하시고 보시기 바란다. 나왔다. 내부확산전압 그래프 빙고!!!

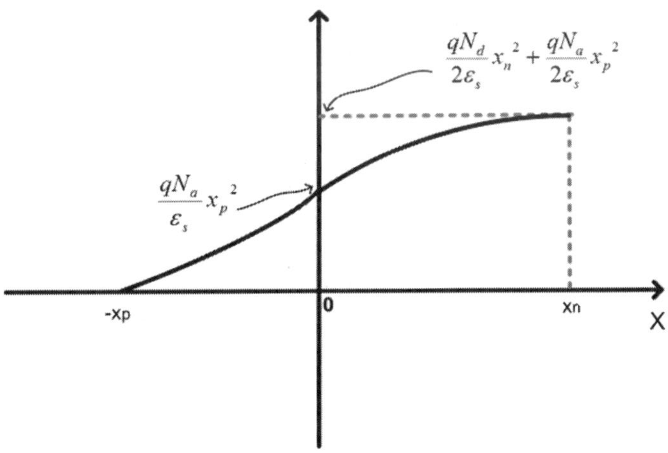

그림 1-13-3. PN접합 반도체 공핍층에서의 내부확산전압

다음에는 불순물 농도에 따른 공핍층의 변화를 관찰하시기로 한다. 식은 번거롭게 되겠지만, 결론만 주의 깊게 보면 되겠다.

1-14. 공핍층의 변위조정

이제 이방적(異邦的)? 주제였던 반도체 공학의 마지막 피날레로 불순물 농도에 따른 P, N 형 반도체의 공핍층 변화 추이를 따라가 보도록 하겠다. 식은 좀 복잡하지만, 마지막 결론 부분을 주의 깊게 보면 여태까지는 말로 규정되었던 내용이 식으로 확증이 될 것이다. 불순물의 농도가 짙으면 공핍층이 줄어들고, **불순물의 농도가 낮으면 공핍층의 변위가 늘어난다**는 내용을 식으로 정리하겠다는 것이다.

먼저 우리가 설명했던 두 가지 방식의 전압을 비교해 보기로 하자. 하나는 내부확산전압 (V_{bi})을 구했었고, 다른 하나는 포아송의 방정식을 이용하여 공핍층의 전위를 각각 구했었다. 그림을 비교하면 두 방식 모두가 결국 동일한 내용이었다는 것을 알 수가 있다.

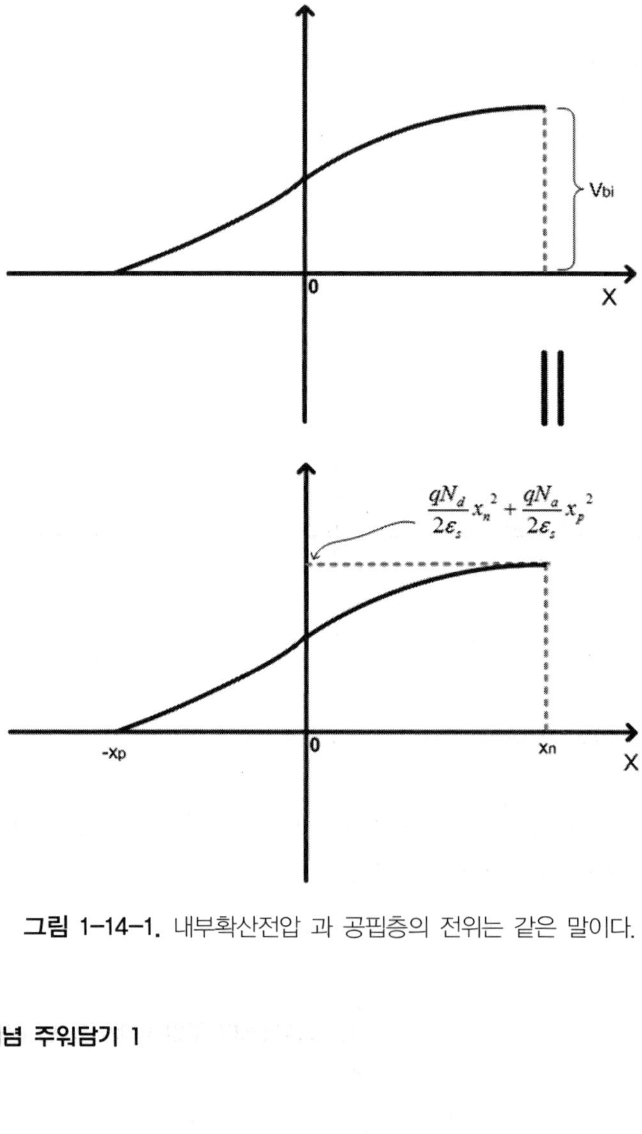

그림 1-14-1. 내부확산전압 과 공핍층의 전위는 같은 말이다.

두 그림이 같다는 말은 N형 반도체의 공핍층의 변위 x_n에서의 전압이 최댓값이 된다는 말이고, 그 전압이 바로 내부확산전압(V_{bi})과 같다는 말이 된다. 여기서부터 뭔가 공핍층의 변위가 식으로 흘러 갈 수 있는 기초가 마련 될 것 같지 않은가!

N형 반도체의 공핍층의 전압방정식을 가져와서 정리해 보도록 하자. 우리는 이미 이 값을 아래와 같이 구했었다.

$$V = \frac{qN_d}{\varepsilon_s}\left(x_n - \frac{x}{2}\right)x + \frac{qN_a}{2\varepsilon_s}x_p^2 \qquad (0 \le x \le x_n)$$

N형 반도체의 공핍층의 변위 x_n 에서 전압이 최댓값이 되므로 변수 x에 N형 반도체의 공핍층의 변위 x_n을 넣어 주면 이 식이 바로 내부확산전압(V_{bi})과 같다고 하였다. 따라서 식은 아래와 같이 살짝 변태를 한다.

$$V_{bi} = \frac{qN_d}{\varepsilon_s}\left(x_n - \frac{x_n}{2}\right)x_n + \frac{qN_a}{2\varepsilon_s}x_p^2 \qquad (0 \le x \le x_n)$$

$$V_{bi} = \frac{qN_d}{2\varepsilon_s}x_n^2 + \frac{qN_a}{2\varepsilon_s}x_p^2 = \frac{q}{2\varepsilon_s}\left(N_d x_n^2 + N_a x_p^2\right)$$

또한

$$N_a x_p = N_d x_n --- (1.14.1)$$

인 것을 알고 있다. 이제 여기서부터 위의 두 식을 이용하여 N형 반도체의 공핍층 변위 x_n 과 P형 반도체의 공핍층 변위 x_p를 각각 구해 보기로 한다. 식(1.14.1)에서

$$N_a x_p = N_d x_n$$
$$x_p = \frac{N_d x_n}{N_a}$$

이 식을 내부확산전압 식에 삽입한다.

$$V_{bi} = \frac{q}{2\varepsilon_s}\left(N_d x_n{}^2 + N_a x_p{}^2\right) = \frac{q}{2\varepsilon_s}\left[N_d x_n{}^2 + N_a\left(\frac{N_d x_n}{N_a}\right)^2\right] = \frac{q}{2\varepsilon_s}\left[N_d x_n{}^2 + \frac{N_d{}^2}{N_a} x_n{}^2\right]$$

$$= \frac{q}{2\varepsilon_s}\left[\frac{N_a N_d + N_d{}^2}{N_a} x_n{}^2\right]$$

$$x_n = \sqrt{\frac{2\varepsilon_s V_{bi}}{q}\frac{N_a}{N_d(N_d + N_a)}}$$

N형 반도체의 공핍층의 변위 x_n 의 변위가 수식으로 구해졌다. 다음은 P형 반도체의 공핍층 변위 x_p를 구하기 위해 아래 식을 내부확산전압 식에 넣어 준다.

$$N_a x_p = N_d x_n$$

$$x_n = \frac{N_a x_p}{N_d}$$

그러면 마찬가지로 x_p가 구해진다.

$$V_{bi} = \frac{q}{2\varepsilon_s}\left(N_d x_n{}^2 + N_a x_p{}^2\right) = \frac{q}{2\varepsilon_s}\left[N_d\left(\frac{N_a x_p}{N_d}\right)^2 + N_a x_p{}^2\right] = \frac{q}{2\varepsilon_s}\left[\frac{N_a{}^2}{N_d} x_p{}^2 + N_a x_p{}^2\right]$$

$$= \frac{q}{2\varepsilon_s}\left[\frac{N_a N_d + N_a{}^2}{N_d} x_n{}^2\right]$$

$$x_p = \sqrt{\frac{2\varepsilon_s V_{bi}}{q}\frac{N_d}{N_a(N_a + N_d)}}$$

식을 간단하기 위해 총 공핍층의 변위를 W로 하고 $x_n + x_p$를 구한다.

$$W = x_N + x_p = \sqrt{\frac{2\varepsilon_s V_{bi}}{q}\frac{N_a}{N_d(N_d+N_a)}} + \sqrt{\frac{2\varepsilon_s V_{bi}}{q}\frac{N_d}{N_a(N_a+N_d)}}$$

$$= \sqrt{\frac{2\varepsilon_s V_{bi}}{q}\frac{N_a}{N_d(N_d+N_a)} + \frac{2\varepsilon_s V_{bi}}{q}\frac{N_d}{N_a(N_a+N_d)}}$$

$$= \sqrt{\frac{2\varepsilon_s V_{bi}}{q}\left(\frac{N_a}{N_d(N_d+N_a)} + \frac{N_d}{N_a(N_a+N_d)}\right)}$$

$$= \sqrt{\frac{2\varepsilon_s V_{bi}}{q}\left(\frac{N_a{}^2+N_d{}^2}{N_d N_a(N_d+N_a)}\right)}$$

여기서 완전제곱식을 이용한다.$(a+b)^2 = a^2 + 2ab + b^2$, $\therefore a^2 + b^2 = (a+b)^2 - 2ab$

$$= \sqrt{\frac{2\varepsilon_s V_{bi}}{q}\left(\frac{(N_d+N_a)^2 - 2N_a N_d}{N_d N_a(N_d+N_a)}\right)} = \sqrt{\frac{2\varepsilon_s V_{bi}}{q}\left(\frac{(N_d+N_a)}{N_d N_a} - \boxed{\frac{2}{(N_d+N_a)}}\right)}$$

$\boxed{=0}$

$$= \sqrt{\frac{2\varepsilon_s V_{bi}}{q}\left(\frac{(N_d+N_a)}{N_d N_a}\right)} = \sqrt{\frac{2\varepsilon_s V_{bi}}{q}\left(\frac{1}{N_d} + \frac{1}{N_a}\right)}$$

위의 식 전개식에서

$\frac{2}{(N_d+N_a)} \cong 0$ $\quad \because\ N_d = 10^{16},\ N_a = 10^{16}$ 정도이기 때문이다.

라서 이 항은 아예 0이 된다고 처리 하면 된다. 혹시 공핍층의 변위를 계산할 때 막혔던 분이 계시다면 여기쯤에서 막혔을 수 있다. 네모 안의 항(項)을 0으로 처리하지 않으면 곧 때리게 복잡하게 식이 전개 되거니와 다음식이 어떻게 출현 했는지 연결이 되지 않는다.

이제 공핍층의 총 변위가 구해 졌으므로 N형 반도체의 공핍층 변위 x_n 과 P형 반도체의 공핍층 변위 x_p를 W를 이용하여 간단한 식으로 구할 수 있게 되었다. 바로 그 식에서 우리는 불순물 농도와 공핍층의 상관관계를 확실히 알게 된다.

x_p를 W가 있는 식으로 변경해 본다.

$$x_p = \sqrt{\frac{2\varepsilon_s V_{bi}}{q}\frac{N_d}{N_a(N_a+N_d)}} \text{ 와 } W = \sqrt{\frac{2\varepsilon_s V_{bi}}{q}\left(\frac{1}{N_d}+\frac{1}{N_a}\right)}$$

이 두 식을 활용하기로 한다. 두 식에서 어떤 임의의 수 A를 상정하여 $x_p=W\times A$가 되게 식을 정리해 준다.

$$x_p = \sqrt{\frac{2\varepsilon_s V_{bi}}{q}\frac{N_d}{N_a(N_a+N_d)}} = WA = \sqrt{\frac{2\varepsilon_s V_{bi}}{q}\frac{N_d+N_a}{N_a N_d}}$$

$$A = \frac{x_p}{W} = \frac{\sqrt{\frac{2\varepsilon_s V_{bi}}{q}\frac{N_d}{N_a(N_a+N_d)}}}{\sqrt{\frac{2\varepsilon_s V_{bi}}{q}\frac{N_d+N_a}{N_a N_d}}} = \sqrt{\frac{{N_d}^2}{(N_a+N_d)^2}} = \frac{N_d}{N_a+N_d}$$

그러므로 결론은

$$x_p = W \times \frac{N_d}{N_a+N_d}$$

이 되고, 마찬가지 방법으로 x_n을 구하면 아래와 같은 형식으로 표현 된다.

$$x_n = W \times \frac{N_a}{N_a+N_d}$$

W는 일정한 수이기 때문에 뒤의 식에서 억셉터, 도우너의 값만 바꾸어 변위가 어떻게 변하는지 살펴본다.

1) $Na=10^{16}/cm^3$, $Nd=10^{16}/cm^3$ 일 때 (불순물 농도가 상대적으로 낮을 때)

$$x_p = W \times \frac{10^{16}}{10^{16}+10^{16}} = W \times 0.5$$

2) Na=10^{17}/cm^3 , Nd=10^{16}/cm^3 이면 (불순물 농도가 상대적으로 높을 때)

$$x_p = W \times \frac{10^{16}}{10^{17} + 10^{16}} = W \times \frac{10^{16}}{10 \times 10^{16} + 10^{16}} = W \times 0.09$$

대충 추세를 보면 불순물의 농도(개수)가 높을수록 공핍층 넓이가 줄어드는 것을 알 수 있다.

또한 결과 식에는 숨어 있지만 공핍층의 폭 w의 식에는 내부확산전압이 담겨져 있는 것을 확인 하실 수 있을 것이다. 여기서 고려해야 할 것은 만약 외부에서 어떤 전압을 인가하게 된다면 (순방향이든, 역방향이든...주로 역방향을 이용한다.) 한 가지 바로 알 수 있는 사실은 공핍층이 외부 전압으로 넓어지거나, 좁아지거나 한다는 사실이다. 이는 매우 중요하다. 전기가 잘 통하는지, 불통하는지를 알 수 있을 뿐더러, 공핍층을 콘덴서로 생각해 준다면 가해진 전압에 따라 콘덴서 값이 변할 수 있다는 것을 암시하고 있다. 따라서 PN접합 다이오드가 배리캡 (전압에 따라 콘덴서의 값이 바뀌는)소자로 사용할 수 있는 단서가 되겠다.

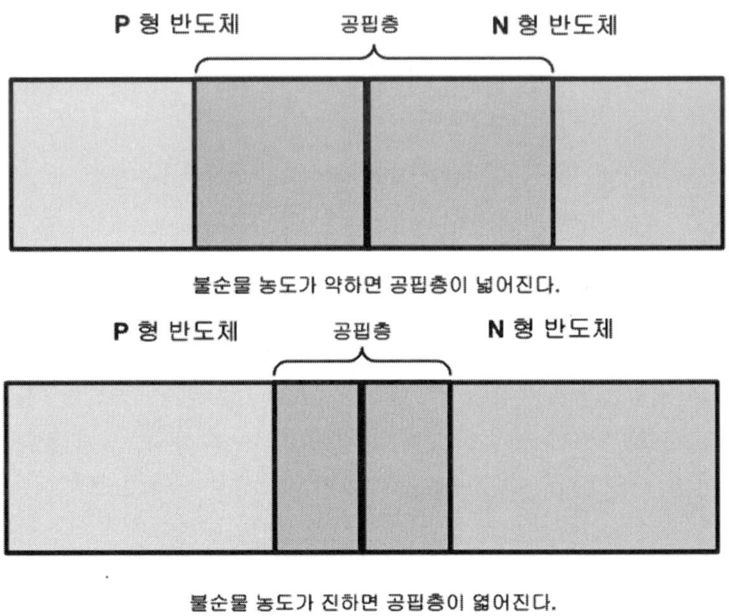

그림 1-14-2. 불순물 농도에 따른 공핍층의 변화

(1-14-2)에 그려진 그림이 기억나는가? 바로 우리가 수식을 언급하지 않고 주장했던 내용을 수식으로 증명한 것이 된다. 불순물 농도가 약하면 공핍층이 넓어지고, 농도가 진하면 공핍층이 얇아진다는 사실.

다음부터는 우리의 본령인 회로적 측면을 강화하여 다이오드로부터 트랜지스터를 해석하기 위한 기본부터 밟아가기로 한다. 트랜지스터란 결국 다이오드를 겹으로 만든 것이기 때문에 다이오드 개성을 알면 트랜지스터 특성은 덩달아 확연해 진다. 예를 들어 베이스와 에미터 사이에 다이오드 형태로 되어 이기 때문에 직류 전압은 0.7V가 걸린다는 하는 내용들이 등장한다. 그래서 트랜지스터를 밟기 전에 먼저 치고 들어가야 하는 것이 다이오드가 된다.

1-15. 다이오드 그래프 해부(解剖)

지금까지는 땀을 삐질삐질 흘리며 가파른 언덕을 오르듯이, 힘들여 PN 접합반도체에 대한 물리적 측면을 살펴보았다. 지금부터는 경사를 내려가는 듯하게 PN 접합반도체에 대한 회로적인 면을 부각시켜 보기로 하자. 거시적 시각으로 PN 접합 반도체를 따져 보자는 말이다.

PN 접합반도체는 그 자체로 하나의 회로 소자로 훌륭하게 사용 된다. 전기전자 회로에서 쓰임새가 많은 소자로, 일명 다이오드 (diode)라고 불러준다. 다이오드라는 용어는 원래 양극과 음극으로 구성된 가장 단순한 진공관의 명칭이었다고 한다. 그런데 반도체로 만들어진 다이오드는 2개의 단자로 구성되어 있어 마치 극성이 있는 것처럼 보이기 때문에 서슴없이 다이오드라고 부르게 된 것이라는 전설이 내려온다.

우리는 PN접합 반도체에서 첨가 되는 불순물의 3가(價)나 5가 가전자에 따라 P형 반도체와 N형 반도체로 구분 하였고, 두 가지의 불순물 반도체를 결합시켜 PN 결합 시 현상들에 대하여 고찰 했었다. 성질적으로는 P형 반도체를 (+)극으로 간주하고, N형 반도체를 (−)극으로 간주하면 다이오드라는 명칭이 붙은 배경도 납득 못할 것 도 없다.

먼저 다이오드의 생김새를 감상하기로 한다.

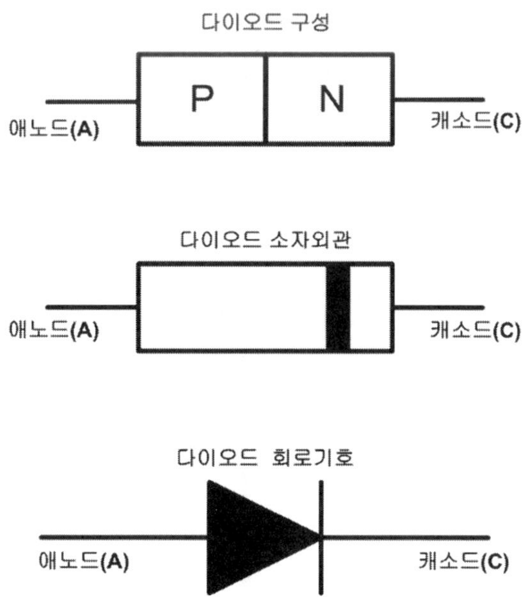

그림 1-15-1. 다이오드 구성, 소자 외관, 회로기호

다이오드 소자 외관을 보게 되면 애노드 (Anode)인지, 캐소드 (Cathode)인지를 구분해주게 되어 있는데, 위의 중간 그림에서는 띠가 있는 부분이 캐소드 쪽이 된다. 다이오드 외관이 꼭 저렇게만 생기지 않았으므로 캐소드 마크 (Cathode Mar)는 소자의 외관에 따라 다양하게 표시해 준다. LED (light emitting diode)도 다이오드 종류이기 때문에 캐소드 마크 (Cathode Mark)를 찍어 주거나, 모서리를 잘라 주어 표시해 준다.

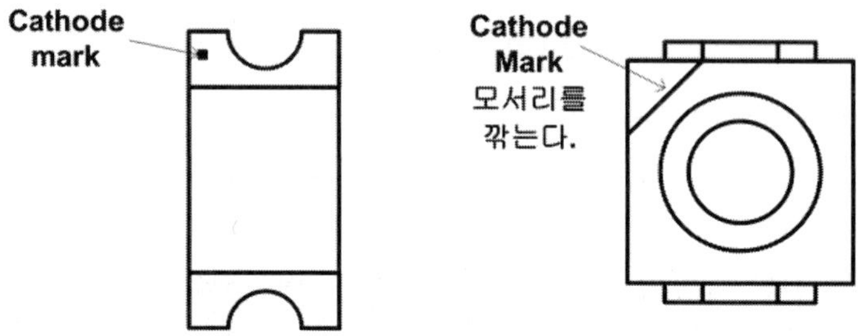

그림 1-15-2. 캐소드 마크

다이오드의 회로적 측면을 고려해 보기로 한다. 다이오드를 회로 내에서 어떻게 동작 되는지 알려고 하면 다이오드의 그래프를 반드시 이해하고 넘어가야 한다. 대부분 순방향 전압 0.7V (실리콘 반도체, 저마늄 반도체의 경우 0.3V)일 때 도통 되는 것만 알고 넘어가지만, 다이오드 그래프는 많은 정보를 우리에게 제공해 준다. 그 숨겨진 면을 찾아보자는 것이다.

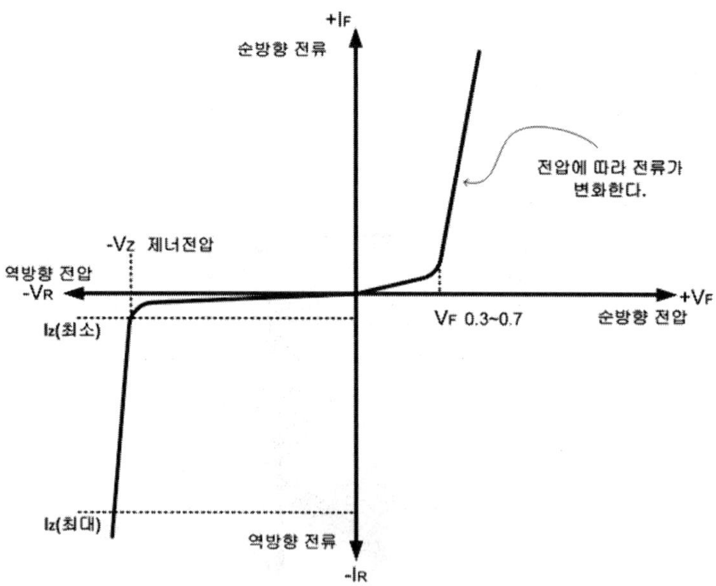

그림 1-15-3. 다이오드 특성 그래프

그래프를 볼 때 순방향(forward)이란 용어와 역방향 (reverse)이란 용어가 느닷없이 튀어 나온다.

순방향과 역방향은 다이오드에 전압을 어떻게 연결하는가에 따라 전류가 흐르는 도통 (short)상태가 되고, 전류가 흐르지 못하는 불통 (open)상태가 되기 때문에 전류가 흐르는 것을 기준으로 용어를 정해 주었다. 다이오드를 생각할 때 일반적인 전류의 흐름은 꼭 일방통행을 따른다. 일방통행이지 양방향 통행이 절대 아니다. 그러나 세상 일이 어디 그리 단순하던가! 바야흐로 순방향을 거슬러 역방향으로 전류가 왕창 흐를 때도 있으니~

아래 그림은 순방향 전압과 역방향 전압이 걸린 상태를 보여 주고 있다.

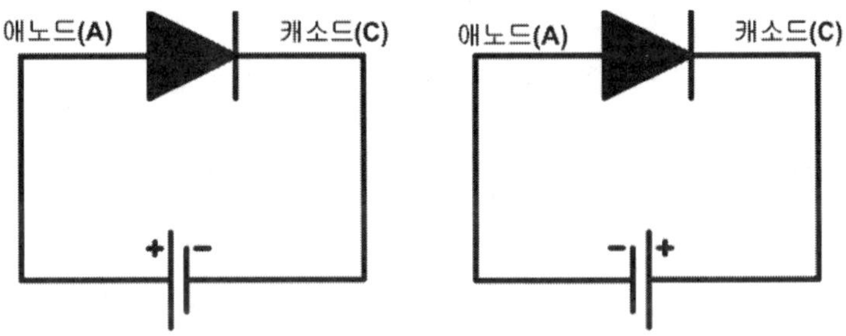

순방향전압 역방향전압

그림 1-15-4. 다이오드에 순방향 전압과 역방향전압을 거는 방법

다이오드 회로기호를 주의 깊게 보면 마치 화살표처럼 그려져 있다. 전류가 흐르는 도통 상태일 때 바로 그 방향으로 전류가 흐른다고 생각하면 아주 쉽게 기억할 수 있을 것이다. 다이오드 순방향 동작은 화살을 쏘는 행위와 비견이 된다 한 번 비교해 보자.

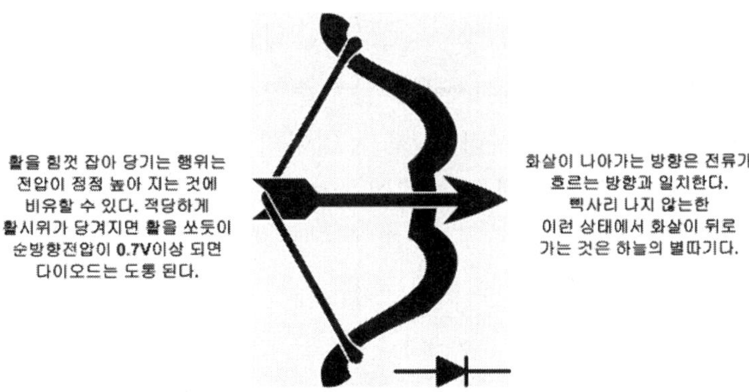

그림 1-15-5. 다이오드 순방향 전압과 화살 쏘는 것과의 비교

애노드 단자에 캐소드 단자에 비해 높은 전압이 걸리면 순방향 전압이 걸렸다고 하고, 반대로 애노드 단자에 캐소드 단자에 비해 낮은 전압이 걸리면 역방향 전압이 걸렸다고 한다. 걸리는 전압이 상대적이라는 말은 절대적으로 0V를 기준으로 삼는다는 말이 아님을 주의하시라. 아래와 같이 전압이 다이오드 양단에 걸렸을 때를 순방향 전압이 걸렸다고 간주해 준다.

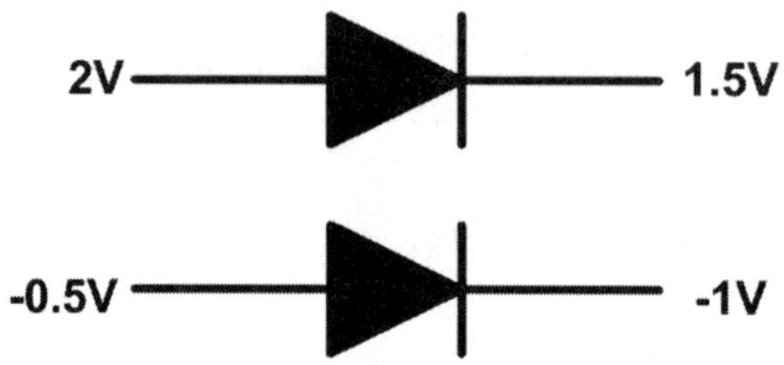

그림 1-15-6. 순방향 전압이 걸린 상태

물론 순방향전압이 걸렸다고 해서 반드시 도통 되는 것은 아니다. 실리콘반도체로 만들어진 다이오드의 경우는 애노드와 캐소드 사이의 전압차가 0.7V 이상 차이가 나야 다이오드가 도통이 된다. 다이오드 그래프를 보면 순방향 전압이 걸렸을 때 0.7V 정도 순방향 전압이 걸려야 전류가 흐르는 것을 확인할 수 있다.

왜 0.7V이상 전압이 차이나야 도통 되는 이유는 내부에 전위장벽인 내부확산 전압이 벽을 치고 있어서 이 보다 더 높은 전압이 걸려야만 내부확산 전압이라는 문턱을 넘어 비로써 전류가 흐를 수 있다는 것은 이미 충분히 설명을 끝마쳤다. 다이오드를 대체하는 회로를 그릴 때 캐소드 쪽에 0.7V 건전지 한 개를 턱 그려 넣는 이유가 여기에 있는 것이다.

결국 순방향 전압이 0.7V 걸렸다는 말은 애노드와 캐소드 사이에 걸린 전압의 차이가 0.7V 라는 말과 같다. 그래프 상에서는 순방향 전압이라고 명기하지만, 속 내용은 애노드와 캐소드의 전압차이라는 것을 알아먹어 주어야 한다. 단, 순방향일 때는 (+), (−) 전압에 상관없이 애노드 쪽이 높아야만 한다는 것을 잊지 말자.

그렇다면 순방향전류란 무엇을 의미하는가?

순방향 전류란 다이오드에 순방향 전압이 걸렸을 때 애노드에서 캐소드로, 즉 다이오드의 회로 기호처럼 화살표 방향으로 전류가 흐를 때를 순방향 전류로 표시하고 기호로는 (+)로 사용하는데, (+) 기호를 굳이 붙이지 않더라도 (-) 기호가 달라붙지 않았으므로 (+) 방향이라고 간주해 주는 것이다. 따라서 다이오드에서 전압이나 전류든 (+) 기호가 붙여 있거나 아예 없을 경우에는 순방향이라고 뇌리를 때려야 한다.

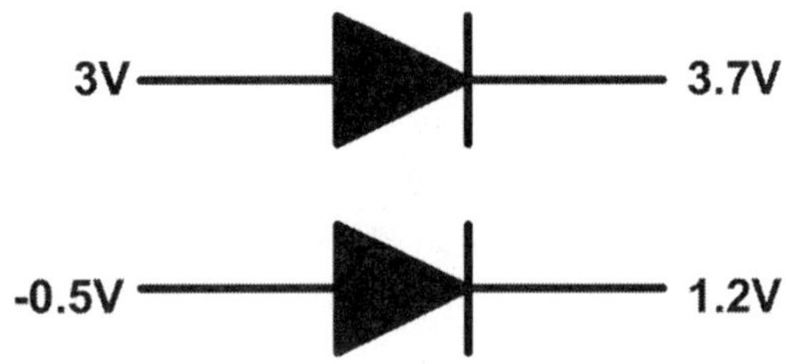

그림 1-15-7. 역방향 전압이 걸린 상태

위의 그림처럼 애노드에 걸린 전압이 캐소드에 걸린 전압보다 낮은 경우에는 역방향전압이 걸렸다고 한다.

이때는 공핍층의 넓이가 넓어지므로 전류가 흐르지 못한다. 가뜩이나 전하 운반자가 없는 공핍층을 더 늘려 놨으니 전류가 흐를 까닭이 없다. 애노드 단자에 걸린 전압 보다 캐소드에 걸린 전압이 높을 때에는 공핍층이 더 넓어져 전류는 코빼기도 볼 수가 없게 된다. 또는 내부확산 전압을 더 강화 하는 방향으로 외부 전압이 걸렸으므로 전자의 이동은 눈꼽만치도 없어진다. 그러나 다이오드 그래프에서 확인할 수 있듯이 역방향 전압이 걸렸을 때에도 아주 미세한 전류가 캐소드에서 애노드 쪽으로 흐른다. 이를 역방향 포화전류라고 하는데 보통 10^{-12} A 정도가 흘러 대세에 지장을 초래할 만큼 크지 않기 때문에 철저히 무시해 줘도 된다.

그런데

다이오드 그래프에서 역방향 전압을 표시하는데 (-) 전압으로 표시를 한다. 어떤 분들은 이쯤에서 역방향 전압이란 (-) 전압이 걸린 상태라고 판단하기 쉽다. 그렇게 되면 다이오드 그래프를 이해하기는 요원해 진다. 헤매기 시작하는 원인이 된다. 실제로는 역방향 전압이란 (-) 전압과는 하등 상관이 없다. 단지 순방향 전압의 반대로 전압이 걸린 상태를 알려 줄 뿐이다. 애노드가 캐소드 보다 전압이 낮게 걸리면 무조건 역방향 전압이 걸렸다고 판단해 주어야 한다. 그 전압 차이를 그래프 상으로 그릴 때 (−)로 표시해 준 것 뿐이다. 위의 첫 번째 그림처럼 (−) 전압이 걸리지 않은 상태라도 애노드가 캐소드 보다 0.7V 낮게 전압이 걸려 있다면 그래프로 옮길 때에는 X축에 −0.7V를 그려 주면 된다. 이때의 (−) 전압의 의미는 단지 역방향이라는 것만 지시할 뿐이다.

마찬가지로 역방향전류란 무엇인가?

실실 누수가 있는 것처럼 작게 흐르는데 역방향전류를 고려해 줄 필요가 있을까? 다이오드는 역방향 전압을 점점 증가시키면 어느 순간에 다다라서는 항복을 선언하고 역방향으로 급격히 전류가 흘러 버리는 제너현상이 생기기 때문에 고려해 주어야 한다. 그런데 우리가 알 다 시피 전류에는 (−) 전류라는 것이 없다. 전류란, 전압이 반드시 높은 데에서 낮은 데로 흐르는 성격 말고는 다른 성질은 찾을 길이 없는데, 떡 허니 역방향전류에는 (−) 기호가 붙어 있다. 다이오드에는 절대적으로 (−) 전류라도 있다는 말인가?

전혀 그렇지 않다.

다이오드처럼 극성이 있는 것처럼 보이는 소자에는 어떤 방향을 기준으로!! 다른 방향을 구분하기 위해서 (−) 기호를 붙여 주는 것뿐이다. 우리가 논의 한대로 순방향을 (+)로 어림잡았기 때문에, 그 반대인 역방향을 단지, 순방향과 구분하기 위해서 (−) 기호를 붙인 것이다. 이렇게 정리하도록 하자. 다이오드 그래프를 보면 순방향은 (+)로 표시로, 역방향은 (−) 표시로 한 것은 절대극성과는 아무 상관이 없다는 사실이라는 것을..... 단지 임의로 기준을 설정하고 그 기준과 반대되는 상황을 표시하기 위한 방책일 뿐이라고 말이다.

다이오드 그래프에서 사실 중요한 면이 있지만 대개는 빼놓고 설명을 하는 부분이 있다. 트랜지스터 증폭 동작을 규명하는데 있어 빼놓을 수 없는 부분이기 때문에 방점을 찍어야 하는 면이다. 1사분면의 그래프만 따로 떠서 가져와 보기로 한다.

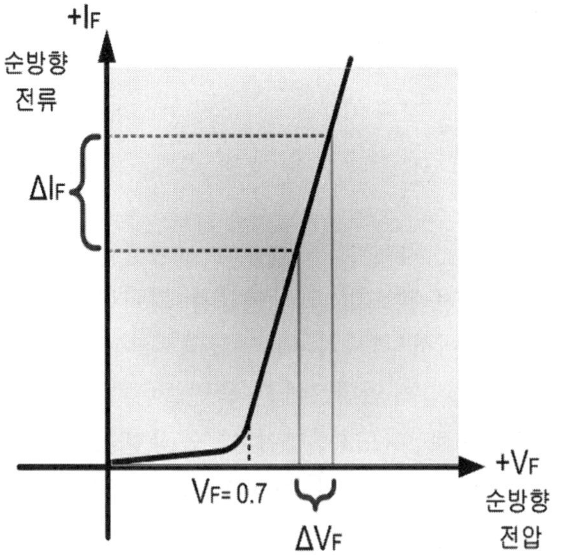

그림 1-15-8. 순방향 전압 변화에 따른 순방향 전류의 변화량이 존재하는 이유는 다이오드 특성 그래프의 기울기가 있으므로 가능한 것이다. 증폭에서 기울기가 아주 중요한 역할을 수행한다.

이상적인 다이오드가 아닌 이상 그래프는 순방향전압이 0.7V 걸리는 것을 기점으로 순식간에 전류가 확 흘러 버리는 것을 보여 주고 있다. 흐르긴 흐르는데 수직으로 쭉 뻗어 흐르지 않고 약간의 경사를 그리며 전류가 흐른다는 것이 무척 중요하다. (경사는 1/R 항이다. 왜냐하면 V=I×R에서, I/V=1/R 이기 때문이다. 경사는 밑면이 전압 V 항이고, 높이가 전류 I 항이기 때문에 기울기가 1/R이 되는 것이다.) 보통 자료들에서 보이는 다이오드 그래프에서는 전압값과 전류값이 명기되어 있지 않기 때문에 얼마의 전압에 따라 얼마의 전류가 흐르는지 알아차리기가 몹시 어렵다.

이점이 왜 중요한가?

나중에 트랜지스터를 분석할 때 입력단 쪽에서 약간의 전압차가 발생해도 출력측에서는 비교적 큰 전류로 변환되어 증폭이라는 동작을 하기 때문이다. 트랜지스터와 다이오드는 구조 차이가 많이 나지만 기본 동작은 다이오드이기 때문에 이 착상은 증폭을 이해하는데 열쇠가 된다. 물론 트랜지스터의 베이스에 전압에 걸렸다고 해서 베이스단에서 에미터 쪽으로 전류가 왕창 흘러 들어가지는 않는다. (베이스는 애노드, 에미터는 캐소드 단자로 구성된 하나의 다이오드이다) 다이오드에서 이해한 상식과는 색다르게 반응한다. 그 반대로 아주 적게 흐른다. 컬렉터 쪽에서 에미터쪽으로 전류가 왕창 흐르게 된다.

중요한 점은

순방향에 대해 약간의 전압 차이!!!가 전류의 흐름을 결정한다는 점에만 주목하자. 1사분면의 경사면이 존재하지 않으면 입력전압의 차이란 존재하지 않는다는 것이다. 다이오드의 1사분면 그래프에서 경사가 너무 급격해 이상적인 다이오드 동작을 한다고 하면 증폭 동작이 무너질 수 있다. 이런 측면들은 나중에 트랜지스터에 들어 갈 때 명확하게 이해의 지평으로 떠오를 것이다. 동작점을 잡아 주고 소신호(교류)가 동작점 주위에서 요동을 치면서 컬렉터 전류를 세게 분출시킬 때, 이 다이오드의 경사면이 재등장하게 된다. 이렇게 복선을 깔아 두어야 증폭을 거론할 때 홍어 삭힌 맛이 날 듯 도하다.

다이오드 그래프 이해는 1, 3 분면만 고려하면 되므로 이제 다이오드 그래프의 3사분면을 보기로 한다. 3사분면 의 X축은 역방향 전압의 크기를 나타내는 것이다. (−) 전압으로 표시 되었지만 (−) 전압이 걸렸다는 것을 절대!!!!!!!!! 의미하지 않는다고 서두에서 말씀 드렸다. (+) 전압이건 (−) 전압이건 개털이건 노털이던 간에 애노드 전압이 캐소드의 전압보다 낮다는 것을 의미한다고 했다.

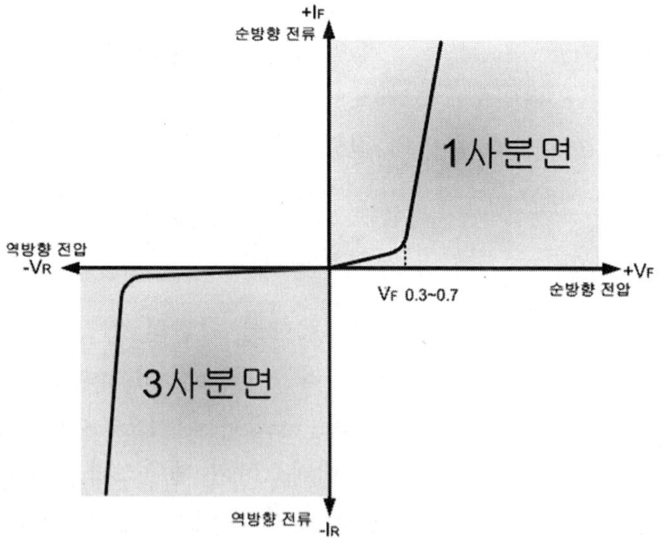

그림 1-15-9. 다이오드 특성 그래프

역방향 전압이 걸렸을 때 이상적으로는 전류가 흐르지 않아야 하지만, 역방향 포화전류(reverse bias saturation current, scale current)라는 것이 흐른다. 물론 값은 아주 미약하다. 보통 nA 정도가 흐르기 때문에 대세에 지장을 주지도 않는다. 이는 소수운반자 (소수 캐리어)에 의해 역방향으로 흐르는 극미한 전류가 되겠다. 나중에 다이오드 방정식을 수립할 때 출현하는 항이다. 다이오드 방정식은 대충 아래와 같이 묘사 된다. 자연지수함수는 공학에서 지치지도 않게 나온다. 오죽 했으면 자연이라는 접두사를 붙였겠는가!!!!! 눈치 밥 먹지 않아도 그림자처럼 들러붙는 함수라는 것쯤은 눈치 채 주자. 기회 있을 때마다 중요함을 역설 했었다. 자연지수 함수와 친해지지 않으면 뇌가 골 때릴 수 있으므로 가급적 가까워 져야 한다. 허나 다이오드 방정식을 여기서 애써 알 필요는 전혀 없다.

$$I = I_O \left[\exp^{\left(\frac{eV}{nkT}\right)} - 1 \right]$$

(I_O ↑ 역방향 포화전류)

그런데 아리송해지는 문제는 여기서부터 발생한다. 역방향 전압을 계속 늘려 가다 보면 어느 순간에 다이오드가 그 전압차를 견디지 못하겠다고 항복하는 점이 있다는 것이다. 세상 이치도 마찬가지다. 혈관으로 비유해 보기로 한다.

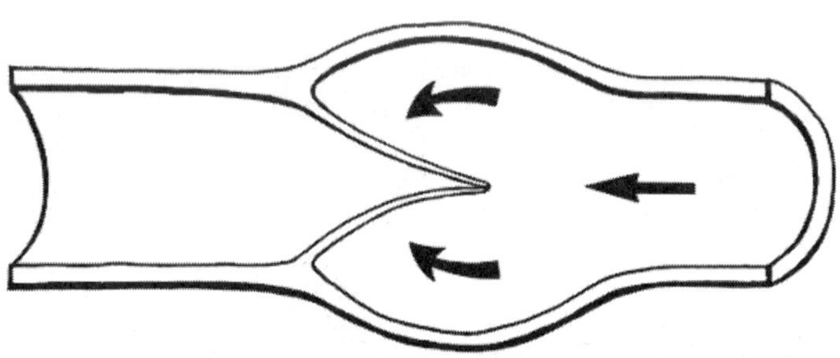

그림 1-15-10. 혈관이 역류한다고 가정하자. 역류하는 압력이 증가하면...

역방향 전압이 걸려서 전류가 흐르지 않는다는 말은, 혈관으로 따지자면 혈관의 판막이 닫히는 현상과 같다고 볼 수 있다. 그런데 만약 혈관 판막에 역방향으로 혈압이 감당할 수 없을 만큼 커지게 된다고 하자. 그러면 혈관 판막은 혈액이 역류하는 것을 방지 하지 못하고 그 압력에 굴복해 파괴되어 혈관이 역류하는 현상이 벌어질 것이다.

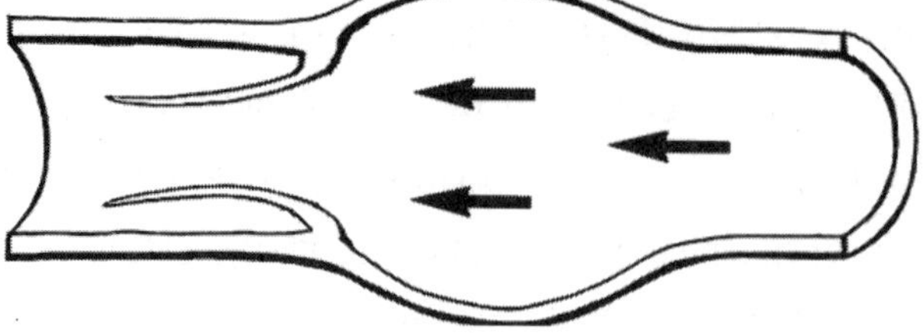

그림 1-15-11. 역류하는 압력에 굴복하여 혈액이 거꾸로 흐르는 위험한 일이 벌어진다.

사고실험상 위와 같은 현상이 벌어질 것이라고 뭐 충분히 예상 된다. 실제 우리 몸에서 이런 일이 벌어지는 경우란 있는지 모르겠지만, 판막이 저렇게 뒤집어 지는 경우는 거의 없을 것이라 예단은 된다. 하지만 다이오드에서는 이런 속수무책의 현상이 일어나게 된다. 몸에서 판막이 뒤집히는 현상이 발발하면 건강에 치명타가 가해져 골로 가시게 되겠지만, 다이오드에서도 이런 현상이 발생되면 소자가 쓸모없게 되어 버린다. 그러나 이상한 현상이라도 잘만 하면 한편으로는 또 다른 쓸모가 생길 수 있다는 팡파르가 울리는 순간이 되겠다.

이런 현상을 잽싸게 이론적으로 정립한 사람은 미국의 물리학자 클래런스 멜빈 제너이며, 이 이론을 바탕으로 미국의 벨연구소에서는 다이오드를 제작 했고, 이 다이오드의 명칭은 이론을 개발한 제너의 이름을 따서 제너 다이오드라고 명명했다. 따라서 항복전압이라고도 하고 제너 이름을 따서 **제너전압(zener voltage)**이라고 불린다.

그림 1-15-12. 클라렌스 멜빈 제너(Clarence Melvin Zener 1905~1993)미국 물리학자

제너 다이오드가 중요한 것은 전류에 상관이 없이 일정한 전압을 유지시켜준다는 것에 있다. 이 소자가 바로 정전압(定電壓)을 두들겨 만들 수 있는 토대를 마련해 주는 것이다. 해서 일반 다이오드와 구별하기 위해 제너 다이오드는 다른 회로적 기호를 사용한다. 날개의 생김새가 그래프에서 어느 순간 전압은 정지해 있고, 전류가 수직으로 팍 고꾸라지는 듯해 보이지 않는가~ 그게 바로 제너 다이오드이다.

그림 1-15-13. 제너 다이오드 회로기호

제너 다이오드는 일반 다이오드와 마찬가지로 순방향 전압으로 0.7V가 걸리면 보통 다이오드와 똑 같이 동작 한다. 그러나 제너 다이오드의 묘미는 전압이 역방향으로 걸렸을 때 드디어 나타난다. 일반 다이오드가 순방향 특성을 이용하는 소자라면, 역방향 특성을 이용하는 소자가 제너 다이오드라는 것이다. 어떻게 해서 역방향 전압을 걸어 주면 한 없이 버틸 것 같던 다이오드가 항복해 도통해 버리는 현상이 일어나는가? 보통은 두 가지로 설명을 한다. 두 가지 현상 모두 다 불순물 농도에 관련이 매우 깊다.

우리는 불순물 농도가 진해지면 공핍층이 얇아지고, 불순물 농도가 옅어지면 공핍층이 넓어진다고 식으로 확인한 바 있다. 항복현상은 이두가지 경우에 각각 다른 방식으로 일어난다.

하나는 **제너항복(zener breakdown)**으로 불순물 상태를 아주 높게 가져가, 공핍층을 얇게 한 다음에 역방향 전압을 걸어 주게 되면 공핍층에 전계 강도가 달라져 공유 결합을 파괴해서 일시에 많은 운반자 (캐리어)를 발생시켜 역방향으로 전류를 급격하게 흐르게 만든다. 물론 전압은 거의 일정하게 유지가 된다. 또한 이런 현상을 **터널링 효과 (tunnelling effect)**라고도 한다. 역방향 전압이 걸리면 에너지 밴드가 P형과 N형 반도체 사이에 높이 차이가 더 벌어지게 되는데, 에너지 밴드 중간이 뻥 뚫린 것처럼 되어 전자가 진입해 들어간다고 해서 이런 명칭이 붙여졌다.

다른 하나는

우리가 흔히 들었던 **애벨런치 항복** (avalanche breakdown).

영어 원의(原意)가 갖고 있는 눈사태의 의미를 잘 활용한 현상이 되겠다. 일본 쪽에서는 사태증배(沙汰增倍)라고 하여 모래가 조금 흘러내리다가 왕창 흘러내리는 것으로 비유하여 번역을 해 주었다.

애벌런치 항복을 이해하기 위해서는 핵폭발을 연상 해 주면 된다. 핵폭발에서는 중성자가 다른 핵을 때려 중성자 개수를 폭발적으로 늘려 가 한 순간에 엄청난 폭발을 일으키듯이, 애벌런치 항복도 역방향 전압에 의해 가속된 전자가 공핍층에 있는 이온화된 원자를 때려 전자 정공을 만드는 과정을 아주 짧은 시간에 폭발적이고, 기하급수적으로 늘려, 결국 역방향으로 전류가 급속히 흐르게 만든다. 현상이 바뀌는 지점을 임계점이라고 하는 것은 상식으로 알아 두자. 임계치나 임계가 들어가는 말이 나오면 존재의 상황이 바뀌는 것쯤으로 여겨 주면 된다.

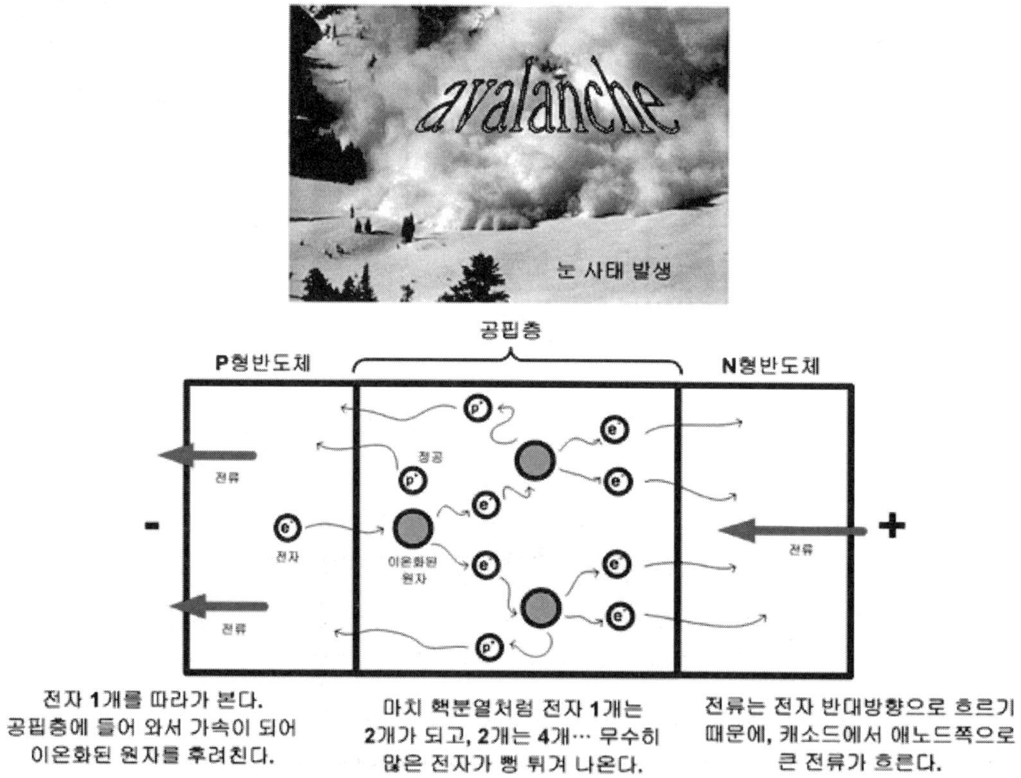

그림 1-15-14. 애벌런치 현상이 일어나는 과정

따라서 항복전압이란 불순물 농도와 밀접한 관계가 있음을 알 수 있다. 불순물의

농담(濃淡)으로 마술을 부리는 것이다. 아래 그래프는 불순물 농도에 따른 제너전압의 변화를 보여 주고 있다. 요리의 맛도 양념을 어떻게, 얼마나 첨가하는 것에 따라 해까닥 달라지듯이, 결국은 제조과정에서 얼마만큼의 불순물을 첨가하는가에 따라 제너전압을 결정해 줄 수 있음을 확인해 주는 그래프가 되겠다.

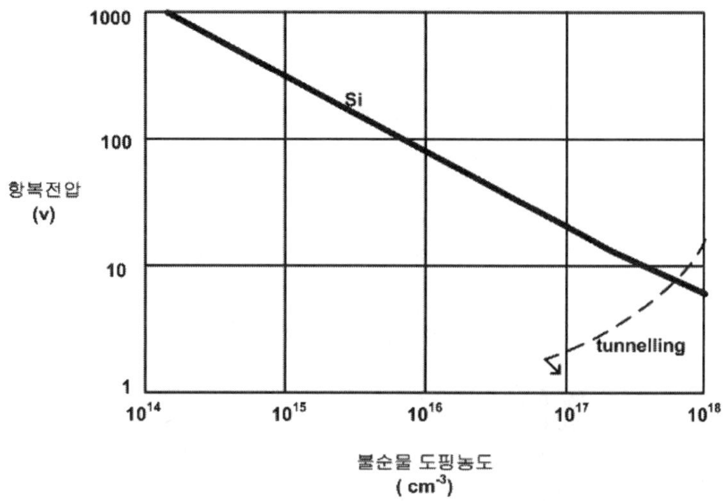

그림 1-15-15. 불순물 농도에 따른 항복전압의 결정

이 그래프에서 알 수 있듯이, 불순물 농도가 높으면 항복전압 (제너전압)이 낮아지며 이때는 제너 항복이 주도 하고, 불순물 농도가 낮으면 항복전압을 높게 설정할 수 있으며, 이때는 애벌런치 항복이 제너 항복의 주된 현상이 된다.

맛보기로 제너 다이오드의 동작을 간단한 회로를 이용하여 살펴 보기로 한다.

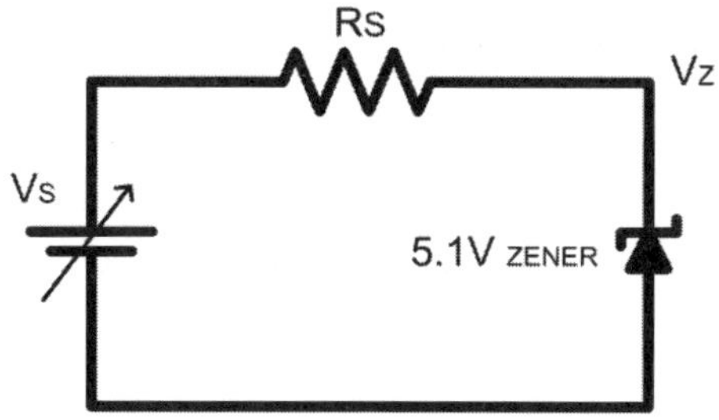

그림 1-15-16. 제너 다이오드를 이용한 회로

제너는 역방향 전압이 걸려야 제 맛이기 때문에 캐소드 방향을 전압이 걸리는 방

향으로 잡는다. 저 회로동작과는 상관없지만 제너 또한 다이오드이기 때문에 순방향 전압이 걸리면 0.7V에서 도통이 된다는 것을 염두에 두도록 하자.

5.1V 제너 다이오드라는 의미는 5.1V에서 항복이 일어난다는 것이다. 그 때서야 전류에 상관없이 전압이 흔들림이 없고 일정하게 된다는 것을 다이오드 그래프에서 확인 했다. 이상적이 아닌 한 약간의 변화는 존재한다. 직류 전압을 0V에서 서서히 올린다고 해 보자. 5.1V가 되기 전까지 제너 다이오드는 불통하기 때문에 등가 저항으로 생각하면 크기가 무한대인 저항이 하나 달려 있는 것과도 같다. 따라서 제너 다이오드에 인가전압이 다 걸려 버린다. 혹시 이 점이 이해가지 않는 사람들이 있을 것 같아 테브닌의 등가 회로 형태로 생각해 보기로 하자.

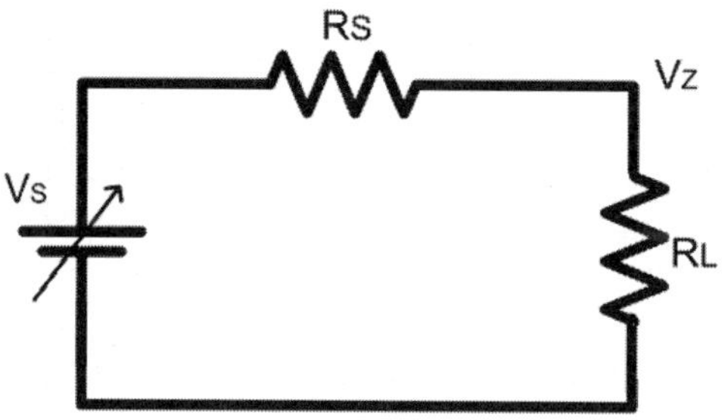

그림 1-15-17. 계산을 하기 위해 제너 다이오드를 저항으로 대치해 본다.

부하저항에 걸리는 전압은 아래와 같이 될 것이다.

$$V_L = \frac{R_L}{R_L + R_S} \times V_R$$

그런데 부하저항이 무한대가 되면 부하저항에 걸리는 전압은 어떻게 될까?

$$V_L = \frac{\infty}{\infty + R_S} \times V_R = V_R$$

인가하는 전압 그대로 부하 저항이 걸리게 된다. 부하저항이 무한대가 된다는 말은 도대체 어떤 회로를 말하는 것일까?

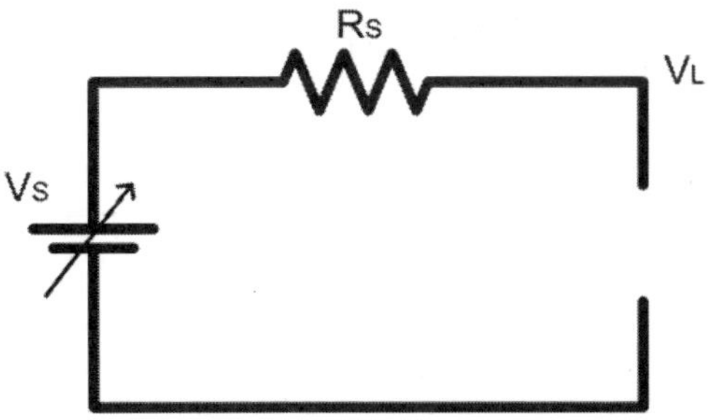

그림 1-15-18. 부하저항이 무한대라는 말은 개방회로를 의미한다.

부하저항이 무한대가 된다는 말은 부하에 아무 것도 없을 때를 의미한다. 이 때 부하전압은 인가전압이 그대로 걸려 버리는 형태가 될 것이다. 여하튼 5.1V가 되기 전까지는 부하에 아무 것도 없는 회로라고 생각 하면 된다. 그런데 인가전압이 5.1V 이상 되면 회로는 달리 동작 하게 된다. 부하전압은 더하지도, 덜하지도 않게 딱 5.1V에 걸려 버리고 만다.

만약 인가 전압이 7V라고 하자. 부하 전압은 제너 다이오드 때문에 5.1V가 되고, 나머지 전압 1.9V는 저항 R_S에 걸리게 회로는 동작을 한다.

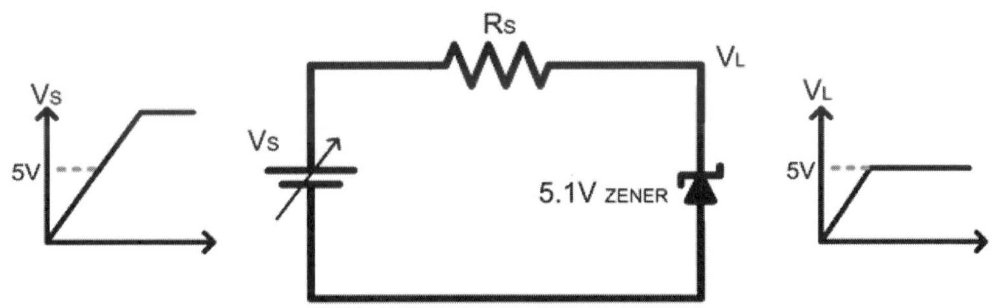

그림 1-15-19. 제너 다이오드를 이용한 간단한 회로의 동작

1-16. 일반 다이오드 정격(rating, 定格)

여기서는 일반 다이오드와 제너 다이오드의 부품규격표에 나와 있는 사양(仕様), 또는 정격 (rating, 定格)들에 대해 주마간산 (走馬看山)식 훑어보기를 해 보자. 규격표를 보고 대충은 감을 잡아야 설계할 때나 회로를 꾸밀 때 도움이 되기 때문이다. 일반 다이오드는 비교적 많이 들어 본 용어 때문에 낯이 익는데 제너 다이오드는 약간 낯이 설다. 제너 다이오드에 좀 더 초점(焦點)을 맞추기로 한다.

다이오드 부품규격표 (DATASHEET)에는 사용할 수 있는 최대 정격값 (ABSOLUTE MAXIMUM RATINGS)이 첫머리부터 나온다.

여하튼 특성표에 최대값이라고 기재되어 있으면 이 근방에는 절대로 가지 말라는 뜻이 된다. 한 번이라도 주책없이 살짝 이 값을 무시할 때는 최후를 맞이할 수 있다는 강력한 경고가 되는 값이다. 그래서 영순위, 첫 번째로 나오게 되는 것이니 조심 또 조심하라고...

표 1-16-1. 다이오드 최대 정격값

ABSOLUTE MAXIMUM RATINGS (Tamb=25℃, unless otherwise specified)				
PARAMETER	TEST CONDITION	SYMBOL	VALUE	UNIT
Repetitive peak reverse voltage		V_{RRM}	100	V
Reverse voltage		V_R	75	V
Peak forward surge current	tp=1㎲	I_{FSM}	2	A
Repetitive peak forward current		I_{FRM}	500	mA
Forward continuous current		I_F	300	mA
Average forward current	V_R=0	I_F(A.V)	150	mA
Power dissipation	l=4mm,TL=45℃	P_{tot}	440	mW
	l=4mm,TL≤25℃	P_{tot}	500	mW

① V_{RRM}, Repetitive peak reverse voltage 또는 Maximum Peak Repetitive Reverse Voltage : 반복 역초두 전압이라고 억지로 번역을 해 놓은 곳도 있고, 어떤 논문 제목에는 반복 피크역전압 이라고 명칭을 사용한 곳도 있다. 이리저리 종합해 보면 최대 반복 역전압 이라고 굳이 번역할 수 있을 것 같다. 직류전압을 걸 때의 상황을 의미하는 것이 아니라, 반복되는 주기를 갖는 전압이 계속 인가 될 때를 가리킨다. 역방향으로 이런 전압이 팍팍팍 들어오면 조용히 소자로서의 삶을 마감해야 하는 것이다.

② V_R, Reverse voltage 또는 Maximum D.C. Reverse Voltage : 역방향으로 최대로 걸 수 있는 전압이다. 보통 항복전압은 이 전압보다 5~10% 크게 설정되어 있다고 상식적으로 알아 두면 된다.

③ I_{FSM}, Peak forward surge current : 순간 써지 전류 또는 최대 써지 전류라고 한다. 아무튼 이 표에 나오는 값은 최대라는 접두사가 붙는다고 생각하시라. 순간 써지 전류라고 해도 말뜻을 바로 알아들을 수 있다. 순간이긴 순간이라고 해도 지속시간이 얼마인지는 알려 줄 필요가 있을 것 같지 않은가! 따라서 시간이 1μs 지속 되면 가망 없다고 표시를 곁들여 준다.

④ I_{FRM}, Repetitive peak forward current : 최대 반복 순방향전류로 표기된 값 이상 반복적으로 전류가 입력되면 생존 문제에 걸리게 된다. 주기적으로 반복 되는 순방향 전류는 이 값 이상 들어오지 못한다는 것이다. 검사조건에는 나와 있지 않지만 위의 정격표는 Vishey社 제품으로 25㎐의 주파수에 듀티 사이클(duty cycle)은 0.5이하인 펄스를 적용한다고 설명되어 있다.

성격상 꼭 이 최댓값 부근으로 설계를 시도하려고 하는 사람들이 있는데, 아주 내 버려야 할 부정적 성격 이다. 되도록 멀수록 좋다는 것은 삼척동자도 잘 안다. 10만V 전압이 흐르는 울타리가 있다고 하자. 꼭 삐딱하고 요상한 행태를 고집하는 겁 대가리 상실한 양이 그 울타리 주변에서 어슬렁거린다면 얼마나 위태천만 한가! 10만V 전압이 흐르는 울타리 근처에는 가지 않는 게 상책이다.

⑤ I_F, Forward continuous current : 순방향 허용 전류로 순방향 전압이 걸렸을 때 계속적으로 흐를 수 있는 전류의 최댓값을 표시한다.

⑥ I_F(AV), Average forward current : 순방향 평균 전류값이라고 하면 이것이 무엇을 의미하는지 종잡을 수 없게 된다. Average rectified output current 라고 해야 아하~하고 의미가 가름이 된다. 평균 정류 전류로 이 다이오드가 정류 작용을 할 때 출력에서 나오는 전류의 평균값을 가리킨다. 다이오드는 정류작용을 하니 되도록이면 모호한 Average forward current 보다는 Average rectified output current 라고 읽어 주는 것이 100번 낫다.

⑦ Ptot, Power dissipation : 소비전력 (power dissipation, power consumption, 消費電力) 이라고 알려진 항이다. 역시 반도체는 온도에 민감하게 반응하는 소자들이다. 온도에 따른 소비전력이 다른 것을 확인 할 수 있다.

넘어가지 말아야 할 최댓값을 명시한 다음에는 일반적으로 통용되는 전기적 특성표가 등장하는데, 우리에게는 친숙한 용어들이 등장한다. 굳이 설명을 요하는 특성들이 아니다. 잠깐 일별하면 될 것 같다.

먼저 순방향 전압이 나온다. Vishay 社 1N4448 을 예로 들기로 한다.

표 1-16-2. Vishay社 1N4448 순방향 전압

ELECTRICAL CHARACTERISTICS (T_{amb}=25℃, unless otherwise specified)						
PARAMETER	TEST CONDITION	SYMBOL	MIN	TYP	MAZ	UNIT
Forward voltage	I_F=5㎃	V_F	0.620		0.720	V
	I_F=100㎃	V_F			1	V

전압이 변할 때 전류가 얼마만큼의 값을 갖는지 확인하기 위해 1N4448 다이오드의 특성 그래프를 참고로 보기로 하자.

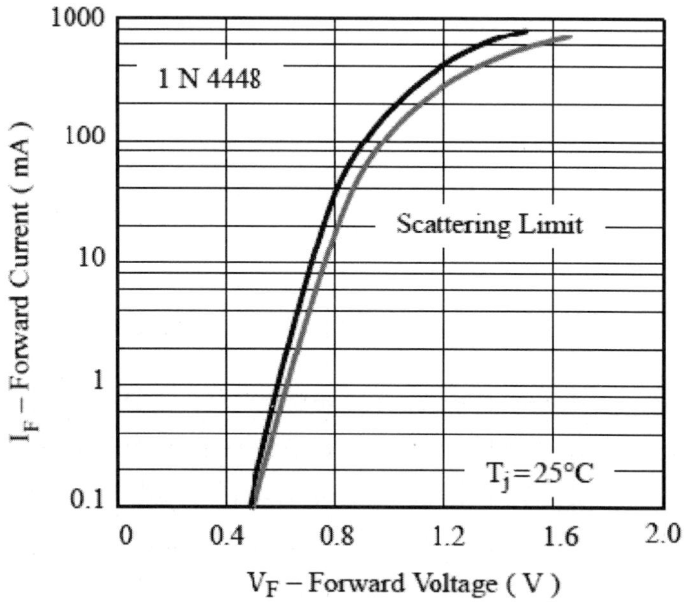

그림 1-16-1. 순방향 전압 대비 순방향 전류

그래프에서 오른쪽에 보이는 Scattering Limit (분산한계)라는 의미는 대량으로 생산할 때 소자들이 가지는 순방향 전압 대비 순방향 전류의 분포의 한계를 표시하는 것이다. 생산된 수많은 소자들이 똑 같은 값을 가질 수는 없다. 그래서 값이 분포하

는 한계를 소비자에게 전해주는 것이다. 따라서 소비자는 정격이 분산한계점까지 갈 수 있다는 점을 염두에 두어 주어야 한다.

보통 반도체 소자의 특성을 측정하는 주위온도를 섭씨 25°로 맞추기 때문에 특별한 표시가 없는 한 25°C 에서 이 특성값을 측정 했다는 것을 알 수 있고, 순방향 전압이 0.72V 일 때 순방향 전류는 5mA, 1V일 때 100mA 로 급격히 전류가 증가한다는 것을 확인할 수 있다.

다음에는 역방향으로 흐르는 질질 세는 전류의 특성표와 그래프를 관찰해 본다.

표 1-16-3. Vishay 社 1N4448 역방향 포화전류

ELECTRICAL CHARACTERISTICS (T_{amb}=25℃, unless otherwise specified)						
PARAMETER	TEST CONDITION	SYMBOL	MIN	TYP	MAZ	UNIT
Reverse current	V_R=20V	I_R	0.620		25	nA
	V_R=20V, T_j=150℃	I_R			50	μA
	V_R=75V	I_R			5	μA

위의 표에서 보면 온도에 따라 역방향 전압에 따라 역방향 포화전류가 엄청? (nA 단위에서 μA 단위로 1000배로 뛴다.) 커지는 것을 살펴 볼 수 있다.

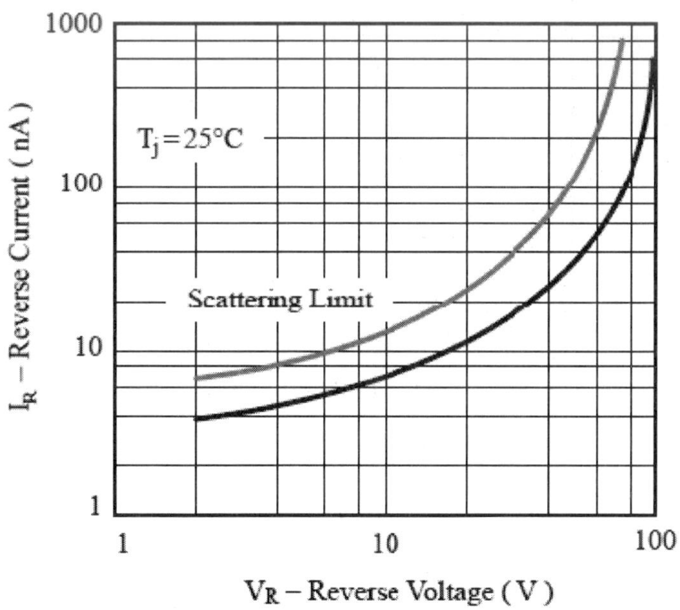

그림 1-16-2. 역방향 전압 대비 역방향 포화 전류

다이오드에 역방향을 점점 늘려 가다 보면 항복하고 전류가 확 흐르면서 전압이 일정하게 유지되는 항복전압이 있다고 역설 했다. 보통의 일반 다이오드에서 항복전압까지 다다르면 거의 죽음이라고 보아야 한다. 제너 다이오드는 이 죽음의 항복전압값을 특성으로 갖는 소자라고 했다.

표 1-16-4. Vishay 社 1N4448 항복전압

ELECTRICAL CHARACTERISTICS (T_{amb}=25℃, unless otherwise specified)						
PARAMETER	TEST CONDITION	SYMBOL	MIN	TYP	MAX	UNIT
Breakdown voltage	I_R=100㎂,tp/T=0.01 tp=0.3㎳	$V_{(BR)}$	100			V

시험조건에 여러 가지 잡다한 말이 쓰여 있는데 사실 무시해 된다. 항복전압을 얻기 위해서 어떤 조건에서 측정 했는지를 보여 주는 것뿐이다. tp/T=0.01→ duty cycle 을 의미하고, tp=0.3ms→ 전류의 펄스지속시간이 이 정도 값이라는 것이다.

그 다음에 중요한 특성으로 스위칭 특성을 결정짓는 역방향 회복 시간을 알아 두는 것도 유익하다.

표 1-16-5. Vishay 社 1N4448 역방향 회복시간

ELECTRICAL CHARACTERISTICS (T_{amb}=25℃, unless otherwise specified)						
PARAMETER	TEST CONDITION	SYMBOL	MIN	TYP	MAX	UNIT
Reverse recovery time	I_F=I_R=10㎃, i_R=1㎃	t_{rr}			8	ns
	I_F=10㎃, V_R=6V i_R=0.1×I_R, R_L=100Ω	t_{rr}			4	ns

다이오드가 도통 상태에서 차단 상태로 이행될 때의 과도 특성을 나타내는 시간이다. 표 보다는 그림을 보고 이해하는 것이 훨씬 수월하다. 다이오드를 도통(ON) 시켰다가 불통(OFF)시키면 아래와 같은 그래프로 흐르는 전류가 변화하게 된다.

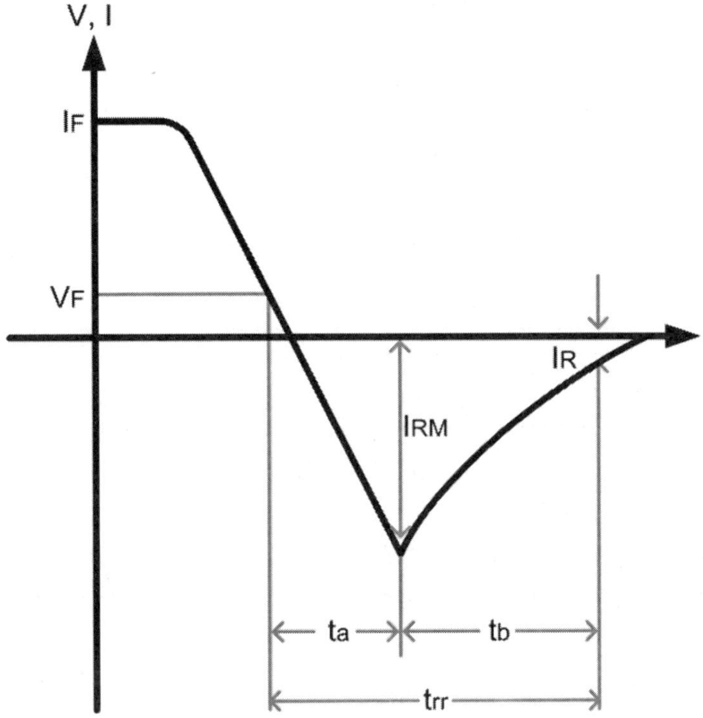

그림 1-16-3. 다이오드 역방향 회복시간 파형

순방향 전압 V_F에서 역방향 최대전류(I_{RM})로 떨어지다가, 기어올라 역방향 전압(I_R)까지 걸리는 시간이 역방향 회복시간이라는 정격이다.

$$reverse \quad recovery \quad time = t_{rr} = t_a + t_b$$

1-17. 간단한 제너 다이오드 정격(rating, 定格) 이해

일반 다이오드 정격표에 비해 제너 다이오드는 항목은 몇 개 안되지만 이해하기가 좀 더 까다롭다. 먼저 제너 다이오드의 정격표를 보고 몇 가지를 설명하면 될 것 같다.

표 1-17-1. 1W 제너 다이오드의 특성표

<table>
<tr><th rowspan="2">Type</th><th>Normal Zener Voltage</th><th>Test Current</th><th colspan="3">MaximumZenerImpedance</th><th colspan="2">Maximum reverse leakage current</th><th>Surge current</th><th>Maximum regulator current</th></tr>
<tr><th>at I_{ZT} V_Z V</th><th>I_{ZT} mA</th><th>at I_{ZT} Z_{ZT} Ω</th><th>Z_{ZK} Ω</th><th>at I_{ZK} mA</th><th>I_R μA</th><th>at I_R V</th><th>at TA=25 I_R mA</th><th>I_{ZM} mA</th></tr>
<tr><td>1N4728</td><td>3.3</td><td>76</td><td>10</td><td rowspan="4">400</td><td rowspan="9">1.0</td><td rowspan="2">100</td><td rowspan="6">1.0</td><td>1380</td><td>276</td></tr>
<tr><td>1N4729</td><td>3.6</td><td>69</td><td>10</td><td>1260</td><td>252</td></tr>
<tr><td>1N4730</td><td>3.9</td><td>64</td><td>9</td><td>50</td><td>1190</td><td>234</td></tr>
<tr><td>1N4731</td><td>4.3</td><td>58</td><td>9</td><td rowspan="6">10</td><td>1070</td><td>217</td></tr>
<tr><td>1N4732</td><td>4.7</td><td>53</td><td>8</td><td>500</td><td>970</td><td>193</td></tr>
<tr><td>1N4733</td><td>5.1</td><td>49</td><td>7</td><td>550</td><td>890</td><td>178</td></tr>
<tr><td>1N4734</td><td>5.6</td><td>45</td><td>5</td><td>600</td><td>2.0</td><td>810</td><td>162</td></tr>
<tr><td>1N4735</td><td>6.2</td><td>41</td><td>2</td><td rowspan="2">700</td><td>3.0</td><td>730</td><td>146</td></tr>
<tr><td>1N4736</td><td>6.8</td><td>37</td><td>3.5</td><td>4.0</td><td>660</td><td>133</td></tr>
</table>

위의 표 기호들을 이해하기 위해 역방향 전압에 대한 그래프를 살펴보자.

I_{ZK}는 제너항복이 막 일어날 때에 흐르는 전류 이고, 이때의 전압을 V_{ZK}(또는 항복되는 곳이라 해서 Breakdown Voltage 라 하고, V_{BR}으로도 쓴다.) 라고 한다. 영어로 Knee는 무릎을 의미한다. 무릎은 접히는 부분으로 위의 그래프의 역방향 전압을 걸어 줄 때 항복해서 전류가 팍 꺾이는 지점이므로 이런 용어를 사용한 것이다.

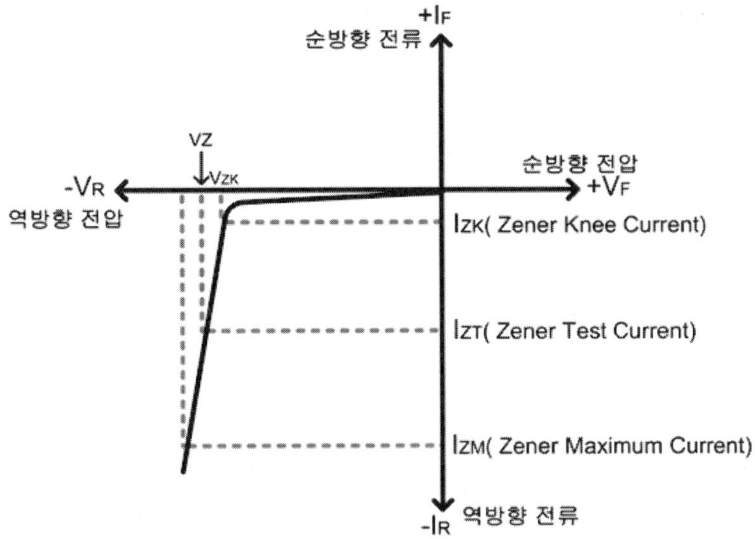

그림 1-17-1. 제너 다이오드의 특성 그래프

I_{ZT}는 말 그대로 소자를 검사할 때 인가하는 전류로 바로 이때의 전압을 우리가 흔히 정전압 회로를 구성할 때 참고하는 제너전압이라고 보면 된다.

어떤 소자든지 최대정격을 참고로 하여 사용자가 설계를 하지는 않는다. 따라서 I_{ZM}은 제너 다이오드가 얼마까지 전류를 흐르게 할 수 있는지 잣대가 되는 최대전류가 된다. 물론 사용자 입장에서 이런 전류를 흐르게 끔 하면 설계된 회로가 아작 나는 것은 시간문제라고 보면 된다.

회로를 설계할 때도 중간쯤 자리를 잡아가는 중용(中庸)의 덕은 꼭 필요하다. 만약 소자의 정격 중에서 최소값과 최댓값이 나오게 되면 사용자는 값을 중간쯤으로 잡아 설계해 주는 것은 대단히 현명한 대처방법이 된다. 위의 그래프에서 보면 알게 되듯이 제너 다이오드를 설계 할 때 얼마만큼의 전류를 흐르게 할지는 딱 보면 금세 알아차릴 수 있다. 최소 전류 (I_{ZK}) 와 최대 전류 허용치 (I_{ZM})의 중간 전류는 I_{ZT} 이기 때문에 이 정도 부근에서 전류를 흐르게 할 수 있다면 원하는 제너전압을 충분히 제공 받게 된다.

예를 들어

위의 표를 근거로 해서 5.1V 정전압 회로를 설계 할 때, 제너 다이오드에 49㎃ 가 흐르게 하면 원하는 전압을 얻을 수 있게 되는 것이다. 따라서 사용자는 제너전압에 대한 전류를 계산해 줄 때 I_{ZT} 값을 보고 설계해 주면 만사형통(萬事亨通)하게 된다.

그러면 Z_{ZT}는 무엇을 의미할까?

임피던스는 저항성분이기 때문에 확실한 값을 찾기 위해 두 점을 기준으로 잡고 측정하게 된다. 아래 그림은 1N4733인 경우에 측정하는 값을 추측하여 작성해 본 것이다.

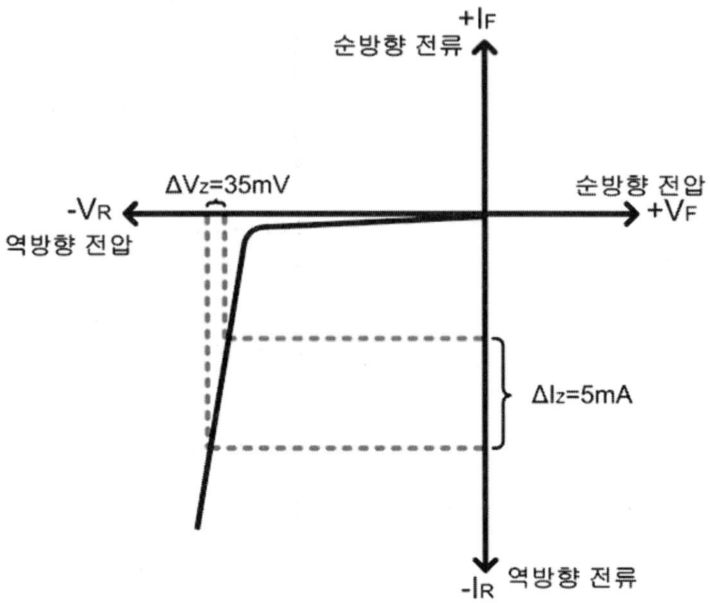

그림 1-17-2. 1N4733 제너 다이오드의 특성 예상치

제너 임피던스는 전압증가분에 대해서 전류증가분으로 나누어 준 것이기 때문에 아래와 같이 오옴의 법칙을 이용하여 구한다고 보면 된다.

$$Z_{ZT} = \frac{\Delta V_Z}{\Delta I_Z} = \frac{35mV}{5mA} = 7\Omega$$

위의 표에서 알 수 있듯이 제너 임피던스는 두 가지로 제시 되는데 검사할 때 인가하는 전류 I_{ZT}에서의 임피던스 (Z_{ZT})와 항복전압이 일어날 때의 전류 I_{ZK}에서의 임피던스 (Z_{ZK})로 나누어진다. 당연히 I_{ZT} 보다 작은 I_{ZK}에서의 임피던스는 높게 나타난다. 1N4733의 경우는 550Ω 이다.

이런 연유로 아래 그림에서와 같이 제너 다이오드의 사용되는 영역을 구분해서 그래프로 표시해 주기도 한다.

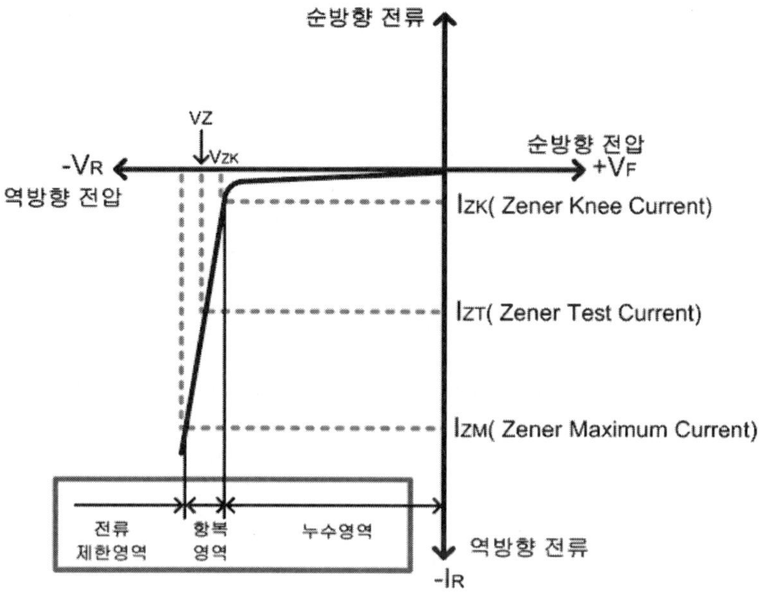

그림 1-17-3. 제너 다이오드의 영역 구분

따라서 제너 다이오드가 제 구실을 하는 영역은 위에 표시한 데로 항복 영역이 될 것 같다. 그러나 그 영역에서도 최대와 최값은 제외하고 되도록이면 최대, 최소와 멀찌감치 떨어진 중간 정도에서 활용하는 것이 바람직할 것 같다.

위의 표는 전력손실이 1W 짜리 들이다. 모두 빠짐없이 제너전압과 최대전류 허용치 (I_{ZM})를 곱해주면 대략 0.9W 정도 나온다. 제너전압이 약간 변할 수 있으므로 약간의 완충값을 줬다.

1-18. 다이오드 방정식 조립

아래 식은 다이오드 방정식이라는 것이다. 방정식 생김새가 약간의 경끼가 들게 만든다. 이런 식만 보면 왜이리 움츠러드는가!

$$I = I_O\left[\exp^{\left(\frac{eV}{nkT}\right)} - 1\right]$$

다이오드 방정식을 유도하는 방법은 몇 가지가 있다. 그러나 대부분 유도과정이 매우 난삽하다. 가장 간편한 방법은 실험치 그래프를 눈으로 보고 거기에 따라 가능한 수학적 그래프식을 총동원하여 수식을 그래프의 형상에 맞춰서 정리해 가는 법이 그나마 그 중 제일 낫다.

실험 그래프를 보고 수식을 세우는 방법이 야바위 같은 느낌이 혹 들겠지만, 이런 사고방법은 질이 떨어지는 사유가 절대 아니다. 여타 학문에서도 애용하는 접근방식이기 때문이다. 간편한 사고방식이 있는데 구태여 난잡한 방식을 고수하는 것은 지혜로운 태도가 아니다. 쉽게 쓸 수 있는 글을 어렵게 뒤틀어 버리는 것을 일러 현학(衒學)이라고 하고, 삿대질 ☜ 한 번 해 주면 된다.

이 주제에 대해서는 한 번 론(論) 한 바 있지만, 이런 수식이 나올 때마다 없는 머리카락 그나마 쥐어뜯는 분들을 위해 거듭되는 감이 없지 않아 있지만 다시 론(論)해 보기로 한다. 반도체 공학적 난삽함은 잠시 잊어 달라. 반도체 공학적으로 접근하려 했다면 론(論)하려고 하지도 않았다. 어떻게 보면 약삭빠르게 이해하는 방법이랄 수 있다.

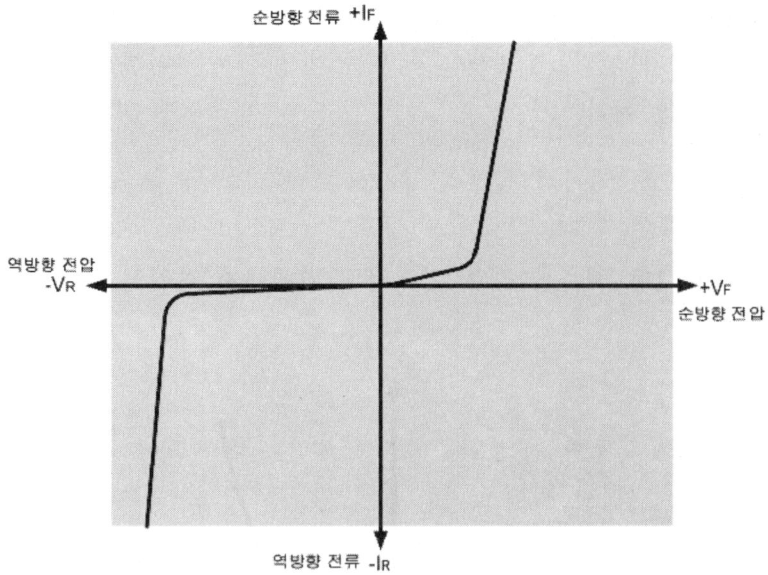

그림 1-18-1. 일반적인 다이오드의 역방향, 순방향 특성

다이오드 특성 그래프의 1사분면을 보면 생김새가 꼭 자연지수함수에 오프셋(offset)을 죽여 놓은 형태와 엇비슷하다. 이럴 때는 과감히 자연지수함수를 적용시켜 준다. 자연지수함수는 공학에서는 소금과 같은 존재라고 했다. 웬만한 수식에서는 얼굴을 자주 볼 수 있다. 그 얼굴을 보기로 한다.

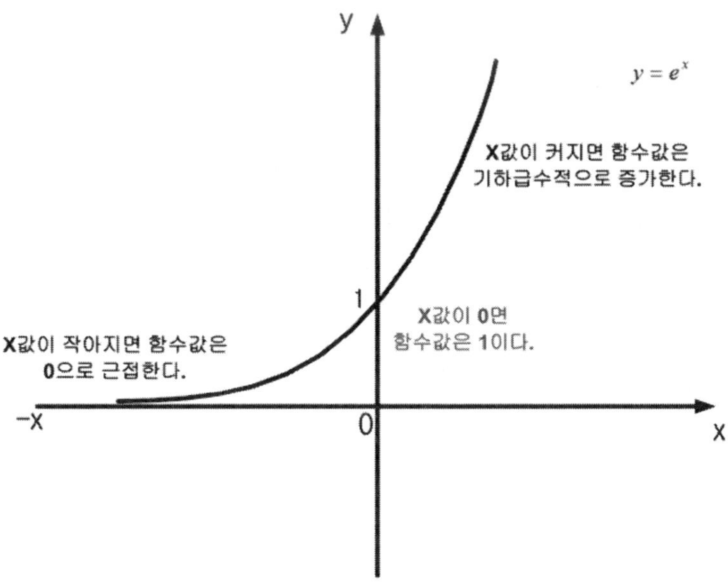

그림 1-18-2. 자연지수함수의 몇 가지 성질 머리

자연지수함수를 보게 되면 x=0일 때 y=1로 다이오드 특성 그래프와는 달리 오프셋=1이 떠있는 형태가 된다. 오프셋을 지우는 방법은 무엇일까? 간단하게 자연지수함수에서 1을 빼 주면 된다.

$$y = e^x - 1$$

자연지수함수에서 1을 빼준 그래프는 어떻게 변했는지 확인하기로 한다.

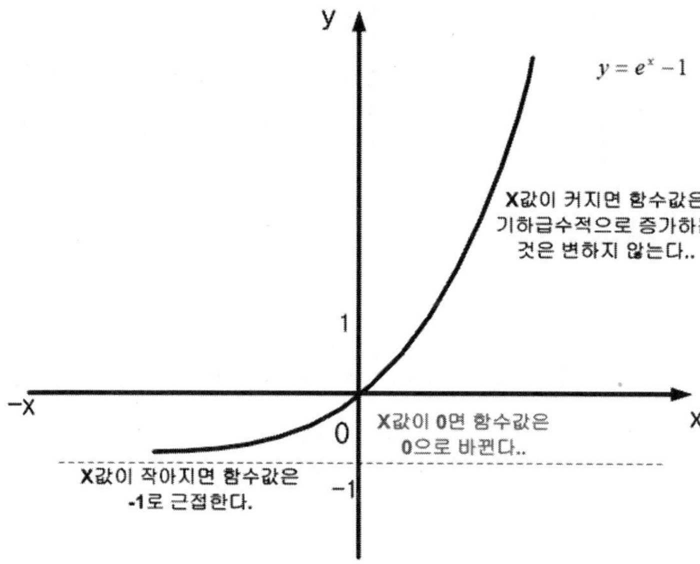

그림 1-18-3. 자연지수함수-1의 몇 가지 성질 머리

자연지수함수에 −1을 빼 주었더니 다이오드 그래프에 거의 근사해 간다. 이제 한 가지 더 조작해야 할 것은 다이오드 그래프는 0.7V 까지는 함수값 y가 거의 0이 되는데 자연지수함수−1 그래프는 x=0을 지나자마자 폭발적으로 증가하는 모양을 갖는다.

함수값이 폭발적으로 증폭하기 전에 팍팍 눌러 주는 지연방법은 어떤 것이 있을까? 이것도 간단하게 해 치울 수 있는 방안이 있다. 다이오드 그래프에서 x는 순방향 전압이고, 0.7V 까지는 전류가 흐르지 않는다고 가정하기로 한다. 그러면 변형된 자연지수함수식에서 x=0.7 까지는 함수 값이 0이 되도록 조작해 주면 된다. 대략 0에 가까운 값으로 만드는 과정을 본다.

$$y = e^{0.7} - 1 \cong 1.0137$$

이 되어 0이 되지 않는다. 이 식에서 함수값 y를 0으로 만드는 방법은 딱 한 가지밖에 없다. 이 값에다 아주 작은 값을 곱해 버리면 된다. 방법이 그렇다고 아주 작은 값을 아예 곱해 버리면 0.7 이후에 기하급수적으로 값이 커져야 하는데 방해를 받는다. 따라서 적당히 작은 값이라는 전제조건이 붙어야 한다.

$$y = A\left(e^{0.7} - 1\right) \cong 0$$

출발은 자연지수 함수였지만 다이오드 그래프와 합치시키기 위해서 몇 가지 수식을 조작해 보았다. 따라서 다이오드 그래프의 본질적 형태는 아래와 같이 표현해 줄 수 있을 것 같다.

$$y = A\left(e^{x} - 1\right)$$

그러면 나머지 확인해야 할 것은 A값과 x값을 구체적으로 정해 주어야 하는데, 요것이 문제로다. A는 역방향 전압이 살짝 걸렸을 때 흐르는 전류로 구해 주면 된다. 예를 들어 보자 x=−2V (다이오드 그래프에서 음 전압 표시는 역방향이 걸린 의미라고 이미 설파했다.) 라고 해 보자

$$y = A\left(e^{-2} - 1\right) \cong A \times (-0.865)$$

정도 값이 된다. 다이오드 그래프상 역방향 포화전류가 약간 흐른다. 따라서 A는 실제 측정 가능한 역방향 포화전류로 넣어 주면 된다. 물론 역방향 포화 전류를 구하는 식은 따로 있다. 아래 식으로 구해진다는데...그저 감상만 하고 넘어가면 될 것 같다.

$$I_S = qAni^2\left(\frac{1}{N_a} \times \frac{D_N}{W_p - x_p} + \frac{1}{N_d} \times \frac{D_p}{W_n - x_n}\right)$$

불순물 농도에 따라 달라지겠지만, 주책없게 저 식을 이용하여 구할 필요는 없어 보인다. 보통 극미량의 전류 pA단위 (실리콘의 경우)의 전류가 흐른다고 보아 주면 된다. 이제 형태를 갖추게 하기 위해 다이오드 에 흐르는 전류(역방향, 순방향)를 I 또는 I_D 라고 하고, 역방향 포화전류를 I_S 라고 하면 다이오드 방정식은 그런 대로 아래와 같은 형태로 표현이 된다.

$$I_D = I_S\left(e^x - 1\right)$$

뭔가 형태가 갖추어 지려고 발버둥 치고 있는 수식 같아 보이지 않는가! 이제 나머지는 x만 정해 주면 된다. x는 0.7V가 될 때쯤 해서 역방향 포화전류를 곱하더라도 확 전류가 흘러야 하는 운명을 갖게 되었다. 어떻게 정해 주면 될까? 막막하게 막다른 골목에 부딪힌 느낌마저 든다. 생각 같아서는 쉽게 쉽게 이야기해서 내부확산전압의 방정식을 가져와서 땜질해 버리고 싶기도 한다.

$$V_{bi} = \frac{kT}{q}\ln\frac{N_d N_a}{ni^2}$$

위의 내부확산전압에서

$$\frac{N_d N_a}{ni^2} = \boxed{\exp\frac{qV_{bi}}{kT}}$$

대충 흘러가는 모양새를 봐서는 자연지수함수에는 저런 식 비스드리한 것이 들어갈 것 같은 감으로 때려잡아 다이오드 방정식을 완성하면

$$I_D = I_S\left[\exp^{\left(\frac{qV_{bi}}{kT}\right)} - 1\right]$$

짜잔~ 하고 스스로 위로 하고 싶겠지만, 이런 방식은 너무 야매(野昧 ; 촌스럽고 어리석음)냄새가 강하게 풍긴다. 다이오드 방정식이 내부확산전압을 근거로 풀어내는 경우도 있으므로 사이비라고 치부하기에는 나름대로 타당성도 없잖아 있다. 그런데 느닷없이 이 식을 쓰기에는 멋쩍다. 다른 방법을 모색해 봐야 한다.

명칭만 흘긋 보면 무지막지한 '통계역학적' 관점을 빌려 오기로 하자. 1860년대 후반쯤에 볼츠만 상수로 유명세를 타는 볼츠만 (Boltzmann)은 전자기학을 완성시킨 맥스웰 (James Clerk Maxwell)의 분자 분포함수를 확장하여 분자 분포에 대한 계산이라면 어디에든 감초처럼 사용하는 볼츠만 인자 (Boltzmann factor)를 유도해 내는데, 그는 분자의 계가 어떤 전체 에너지를 가질 확률은 e^{-hE} 비례한다고 밝혔다. 식에서 h는 온도에만 의존하는 매개변수라고 한다.

그런데 기브스(Gibbs, Josiah Willard , 미국 물리학자, 화학자)라는 사람이 통계인자 e^{-hE}에 나오는 h가 절대온도와 관계를 갖는 항으로 $h=1/kT$ 라는 관계를 밝혔다. 따라서 온도를 포함하고 있는 볼츠만 인자는 $e^{(-E/kT)}$로 변형을 감행한다.

우리는 이런 사실에서 지금 논의 하고 있는 설명에다 볼츠만 인자를 적용할 낌새를 포착한다. 볼츠만 인자는 화학, 지질학, 생물학, 기상학에도 적용한다고 하는데 에너지나, 전하, 전압, 절대온도 등이 거론 되는 지금 상황에서 우리에게 적용 안 될리가 없지 않은가!

볼츠만 인자 $e^{(-E/kT)}$에서 다이오드 방정식은 전압이 높아질수록 기하급수적, 자연지수 함수적으로 변하기 때문에 볼츠만 인자 지수 항에서 감쇠를 뜻하는 (−)를 빼 버리고 적용하는데 무리가 없을 것으로 보인다. 따라서 볼츠만 인자는 우리식으로 $e^{(E/kT)}$로 해까닥 변질 되게 되고, 에너지 항은 전압의 항으로 바꾸기 위해 E=qV 관계식을 적용하면.......휴 드디어 우리가 바라는 다이오드 방정식이 유도? 되게 된다. 여기서 전압은 다이오드에 걸린 순방향이나 역방향 전압이라고 생각하면 된다. 미세 조정 값으로 n을 넣는데 대세에는 지장이 없어 관심 둘 필요는 없다.

$$I_D = I_S\left[\exp^{\left(\frac{qV}{nkT}\right)} - 1\right]$$

I_S = 다이오드가 역방향 전압이 걸렸을 때 역방향으로 흐르는 미소전류, 역방향포화전류

V = 다이오드에 걸린 전압 (역방향, 순방향)

k = 볼츠만 상수(Boltzmann constant)= 1.38 × 10−23 J/°K

T = 절대온도 °K

n = 저마늄 (germanium) 일 때 1, 실리콘일 때 2

exp(or e) = **자연상수, 오일러의 수, 네이피어 상수** 라고 한다.
e=2.71828182845904523536...

다이오드 방정식을 더 간단하게 만들기 위해 kT/q=VT 라고 해서 **열 전압**(thermal voltage ,熱電壓)이라고 한다. 보통 실온에서 26㎷ 상수로 정해져 있다. 따라서 식은 간단하게 아래와 같이 철저하게 축약 된다.

$$I_D = I_S\left[\exp^{\left(\frac{V}{V_T}\right)} - 1\right] = I_S\left[\exp^{\left(\frac{V}{26mV}\right)} - 1\right]$$

이 식에 순방향 전압을 넣어 보면 0.7V 정도에서 급격히 전류가 증가하는 것을 확인 할 수가 있다. 그런데 한 가지 유의해야 할 것이 있다. 이 식으로 제너항복도 표현할 수가 있을까? 아쉽게도 제너항복에 대한 그래프를 이 식으로는 만족 시키지 못한다.

다이오드의 제너항복 전압을 −100V라고 해 보자. −110V 정도만 되도, 전류는 급격히 역방향으로 흘러 주어야 한다. 그러나 일일이 계산할 필요도 없이 다이오드 방정식을 보면 자연 지수 항에 −110V 가 들어간다고 해도 수렴되는 값은 −1에 근접한다. 여기에 역방향 포화전류를 pA 단위로 곱해 주어 보았자 전류는 거의 0에 가까워진다.

따라서 다이오드 방정식은 그런 의미에서 완전한 방정식은 되지 못한다. 단지 순방향 전압이 걸렸을 때 전류가 자연지수함수적으로 급격히 늘어나는 것과 역방향 전압이 걸렸을 때 역방향으로 전류가 거의 흐르지 않는다는 의미만을 담고 있다. 그래서 I_S 는 역방향전압이 걸렸을 때 제너현상을 논외로 하고 전류가 아주 미소하게 흐르는 현상이 변하지 않는다고 해서 역방향 **포화**라는 말을 붙여 준 듯하다.

1-19. 다이오드 근사모델 필요성 : 이상적 근사

다이오드는 특성 그래프만을 보면 그리 간단한 소자는 절대 아니다. 보통 비선형적인 소자는 특히 해석하기가 쉽지가 않다. 수학에서 1차 함수 그래프로 그려지는 것을 선형적이라고 단순하게 생각하면 다이오드 그래프는 꺾이는 부분이 눈에 확 들어온다. 꺾이는 부분이 있다는 말은 그래프로 그릴 때 좀 너저분해 지고, 골 꼬집는 그래프로 나타나게 된다는 것이다. 따라서 다이오드 그래프를 보면 다이오드가 비선형 소자라는 것을 단박에 알 수가 있고, 흔히들 넘겨짚어 간주하듯이 부 부러지게 순방향전압 0.7V를 기준으로, 그 이하 값에는 전류가 전혀 흐르지 않고, 그 이후 값에는 전류가 무한대로 흐르지도 않는다.

그런데 우리는 다이오드를 만만하게 생각한다. 그 이유는 뭘까? 이상하게 그려지는 다이오드 특성 그래프를 날것 그대로 사용하지 않고, 인간의 뇌에서 아주 단순화시켜 사고하는데 이유가 있다. 그래서 다이오드니 트랜지스터니 하는 소자를 공부할 때 실체에 접근하기 쉬운 근사 모델들을 동원하게 되는 것이다. 다이오드에는 어떤 근사 모델이 어떤 유용성을 가지고 적용 되는지 살펴 보기로 하자.

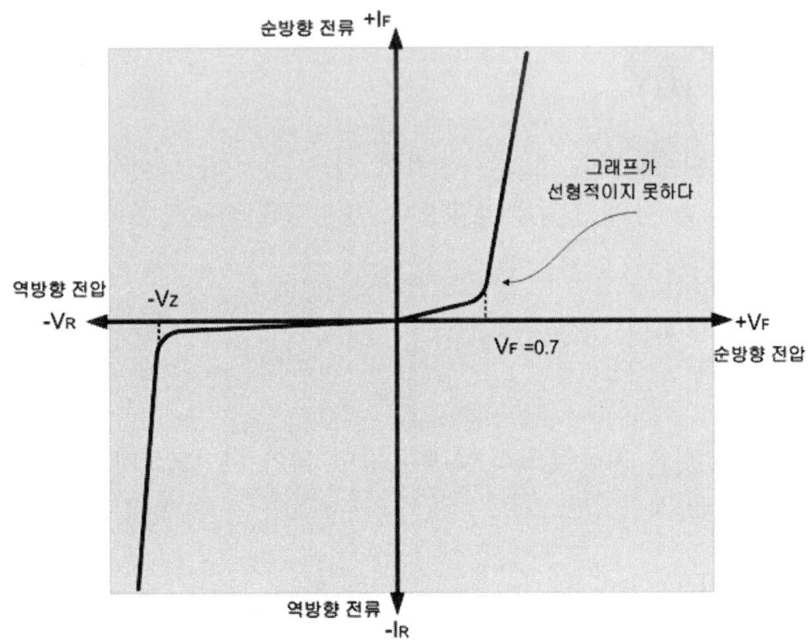

그림 1-19-1. 다이오드의 일반적 그래프

엄격하고, 고집스럽게 회로 해석 핵심에 접근해 보자. 우리가 생각 하는 것 이상으로 다이오드를 다루기가 굉장히 어렵다는 것을 확인 할 수 있을 것이다. 그렇다고 낙담하고, 자신감을 잃을 필요는 없다. 사물을 단순화시키는 우리 뇌의 탁월한 기능으로 간편화 시킬 수 있는 길이 있기 때문이다. 그러나 잠깐, 아래와 같이 다이오드가 포함된 단순 회로를 들여다보자. 곧이곧대로 하자면 과연 생각만큼 단순할까?

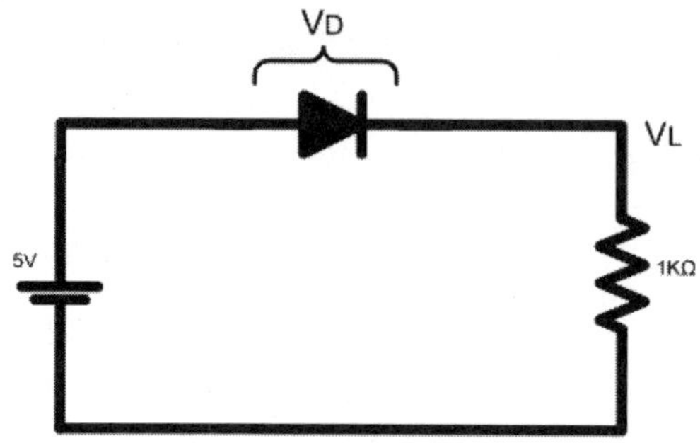

그림 1-19-2. 다이오드가 직렬로 연결된 회로
과연 생각만큼 단순할까?

부하저항 1kΩ에 흐르는 전류값을 이용해 다이오드 전압을 구해 보기로 하자. 부하저항에 흐르는 전류는 아래와 같이 구할 수 있을 것이다....V_D는 0.7V 바로 척 나오는데...계산씩이나 하려고 하지?

$$\text{부하 전류} = \frac{5V - V_D}{1K\Omega}$$

물론 이 전류는 다이오드에 흐르는 전류와 같을 것이다. 다이오드에 흐르는 전류는 다이오드 방정식을 이미 조립해 보았으니, 방정식을 이용해 표현해 보기로 한다.

$$I_D = I_O\left[\exp^{\left(\frac{V_D}{V_T}\right)} - 1\right]$$

전류가 같으므로 식은 최종적으로 아래와 같이 되어 다이오드에 걸리는 전압을 정리하여 구할 수 있을 것이지만....

$$\frac{5V - V_D}{1K\Omega} = I_O\left[\exp^{\left(\frac{V_D}{V_T}\right)} - 1\right]$$

쉽게 문제를 풀려고 하나 어렵게 꼬아 가는...스스로 자가당착(自家撞着)에 빠져 버리는 문제 풀이법임에는 분명하다......간단한 회로를 이다지도 벅차게 복잡한 식을 인용하며 세월아 네월아 시간 허비하고 궁구할 이유가 없다. 굳이 간편함을 추구하는 현장성의 감각이 아니더라도, 이런 식의 회로 계산은 꽝일 수밖에 없다.

물론 일반적으로 다이오드가 포함된 간단한 회로를 복잡하게 계산하지는 않는다. 뒤에서 언급하겠지만, 다이오드를 근사적으로 치부해 버리면 계산은 놀랍도록 쉽다. 그런데 왜 이런 엉터리처럼 보이는 계산을 슬쩍 넣었을까? 놀리려고 하는 것은 절대 아니다.

노파심에서 한마디 거들먹거리자면, 다이오드 방정식이 창고 깊숙이 쳐 넣어 버릴 만큼 사용처가 전혀 없는 것은 아니다. 회로가 좀 더 복잡다단해지는 연산증폭기의 승산기(곱셈기)나 제산기(나눗셈기), 로그회로나 지수회로를 설계할 때 등등.. 다이오드 방정식을 모르면 쌩 피를 볼 때가 있다는 점을 유의 하시도록. 이걸 말하고 싶어서 말도 안 되는 계산을 억지로 한 번 찔러 본 것이다.

다이오드는 편의상 3가지 근사방법을 사용해 그때그때 상황에 따라 적용시킨다. 첫 번째로 사고해 주어야 하는 근사는 아주 이상적 (Ideal)으로 다이오드를 취급해 버리는 것이다.

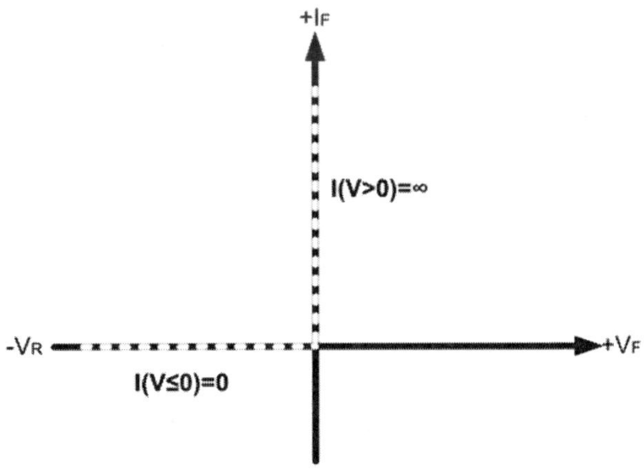

그림 1-19-3. 다이오드의 이상적 그래프(점선)

이상적인 다이오드 모델은 순방향 전압이 조금만이라도 걸리면 도통(ON) 되버리고, 조금이라도 역방향 전압이 걸려 버리면 불통 (OFF) 되는 스위치로 생각할 수 있다.

① +VF = +0V (순방향 전압이 조금이라도 생길라 칠 때에) → 도통
② −VR = −0V (역방향 전압이 쥐꼬리 끝만 하게 걸릴 찰나에) → 불통

위에서 언급한 두 가지 성깔머리에 근접한 이상적인 다이오드는 스위치로 대체해서 생각하는 것이 가장 수월하게 이해하는 방법이다. 스위치는 이것 아니면 저것인 상태로 화끈하다.

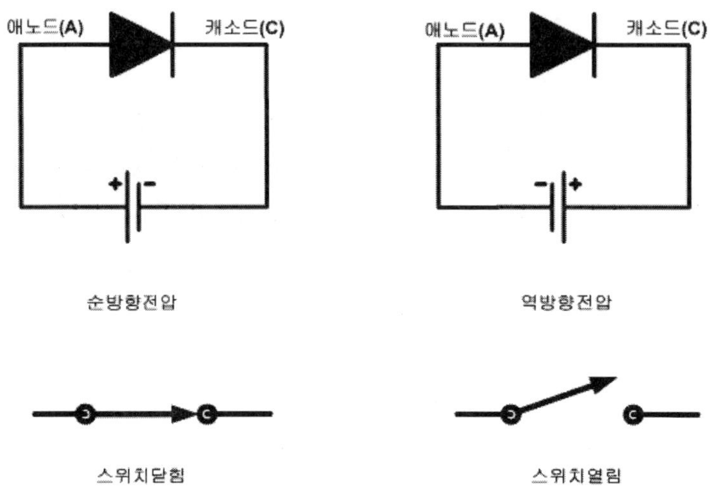

그림 1-19-4. 다이오드 순방향, 역방향과 스위치와의 관계

이상적 다이오드를 적용할 수 있는 회로는 첫 번째로 diode resistor logic (DRL)로 다이오드와 저항만으로 이루어진 로직(LOGIC)회로이다.

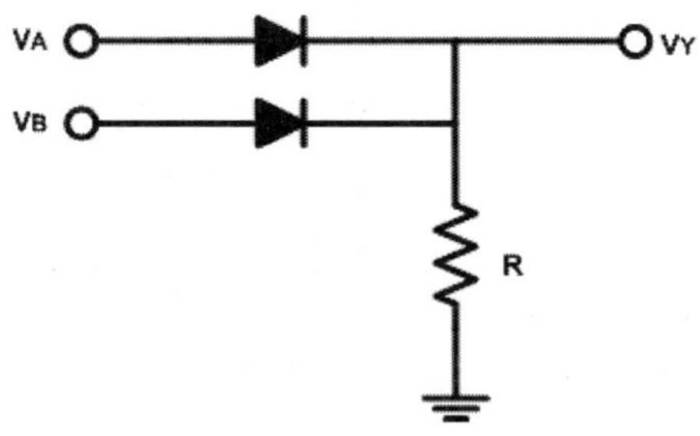

그림 1-19-5. DRL OR-회로

위의 회로는 OR Gate 동작을 수행 한다. 두 개의 입력(V_A, V_B)중에 하나만 5V가 걸린다고 하면 스위치가 닫히고 저항 R에 전압 5V가 전부 걸려 HIGH 동작이 되고,

두 개다 입력이 0V 이면 출력이 LOW가 된다.

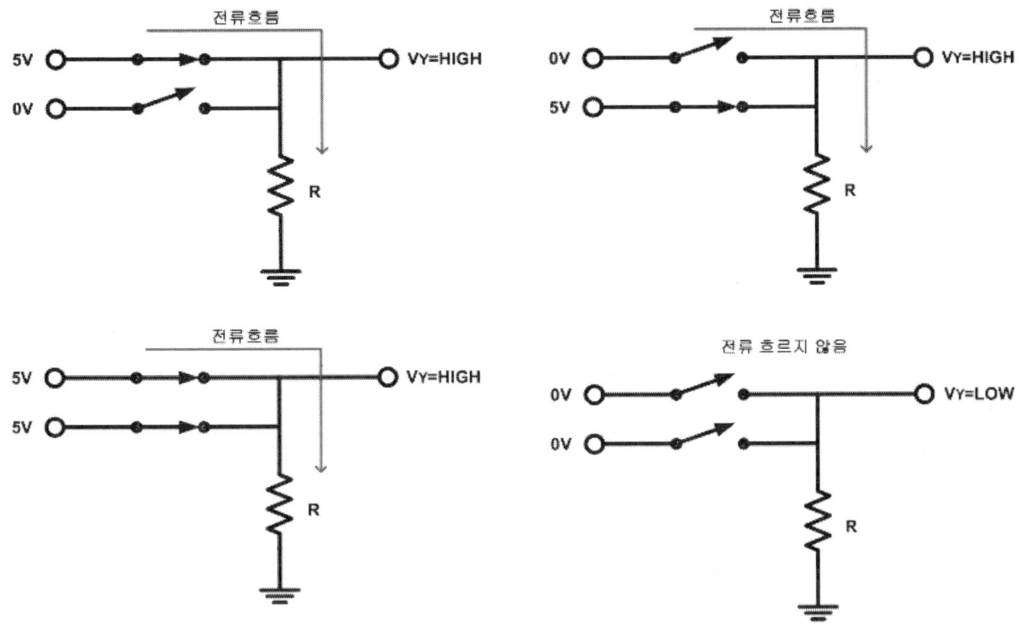

그림 1-19-6. DRL OR-회로의 동작

따라서 **논리합 게이트** (OR gate, 論理合) 가 완성이 된다. 입력이 전부 0V일 때 출력 VY에 저항 R이 있는데 어찌해서 0V 가 걸리는지 아리송해 하실 분들이 있을 것이다. 사실 이런 생각은 초보적인 것이지만, 막히면 한 없이 괴로운 문제가 된다. 저항 R에 접지가 되어 있기 때문에, 그대로 출력이 0V가 되어 버린다. 생각해 보라. 저항 R에 전류가 흐르지 않는 상태는 양단의 전압이 같을 때가 아닌가! 그런데 저항 다리 한쪽에 0V 가 걸렸는데, 출력단에 다른 전압이 걸려 버리면 전류가 흐르는 상태가 되어 버린다. 따라서 저항 R 양단에 걸린 전압이 같아야 한다. 고로 출력 V_Y는 0V가 되어야만 한다. 보기 쉽게 하기 위해 전압과 논리적 진리치를 표로 만들어 본다.

표 1-19-1. DRL OR-회로의 진리치 표 와 TTL 전압표시

V_A	V_B	V_Y	A	B	Y
0V	0V	0V	0	0	0
5V	0V	5V	1	0	1
0V	5V	5V	0	1	1
5V	5V	5V	1	1	1

하나만 더 사고해 주자. 너무도 잘 아는 AND Gate를 위와 같은 방법으로 접근한다.

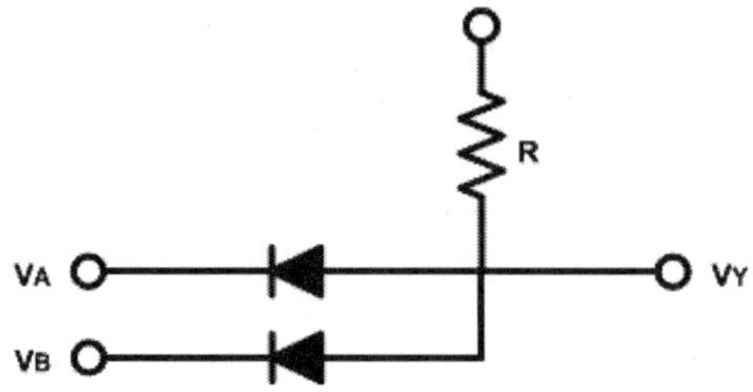

그림 1-19-7. DRL AND-회로

위의 회로는 AND Gate 동작을 수행 한다. 두 개의 입력(V_A, V_B)중에 OV가 되어 하나만 도통 되도 출력은 0V (다이오드를 이상적으로 생각해 스위치로 보기 때문에 전압이 걸리지 않는다고 간주 한다고 서두에서 말했다)가 되고, 두 입력에 5V 가 걸려야 출력이 비로써 5V가 걸린다.

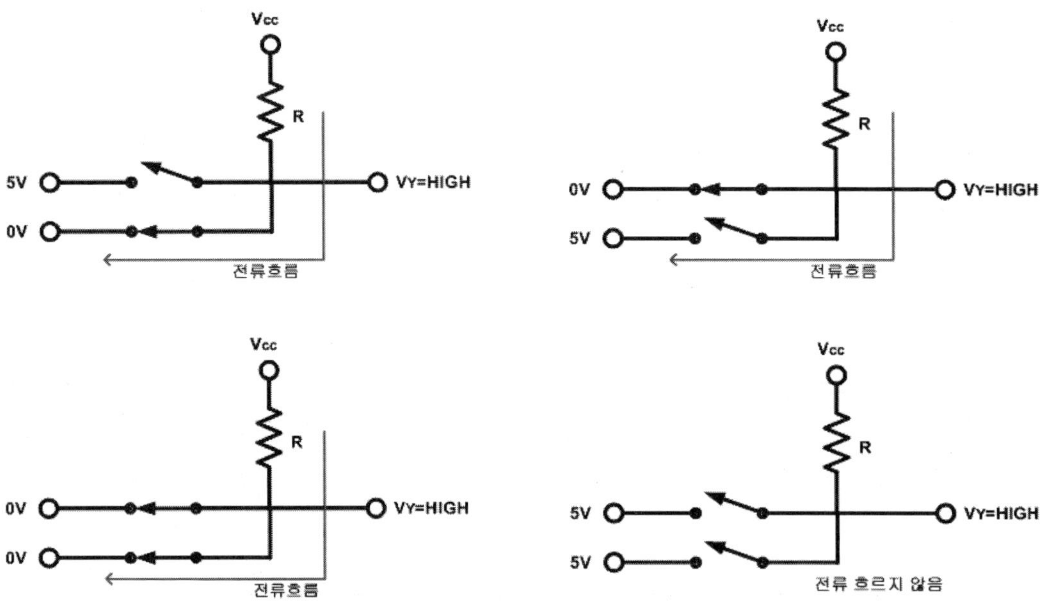

그림 1-19-8. DRL AND-회로의 동작

따라서 논리곱 게이트 (AND gate) 가 완성이 된다. 보기 쉽게 하기 위해 전압과 논리적 진리치를 또 표로 만들어 본다. 출력단이 열려 있다는 말은 저항으로 따지면 ∞Ω 저항이 존재한다는 것과 같다고 했다. 따라서 AND Gate의 다이오드가 둘 다 불통 될 때, 전압 V_{CC}가 저항 R 에 다 걸리지 않고 출력단 V_Y에 걸려 버린다.

그림 1-19-2. DRL AND-회로의 진리치 표 와 TTL 전압표시

V_A	V_B	V_Y	A	B	Y
0V	0V	0V	0	0	0
5V	0V	0V	1	0	0
0V	5V	0V	0	1	0
5V	5V	5V	1	1	1

다이오드를 이상적으로 접근하여 스위치로 아예 바꾸어서 생각하면 쉽게 풀려 버리는 회로가 많다. 그러나 다이오드를 이상적으로 생각한다고 해서 능사가 아닌 경우도 있으므로 우리는 다른 근사 모델을 사고해 줄 필요가 있다. 다음에는 이상적으로 다이오드를 생각할 때의 한계를 다져 주고, 요청되는 근사모델을 사고해 주기로 한다.

1-20. 다이오드 근사모델 필요성 : CVD, PWL 근사

이상적인 다이오드를 적용하는 또 하나의 예는 정류회로를 해석할 때 우리로 하여금 간단하게 회로 동작을 해석할 수 있게 해준다. **반파정류회로**(half–wave rectifier circuit, **半波整流回路**)를 살펴보기로 한다.

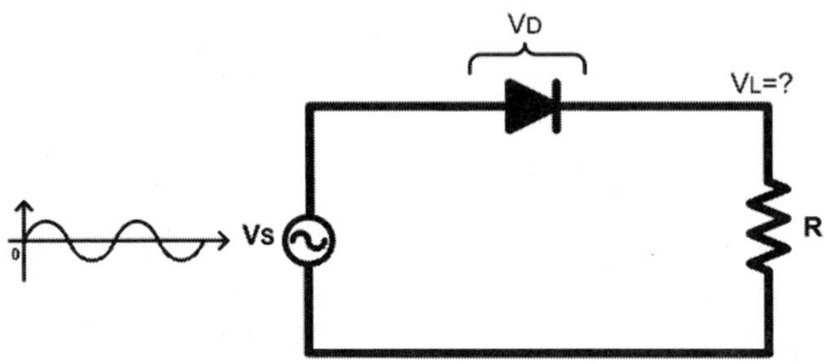

그림 1–20–1. 다이오드가 직렬로 연결된 반파정류회로

신호가 인가되기 전에 고려해야할 사항이 있다.

부하전압은 얼마일까? 다이오드가 동작되기 전이기 때문에 개방회로로 되어 있다고 생각하면 왜 그대로 그라운드의 전압이 부하전압이 된다고 간주해 버리는 것일까? 그 이유는 이렇다. 개방회로는 전류가 흐르지 않아야 한다. 부하 저항 R 양단에 같은 전압이 걸려 있어야 등전위가 되어 전류가 흐르지 않기 때문에, 한쪽이 그라운드 전위 0V 이면 당연히 반대쪽도 0V가 되어야 마땅해 진다. 그러므로 부하저항에 걸리는 전압은 응당 0V!!!! 당연한 말 같지만 자칫 놓치기 쉬운, 이런 조건 하에서 교류전압이 인가된다고 생각해야 한다. 그런 전제 하에서 다이오드의 역방향, 순방향 전압이 회로적 동작 근거를 갖게 되는 것이다.

이상적인 다이오드의 동작은 캐소드 보다 애노드 전압이 쥐꼬리 ㄲ트머리만큼만 높아도 도통 되는 것이니까, 교류신호에서 오직 0V 보다 높은 전압만이 부하저항에 나타날 것이고, 0V 보다 낮은 전압들은 역방향 전압이 걸려 다이오드가 불통이 되어 부하저항에 나타나지 않을 것이다. 따라서 출력파형은 아래와 같이 반파만 통과 되는 반파정류회로가 된다.

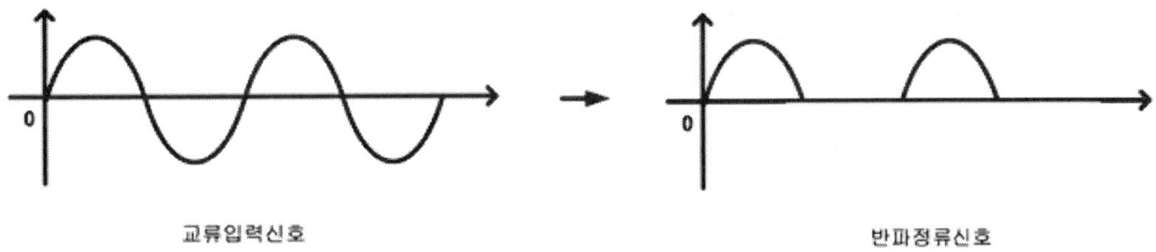

그림 1-20-2. 반파정류된 신호

이상적인 다이오드는 실제의 다이오드를 왕창 간편히 생각하는 방법인지라 후유증이 없을 수가 없다.

위에서 해석 했던 DRL (diode resistor logic) 동작은 군더더기 없이 깔끔하게 이해되는데, 반파정류회로에서는 아주 작은 교류입력신호에 대해서 반파정류를 요구할 때에는 문제가 튀어 나온다. 다이오드가 도통 되기 위해서는 애노드와 캐소드사이에 0.7V 이상 전위차가 있어야 하기 때문에 실제 회로에서는 다음과 같은 문제가 발생이 된다.

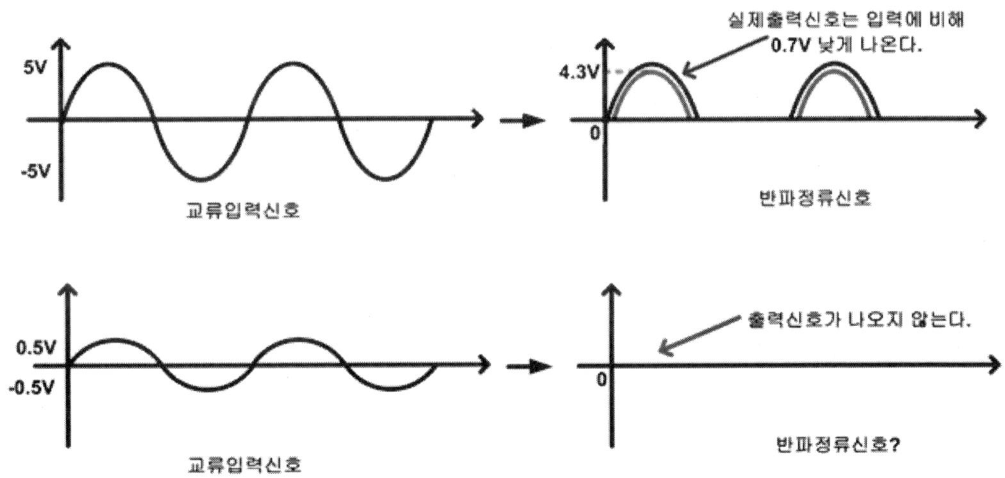

그림 1-20-3. 다이오드와 부하저항만 사용한 반파정류회로의 문제점

교류입력신호의 진폭이 ±0.5V 이면 정류작용은 고사하고, 아예 출력신호가 사라져 버리는 문제가 발생한다. 따라서 이런 당황스러운 결과를 해석하기 위해서는 다이오드의 근사를 다르게 설정하여야 한다. 그리하야 출현한 것이 Constant –Voltage Drop (CVD) **근사**이다. 이름 그대로 내부에 전압강하가 항상 있게 하는 근사방법이다. 명칭이 그럴싸하다고 해서 뭐 심오한 것은 절대 아니다. 그저 이상적인 다이오드 근사 + 순방향 전압 0.7V를 고려해 준 것 뿐이다.

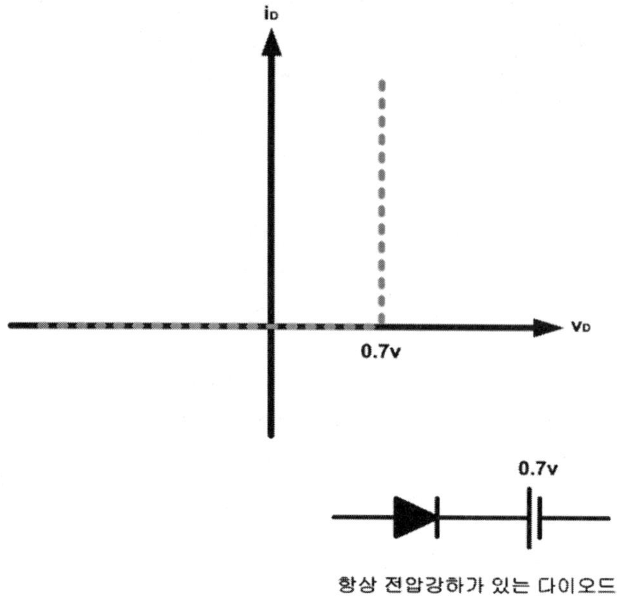

그림 1-20-4. CVD 모델(점선) 그래프와 등가회로

이상적인 다이오드 보다는 진일보 하게 실제 다이오드에 더 근접한 모형이 바로 CVD 근사이다. 다이오드 내부에는 내부확산전압이 있다고 설명 했다. (실리콘인 경우 대략 0.7V) 따라서 이상적인 다이오드+내부확산전압의 형태를 갖는다. 다이오드를 이렇게 근사 시키면 대략 난감 했던 회로 해석도 아주 손쉽게 거저먹는 사태가 벌어지고 만다.

반파정류회로는 애노드(P형)가 캐소드(N형) 보다 0.7V 정도 높아야 도통 되므로 파형을 이해하는데 어려움이 없게 된다. 그리고 교류 전류가 높을 때에는 0.7V는 무시해도 되는 값이므로 그런 대로 얼추 회로의 출력을 어림잡을 수 있다. 게다가 ~

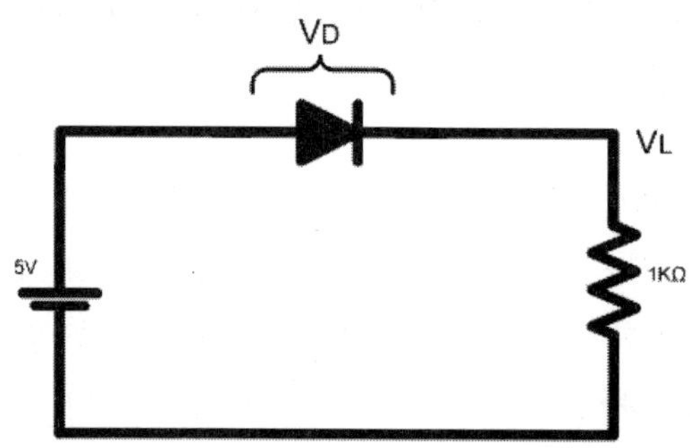

그림 1-20-5. 다이오드가 직렬로 연결된 회로

다이오드 방정식으로 계산하기 어려웠던 회로도 단박에 전압, 전류를 알아 버리는 즐거운 결과가 생기고야 만다. 골치 앓았던 수식을 먼저 가져와 길게 한숨 한 번 쉬어 주고, 비교해서 쉽게 식을 정리 하도록 한다.

$$\frac{5V - V_D}{1K\Omega} = I_O\left[\exp^{\left(\frac{V_D}{V_T}\right)} - 1\right]$$

이때쯤 다이오드 방정식은 버리자.(그러나 다이오드 방정식이 쓸모없는 것은 아니다. 꼭 기억을 해 두자.) 그리고 콧방귀 한 번 껴 주고 전압과 전류를 구해 본다. 정신을 쏙 빼 놓았던 다이오드 방정식이 포함된 수식이 어이없을 정도로 산수가 되어 버린다.

$$\text{부하에 걸리는 전압} = 5V - 0.7 = 4.3V$$

$$\text{부하에 흐르는 전류} = \frac{5V - 0.7}{1K\Omega} = 4.3mA$$

으아~ 이건 누워서 떡 먹기 만큼 쉽다. 누워서 떡을 먹으면 체한다고 하는데, 발딱 똑바로 누워 떡을 먹는 것이 아니라 중동지역에서 하듯 옆으로 비스듬히 누워 떡을 먹어 보라...이게 진짜 누워 떡 먹기다.

다이오드 방정식으로 멋 부리며 계산할 필요가 전혀 없어진다. CVD 근사는 이럴 때 써 먹는 것이다. 보통 회로 해석을 할 때 은연중에 많이 애용하는 방식이다. 그러나~ CVD는 만능이 아니다. 출신성분이 근사이지 실제가 아니라는 것을 염두에 둘 필요가 있다. 직류적인 사고방식에 적합하지 교류에 적합한 근사는 아니라는 것이 단점이다. 직류+교류신호가 들어 올 때를 상정해 보시기로 하자.

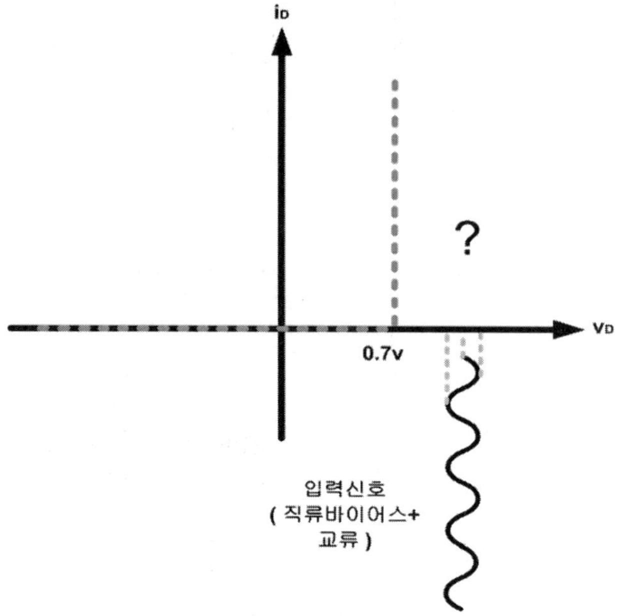

그림 1-20-6. CVD 모델에 교류신호가 그림과 같이 입력되었을 때 일어나는 문제

작은 입력전압 (교류, 다이오드 나 트랜지스터에서는 직류에 비해 교류신호는 너무 작아 그저 소신호 라고 편의상 불러 준다. 직류는 교류에 비해 월등히 크므로 대신호라고 한다. 전자회로책에서 트랜지스터를 해석할 때 대신호, 소신호로 주제를 분류하는 것은 직류 바이어스를 걸어 주어야 교류 소신호가 증폭이 되기 때문에 두 개로 나누어 사료해 주는 것이다. 직류 바이어스 전압은 보통 V 단위 인데, 음성으로 대표 되는 교류 입력 신호는 몇 μV 지나지 않는다. 따라서 대신호, 소신호라고 명칭을 정해준 이유가 명확해 진다)에 따라 전류의 변화를 알아 챌 수가 없다.

그저 입력이 출력에 그대로 나온다고 판단 할 수밖에 없다. 이래서는 작은 변화에 민감한 해석을 할 수는 없을 것 같다. 그래서 들고 나온 것이 Piecewise Linear (PWL) 근사라고 해서 아예 다이오드 그래프의 지수함수적인 기울기를 1차 함수인 직선적 기울기로 변화시켜 버린다. 아무렇게나 그려 주는 것이 아니라 계산에 근거하나 여기서는 그저 개념으로만 설명한다.

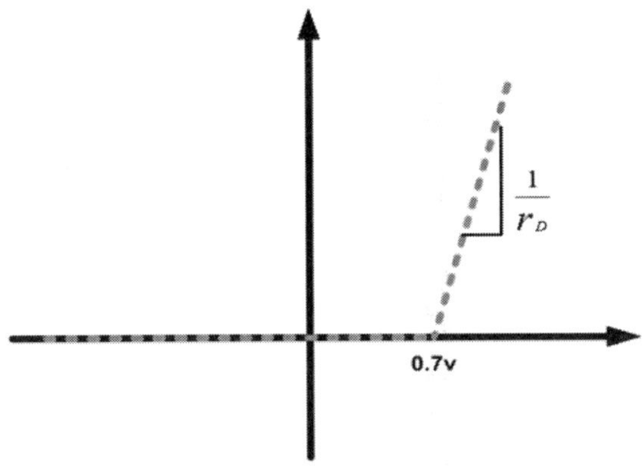

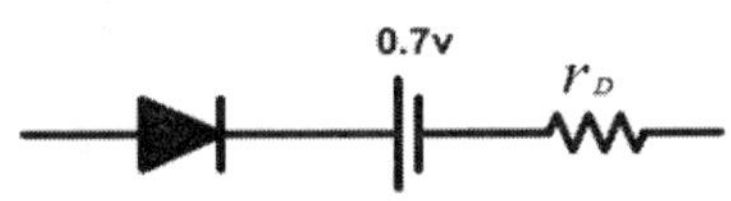

그림 1-20-7. PWL 모델(점선)에 그래프와 등가회로

잠깐 위의 그래프가 어떻게 나왔는지 이유나 좀 알아보고 가자. 저 그래프는 아주 단순하다. 1차 함수의 그래프이기 때문에 수식은 세우기 어렵지 않다. 전류관계식이기 때문에 아래와 같이 된다.

① $i_D = 0$ (for V_D 〈 0.7)
② $i_D = (1/r_D)V_D-(0.7/r_D)$ (for V_D 〉 0.7)

문제는 ②의 함수가 그래프로 어떻게 그려지는 가?이다.

$$y = \frac{1}{r_D}x - \frac{1}{r_D}$$

의 그래프를 먼저 보자. x=1 이면 y=0가 되므로 기울기는 $1/r_D$ 이고, (1,0)을 지나는 그래프가 먼저 그려진다.

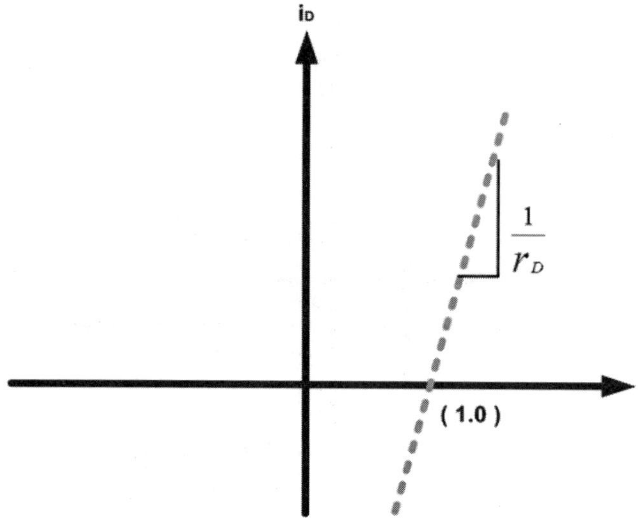

그림 1-20-8. $y=\frac{1}{r_D}x-\frac{1}{r_D}$ 의 그래프

두 번째는 x=0.7일 때 y=0이 되므로 수식은 아래와 같이 바뀐다.

$$y=\frac{1}{r_D}x-\frac{1}{r_D}\times 0.7--->i_D=\frac{1}{r_D}V_D-\frac{0.7}{r_D}$$

따라서 V_D 가 0.7V를 중심으로 그래프의 방정식이 나누어지므로 아래와 같이 방정식을 세울 수 있다. V_D가 꼭 0.7V 일 필요는 없으나 대개가 실리콘으로 제작된 다이오드가 0.7V 부근에서 도통 되므로 0.7V 라고 넣은 것이다. 알 수 없으면 변수 V_{DO}를 써도 상관없다.

$$i_D=\begin{cases} 0\left(for\ \ V_D\langle 0.7\right) \\ \left(\frac{1}{r_D}\right)V-\left(\frac{0.7}{r_D}\right)\left(for\ \ V_D\rangle 0.7\right)\end{cases}$$

가 된다.

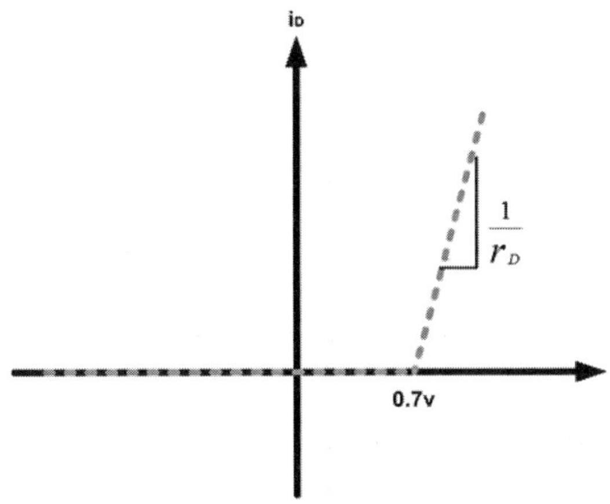

그림 1-20-9. $i_D = \frac{1}{r_D}V_D - \frac{0.7}{r_D}$ 의 그래프

이 근사법으로 작은 교류 입력신호에 따라 출력 전류를 구할 수 있는지 대충 그림으로 보기로 한다. 한눈에 딱 봐도 입력전압에 따라 출력 전류가 변화하는 것을 쫓아 갈 수 있게 되어 있다. 그래서 Piecewise Linear (PWL) 근사를 다이오드의 소신호 모델이라고 불러 주는 것이다. 다시 한 번 강조하지만 여기서 설명된 개념은 추후에 다이오드를 겹으로 제조한 트랜지스터를 분석 할 때 기본적 증폭작용에서 간과할 수 없이 중요한 착상을 우리에게 줄 것이다.

구체적으로 개념을 하나 뇌 주름에 문신 박아 놓기로 한다. 다이오드에 저항을 연이어 연결해 주면 그래프적으로 볼 때 기울기가 약간 완만해 진다는 점이다. 이것이 왜 중요한 사항인가 하면~ 다이오드 하나를 쓸 때에는 지수함수적으로 너무 가팔라서 교류입력신호가 직류 바이어스 점을 조금만 벗어나도 출력신호가 우그러지거나 찌그러지거나 더한 경우에는 바람과 함께 사라지는 결과를 낳게 된다. 이때 저항을 하나 박아 주면 경사가 완만하게 되어 바이어스 점이 좀 뒤틀려 지더라도 넉넉히 증폭이 이루어지게 한다. 이 점은 무척 중요하다!!!!!

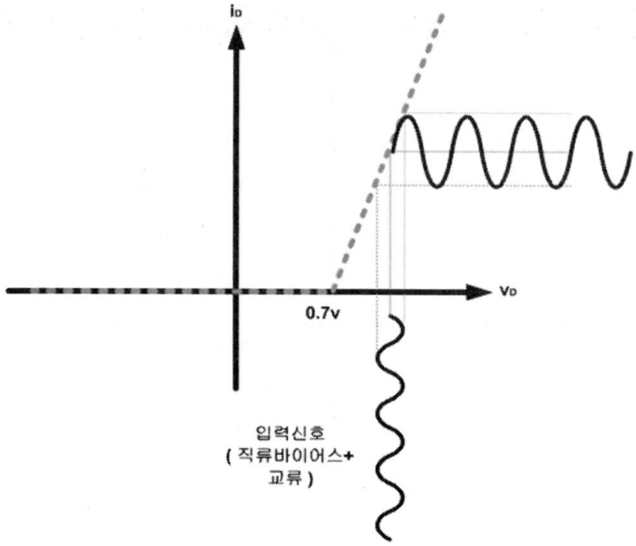

그림 1-20-10. PWL 모델(점선)은 증폭이 일어나는 과정을 잘 설명해 준다.

다음에는 다이오드를 적용한 여러 회로들을 섭렵해 보시기로 하겠다. 우리가 자주 목격하고 쉽게 해석 했던 회로도 나오지만, 해석하기 까다로워 대충 지나갔던 회로도 꼼꼼히 살펴보도록 하자.

1-21. 다이오드 적용 회로 : 보호회로, 단락형 리미터, ESD

다이오드는 수없이 많은 회로에 사용이 된다. 모든 회로를 취급할 수 없어 여기서는 대표적으로 사용되는 것만을 추려서 대체 어떤 역할을 수행하는지 맛보기만 한다. 어떤 것은 애교 섞인 회로도 있지만, 골리앗처럼 대적하기에 만만치 않은 회로도 보일 것이다. 항상 그렇듯이 고만고만 만만한 것을 먼저 취급하는 것이 초장부터 초치지 않는 방법이 될 것 같다.

다이오드하면 대체적으로 정류나 보호회로가 많이 떠오른다.

시스템에서 다이오드의 주된 역할이 다른 소자나 회로를 보호하도록 꾸미는 경우가 상당히 빈번하다. 그래서 회로를 분석 할 때 다이오드는 웬만하면 보호 회로이고, 동작에는 큰 영향을 미치지 않고, 응급할 때만 동작 되도록 하기 때문에, 다이오드는 분석 시에는 빼고 사고해 주는 것이 회로를 간단하게 보는 요령이 되겠다. 보호용도의 다이오드 말고도 회로가 복잡한데 한데 섞여 다이오드를 짬뽕 해석할 때는 욕먹어도 싸다.

먼저 다양한 보호회로가 어떻게 동작해서 소자나 회로를 보호하는지 메카니즘(작동체계)을 들여다보도록 한다.

아래 회로 같은 경우는 회로기판 (PCB)에 들어오는 +15V 전원의 처음 단에 구성된 회로이다. 그런데 하나 궁금증이 생긴다. 왜 전원공급라인에는 뭐가 어떻기에 잡음이나 리플 성분이 그리 강조되는 것일까? 전원공급기(Power Supply)는 태생적으로 교류를 직류로 바꾸는 장치이다 보니 스위칭 잡음이나 평활이 제대로 되지 않을 경우 맥류 (Ripple)가 들어올 경우가 허다하다. 그래서 회로가 있어 전원을 공급받는 곳에서는 콘덴서를 덧 붙여 잡음이나 맥류를 잡아 주게 되는 것이다. 혹시 회로기판 중에 TTL 소자를 사용하는 데를 보면 개별소자 별로 전부 탄탈 콘덴서를 써서 직류만을 얻으려고 노력한 흔적들을 쉽게 발견할 수 있을 것이다. 따라서 잡음의 특효약은 콘덴서라고 할 수 있을 것이다. 교류는 콘덴서를 쉽게 통과한다고 다짜고짜 생각해 주면 직류는 콘덴서를 건너가지 못하고, 교류만이 건너가 접지에 다다른다. 신호가 접지에 다다르면 죽을 수밖에 없지 않은가! 그래서 잡음은 제거, 직류는 거뜬해진다.

그림 (1-21-1)에서 보는 바와 같이 콘덴서를 사용한 이유는 +15V 직류 전원의 잡음성분 이나 리플을 제거하고, 보드에 안정한 직류전원을 공급하기 위하여 설계해 준 것은 단박에 알 수 있다. 이런 콘덴서를 특별히 **바이패스 콘덴서** (bypass capacitor)라고 해준다. 바이패스의 원래의 의미는 우회로 할 때 우회(迂廻)이기 때문에 교류성분은 측로로 빠진다는 것을 적시한다. 따라서 교류성분은 콘덴서를 건너갈 수 있지만 직류는 차단되기 때문에 회로기판에는 직류만이 들어 갈 수 있게 해준다고 했고, 교류가 들어오면 이 교류 성분에 대해서만 콘덴서는 도통상태라고 생각해 주면, 교류는 접지로 익사하게 된다. 고로 직류만 너풀너풀 다음 단으로 건너가게 된다고 일설했다.

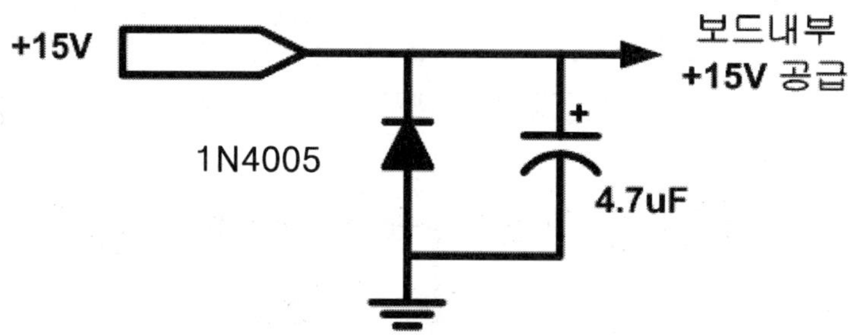

그림 1-21-1. 전원전압에서 -써지전압이 입력될 때 보호회로로 사용된 다이오드

헌데 콘덴서 옆에 다이오드가 하나 껌 딱지처럼 찰싹 붙어 있다. 잰 뭐지? 무슨 용도인가? 다이오드가 붙은 회로의 거의 대부분은 보호용이라고 했다. 따라서 이 다이오드 또한 콘덴서를 보호하기 위해서 구성해 준 것으로 일단 어림짐작이 된다. +15V 전원이 주책을 부리지 않고, 문제가 있어 보았자 약간의 맥류(ripple, 脈流)만 있다면 다이오드는 지우개로 지워도 되는 회로가 된다.

그런데 문제가 발생했다!!

만약 어찌 어찌하여 +15V 전원단에 (-) 전압이 순간적으로 왕창 높게 들어왔다고 하자. 콘덴서가 극성이 있기 때문에 수명이 크게 단축 되거나 골로 가실 수가 있게 된다. 다이오드는 이때 쯤 제구실을 하게 된다. +15V 전원라인에 (-) 전압이 어쨌든 들어오면, 다이오드는 순방향이 되어 캐소드 부근이 절대로 -0.7V 이하로 내려가지 않게 된다. 따라서 그 순간에 콘덴서를 보호 해 주는 회로로 동작이 되는 것이다. 그렇다면 -15V 전원단은 아래 그림 (1-21-2)의 회로와 같이, 그림 (1-21-1) 회로와는 거꾸로 다이오드를 구성해 주면 된다.

마찬가지로 −15V 전원라인에 빠지직하고 (+)전압이 기어 들어오면 극성이 있는 탄탈, 전해 콘덴서가 맛이 갈 것으로 빤히 예상된다. 그러나 다이오드 하나가 존재함으로 +0.7V 이상으로 전원이 올라가는 그 순간에 다이오드가 동작해서 +0.7V 이상으로는 절대 올라가지 못하게 억제함으로써 콘덴서는 왕창 걸리는 역방향 전압에 의해 누설 전류가 슬슬 새다가 기포가 발생하여 폭발하는 지경을 면할 수 있는 것이다. 콘덴서가 폭발하는 것을 본 사람은 그 위력에 실감이 가실 것이다. 간이 좀 떨어진다. 그러니 이런 보호회로는 지나치다 싶을 정도로 강조해도 절대 모자라다. 잘 설계된 회로는 정확한 동작뿐만이 아니고, 요소요소에 보호 회로를 잘 배치해 놓게 마련이다.

회로를 좀 안다는 설계자도 보호회로를 무시하고 설계했다가 낭패를 보는 경우는 허다하다. 비싼 부품 골로 가시게 하면, 고용주 눈이 찢어지는 것은 당연하다. 시험 수준의 설계라도 말이다. 특히 고가의 반도체 장비에는 보호회로가 잘 설계되어 있는 것을 확인할 수 있다.

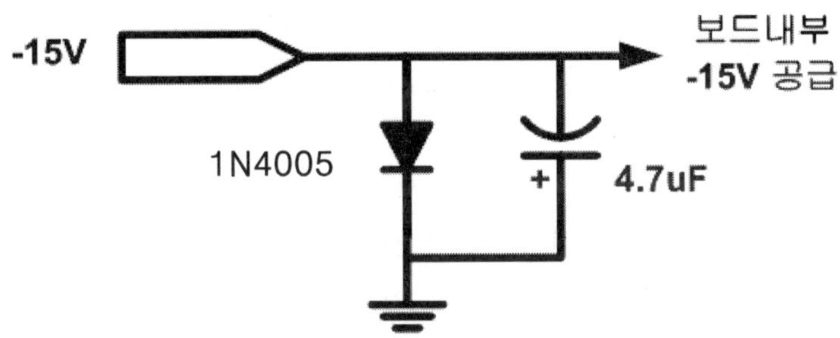

그림 1-21-2. 전원전압에서 +써지전압이 입력될 때 보호회로로 사용된 다이오드

먼저 아주 간단한 두 보호회로를 생각해 보았다. 애노드가 캐소드보다 0.7V 높게 되면 도통되는 다이오드의 특성을 잘 이용한 보호회로라 할 수 있다.

다이오드는 신호파형의 진폭을, 또는 크기를 제한하는 **리미터 회로** (limiter)로 많이 사용된다. 아래는 대표적으로 많이 사용하는 단락형 리미터 형태이다.

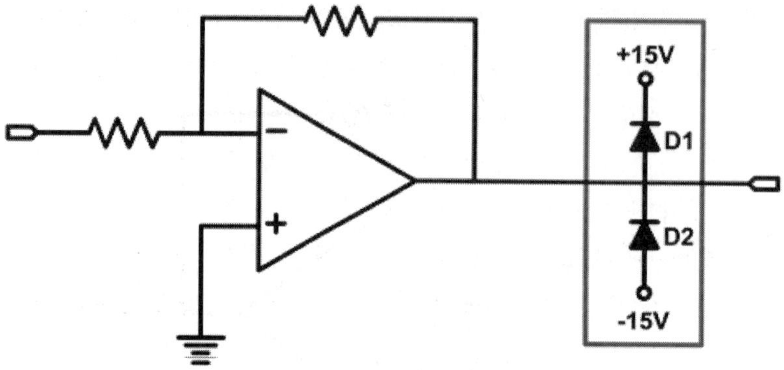

그림 1-21-3. 전압 리미터 회로로 사용된 다이오드

다이오드를 Constant –Voltage Drop (CVD) 근사로 간주하자.

저런 형태에서는 연산증폭기 (반전증폭기)의 출력은 대충 ±15이상 출력 되지는 않는다. 가정해서 순간적으로 +20V가 들어오면 D1이 도통되어 애노드가 캐소드보다 0.7V 높으므로 출력은 +15.7V 이상 나가지 않게 된다. 이때 D2는 역방향 전압이 걸리므로 없는 셈 치는 개방회로가 된다.

반대로 −20V가 어찌해서 연산증폭기에서 출력 되었다고 하자. 이때는 반대로 D2가 도통되어 애노드가 캐소드보다 0.7V 높으므로 출력은 −15.7V 이상 나가지 않게 된다. 이때 D1는 역방향 전압이 걸리므로 없는 셈 치는 개방회로가 된다. 위의 회로에서 단락 리미터를 아래와 같이 변경해서 그려 줄 때도 있지만 같은 것으로 생각해 주면 된다.

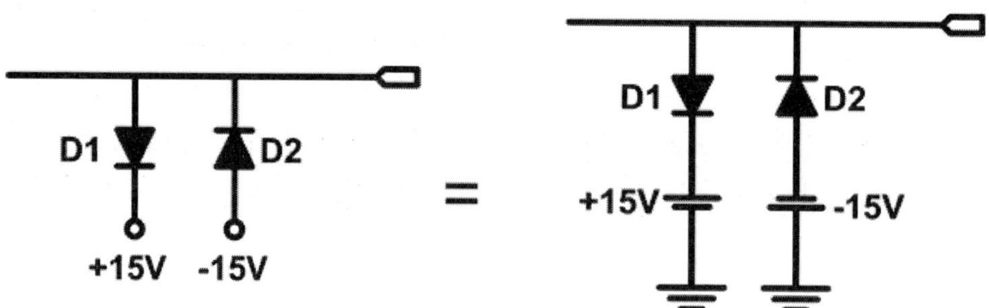

그림 1-21-4. 전압리미터 회로의 등가적 형태

연산증폭기의 입력단에 리미터 회로를 부가함으로 연산증폭기를 보호 하는 역할을 하기도 하는데 웬만한 회로에는 자주 등장 하는 형태이다. 아래 회로를 구현할 때

주의 할 점은 연산증폭기의 입력단에 직바로 엮어 주어야 한다는 것이다.

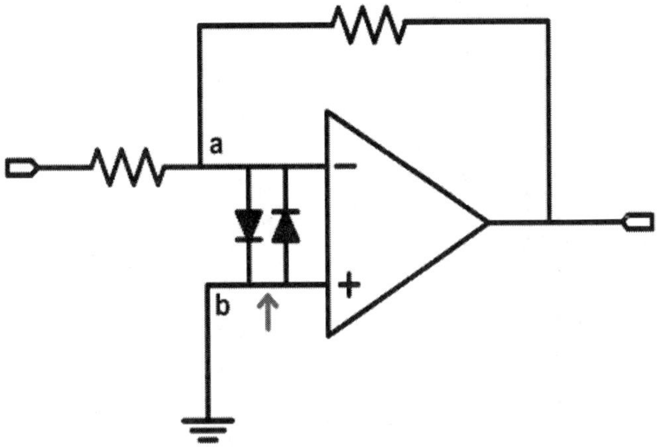

그림 1-21-5. 연산증폭기 입력을 보호하는 회로로 사용된 다이오드

연산증폭기가 반전증폭기로 사용된 예이다. 출력단에서 입력단으로 다시 되먹임 (feedback) 있게 되면, 그림에서 보는 두 점 a, b 사이는 **가상단락** (Imaginary short)에 의해 전위가 같게 된다. b점은 접지에 붙어 0V 가 되어 있기 때문에 회로가 정상 동작한다면 a 점도 0V가 되어야만 한다. 두 점의 전위가 너무 차이가 나게 되면 반전증폭기에 나쁜 영향을 줄 수 있다. 이를 방지하기 위해 다이오드 두 개를 반전단자와 비반전단자 사이에 연결해 주었다. 저런 식으로 연결해 주면 반전증폭기의 두 입력 차는 암만 해도 ±0.7V 이상은 벗어나지 않게 된다.

LOGIC에서는 Transistor Transistor Logic (TTL)에서 다이오드가 나온다. 회로 구성상 다이오드와 트랜지스터가 있으므로 Diode Transistor Logic (DTL) 인 것처럼 보인다. 그러나 TTL 이나 DTL 은 구성 소자가 LOGIC 동작에 영향을 줄 때 이름을 붙여 준다. 그림 아래 있는 회로에서 다이오드가 LOGIC 동작에 영향을 주는지 보기로 한다. 일단 아래 회로는 NAND (NOT+AND)회로라는 것을 알고 분석하기로 한다.

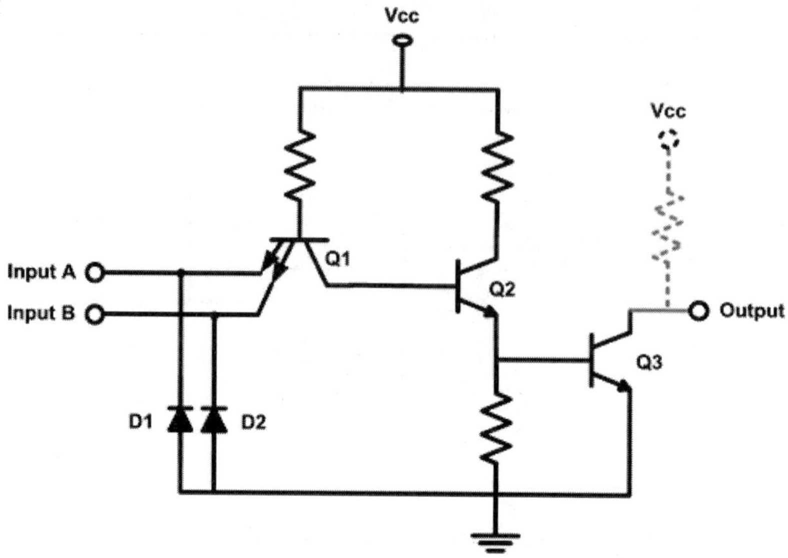

그림 1-21-6. TTL 보호하는 회로로 사용된 다이오드

동작을 간단하게 살펴보자.

① 두 입력 Input A와 Input B가 모두 LOW (= 0V 일 때 Q1은 도통 되고, Q2 베이스도 마찬가지로 LOW (=0V) 이므로 Q2는 불통 된다. Q2가 불통 되면, Q3에 0V가 걸려 Q3도 불통 된다. 그런데 출력단을 보면 OPEN-COLLECTOR 로 구성이 되어 있으므로 강제로 PULL-UP 저항을 달아 준다. 그렇게 되면 출력은 HIGH (=5V)가 된다.

② 두 입력 중 하나만 LOW (=0V)가 될 경우(Input A=0, Input B=1 또는 Input A=1, Input B=0)는 두 입력 중 하나만 0V가 되면 Q1이 도통되어 두 입력 Input A와 Input B가 모두 LOW일 때처럼, Q2, Q3가 불통되어 출력은 HIGH (=5V)가 된다.

③ 두 입력 Input A 와 Input B가 모두 HIGH (= 5V) 일 때, Q2 베이스에 5V가 걸린다고 치면 도통이 되고, Q2가 도통이 되면, Q3도 도통이 되어 출력은 접지 전압이 되어 LOW (=0V)가 된다.
따라서 진리치 표를 보면 NAND GATE가 되는 것이다.

표 1-21-1. NAND GATE의 진리치표

Input A	Input B	AND 동작	NAND 동작
0	0	0	1
0	1	0	1
1	0	0	1
1	1	1	0

자 ~그러면 다이오드의 동작은 어떤가 살펴보아야 한다. 위에서 살펴보았듯이 LOGIC 동작에는 영향을 전혀 미치지 못한다. 그러면 이 회로는 TTL 회로가 맞다.

다이오드의 역할은 무엇인가?

역시 보호회로로 동작을 할 것 같다. NAND 회로가 이상없이 동작할 때는 전혀 쓸모없던 것이, 만약에 써지 형태로 (−) 전압이 들어오는 경우는 너무 큰 전위차에 의해 트랜지스터 Q1이 파괴될 위험이 도사리고 있으므로 (−) 전압이 쓰나미처럼 몰려오면 D1, D2가 도통이 되어, 뭐라 해도 입력단은 −0.7V 이하로는 내려가지 않게 해서 회로를 보호 하게 되는 것이다.

또는 GATE 입력단에 아래와 같이 다이오드를 배치하여 정정기를 방지하기도 한다. 개념은 단락형리미터와 꼭 같다.

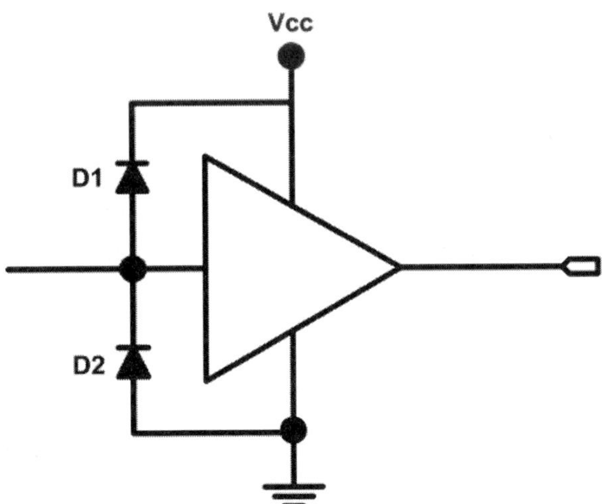

그림 1-21-7. 정전기 방전 회로로 사용된 다이오드

이런 회로를 Electro Static Discharge (ESD) 정전기 방전 회로라고 하는데, BJT회로 보다 정전기에 비교적 약한 CMOS나 MOSFET으로 구성된 회로의 입력에 구성해 준다. 반도체 시험측정에서는 집적회로내 각 핀에 다이오드를 넣어 ESD를 방지하기 위한 다이오드를 통해 IC 다리의 open-short를 측정하기도 한다.

자기가 동작하는 전압 내에서 놀랍도록 다이오드가 동작하게 된다. VCC 보다 굉장히 높은 전압이 입력되면 D1이 도통이 되고, 0V 보다 훨씬 낮은 전압이 들어오면 D2가 동작이 된다. 그래서 이 소자에 입력되는 전압한계는 아무리 높아도 0V~Vcc 사이의 전압까지가 된다. 제 아무리 높은 전압의 정전기가 빠지직 하고 들어 와도 이 소자는 다이오드 까딱 마이신을 먹은 소자이기 때문에 정전기 면역력은 하늘을 찌르게 되는 것이다.

1-22. 다이오드 적용 회로 : 궤환형리미터

또 회로에서 많이 볼 수 있는 경우는 궤환형 리미터라고 해서 연산 증폭기회로의 궤환단에 꾸며 준다고 해서 명칭을 붙인 것이다. 생긴 모양새를 본 다음에 분석을 해 보도록 하자.

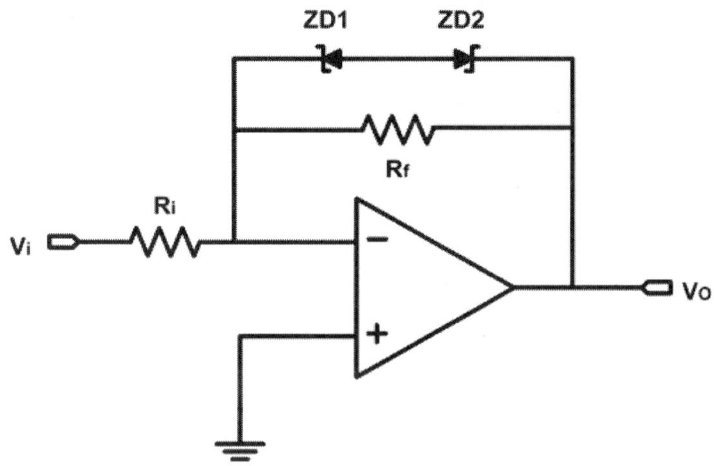

그림 1-22-1. 연산증폭기를 이용한 궤환형 리미터

이런 회로를 볼 때 처음에는 당황 할 수 있다. 어떻게 해석하지??? 그림(1-22-1) 회로의 주요 동작은 단지 연산증폭기의 반전증폭기 형태일 뿐이라는 것을 추려 내면 별로 신경이 많이 가는 회로는 절대 아니다. 출력을 구할 때는 제너 다이오드를 철저히 무시하고 우리가 잘 아는 연산증폭기의 반전 증폭기 형태의 식을 적용하면 된다.

궤환단 회로가 두 개 병렬로 있다고 해서 두 개를 동시에 다 고려해 주어야 한다고 생각하면 갈피를 잡을 수 없고, 회로 해석은 물 건너가게 된다. 다이오드 종류가 회로에 나오면 거의 보호회로라고 생각하면 된다. 제아무리 헷갈리게 회로를 덕지덕지 붙여 놨어도 겁낼 필요가 전혀 없다. 보호회로는 보호회로가 작동하는 그 순간에만 고려해 주는 회로이기 때문에, 비상사태가 발생하지 않은 정상적인 상태에서 다이오드를 함께 해석하려고 주책없이 메스를 갔다 대면 수술해야 하는 곳이 아닌 엉뚱한 곳이 수술대상이 되어 버리게 된다. 한마디로 사고 치게 되는 것이다. 따라서 다짜고짜 연산증폭기의 반전증폭 형태만을 주시해야 한다. 아래는 우리가 잘 아는 반전증폭기의 출력식이다.

$$V_O = -\frac{R_f}{R_i} \times V_i$$

그런데 제너 다이오드는 폼만 재라고 있는 것이 아니다. 출력 전압값을 제한하겠다는 것이다. 제한하는 것을 알았다고 해도 어떻게 제한되는지는 또 헷갈린다. 여기서 하나 요청 되는 지식은 제너 다이오드라는 소자는 역 방향전압이 걸릴 때 제구실한다는 것이고, 순방향 전압이 걸릴라 치면, 일반 다이오드처럼 애노드가 캐소드 보다 0.7V로 고정 되어 전류가 순방향쪽으로 흐른다는 것을 알아주기만 하면 된다.

입력 Vi 가 (+)가 들어온다고 하고, 출력은 반전 되니 (−) 값이 나올 것이다. 그래서 반전 증폭기가 아닌가! 그런데 우연찮게 출력단에 (−) 전압값이 뻥 튕겨져 크게 나왔을 경우, 이 때 제너 다이오드는 재빨리 출동을 하게 된다.

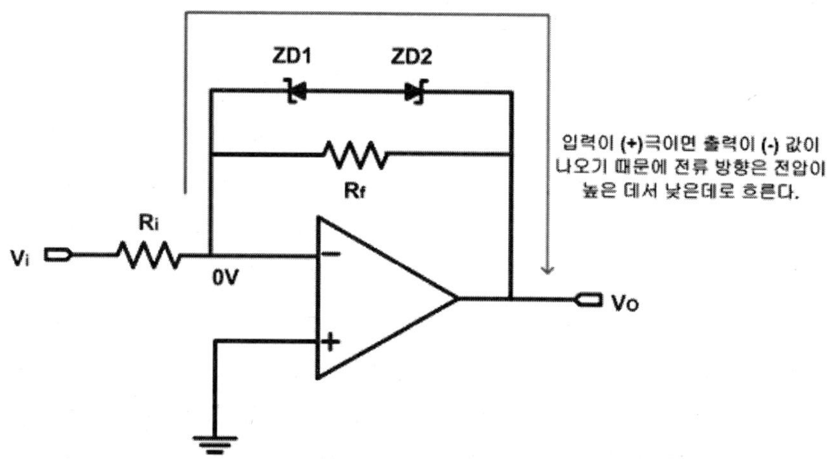

그림 1-22-2. 궤환형 리미터에 +극성의 입력이 들어 올 때의 전류 방향

반전증폭기이기 때문에 입력 전압이 극성은 무조건 해까닥 반대로 변한다. 현재 가정하고 있는 것은 입력 전압이 (+) 극이므로, 출력은 (−) 극성이 나올 것은 뻔하다. 그런데 전류방향이 입력쪽에서 출력쪽으로 흐르게 된다는 것은 좀처럼 알기가 어렵다. 출력이 단지 (−) 극성이라서? 어쨌든 전압이 다른데 보다도 낮을 것 같아서

전류 방향이 출력쪽을 향하는가? 막연하게 감을 잡는 것은 연산증폭기 회로해석에 도움이 안 된다. 그렇게 이해하고 넘어가면 나중에는 십중팔구는 안개 속을 헤매게 마련이다. 왜 전류방향이 출력쪽을 향하게 될까? 이를 곰곰이 사유해 주어야 한다.

그 이유는
연산증폭기가 궤환단을 가지고 있으면 무조건 가상단락이라는 현상이 발생을 하는 것에 원인이 있다.

가상단락과 전류의 방향이 무슨 상관이란 말인가? 상관이 아주 깊다. 연산증폭기의 반전단자와 비반전단자 사이의 전위차가 가상적으로 단락되어 0V가 되기 때문에 위의 회로에서 보듯이 연산증폭기의 반전단자는 비반전 단자 (접지, 0V)와 같이 0V이기 때문에 출력의 극성이 (−)라면 전압이 낮은 쪽, 그 쪽으로 전류가 흐르는 것은 마땅한 사실이 되는 것이다.

전류방향은 그런대로 알게 되었다. 그렇다면 전압이 (−) 전압으로 엄청 크게 나왔다고 가정하기로 했다. 제너 다이오드를 보기로 하자. 전압은 반전단자가 출력단자보다 높다고 했다. 그렇다면 먼저 찾아야 하는 것은 두 개의 제너 다이오드 중에 역방향으로 꼿꼿이 서는 제너가 어떤 것인가를 가려내야 한다. 역방향인 제너는 ZD1이 되겠다. 그러면 ZD2는 순방향이 걸리기 때문에 대충 0.7V로 계산하여, 출력전압 Vo는 −(ZD1의 제너전압 + 0.7V)이하로는 절대 내려가지 못하게 된다. 제너가 정전압을 유지 시켜 주기 때문이다. 14V 제너전압을 가지는 1N5244B를 사용한다면 출력은 −14.7V 이하로는 절대로 내려가지 못하도록 가지 쳐지게 된다.

그 다음 입력이 (−) 극성이고, 출력 전압이 (+) 극성으로 무척 클 때는 반대로 ZD2 제너전압 + 0.7V의 출력 한계를 갖는 회로가 된다. 보통 같은 제너를 사용하므로 14V 제너전압을 가지는 1N5244B를 사용한다면 출력은 14.7V 이상으로 절대 올라가지 못한다.

자료들을 보면 리미터회로의 입출력 특성그래프를 그려 주는데 여간 성가신 것이 아니다. 사실 위에서 해석한 내용을 숙지했으면 별거 아닌 것이 리미터 회로의 입출력 특성 그래프가 되겠다. 해서 요모조모 살펴보도록 하자.

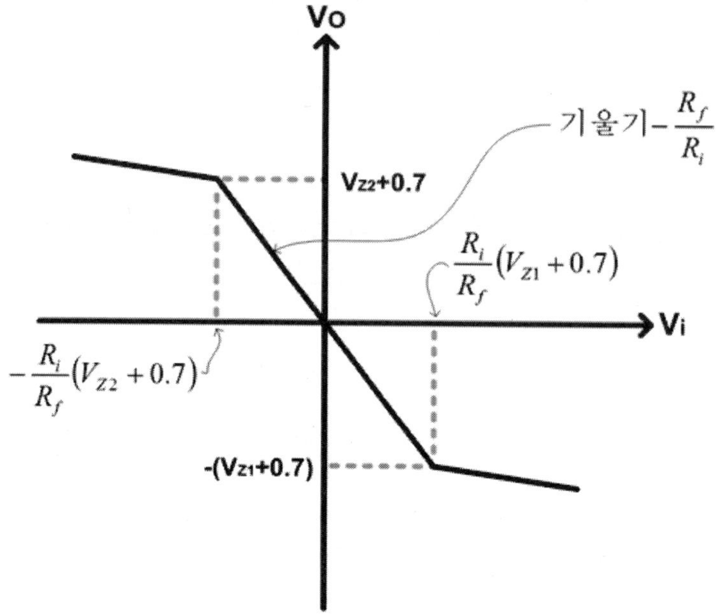

그림 1-22-3. 궤환형 리미터의 입출력 특성 그래프

위에서 설명 했듯이 리미터 회로로 제한한 전압 이내에서는 그대로 반전증폭기가 되므로 우리가 잘 아는 반전증폭기의 1차 함수식으로 표현되는 출력식에서

$$V_O = -\frac{R_f}{R_i} \times V_i$$

기울기는

$$\text{기울기} = -\frac{R_f}{R_i}$$

가 되어 선형적으로 입력에 대해 출력이 $-(R_f\ /\ R_i)$ 배가 되어 나온다. 그렇다면 입력이 어떤 값일 때 출력이 더 이상 올라가지 않고 잘려 버릴까? 반전증폭기의 1차 함수식으로 표현되는 출력식에서 얻을 수 있다.

$$V_O = -\frac{R_f}{R_i} \times \left[\frac{R_i}{R_f} \times (Z_{D1} + 0.7V)\right] = -(Z_{D1} + 0.7V)$$

입력이 (+)극성을 가진 아래 값일 때 제너 다이오드가 출력을 잘라 버린다.

$$V_i = \frac{R_i}{R_f} \times (Z_{D1} + 0.7V)$$

입력극성이 (−) 극성을 가질 때는 위와 같은 방법으로 계산하면 아래와 같다.

$$V_i = -\frac{R_i}{R_f} \times (Z_{D2} + 0.7V)$$

이 되고, 이를 출력식에 넣으면 잘리는 전압이 구해진다.

$$V_O = -\frac{R_f}{R_i} \times \left[-\frac{R_i}{R_f} \times (Z_{D2} + 0.7V) \right] = Z_{D2} + 0.7V$$

이렇게 계산하여 그래프로 그려지는 것이다. 그런데 그래프를 보면 잘라진 연후에도 약간의 기울기를 가지고 있는데, 대충 계산하려고 한다면 굳이 기울기를 고려해 주지 않아도 된다. 그러나 꼭 알아야겠다면 이렇게 사고해 주면 된다.

출력전압이 잘라진 연후에는 출력전압의 이득을 구하는 궤환의 저항을 제너 쪽만 고려해서 생각하라는 것이다. 왜냐하면 저항이 병렬로 있을 때 작은 값의 저항이 우월하므로 큰 저항은 고려 대상에서 제외해 준다. 예를 들어 100kΩ 과 10Ω을 병렬로 연결하면 전제저항은 거의 10Ω 이므로 100kΩ은 무시해도 된다. 위의 회로 같은 경우에도 궤환 저항보다는 제너 내부저항이 작으므로 궤환 저항은 무시해 준다. 그래서 제너 쪽만 고려하면 된다는 말을 한 것이다.

만약 (+) 극성의 전압이

$$V_i = \frac{R_i}{R_f} \times (Z_{D1} + 0.7V)$$

이상의 입력으로 들어오게 되면 출력식은 제너 다이오드의 내부 저항 r_{z1} (또는 r_{z2})이라고 하고, 순방향 일 때 r_{f1}(또는 r_{f2})라고 하면 그대로 반전증폭기의 이득을 구하는 방법대로 처리해 주면 된다.

$$V_O = -\frac{R_f // (r_{z1} + r_{f2})}{R_i} \times V_i \cong -\frac{r_{z1} + r_{f2}}{R_i} \times V_i$$

이 되므로 기울기는

$$\text{기울기} = -\frac{r_{z1} + r_{f2}}{R_i}$$

가 되는 것이다. 이 기울기가 아래쪽으로 사선으로 비껴진 값이 되겠다. 다음은 다이오드하면 금세 떠오르는 정류회로를 간파해 보도록 하자.

1-23. 다이오드 적용 회로 : 반파정류회로

정류회로(rectifier circuit, 整流回路)란 교류를 완전히 직류로 바꾸기 위한 예비적 회로로, 이때 한쪽 방향으로만 전류를 흐르게 하기 위해 정류기 (rectifier, 整流器)로 다이오드가 사용 된다는 것쯤은 더듬을 필요 없이 아시리라 믿는다. 다이오드 하면 떠오르는 회로는 여하튼 정류회로가 아닌가! 정류회로에 대해서는 여기저기서 나발을 불어 대어 귀가 아플 정도로 식상한 회로로 치부되지만 이번에는 트럼펫으로 고막을 한 번 더 때려 보도록 하겠다. 사실 반파정류 보다는 전파정류 쪽이 영 개운치 않은 맛을 남긴다. 회로는 매우 단순해 뵈는데 깔끔하게 이해되지가 않는다. 그 찝찝함을 이참에 풀어 보시기로 하자.

반파 정류회로(half-wave rectifier circuit, 半波整流回路) 에 대해서는 이미 언급을 하였다. 교류 입력신호는 한 주기 동안 (+)극성 반파와 (−)극성 반파가 교차하는 신호를 대상으로 삼는다. 이런 신호를 0V전압을 기준으로 위 아래로 움직인다고 해서 제로 크로싱 (zero crossing) 신호라고 불러 주기도 한다. 따라서 반파정류가 된다고 하면 그 중의 한쪽의 반파만이 출력에 나온다고 생각하면 된다. 보통은 (+)극성으로 출력시킨다. 이쯤해서 이상적인 다이오드를 다시 출연시켜 보기로 하겠다.

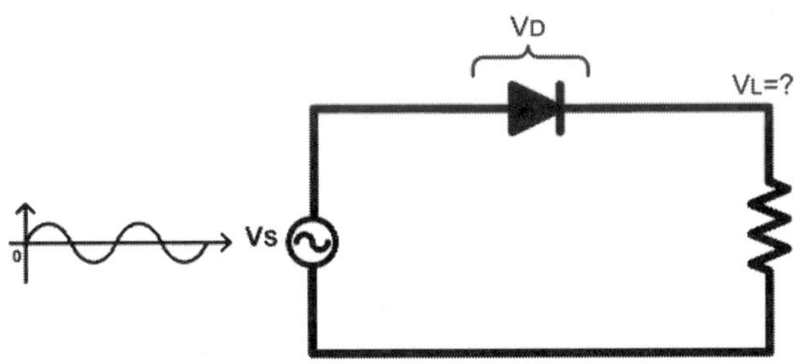

그림 1-23-1. 간단한 반파정류회로

입력이 들어가기 전 부하전압은 0V가 된다. 이때 교류신호가 들어 갈 때 (+) 반파에서는 다이오드가 도통되어 출력에 나올 것이며, (−) 반파가 입력 될 때는 다이오드가 역방향 전압이 걸려 불통되기 때문에 0V가 될 것이다. 따라서 부하 저항에 나타나는 신호는 반파만 정류가 된 신호가 출현할 것이다.

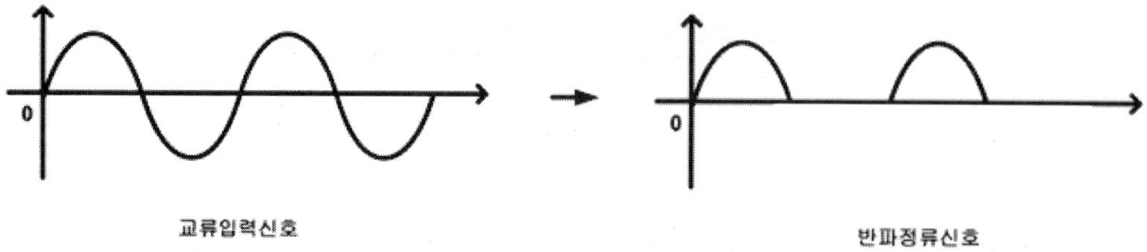

그림 1-23-2. 간단한 반파정류회로의 입출력 신호

그러나 이쯤에서 실제적인 문제가 있다고 했다. 다이오드는 내부확산 전압 0.7V가 버티고 있으므로 동작상 0.7V 이상 순방향전압이 가해져야 도통이 된다고 하였다. 따라서 현실적인 정류작용에는 아래와 같은 제한점이 따른다고 했다.

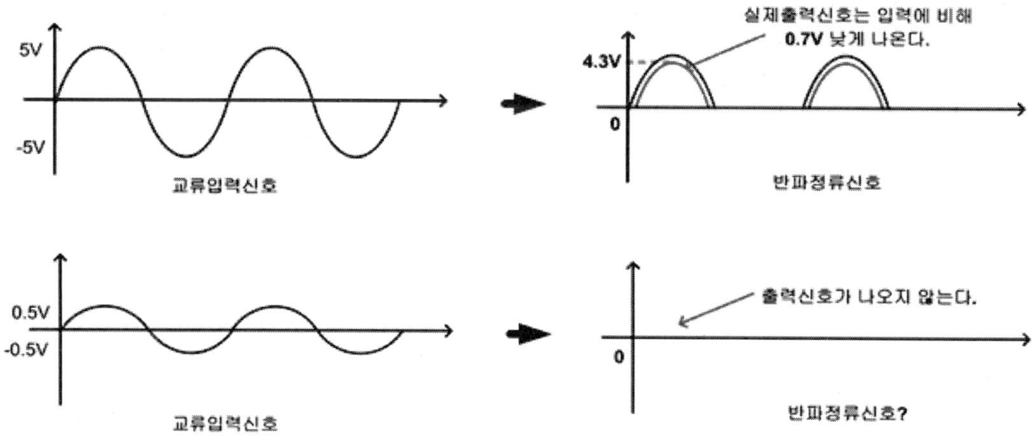

그림 1-23-3. 간단한 반파정류회로의 문제점

여하튼 잃어버린 0.7V 를 온전하게 되살리는 회로는 없을까?

그리고 교류 첨두값이 0.7V 보다 아주 작은 전압은 영영 정류할 수는 없는 것일까?

~ 방법이 있다. 좀 어렵게 생각하는 연산증폭기를 사용하는 방법이 해결책이다. 연산증폭기 하면 경끼를 일으키는 분들도 설명을 차근하게 따라 오면 절대 어렵지 않은 게 연산증폭기라는 것을 알게 된다.

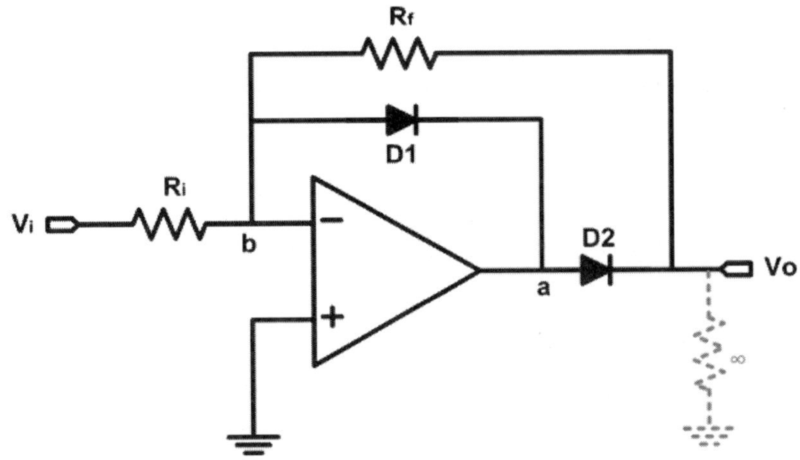

그림 1-23-4. 연산증폭기를 활용한 반파정류회로

먼저 알기 쉽게 이득을 1로 하기로 한다. 반전 증폭기 이득을 1로 하려면 $R_i=R_f$로 설정 하면 된다. 극성은 바뀐다는 것을 알아 두기로 하자.(+) 입력이면 출력이 (−)가 되고, (−) 입력이면 출력이 (+)극성으로 바뀐다. 그리고 출력단에는 ∞의 부하 저항이 있다고 가정하시라. 입력신호가 들어오기 전에 ∞의 부하저항에는 0V가 걸려 있다. 이렇게 회로를 설계하여 교류 입력신호를 들여보내 보기로 한다.

먼저 (+)방향의 입력이 들어온다고 하자. a점은 (−) 전압이 되어 다이오드 D2는 불통이 될 것이다. 허나 다이오드 D1은 도통이 되어 궤환이 형성이 될 것이고, 궤환이 형성 되면 가상단락이 발생해 b점은 0V가 될 수밖에 없다. 따라서 부하저항에 걸리는 전압은 0V가 된다. 왜 이때 부하저항에 0V가 걸리는지 아리까리한 분들이 있으리라.

부하저항이 접지에 붙어 있다. 그런데 전류가 흐르지 않는다. 그러면 부하저항에 걸린 양단 전압은 같아야 하지 않겠는가? 따라서 부하저항이 0V임은 확실한데, 게다가 b점이 0V인데 도리 없이 부하저항에 걸리는 전압은 그대로 0V 일수밖에 없다.

그 다음에 (−)방향의 전압이 입력으로 들어온다고 하자.

그러면 a점은 (+) 방향의 전압이 될 것이다. 입력이 반전 단자로 들어오기 때문에 입력극성이 반대로 출력에 나온다고 생각하면 된다. 그 출력점이 a점이다. D2는 순방향이 되기 때문에 (+)반파가 그대로 출력으로 나오게 될 것이다. 이때는 D2에 의해 궤환이 형성 되므로 b점은 0V(비반전 단자가 접지에 붙어 있으므로 가상단락에 의해 전위가 같아져 0V가 된다)가 된다. a점이 0v인 b점 보다 전압이 높기 때문에 D1은 불통 된다.

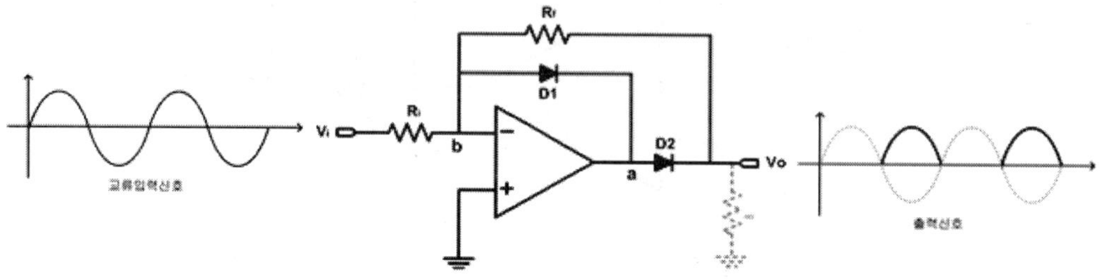

그림 1-23-5. 연산증폭기를 활용한 반파정류회로의 입출력신호

그러므로 출력은 입력교류신호의 음의 반파가 정류되어 출력으로 나오게 된다. 이제 우리가 문제 삼았던 출력신호의 감쇠현상은 연산증폭기를 사용하면 없어지는가? 에 초점을 맞추어 본다. 약간의 상상력이 필요하다.

입력의 (−)반파가 출력에 반전 되어 나오기 때문에 (−)반파로 생각해 준다. 입력신호가 조금이라도 (−)전압이 들어간다면 연산증폭기의 특성상 a점은 (+)전압이 크게 나오게 된다. 그 이유는 연산 증폭기만 고려해준다면 출력식이 아래와 같기 때문이다.

$$V_O = A(V_P - V_N)$$

궤환이 없는 상태에서의 출력식은 비반전단자의 입력에서 반전단자의 입력을 빼거기에 100,000배의 이득을 곱한 것이 출력으로 나오게 된다!!!!!

따라서 D2가 바로 도통 되므로 입력의 조금 커진 전압이 부하저항에 직바로 나오게 된다. 또한 연산증폭기가 반전증폭기로 사용되었으므로 키르히호프의 전류의 법칙으로 따져 주어도 다이오드에 의한 전압강하가 나타나지 않아야 한다. 이건 또 뭔 산스크리트어인가?

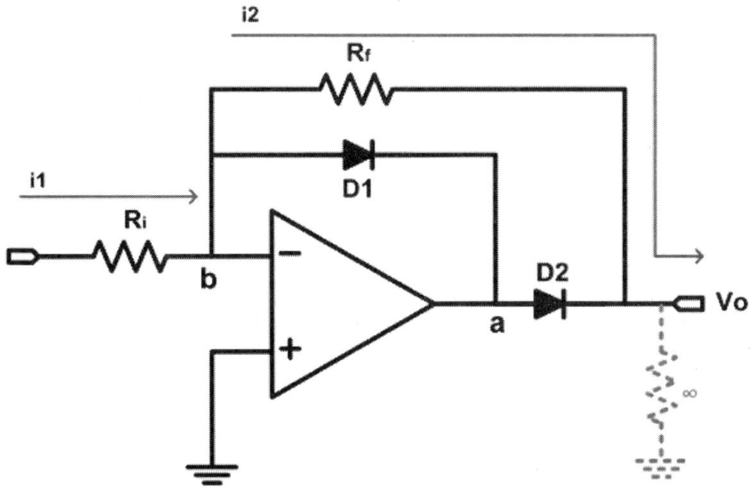

그림 1-23-6. 연산증폭기를 활용한 반파정류회로의 입력에 +극성신호가 들어 왔을 때의 전류 방향

반전증폭기에서 보면 전류 i1과 i2는 같아야만 한다. 왜냐하면 키르히 호프의 법칙이니까!! 법칙은 어느 곳에서도 어떤 상황에서도 달라지면 안 된다. 따라서

$$i1 = \frac{Vi - 0V}{R_i}$$

$$i2 = \frac{0V - Vo}{R_f}$$

로 표현할 수 있다.

R_i 와 R_f는 같고 (100kΩ 이라고 해주자), 그런데 한 절점을 기준 들어오는 전류와 나가는 전류의 총합이 같다는 키르히 호프의 전류법칙에 따라 i_1과 i_2는 절대 같아야 한다. 그러므로 식은 아래와 같이 쓸 수 있다.

$$i1 = i2$$

$$\frac{Vi - 0V}{R_i} = \frac{0V - Vo}{R_f}$$

$$\frac{Vi - 0V}{100k\Omega} = \frac{0V - Vo}{100k\Omega}$$

$$Vo = Vi$$

만약 위의 식처럼 쌈빡하게 나오지 않으면 키르히 호프의 전류의 법칙에 어긋나므로 아니 나올 수 없는 노릇이 된다. 어떤 사정에서도 변하지 않는 것이 법칙이므로 키르히 호프의 전류법칙은 이럴 때도 좀 만져주게 되는 것이다. 이렇게 해서 입력신호가 작을 때 출력이 생 다이오드에 저항으로만 달랑 꾸민 반파 정류회로 보다 효율이 조금 높은 반파정류회로가 되었다.

그런데 뒤처리를 하나 더 해주어야 한다. D1은 뭣 하러 꾸며 넣은 것일까?
입력신호가 (+)반파가 들어온다고 해 보자. 그러면 D2는 불통 되어 −VCC로 쳐 박히게 될 것이다. 이렇게 극단으로 신호가 쳐 박히면 소자에 좋지 않은 영향을 주게 되어 수명이 단축되는 결과도 가져올 것이다. 이를 방지하기 위해서 D1 다이오드를 단다. −07V 이하로 쳐 박힐 때 잘 보시라.D1 다이오드가 도통이 되어 버린다. 이유는 b점이 가상접지가 되어 0V이기 때문이다. 따라서 궤환은 유지되고, a점도 너무 아래 값으로 쳐 박히지 않도록 전압을 달래 주는 것이 D1이 하는 역할이 되겠다.

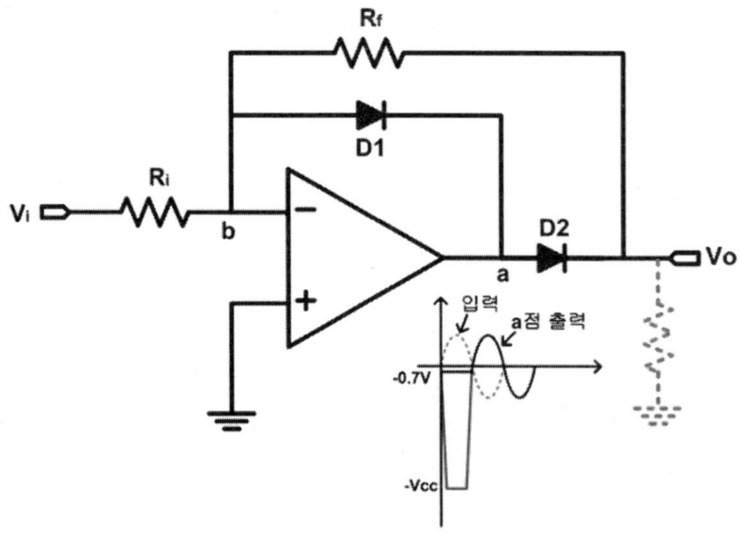

그림 1-23-7. 연산증폭기를 활용한 반전증폭기 a점의 출력

여기서 한 가지 고려할 점이 또 하나 있다. 연산증폭기를 사용하여 반파정류회로를 구성하면 다이오드의 손실분은 없어지지만, 만약 220V같은 큰 전압을 반파정류 시킨다고 하면 곤란한 점이 발생한다. 220V를 처리하려면 사용되어야 하는 연산증폭기가 값이 아주아주 비싼 것을 사용해야 한다. 원가가 천정부지로 올라 갈 것은 불 보듯 뻔하다. 이렇게 설계해서는 수지타산이 안 맞는 정도가 아니라, 망하는 지름길이 된다. 그 점을 유의해야 한다. 그리고 220V같이 큰 전압을 반파정류 시키는데

다이오드의 손실분인 0.7V는 너무 작아 무시해도 되는 값이면, 이때는 저렴하게 그냥 생 다이오드에 저항을 달아 반파 정류회로를 구성해 주면 되겠다.

1-24. 다이오드 적용 회로 : 전파정류회로

조금 더 까다로운 **전파정류회로**(full wave rectifier, **全波整流回路**)를 파헤치도록 한다. 전원공급장치에서 필수로 사용하는 이 회로는 하나를 놓치면 정말 해석하기 어려운 회로가 된다. 그저 그렇게 되겠지~하고 넘어가고, 습관상 전파정류가 된다고 생각하면 절대 보이지 않고, 해석도 까다로운 회로가 된다. 보통 이 회로를 다이오드 브릿지 회로라고 한다.

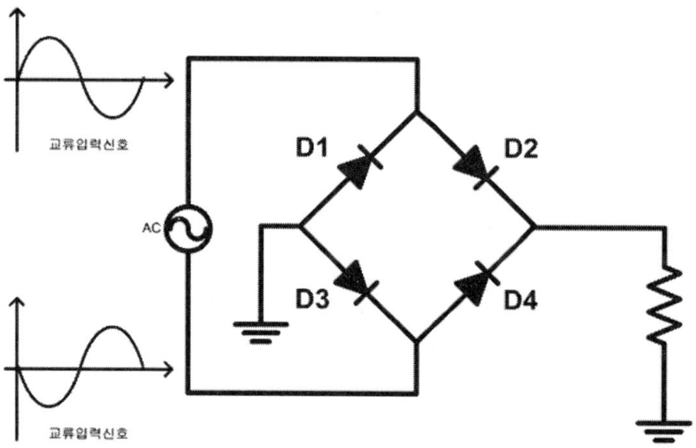

그림 1-24-1. 다이오드 브릿지회로

그림에서 보듯이 교류입력신호가 상이 반대되는 신호!!!!!!!!!!를 생각하지 않는다면 전파정류회로 해석은 물 건너간다. 백날 쳐다봐도 전파정류가 어떻게 될까? 아리송해 하면서 끝내 이해의 지평은 열리지 않는다. 보통 입력신호는 변압기(Transformer)를 통해서 들어오게 된다. 또한 신호의 크기는 승압을 시키던 ,감압을 시키던 변압기의 코일 감는 수로 엿장수 마음대로 조절해 주면 된다.

입력신호의 상이 반대가 된다는 사실은 안 순간!!!!!!!!! 이 회로는 날로 먹는 회로가 된다. 정류회로의 동작을 사고 할 때마다 두 경우만 생각해 주면 된다. 한 번은 (+) 반파가 입력으로 들어 올 때 와 (−)반파가 입력으로 들어 올 때, 두 경우를 상정 해주면 된다.

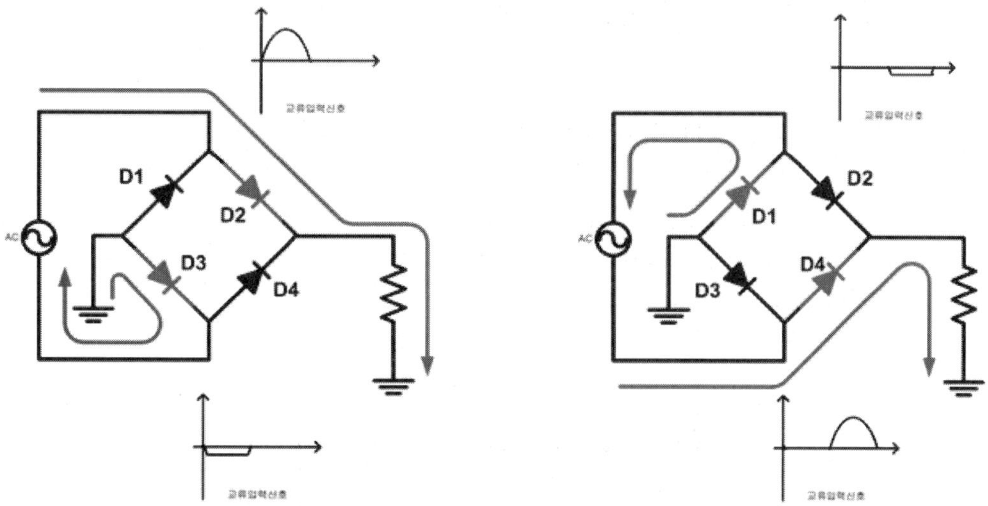

(+) 일 때 전류흐름과 다이오드 도통　　　　(-) 일 때 전류흐름과 다이오드 도통

그림 1-24-2. 교류신호에 대한 다이오드 브릿지 회로의 동작

헉~ 너절하게 설명을 덧붙일 필요 없이 그림만 봐도 화끈하게 이해된다. 접지는 서로 연결 되었다고 생각하고 회로를 분석하기 바란다. 다이오드 모델 CVD를 적용해 다이오드 순방향일 때 도통되고, 역방향 일 때 불통 되는 것만 알면 어렵지 않게 이해 할 수 있는 회로이다. 해서 출력은 입력이(+) 반파이든,(−) 반파이든 모두 (+)극성으로 전파정류 된다.

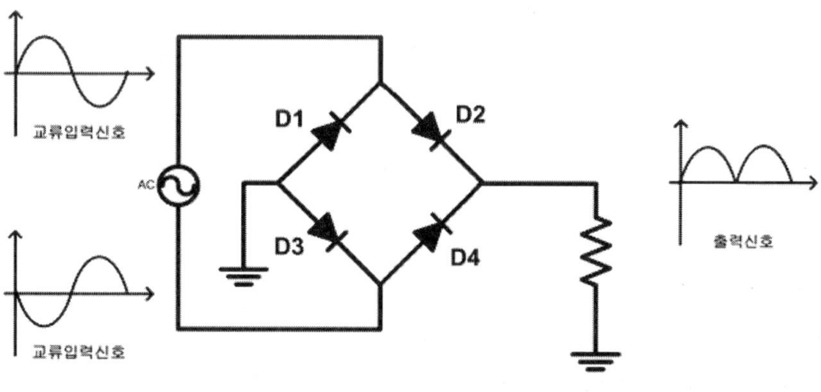

그림 1-24-3. 다이오드 브릿지 회로의 입력 대 출력신호

전원공급장치는 교류를 직류로 만들어 장비에 넣어 주어야 한다. 따라서 들쭉날쭉한 신호를 평탄하게 해주는 **평활회로**(smoothing circuit, **平滑回路**)라고 불리는 콘덴

서를 부하저항에 병렬로 달아 주면 간편하게 직류를 끄집어 낼 수가 있는 것이다. 딱 꼬집어서 콘덴서의 용량을 얼마 정도 사용해야 한다고 대 놓고 말할 수는 없지만, 경험상 용량이 작은 것을 사용하면 맥류(ripple)가 생긴다는 것은 알아 둠직하다. 그래서 전원공급장치 (power supply)를 뜯어보면 머그컵만 한 콘덴서가 기판에 납땜 되어 있는 것을 볼 수 있다. 콘덴서는 크기가 크면 대개 용량도 크다.

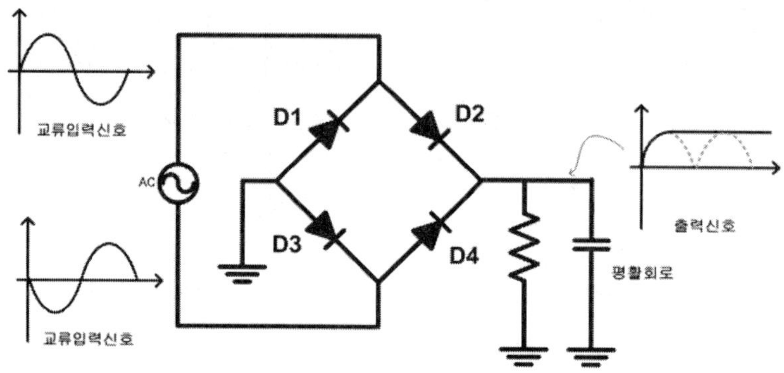

그림 1-24-4. 평활 회로가 붙은 다이오드 브릿지 회로의 전파정류 동작

물론 연산증폭기를 사용하지 않았기 때문에 출력은 다이오드의 전압 강하분 인 0.7V 정도 내려가게 된다. 0.7V 전압 강하분에 대한 보강회로는 연산증폭기를 사용하면 얼추 해결 될 수 있다고 했다. 연산증폭기를 적용한 전파정류회로를 보시도록 하자. 한 가지 실전에서 연산증폭기는 전압크기에 따라 한계를 가질 수 있고, 큰 전압을 사용하면 비용도 많이 든다는 것을 염두에 두어야 한다. 모든 전압을 다 수용할 수는 없는 것이다. 예를 들어 Vcc 와 $-V_{EE}$ 사이의 전압차가 ±15V 정도라면 몇 천 원에서부터 가격이 정해지지만 ±150V정도의 내압이라면 몇 십만 원대로 펄쩍 뛸 것이다.

연산증폭기로 구성하는 전파정류회로는 꽤 다양하다. 그 중에서 비교적 쉬운 것을 골라 분석이라고 하는 것을 진행해 보자. 간단하다고 하지만 분석은 신중히 해야 한다. 연산증폭기를 잘 안다면 눈으로 보고 출력을 바로 알아 챌 수 있는 회로이다. 그런데 우리 스스로 까막눈이라고 치부하고 이 회로를 하나하나 해체해 보시기로 한다.

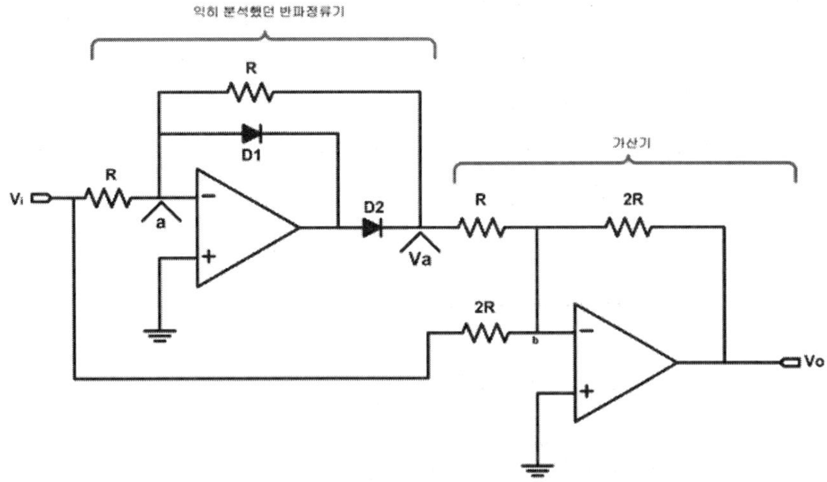

그림 1-24-5. 연산증폭기를 이용한 전파정류회로

입력단에 바로 붙어 있는 회로는 이미 해석을 했던 반파정류회로라 출력 Va 가 어떻게 나오는 지 정도는 이미 숙지하고 있다고 보고, 교류입력 신호에 대해서 뒷 단에 있는 가산기가 어떻게 반응하는지 이해하면 분석은 쉽게 마칠 수 있다. 가산기는 그저 반전 증폭기를 더한 것에 지나지 않는다. 입력이 4개면 반전 증폭기를 4개 더한 것과 같다. 아래 회로와 같이 입력이 두 개라고 하자, 그러면 반전증폭기를 2개 더한 것과 같은 것이 가산기의 정체성이다.

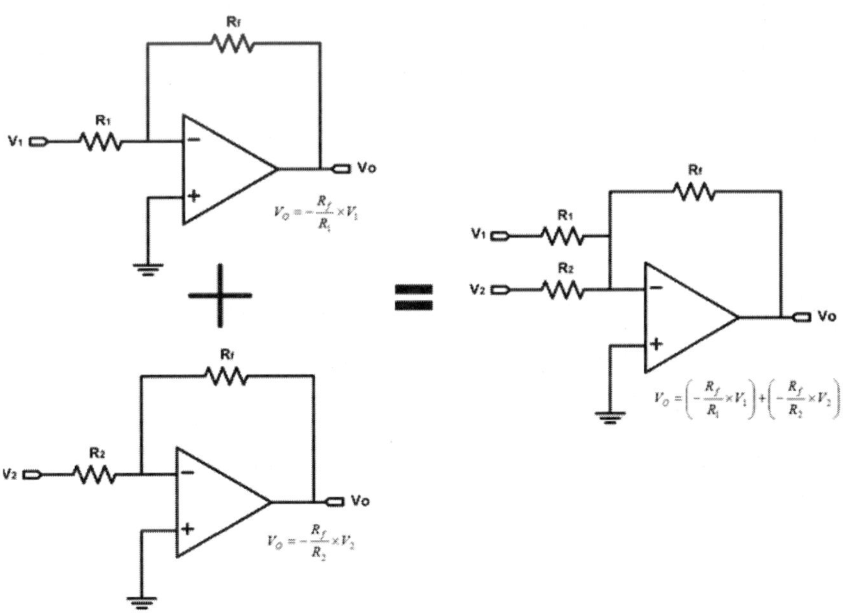

그림 1-24-6. 연산증폭기 가산기

사정이 이러하다면 연산증폭기로 구성한 전파정류회로를 이해하는데 걸림돌은 없어진다. 구간은 (+) 반파와 (−) 반파가 들어 왔을 때 전파정류회로가 어떻게 반응하는지 역시 나누어 해석해 본다.

먼저 (+) 반파가 들어온다고 하자.

반전증폭기의 바로 앞 단 출력은 (−)로 되어 다이오드 D1은 역방향이 걸려 불통된다는 것은 이미 설명 했다. (−) 더 내려 가다가 D2에 의해 −0.7V로 고정 되어 버리고, 반전증폭기는 궤환이 형성 되고, 가상접지에 의해 a점이 0V가 된다. 따라서 반파정류회로의 출력 Va는 0V가 된다.

여기서 반파정류회로의 출력 Va가 어떻게 0V가 되는지 좀 더 세심하게 고려 해 주어야 한다. a 점이 0V이기 때문에 0V라고 하면 논리가 빈약하다.

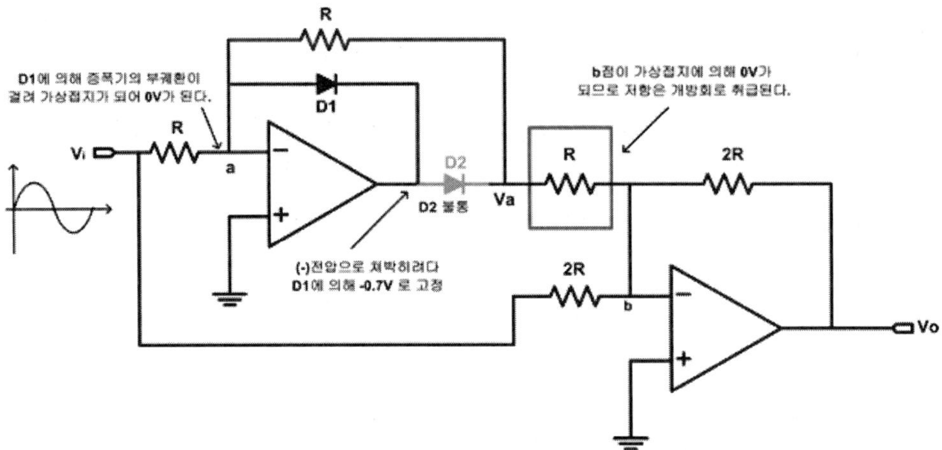

그림 1-24-7. 연산증폭기를 이용한 전파정류회로에 +입력이 들어 올 때의 동작

반파정류회로의 출력 Va는 뒷단 가산기의 부궤환에 의해 형성된 가상접지 상황 때문에 b점도 0V가 되어 이러지도 못하고 저러지도 못하고 옴짝달싹 못하게 된다. 게다가 이미 a 점도 0V 이기 때문에 0V가 아니면 도대체 다른 전압이 될 수 없는 노릇이 된다. a점도 0V이고, b점도 0V이면 그 사이에 어떤 회로가 들어가더라도 전류는 흐르지 않고 개방회로로 간주하면 된다.

현재적으로 (+) 반파가 들어오는 상황을 분석하고 있다. 그러면 이때 가산기는 입력이 하나 밖에 없는 단순한 반전증폭기로 변화 되어 출력식은 아래와 같이 단출하게 구해진다.

$$V_O = -\frac{2R}{2R} \times V_i = -V_i$$

다음은 교류입력 신호의 (−)반파를 고려 해 주자. 반파정류회로의 연산증폭기 출력은 (+) 가 되어 다이오드 D2는 도통되고, 반대로 D1은 역방향전압이 걸려 불통된다. 그러면 반파정류회로는 정확히 반전 증폭기가 되어 출력이 $+V_i$가 된다. 이때야 말로 뒷단에 있는 증폭기가 가산기로 위신이 서는 상황으로 극반전 된다.

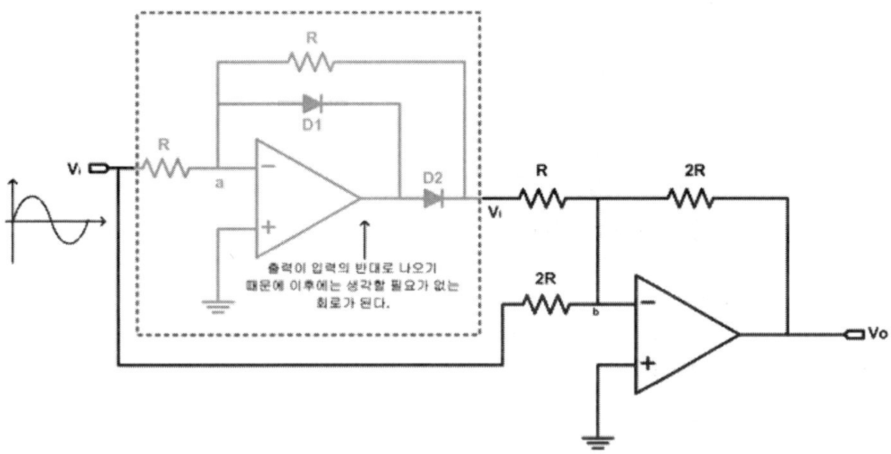

그림 1-24-7. 연산증폭기를 이용한 전파정류회에 − 입력이 들어 올 때의 동작

그럼 가산기의 출력식이 어떻게 되는지 계산하기로 한다. 주의해야 할 것은 (−)반파가 들어 올 때이기 때문에 애초의 입력은 −Vi라고 해야 한다. 반파 정류회로의 출력은 반전되기 때문에 그대로 Vi라고 해야 한다. 그래야 논리적으로 하자 없이 맞다.

$$V_O = \left[-\frac{2R}{2R} \times (-V_i)\right] + \left[-\frac{2R}{R} \times (V_i)\right] = V_i - 2V_i = -V_i$$

결국 전파정류의 최종 출력에서는 −Vi가 출현한다. 결론을 맺자. 교류입력신호 (+)반파가 들어 와도 최종 출력은 −Vi가 나왔기 때문에 이러나저러나 전파정류가 된 것이다.

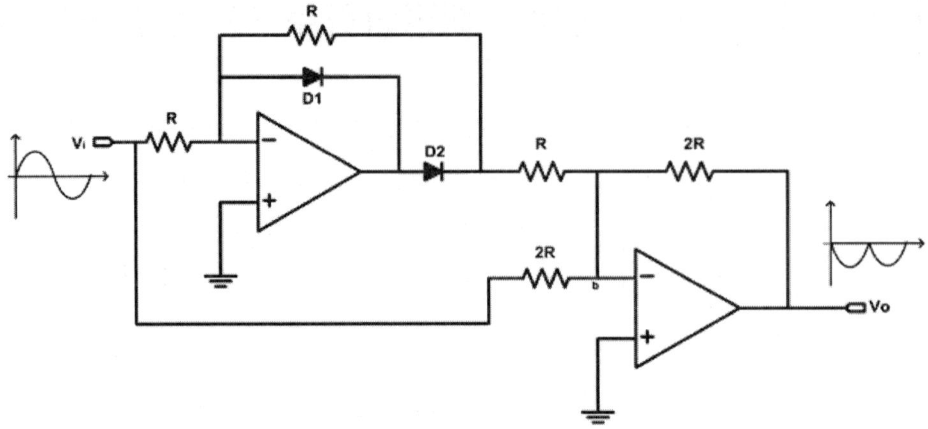

그림 1-24-8. 연산증폭기를 이용한 전파정류회로의 동작

최종출력을 보면 전파정류가 되었지만 낯설게 (−)파형으로 전부 나와 버렸다. 그럼 위의 회로는 찌질 한 전파정류회로가 되는가? 어렵게 해설해 끌고 왔는데 결론이 마음에 들지 않는다고 잔뜩 찌푸릴 필요는 없다. 이득이 1인 반전 증폭기를 하나 더 써주면 (+)파형으로 확 변절 된다. 출력이 색다르게 출현했다고 전전긍긍할 문제는 전혀 아니다.

1-25. 다이오드 적용 회로 : 배전압회로 와 전압 체배기

임피던스 (Impedance)도 알았겠다, 필터회로등 콘덴서가 들어가는 웬만한 회로는 그래도 자신 있게 처리해 왔다고 자부하다가 배 전압 회로를 만나면 다시 콘덴서에 대한 깊은 사색?과 좌절에 빠질 수밖에 없다. 콘덴서를 수학으로 풀어 젖히는 것이 무용지물이 되어 버리게 된다. 도대체 콘덴서는 어떤 소자 이길래 접하면 접할수록 잡히지 않는 것일까?

배 전압회로는 다이오드와 콘덴서의 조합으로 멋지게 교류 피크 값을 두 배 직류로 만들어 내는 회로다. 허나 참고자료를 암만 찾아보아도 뾰쪽하게 해석 해 주는 곳을 찾기가 가뭄에 콩 나듯 하다. 틀리게 설명하는 곳을 찾기 어렵지 않다. 그리고는 그냥 충전 된다고만 하고 어떻게 충전 되는지에 대한 설명은 아예 씹어 먹어 버린다. 그래서 콘덴서가 어렵긴 어려운가 보다 하고 혀만 끌끌 차게 된다.

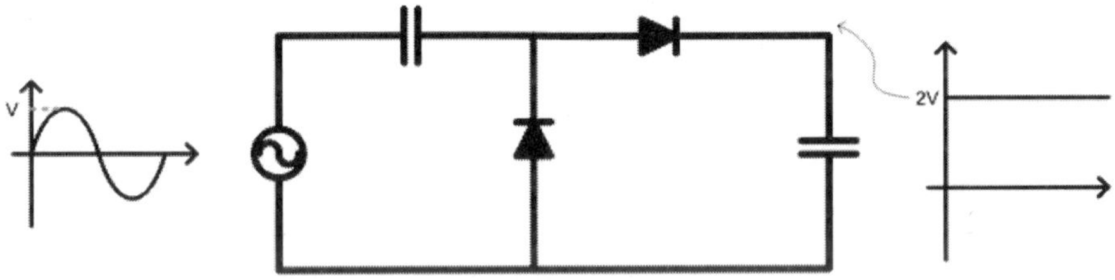

그림 1-25-1. 다이오드를 이용한 배전압회로

배 전압회로는 많이 사용되기 때문에 원리적으로 확실히 알아둘 필요가 있다. 이 회로를 기반으로 해서 4배, 6배, 8배.... 되는 직류 전압을 구할 수 있는, **전압 체배기** (voltage multiplier)로 개념을 확장 할 수도 있다. 기본이 되는 것은 배 전압회로 이기 때문에 구조로 따지면 벽돌과 같은 회로가 되겠다.

먼저 회로 해석의 순서를 종합적(綜合的)으로 사고하기보다는 분석적(分析的)으로 접근하는 방법을 택한다. 쪼개서 사고하고 그 다음에 붙여서 통째로 사유해 주겠다는 것이다. 물론 종합적으로 해석할 때는 쪼개서 분석할 때와는 양상이 약간 달라지나 그 차이는 무시해 주어도 상관이 없을 것 같다. 왜 이런 언질을 주었는지는 나중에 잠깐 해명하기로 한다.

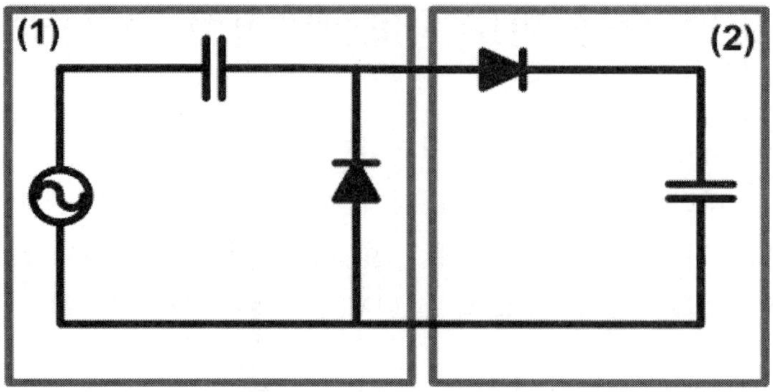

그림 1-25-2. 배전압 회로를 해석하기 위해 회로를 나누어 분석해 준다.

그림 (1-25-2)의 회로를 (1) 과 (2)로 둘로 쪼개서 각각의 회로를 분석해 주고, 묶어서 종합적으로 사고하기로 했다. 그런데 처음 (1)의 회로는 매우 낯이 설다. 여하튼 어떻게 동작할지를 규명해 주어야 한다. 반면에 두 번째 (2)의 회로는 눈에 확 들어온다. 소위 말하는 피크 검출 회로이다. 앞부분 회로 (1)만 해석해 주기만 하면 출력이 어떻게 나올 지는 감이 잡힐 것도 같다. 뒤의 (2) 회로가 피크 검출 회로이기 때문에 출력은 직류가 나올 것이란 감을 먼저 잡는 것이 이미 반은 먹고 들어가는 격이다.

중요한 점은 (1)의 회로 동작이 어떤지가 관건이 될 것 같다. 이 회로를 **클램퍼** (clamper)회로라고 불러 준다. 입력파형을 변화 없이 직류분에 교류성분을 띄워 주는 회로라고 보면 된다. 마치 집게로 들어 올리거나 내리듯이 말이다. 클램퍼의 원래 뜻에는 집게라는 의미가 있다. 보통 그림이 아래와 같이 그려지고 설명이 곁들여 지는데 왜 출력이 저 모양이 되는지 실체를 잡기는 꽤 어렵다.

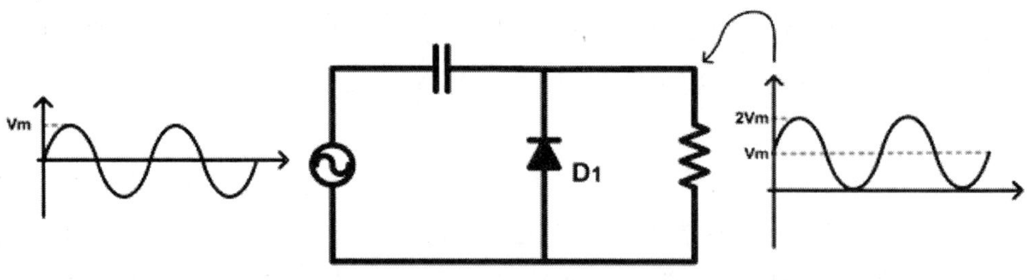

그림 1-25-3. 배전압 회로의 앞부분 회로는 클램퍼 회로이다.

해서 좀 더 자세하게 과도기부터 조곤조곤 회로를 씹어 소화가 잘 되도록 만들어 보도록 하자. 다이오드는 모델 케이스 Constant –Voltage Drop (CVD) 근사를 사용하여 클램프 회로의 동작을 세밀히 살펴 보기로 한다.

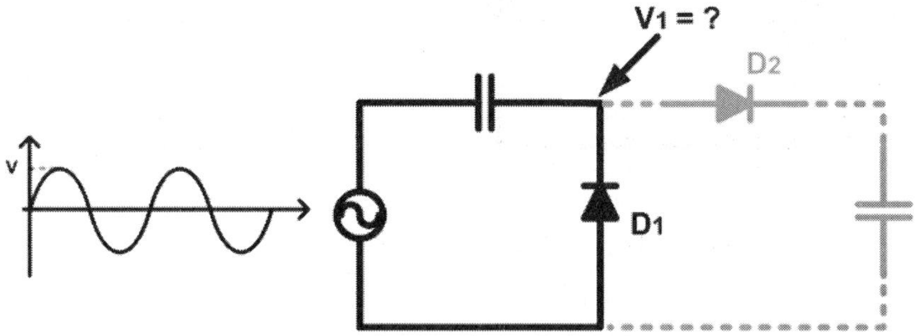

그림 1-25-4. 입력교류신호에 대한 클램프 회로의 출력은 어떻게 변하나

교류파형의 정점 (Peak)이 2V인 교류신호가 들어온다고 할 때 출력이 어떻게 변하는지가 해석이 되겠다.

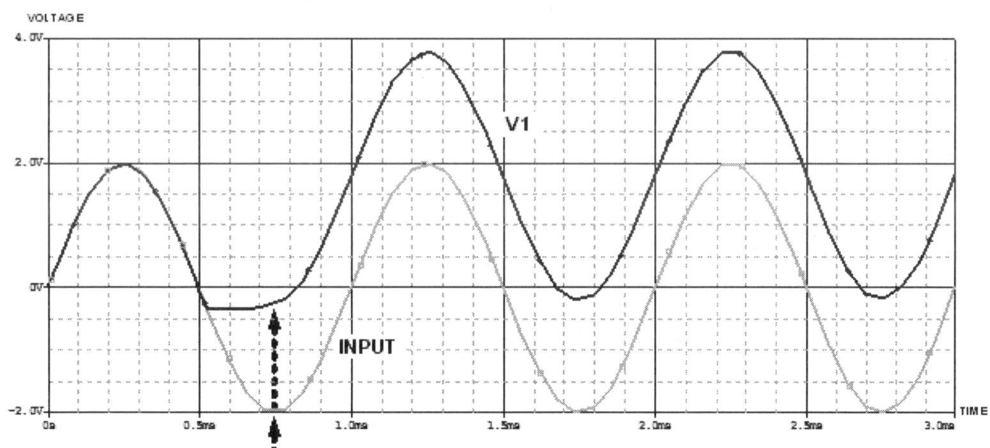

그림 1-25-5. 클램프 회로 출력의 시뮬레이션 그림 화살표는 음의 반파에서의 출력

양의 반파가 들어 올 경우에는

파형은 대체로 콘덴서를 그대로 건너간다고 생각해 주자. 0.7V 이상이 되면 D2가 도통이 되어 최종 콘덴서에 충전이 된다. 그러나 우리가 초점을 맞춘 것은 V1의 출력이기 때문에 양의 반파는 그대로 출력으로 나온다고 생각해도 무방하다.

그 다음에 음의 반파가 들어 올 때부터 주의를 기울여야 한다.

입력을 쫓아가던 파형이 −0.7V가 되면 D1이 도통이 되어 죽었다 깨도 −0.7V 아래로는 내려가지 않는다. 위의 파형 그림은 입력이 음의 반파 정점이 되었을 때 V1의 출력을 나타내 주고 있다.

그러면 −0.7V가 되었을 때 콘덴서는 어떤 동작을 할까? 충전을 시작한다. 어디까지 충전하느냐 하면 음의 반파 정점인 2V 전압까지 충전이 된다. 즉 2V−0.7V 까지 충전하는데 사고하기 쉽게 −0.7V를 빼버리면 2V 까지 충전이 된다. 그 말은 입력단에 비해 출력단인 V1 지점이 2V 만큼 높다는 말이 된다.

그 다음으로 음의 반파의 정점을 지나 다시 0V로 되돌아 올 때, 콘덴서에 충전된 2V 만큼의 전위차가 유지가 된다. 그림을 보자.

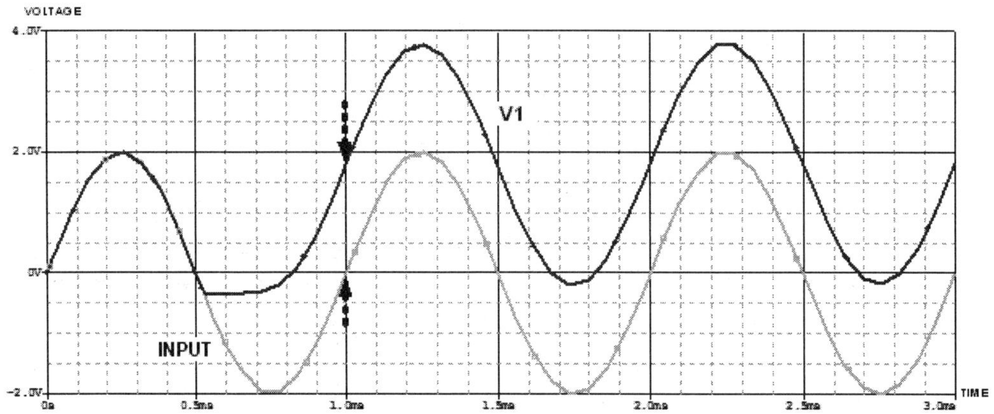

그림 1-25-6. 클램프 회로의 출력 시뮬레이션 그림 화살표는 두 번째 양의 반파가 시작 될 때의 출력

음의 반파 정점에서부터 콘덴서는 양단에 전압 2V만큼 충전이 되었으므로 이 후에는 충전값을 그대로 가져간다. 마치 전파 정류된 것처럼 보이는 파형이지만 진폭은 입력 전압의 두 배가 되었음을 확인 할 수 있다.

다음은 두 번째 회로 (2)를 분석한다. 분석이고 자시고 할 것이 없다. 그대로 정점이 검출이 되어 버린다.

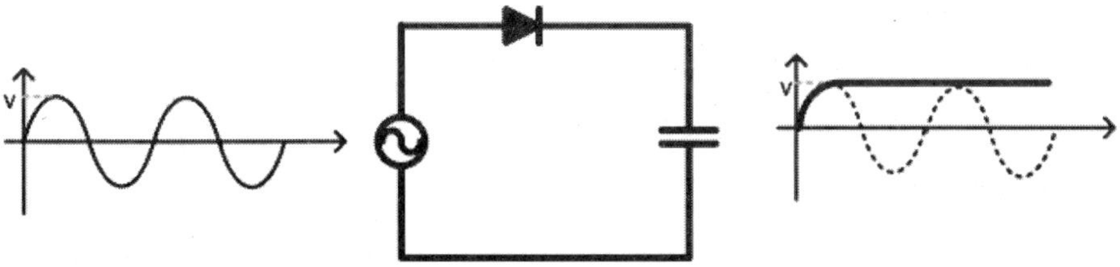

그림 1-25-7. 배전압 회로의 두 번째 부분은 반파정류된 신호를 평활하게 해준다.

양의 반파의 정점(頂點)까지 콘덴서에 충전이 되다가, 입력이 정점(頂點)에서 떨어지면 다이오드가 역방향 전압이 걸려 불통 되고, 콘덴서에 충전된 전압은 그대로 유지가 된다.

두 가지 회로를 분석한 것을 종합하면 최종적인 출력을 곧바로 인식할 수가 있다.

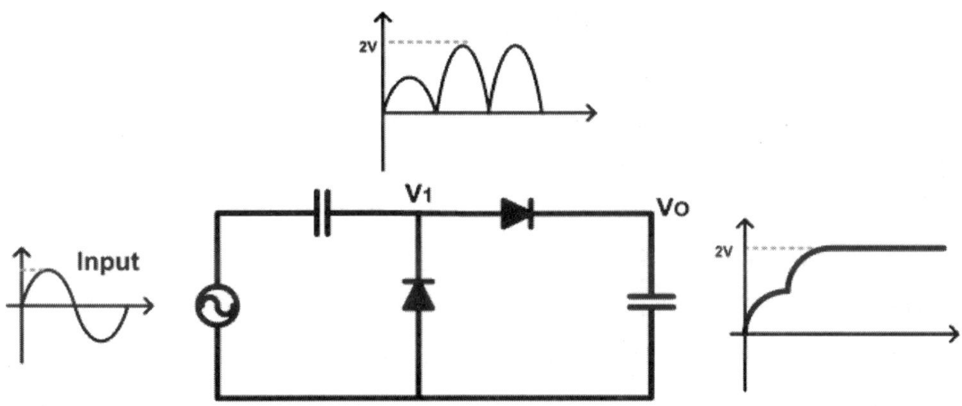

그림 1-25-8. 배전압 회로의 전체 동작 : 입력에 대한 각 부분의 출력

실제 출력 파형은 약간의 시간을 두고 계단파처럼 오르다가 일정한 시간이 되면 점점 직류성분으로 바뀌는 것을 볼 수 있다. 일반적으로 안정화 시간이 필요함을 알 수가 있다.

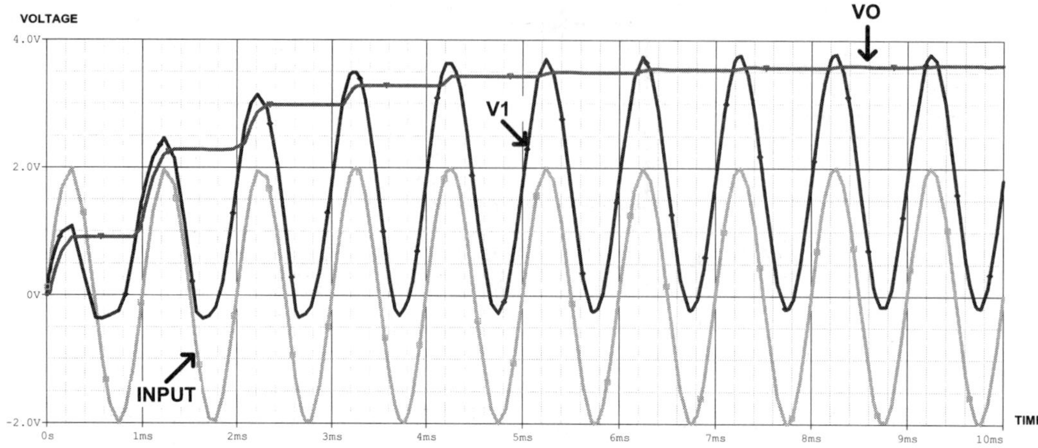

그림 1-25-9. 배전압 회로의 입력과 각 부분의 출력을 동시간에 서로 비교

이 회로는 작은 전압뿐만 아니라 큰 전압에도 사용 가능하다. 일예를 들면 가정에 공급되는 60Hz, 220V 교류신호를 직류 440V로 만들 때에도 사용이 된다. 다음은 배전압 회로를 기본으로 전압 체배기(voltage multiplier)를 구성해 보도록 한다. 전압 체배기는 사용자가 원하는 만큼 입력신호의 피크치의 2배수 전압값을 얻을 수 있도록 해 준다. 알아두면 유용하게 써 먹을 수 있는 회로가 되겠다.

배 전압 회로를 기본으로 전압 체배기(voltage multiplier)를 구성해 보도록 하는데, 몇 가지 원칙만 머리에 넣어 두면 어렵지 않은 회로가 전압 체배기다. 일단 입력전압의 4배가 되는 전압 체배기를 날림 감(感)으로 구성해 보도록 한다. 배전압회로 두 개를 잇달아 연결 하면 4배가 나올 것 같다는 감(感)으로 말이다

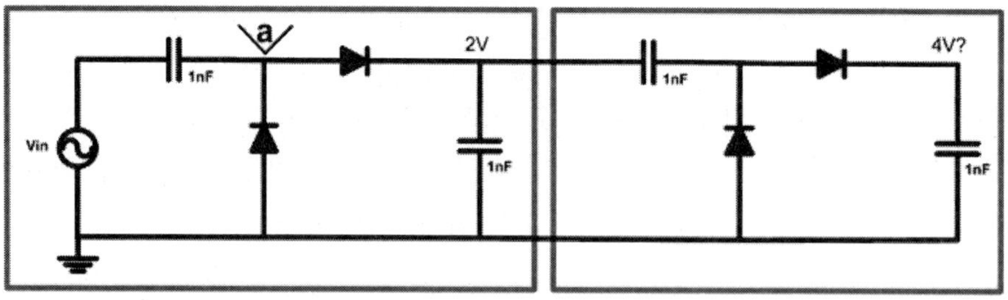

그림 1-25-10. 잘못 연결된 전압체배기 회로

위와 같이 단순하게 연결해 주면 최종 출력단에는 입력교류신호 정점전압값의 4배가 출력이 될까? 절대 그렇게 되지 않는다. 그 이유는 두 번째 배 전압회로의 입력

이 직류가 되기 때문에 원하는 4체배의 값을 얻기 어렵다. 단순하게 생각해서 직류는 콘덴서를 절대 넘어가지 못하기 때문에 원하는 동작이 절대 나올 수 없다.

따라서 체배기를 구성하는 원칙을 세우자면, <u>배 전압 회로에서 보듯이 입력으로는 반드시 교류파형이 들어 와야 한다는 것</u>이다. 첫 번째 입력의 두 배 되는 교류신호를 두 번째 배 전압 회로의 입력으로 넣어 주어야 한다. 우리는 배전압 회로에서 확인했듯이 입력 신호의 두 배가 되는 교류 신호는 위의 회로도에서 a 점에서 얻을 수 있으므로, 이 지점을 두 번째 배전압 회로의 입력으로 가져 와야 한다.

또 한 가지 원칙은 **첫 번째 배전압 된 직류 바이어스(Bias) 분을 두 번째 배전압 회로의 접지 대신 사용해 줘야 한다는 것**이다. 그런 식으로 하게 되면 두 번째 배 전압 회로는 두 배의 직류전압에서 배전압이 이루어지기 때문에 결과적으로는 4배의 전압을 얻게 되는 것이다.

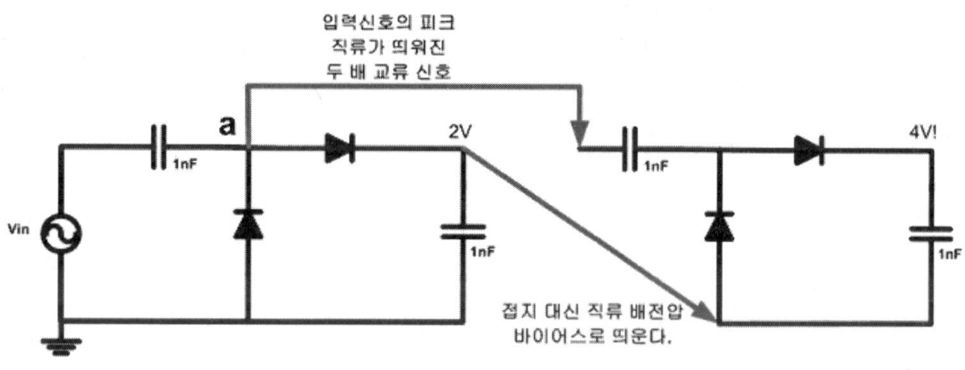

그림 1-25-11. 제대로 연결된 4배 전압체배기

위와 같이 두 가지 원칙을 염두에 두면 입력교류신호 피크의 몇 배 되는 직류전압 출력 시킬 수 있다. 2배, 4배, 6배...의 전압 체배기를 설계해 보자. 그저 벽돌을 쌓듯이 배전압 회로를 가지고 와서 원칙대로 연결만 해 주면 문제가 없다.

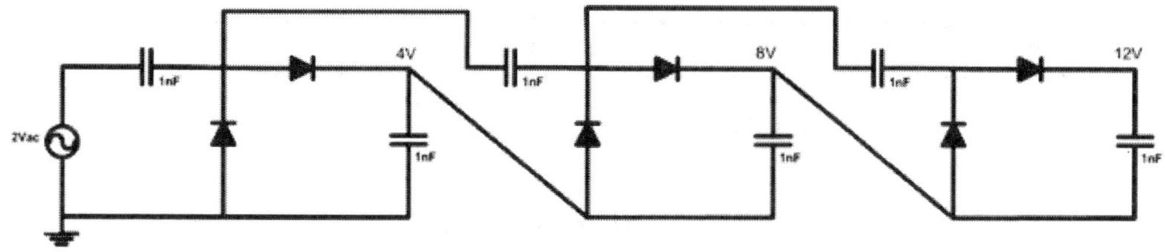

그림 1-25-12. 전압 체배기 (6배)를 가지고 와서 원칙대로 연결만 해 주면 문제가 없다.

입력을 피크 2V로 하고 각 출력 파형이 어떻게 나오는지 보기로 하자.

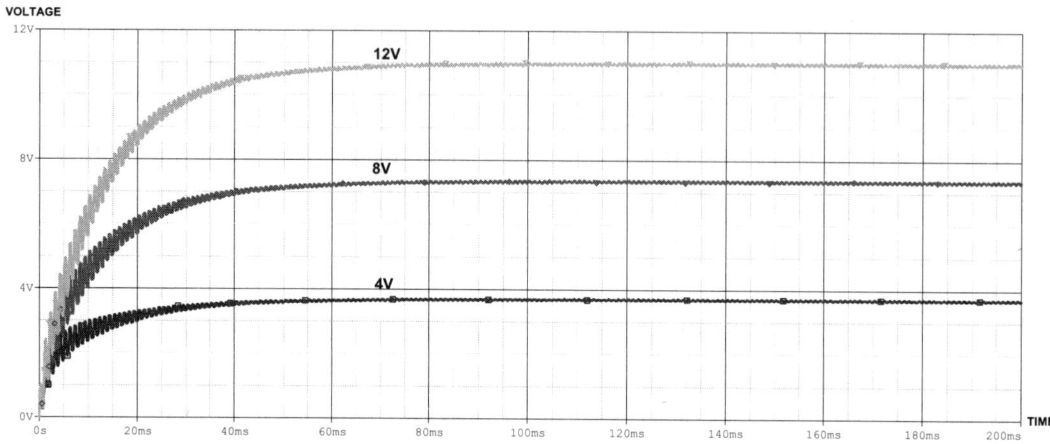

그림 1-25-13. 전압체배기(6배)의 각 출력 비교 시뮬레이션

그런데 출력 결과를 잘 보면 직류 4V가 나와야 하는데, 전압이 약간 떨어진다. 그것은 다이오드가 들어가 있기 때문에 최종 출력에서 직류전압이 약간 떨어진 것이다. 그래프에서는 대략 0.33V 정도 된다.

그렇기 때문에 4배 출력이 나와야 하는 곳은 2×0.33V 정도가 못 미치고, 6배 출력이 나와야 하는 곳은 3×0.33V 정도가 전압이 모자라는 것을 확인할 수 있다. 전압을 체배 할 때 다이오드만큼 전압강하가 일어난다는 것을 꼭 명심 하도록 하자.

또 한 가지 염두에 두어야 하는 것은 안정화 될 때까지의 시간이 좀 걸린다는 점이다. 위의 회로에서는 대략 80ms 정도 된다. 시간하면 떠올라야 하는 소자는 콘덴서이다. 콘덴서를 위의 회로보다 큰 것을 쓰면 안정 시간은 더 늘어 날 것이다. 반대로 콘덴서 값을 너무 작게 쓰면 빠르기는 하겠지만, 충분한 충 방전이 이루어 지지 않기 때문에 제 값이 나오지 않게 된다.

전압 체배기 해석에 앞서 배전압 회로를 사고 해 주었는데 맛보기로 회로 형태가 다른 간단한 배전압회로를 한 가지 더 소개하기로 한다.

어떤 곳에서는 이 회로를 **전파 배전압 정류회로**라고 한다. 이 회로는 너무 간단하다. ± 피크 검출 회로를 이용하여 만든다. 따라서 위에서 설명한 배 전압회로와는 출력의 극성이 약간 다르다.

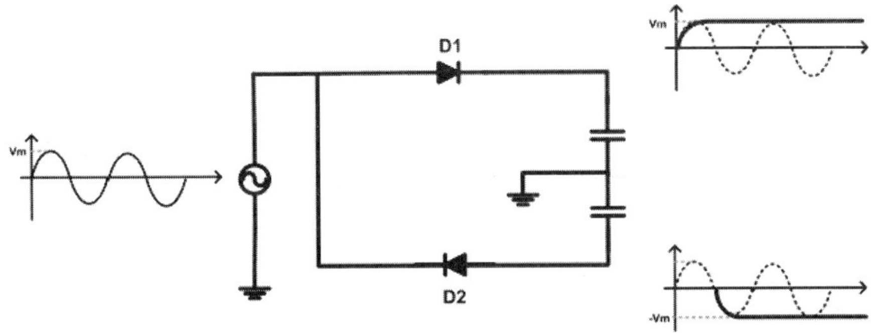

그림 1-25-14. 전파배전압정류회로

교류입력 (+) 반파가 들어 올 때는 D1이 도통되어 콘덴서에 충전되고, 피크값이 될 때, 입력은 떨어지지만 콘덴서에 충전된 전압은 양의 피크값을 유지하고 있으므로 D1은 불통 된다.

교류입력 (−) 반파가 들어 올 때는 D2가 도통되어 콘덴서에 충전되고, 음의 피크값이 될 때, 입력은 저점을 찍고 올라가지만 콘덴서에 충전된 전압은 음의 피크값을 유지하고 있으므로 D2는 불통 된다.

이렇게 하여 콘덴서의 양단에서는 입력 피크값의 2배의 직류 전압을 얻게 된다. 물론 콘덴서의 용량이 적으면 맥류(ripple)가 생길 수 있다.

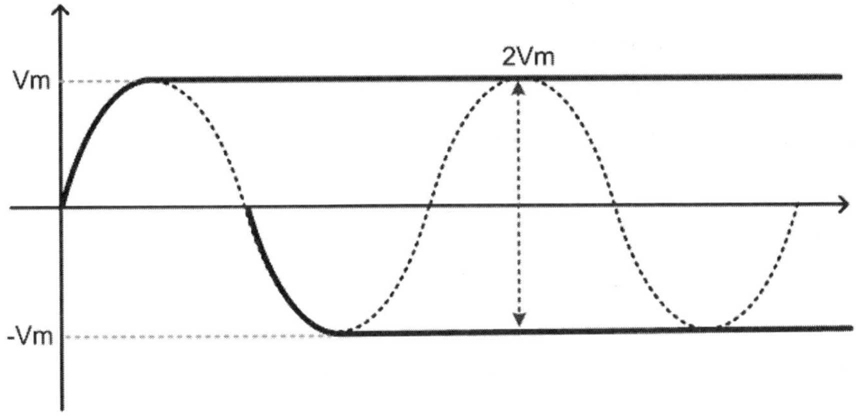

그림 1-25-15. 전파 배전압 정류회로의 최종 출력

2

트랜지스터 직류 해석

2-1. NPN, PNP 트랜지스터의 구조

트랜지스터 한 개를 사용한 아래의 증폭기는 신물 나도록 눈에 밟혔던 회로가 되겠다. 예전에는 일본의 영향으로 이를 1석 이라고 따라 불렀다. 트랜지스터를 사용하여 만든 증폭기에 트랜지스터를 한 개 사용하면 1석 라디오, 두 개를 사용하면 2석 라디오라고 했다. 동네 문방구에서 팔았던 기억이 생생하다.

트랜지스터의 본질이 돌이기 때문에 돌 석(石)자를 차용한 일본식 의역 용어로 볼 수 있다.

기본적인 형태에 있어서 저항과 콘덴서들의 존재적 이유를 판단해 주는 것은 무척 중요하다. 왜 꼭 거기에 붙어 있는지를 납득하는 것은 회로를 이해한 것과 같기 때문이다. 핵심은 능동소자(증폭할 수 있는 소자. 연산증폭기도 능동소자가 된다. 반면에 절대로 증폭을 하지 못하는 소자들은 수동소자라고 한다. 저항, 콘덴서, 코일 등이 수동소자이다. 이런 구별은 별 영양가는 없다. 이런 용어를 사용하는 자료가 있기 때문에 알아 두면 좋은 참고사항에 불과하다. 엄밀하게 말해서 도대체 전기전자 소자 중에 능동인 것이 있는지는 생각해 볼 일이다. 작명이 좀 마음에 안 든다.)인 트랜지스터가 되며, 따라서 트랜지스터를 먼저 건드려 주는 것이 시작이 되겠다.

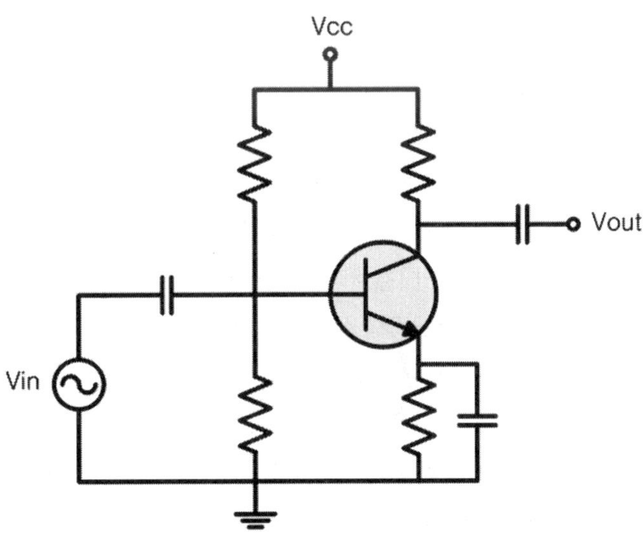

그림 2-1-1. 에미터 공통 트랜지스터 증폭기

우리는 여태까지 트랜지스터 입문 격으로 다이오드 (P-N 접합 다이오드)를 비교적 상세하게 다루어 왔다. 시루떡처럼 N형 반도체나 P형 반도체를 다층구조로 형성시키면 다이오드와는 전혀 다른 딴판 현상이 생겨난다. 다이오드와는 한끗 차이에 불과한 트랜지스터가 어떻게 색 다르게 동작하는지 알아보기 전에, 먼저 다층 시루떡 구조의 물리적 트랜지스터 관상부터 뜯어보기로 하자. 노파심에서 잔소리 하지만, 아래 그림에서 N으로 표기되어 있는 것은 N형 반도체를 적시하고, P라고 기표되어 있는 것은 P형 반도체를 가리킨다.

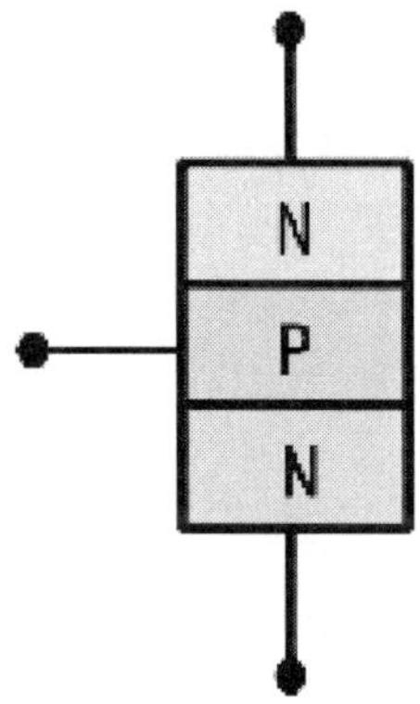

그림 2-1-2. NPN형 적층구조

NPN형 반도체를 적층하여 위와 같은 구조로 단자를 끄집어냈을 때를 NPN 트랜지스터라고 한다. 이때는 베이스만 P형 반도체가 된다(PNP 트랜지스터의 경우, 적층구조가 NPN과 반대로 된다).

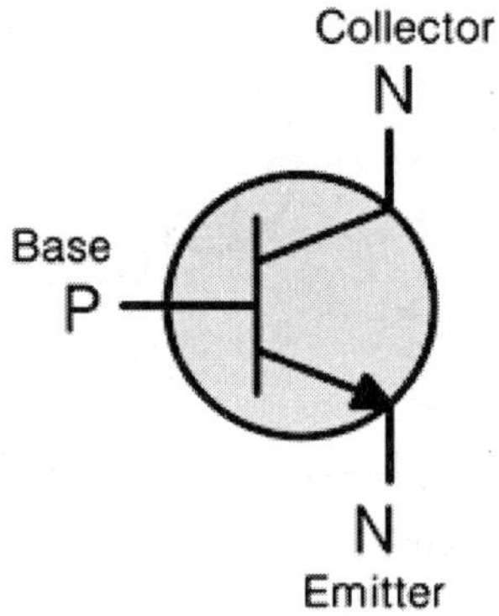

그림 2-1-3. NPN형 회로기호

트랜지스터 각 단자 명칭에 대해서는 한 번 언급한 바가 있다. 식상하겠지만 다시 한 번 거듭해서 반복하기로 하자.

트랜지스터 (transistor)에 동작하기 타당한 직류전압(이를 바이어스, Bias 라고 불러준다)을 인가하여 정상적으로 작동한다고 치고, 무수한 전자가 방출 (Emit) 하는 곳이 있고, 방출된 전자가 헤쳐 모이는 곳(Collection)이 존재한다. 전자가 방출되는 곳을 일러 **에미터** (Emitter)라고 하고, 전자가 운집하는 곳을 **컬렉터** (Collector)라고 붙여 주었다. 단자 명칭에서 유추 할 수 있듯이 순전히 전자의 움직임을 기준 삼아 명칭이 정해 졌음을 직감할 수 있다.

그렇다면 **베이스** (Base)단은 어떻게 명칭이 정해 졌을까? 만약에 베이스라는 영어 단어의 뜻이 기지(基地), 또는 안착하는 곳을 의미한다면 도대체 그 뜻을 알아차리기가 몹시 어려워진다. 베이스라는 영어 단어는 토대, 기초, 기반 이라는 또 다른 의미를 가지고 있다.

그렇다면 베이스라는 단자 이름은 전자의 움직임에 따른 명칭은 아닌 듯 보인다. 그 이유는 요즘의 트랜지스터의 구조를 보면 확연히 알 수가 있다. 전자의 기지(基地) 치고는 너무 좁지 아니한가!

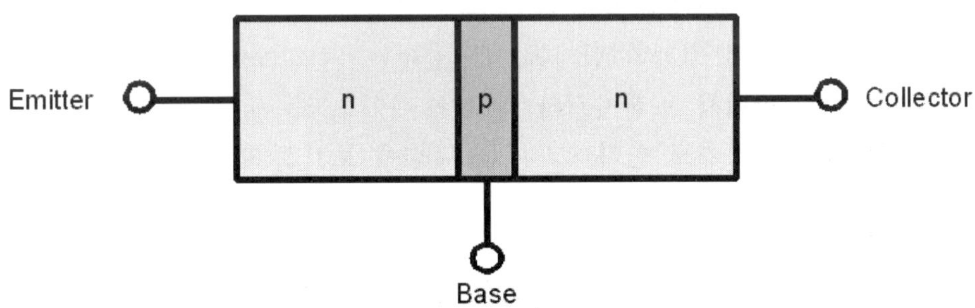

그림 2-1-4. NPN형 트랜지스터에서 베이스 영역은 무척 좁다.

베이스 단자가 에미터와 컬렉터 사이에 찌그러져 있어 토대, 기초, 기반이라는 뜻이 무색해 진다. 그래서 추적해 본 결과 트랜지스터의 원시적 형태인 점접촉 트랜지스터의 구조를 보고 이마를 탁 치게 되었다. 점접촉 트랜지스터의 그림만 보아도 왜 베이스라는 이름의 단자가 되었는지 번개 같은 이해가 스친다. 점접촉 트랜지스터의 원래 구조는 복잡하기 때문에 대충의 그림만 보고 직관 하도록 하자. 너무 뚜렷하게 그림이 그려져 있어 설명을 하면 사족이 되어 버린다.

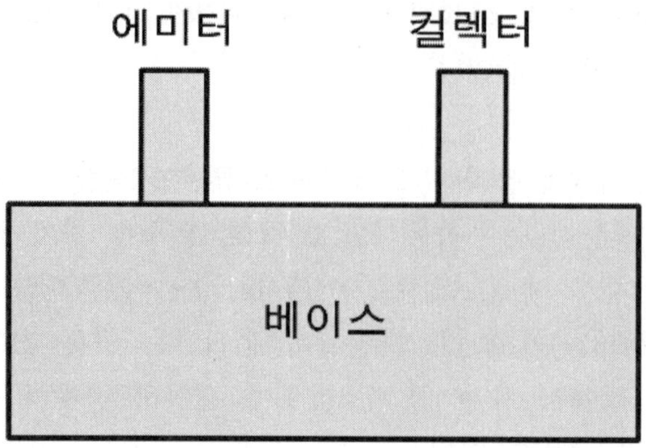

그림 2-1-5. 초기 점 접촉트랜지스터의 간단화한 구조

구조상으로만 보면 베이스단자는 분명 영어의 원의(原意)로 토대, 기초, 기반이라는 의미와 상통한다. 그림 상으로는 베이스를 깔아 놓은 상태에서 에미터나 컬렉터가 그 위에서 놀았던 것이다. 지금을 기준으로 해서 생각해 보면 베이스단이 너무 기형적으로 크게 생겼다. 트랜지스터 동작이 가까스로 실현 되었을 것 같은 인상을 받는다.

이렇든 저렇든, 여하튼 트랜지스터는 구조상으로만 보면 다이오드로 만으로 표시할 수 있는데, 이 형태는 디지털 논리소자의 내부를 해석할 때 유용하게 쓰이기 때문에 알아 두면 무척이나 편리하다. 가끔 회로기판에서 트랜지스터를 다리 한 짝을 들어 올리거나 (에미터나 컬렉터 단자를 개방한다) 가감하게 잘라 버려 다이오드 대용으로도 사용한다. 그래서 트랜지스터 회로를 다이오드로 다시 그려 보면 알기 편한 회로로 해까닥 돌변하기도 한다. 그 예는 나중에 보기로 한다.

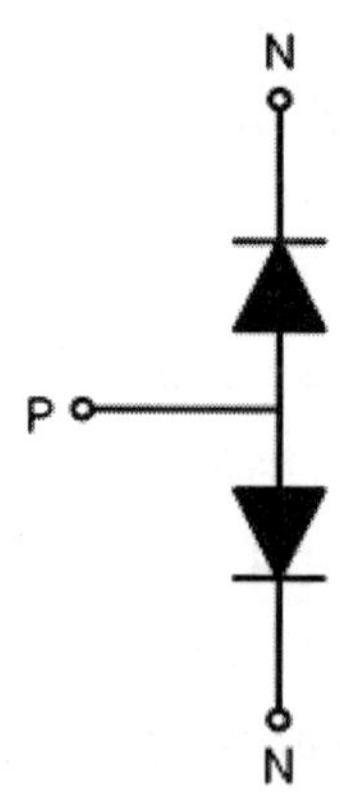

그림 2-1-5-2. NPN 트랜지스터를 다이오드 형태로 변경

트랜지스터를 구조에 따라 크게 범주를 정해 나누면 NPN 트랜지스터와 PNP 트랜지스터 두 가지로 분류할 수가 있다.

P와 N형 반도체를 어떻게 적층시켰는가에 따른 분류이며, 동작도 서로 상이 하다. NPN 트랜지스터가 이름 그대로 **N형 반도체-P형 반도체-N형 반도체**를 적층 한 것과 같이, PNP 트랜지스터는 **P형 반도체-N형 반도체-P형 반도체**를 적층 한 것과 같다. NPN 트랜지스터와 PNP 트랜지스터를 구조와 회로기호, 다이오드 형태로 서로 비교해 보기로 한다.

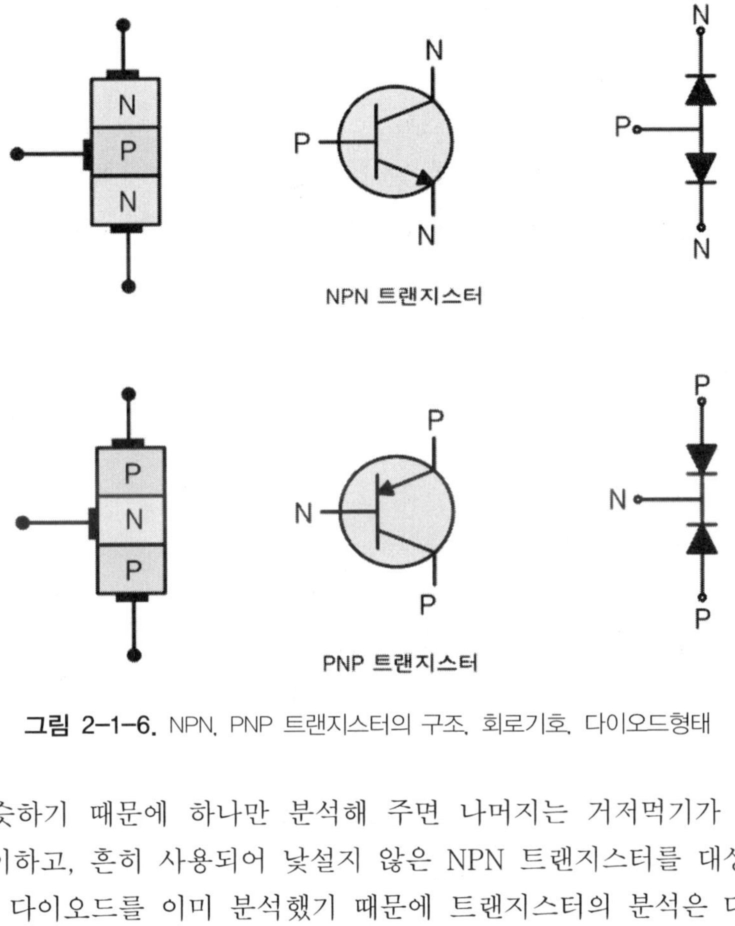

그림 2-1-6. NPN, PNP 트랜지스터의 구조, 회로기호, 다이오드형태

형태가 비슷하기 때문에 하나만 분석해 주면 나머지는 거저먹기가 된다. 그래서 다루기에 용이하고, 흔히 사용되어 낯설지 않은 NPN 트랜지스터를 대상으로 분석해 주기로 한다. 다이오드를 이미 분석했기 때문에 트랜지스터의 분석은 다이오드를 분석한 것을 토대로 접근하면 무리가 없을 것 같다.

회로기호에서 한 가지 확인해야 할 것이 있다. NPN, PNP 회로기호를 보면 화살표가 트랜지스터 외피 안에 그려져 있는데 위치나 방향이 좀 다르게 나타나 있다. 고등학교 기술시간에 배웠듯이 화살표 방향은 전류의 방향과 일치한다고 선생님들이 일러 주었을 것이다. 맞다. 화살표 방향은 전류의 방향과 정확히 일치한다.

그러나 간과해서는 안 될 점이 있다. 화살표가 있는 지점은 항상 베이스와 에미터 사이에 있다는 점이다. 컬렉터에는 화살표 방향이 없다. 그 이유는 베이스와 에미터 사이에 걸리는 순방향전압과 관계가 있다.

NPN 트랜지스터의 경우에는 베이스단자가 에미터 단자보다 0.7V 높게 순방향 전압이 걸려야 전류가 흐르게 되고, PNP 트랜지스터의 경우에는 에미터 단자가 베이스 단자보다 0.7V 높게 순방향 전압이 걸려야 전류가 흐르게 된다.

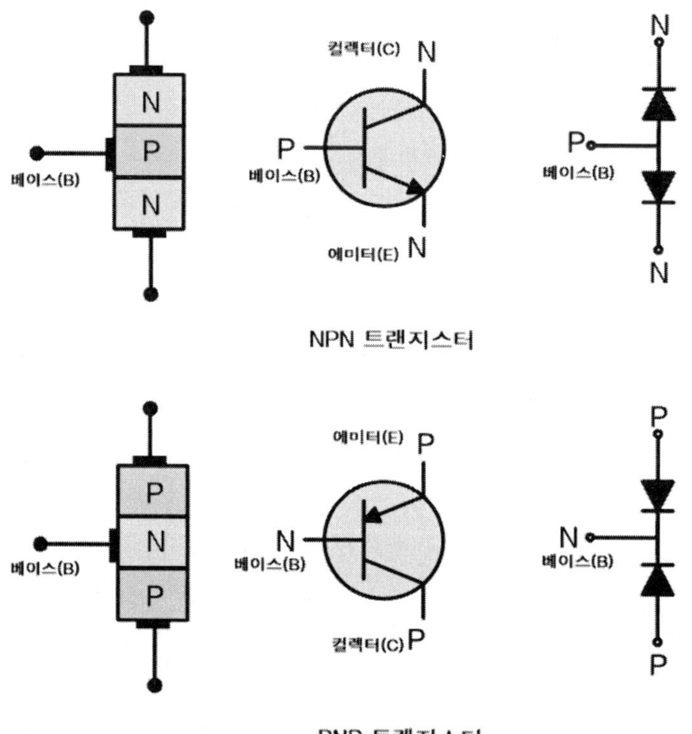

그림 2-1-7. NPN, PNP 트랜지스터의 구조, 회로기호, 다이오드형태, 단자명칭

특히 PNP 트랜지스터의 경우 화살표가 베이스 쪽으로 그려졌다고 해서 전류가 에미터에서 베이스로 흘러간다고 착각하면 절대로 안 된다. 트랜지스터의 각 단자 사이에 관계된 전류는 키르히호프의 전류의 법칙에 따라 한 절점에서 들어오는 전류와

나가는 전류는 같다는 관계를 이용해야 한다. 반드시 성립하는 전류관계식은 아래 식과 같다. 이 관계식은 변하지 않기 때문에 반드시 외워 두어야 할 식이다.

$$I_E = I_B + I_C$$

위의 식은 NPN, PNP 공히 똑 같이 적용이 되는 식이다. 베이스 전류는 컬렉터나 에미터에 비하여 조족지혈 같은 양이므로 식은 또한 아래와 같이 변태가 감행되어 적용하기도 한다.

$$I_E \approx I_C$$

위의 그림에서 트랜지스터 구조를 보면 두께가 고르게 같은 것으로 그려졌지만 실제로는 베이스< 에미터 < 컬렉터 순으로 크기가 큰 것을 첨언해 둔다.

논외의 말이지만, 그림 (2-1-3)의 NPN형 회로기호가 그림 (2-1-2)에서 보듯이 접합형 NPN형 트랜지스터의 적층구조와 비슷해서 무의식적으로 서로 연관 지어, 기호가 탄생 됐을 거란 막연한 추측이 일반적으로 들었을 것이다.

그런데 이상하다. 접합형 트랜지스터의 적층 구조와 트랜지스터 동그란 외피 안에 들어 있는 그림은 달라도 너무 다르기 때문에 연관 짓기가 사실 매우 어렵다. 외피 밖에 있는 세 다리만 같은 것이다.

IEEE (Institute of Electrical and Electronics Engineers ; 국제전기전자기술자협회)에서 국제표준으로 정했기 때문에 쓰지만 누가 먼저 착상을 했는지 기호가 참 잘 디자인 되었다는 생각이 들어 뜬금없지만 갑자기 자문해 보는 것이다.

물론 1956년 [반도체 연구와 트랜지스터 효과의 발견]으로 노벨 물리학상을 공동으로 수상한 바딘이나 브래튼, 쇼클리 아니면 벨연구소 누군가의 아이디어일 것이라는 판단은 든다. 그러던 중에 쇼클리가 저술한 책이 눈에 띄었다. 쇼클리가 1950년에 쓴 『electrons and holes in semiconductors』 page 35에 있는 그림을 보고 아하~ 트랜지스터 회로기호의 발제자는 몰라도 트랜지스터 기호의 디자인 착상을 어디서 얻었는지는 파악할 수가 있었다.

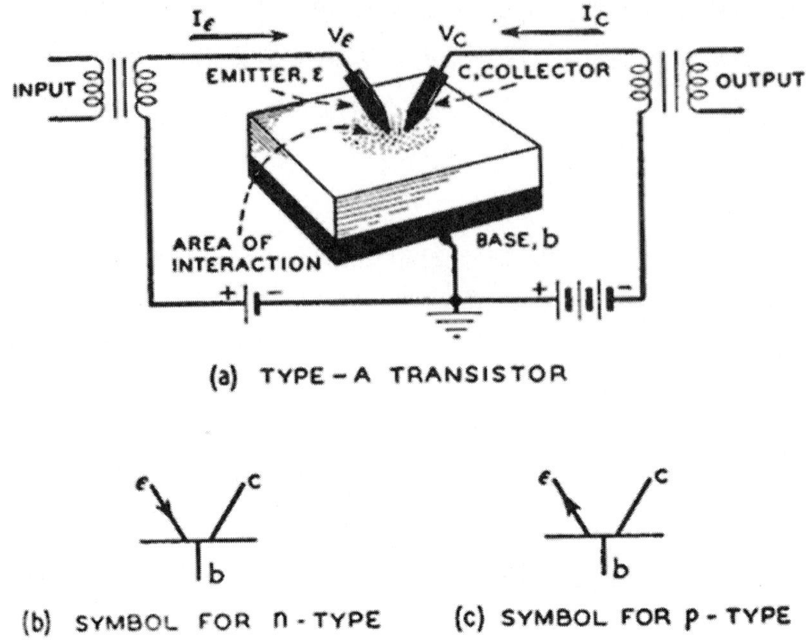

그림 2-1-8. 초기 점접촉 트랜지스터와 트랜지스터 회로기호

위의 그림 (2-1-8)은 바딘과 브래튼에 의해서 발명된 점접촉 트랜지스터를 설명하는 중에 나오는 도판이다. 쇼클리는 책에서 점접촉 트랜지스터를 Type-A Transistor로 부르고 있다. 점접촉 트랜지스터에 관한 사진은 그림 (1-1-3)에도 소개한 바 있지만, 쇼클리 책에서 보면 우리가 잘 알고 있는 용어들로 그림을 채우고 있어 이해하는데 별로 어려움은 없다. 점접촉 트랜지스터를 보면 베이스가 엄청나게 크고, 에미터 단자와 컬렉터 단자는 바늘로 찌르듯이 베이스 기지에 접촉하고 있다는 것을 확인 할 수 있을 것이다. (그림 2-1-8 a) 더군다나 점접촉 트랜지스터 그림을 관찰하면 현재 우리가 배우고 있는 트랜지스터 증폭기의 이론적 토대가 이미 완벽하게 엿보이고 있다는 사실을 확인할 수 있다.

헌데 놀랍게도 누군가에 의해 시작 되었는지 몰랐던 트랜지스터의 회로기호 (그림 2-1-8 b, c)가 보인다. 우리가 흔히 말하는 PNP형은 n-TYPE으로, NPN형은 p-TYPE으로 규정 되어 있다. 다시 한 번 회로기호를 보면 커다란 베이스를 기준으로 그림을 그려 넣은 것이 분명하다.

초기 트랜지스터를 연구하던 사람들, 특히 점접촉 트랜지스터를 개발했던 바딘과 브래튼을 비롯한 연구진들은 베이스를 기준으로 회로를 파악하고, 회로기호를 그렸던 것 같다. 왜냐하면 베이스가 기준이 될 만큼 컸으니까 말이다. 무게중심을 생각해 보아도 베이스가 단연 밑에 깔려야 할 구조인 것은 분명하다. 그래서 사고방향이 베이스를 기준으로, 베이스가 소위 말해 N형이면 n-type로, 베이스가 P형이면 p-TYPE로 명명했던 것이 명확하다.

따라서 트랜지스터 초기에 지금 식으로 말하면 공통 베이스증폭기의 형태로 충분히 분석했을 개연성이 크다. 실제로 쇼클리 책 Chapter 2에 그림 (2-1-8) 이후 뒷부분 분석을 보면 베이스를 접지하고서 등가회로를 그리고 해석하는 것이 상세하게 나오는 것을 봐서 특히 그렇게 생각이 든다.

지금은 쇼클리가 책에서 그린 트랜지스터의 회로기호가 그림 (2-1-7)처럼 세로로 세워졌지만 , 초기에는 점접촉 트랜지스터의 모양 그대로 베이스를 기준으로 그려졌다는 것을 유추할 수 있고, **원래의 트랜지스터 기호는 쇼클리가 개발한 접합형 트랜지스터에서 기인한 것이 아니라, 바딘과 브래튼이 개발한 점접촉 트랜지스터에서부터 형태를 빌어 구현된 회로기호라고 단언할 수 있을 것 같다.**

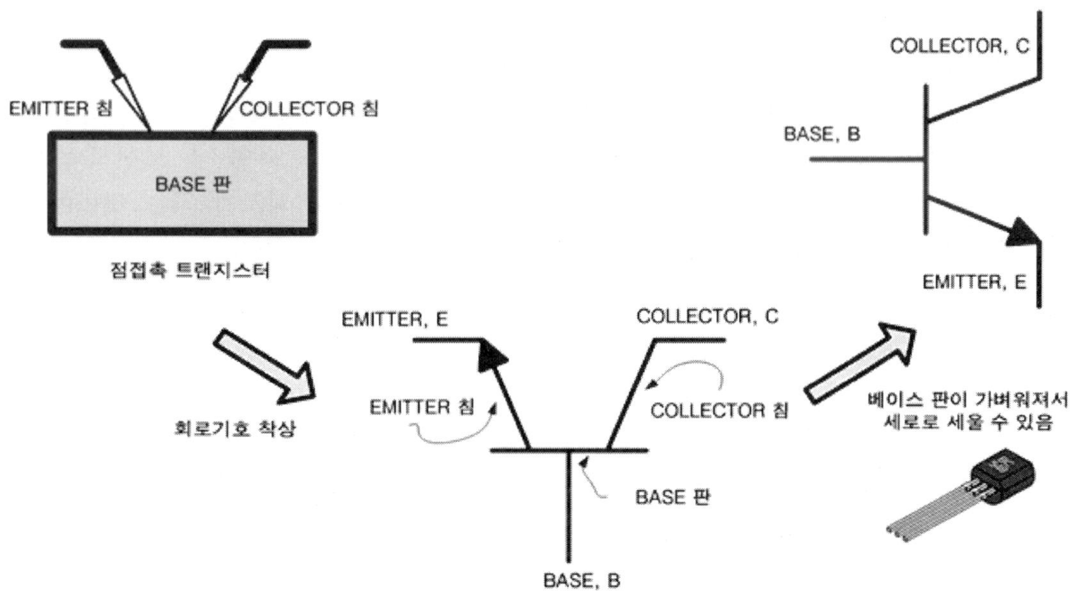

그림 2-1-9. 트랜지스터 회로기호 착상, 변천과정

2-2. 다이오드 대용으로서의 트랜지스터

트랜지스터는 N형 반도체와 P형 반도체를 적층(積層)한 구조를 가지기 때문에 태생적으로는 다이오드의 겹층이라고 볼 수 있다고 했다. 트랜지스터를 다이오드로 대체한 그림을 보고서 확연히 알 수 있었다. 아래 그림이 기억나리라 믿는다.

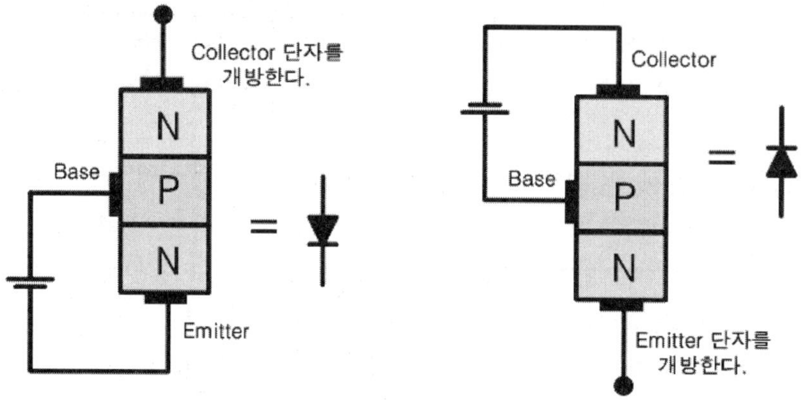

그림 2-2-1. 트랜지스터의 다이오드 PN등가

위의 구조를 약간 비틀면 어떻게 될까?

트랜지스터에는 **다중 에미터 트랜지스터** (multi-emitter transistor)라는 것이 있다. 컬렉터와 베이스는 각각 단자가 하나인데 에미터만 여러 개로 뽑아 낸 트랜지스터를 말한다. 다중 에미터 트랜지스터도 다이오드로 변환하면 쉬운 회로가 되는 것들이 있다. 어떻게 다이오드로 바꿔 칠 수 있는지 눈으로 그림을 보고 즉각적으로 이해하자.

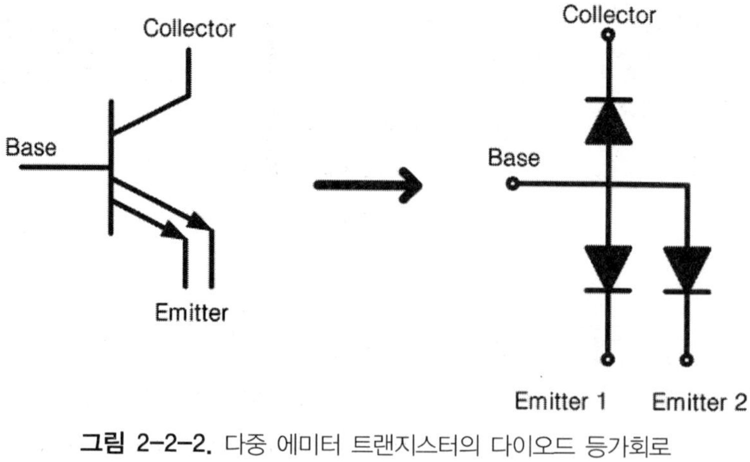

그림 2-2-2. 다중 에미터 트랜지스터의 다이오드 등가회로

이중 (double) 에미터 트랜지스터를 다이오드로 변경했을 때 회로가 비교적 쉬워지는 예를 들어 보기로 한다. 외견상 척 보기에 굉장히 복잡하지만 아날로그 디바이스社 의 AD536 True RMS-to-DC Converter에 보면 다중 에미터 트랜지스터 형태가 구성되어 있다.

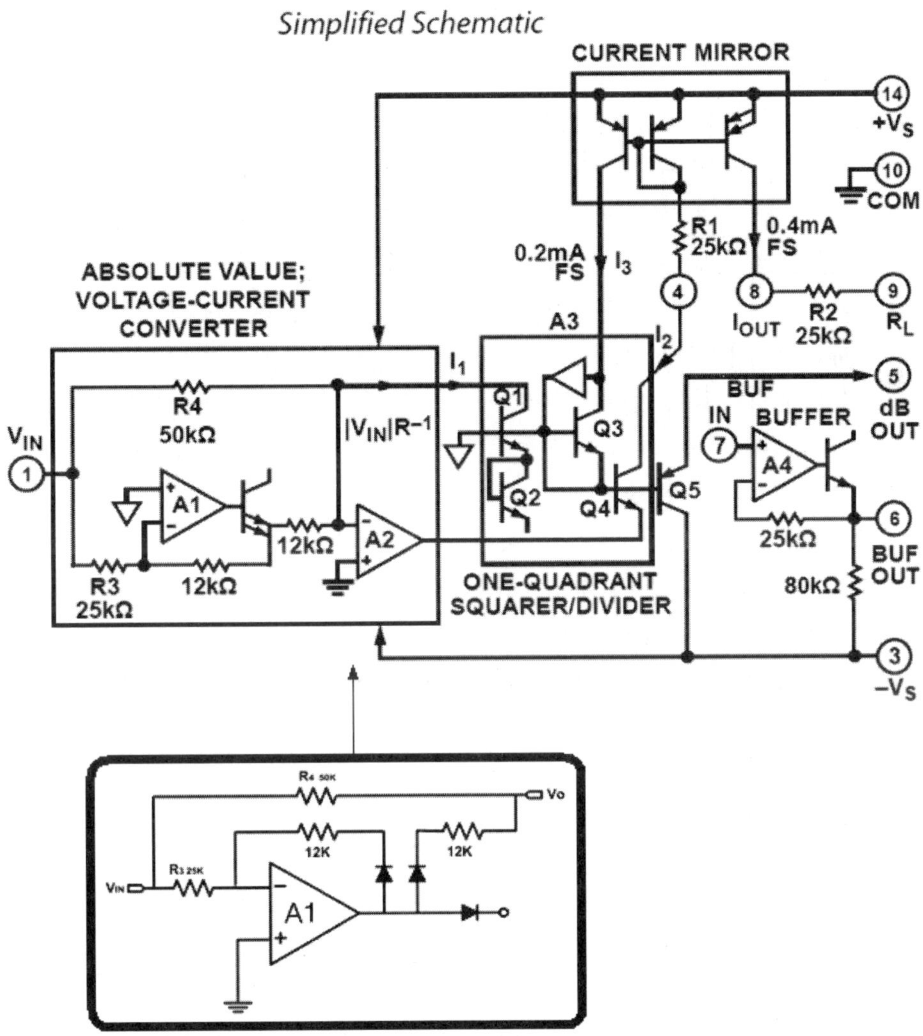

그림 2-2-3. 아날로그 디바이스社의 AD536 True RMS-to-DC Converter

트랜지스터를 다이오드로 바꾸어 놓으니 AD536 True RMS-to-DC Converter의 처음단인 **전압-전류 변환기**(voltage-current converter)가 해석하기 용이 하게 되었다. 연산증폭기에 학을 떼는 분들은 그 나물에 그 밥처럼 뭐 별로 쉽게 변환 된 것 같지 않게 보이겠지만, 사실 엄청나게 차이가 난다. 이왕 회로가 나온 김에 AD536

True RMS-to-DC Converter의 전체를 분석하기 보다는 전압-전류 변환기 쪽만 간단하게 취급하고 넘어가기로 한다. 연산증폭기가 아직 버거운 분들은 그냥 넘어가셔도 된다. 찝찝해 할 필요는 전혀 없다. 아날로그 회로에서 트랜지스터가 쓰였고, 에미터나 컬렉터 한쪽이 개방 되어 있으면 다이오드로 변환해서 보는 것이 회로해석의 요령이 될 것 같다.

형태로 봐서는 눈에 익은 연산증폭기를 사용한 정류회로 비슷하다. 다이오드가 도통/불통 되는 방식은 정류회로에서 분석한 것과 동일하게 작동한다고 보면 된다. 구구절절이 반복하지는 않겠다. 마찬가지로 (+) 반파와 (-) 반파를 나누어서 해석 해 주어야 한다. 그리고 입력 전압에 대해 출력에서는 전류로 바꾸어 주는 회로이기 때문에 **구해야 할 것은 전압이 아니고 전류**라고 하는 점을 약삭빠르게 눈치 채 주자.

먼저 입력에 (+) 반파가 들어 올 경우를 본다.
연산증폭기의 출력 a점이 반전 되어 (-)가 출력 되므로 다이오드는 두 개 다 불통 된다. 다이오드가 불통 되면 연산증폭기는 있으나 마나 한 회로가 된다. 따라서 회로는 아래 보는 바와 같이 입력전압과 출력전압 사이에 저항 50kΩ 만 있는 형태로 된다. 출력은 전압을 전류로 변경하는 회로 이므로 전류로 구해줘야 마땅해진다.

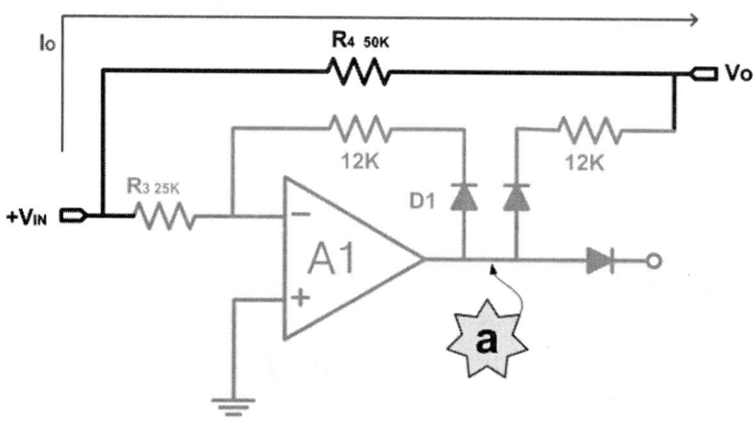

그림 2-2-4. 교류신호의 (+)반파가 들어 올 때의 전류방향

그러면 출력전류는 어떻게 될까?
AD536 True RMS-to-DC Converter 회로를 보면 전압-전류 변환기(voltage-current converter)다음 단에 역시 연산증폭기가 연결되어 있다. (A2라고 쓰여 있는 연산증폭기) 이쯤에서 매우 중요한 착상 하나를 떠올려야 한다. **부궤환이**

형성 되어 있는 연산증폭기는 가상단락 (imaginary short) 현상이 일어나, 반전단자와 비반전단자가 마치 연결되어 있는 것같이 되어 전위차가 없게 된다는 점. 동전압을 갖는다는 말이다. A2 증폭기의 비반전단자가 0V 이므로 전압-전류 변환기(voltage-current converter) 회로의 출력전압은 세상이 두 쪽 나도 절대로 0V가 된다. 절대 변할 수 없는 사실이다. !! 이런 확실한 토대 위에 회로해석의 구조물이 완성이 되는 것이다.

따라서 전압은 0V이기 때문에 구해야 할 것은 출력 전류이며, 아래와 같이 단출하게 얻을 수 있다. 전압이 0V이면 무조건 전류가 흐르지 않을 것이라고 순진하게 믿을 수 있다. 맞다. 만약 0V가 접지!!!! 라면 전류는 하등 의미가 없어진다. 접지에서 블랙홀처럼 전류를 다 끌어다 먹어 버리기 때문이다. 그러나 전위가 0V인 것이 꼭 접지는 아니다. 그러므로 접지로서의 0V가 아니면 전류는 흐를 수 있다는 것을 명심 또 명심해야 한다.

$$I_O = \frac{V_{IN} - V_O}{50K\Omega} = \frac{V_{IN} - 0V}{50K\Omega} = \frac{V_{IN}}{50K\Omega}$$

여기까지 분석은 순탄하다. 어려울 것이 전혀 없다. 좀 까다로운 해석은 입력이 (-)가 들어 올 때이다.

이때는 연산증폭기의 출력 a점이 반전 되어 (+)가 출력 되므로 다이오드 D1과 D2는 모두 도통 된다는 사실에서 부터 출발해야 한다.

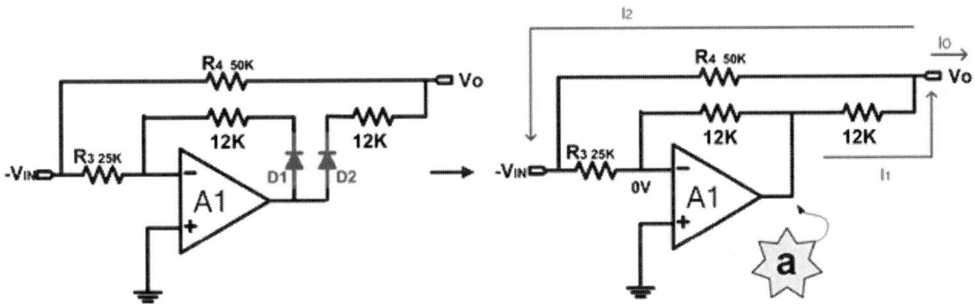

그림 2-2-5. 교류신호의 (-) 반파가 들어 올 때의 전류 방향

다이오드가 도통 됨으로 회로가 심란하게 변했다. 어떻게 해석 할까? 주저할 필요 없이 제일 먼저 a점의 전압을 구해야 한다. 왜 a점의 전압을 먼저 구해줘야 하느냐

고 따진다면? I_2를 구하는 전압은 드러나 있으나, I_1을 구하기 위해 절대 필요한 전압, a점에서의 전압은 드러나 있지 않기 때문이다. a점은 반전증폭기의 출력이므로 암산으로 셈할 수 있다. a점의 전압을 Va라고 하면,

$$V_a = \frac{12K\Omega}{25K\Omega} V_{IN}$$

앗! 반전증폭기이면 너무도 잘 알려진 반전증폭기의 출력전압을 구하는 다음과 같은 공식,

$$V_o = -\frac{R_f}{R_i} V_{IN}$$

에 의해 앞에 (−)가 붙어야 하지 않는가! 그런데 왜 (−)가 없어 졌는가? 내막은 이렇다. 지금 입력으로 들어오는 교류의 신호가 (−) 반파라고 하지 않았는가! 그렇기 때문에 (−)×(−)=(+)가 되어 버린 것이기 때문에 씩씩거리며 어리둥절해 하실 필요가 없다.

a 점의 전압을 구했으므로 출력전류 계산하는 것은 누워 떡 먹기다. 한 절점(節點)에서 들어오고, 나가는 전류의 합은 같다는 키르히 호프의 전류의 법칙(KCL)을 적용하여 손쉽게 구해낸다. 출력점을 절점의 기준으로 삼으면 이 점으로 흘러 들어오고, 나가는 전류는 아래와 같이 표현 할 수 있다. 절점으로 들어오는 방향을 (+)로, 나가는 전류를 (−)로 정해준다. 방향을 정하는 것은 사용자 마음대로, 엿장수 마음대로 해도 된다.

$$I_1 = I_O + I_2$$
$$I_O = I_1 - I_2$$

가 되고, I1과 I2 각각은 오옴의 법칙을 적용하여 바로 알아차릴 수 있다.

$$I_1 = \frac{V_X - V_O}{12K\Omega} = \frac{\frac{12K\Omega}{25K\Omega} V_{IN} - 0V}{12K\Omega} = \frac{V_{IN}}{25K\Omega}$$

$$I_2 = \frac{V_O - (-V_{IN})}{50K\Omega} = \frac{V_{IN}}{50K\Omega}$$

그러므로 출력전류는

$$I_O = I_1 - I_2 = \frac{V_{IN}}{25K\Omega} - \frac{V_{IN}}{50K\Omega} = \frac{2V_{IN} - V_{IN}}{50K\Omega} = \frac{V_{IN}}{50K\Omega}$$

교류입력 신호 (+) 반파나 (−) 반파나 출력 전류는 동일하다. 전류의 방향도 똑같다. 그렇다면 AD536 True RMS−to−DC Converter 회로 중, **전압−전류 변환기** (voltage−current converter)의 출력값이 어떻게 나오는지 쓰여 있는 곳을 찾아보면 재미있게 수식을 써 놓았다.

$$\left|V_{IN}\right| R^{-1} = \frac{\left|V_{IN}\right|}{R} = \frac{\left|V_{IN}\right|}{50K\Omega}$$

임을 알 수가 있다.

입력 교류신호의 (+)반파이든, (−) 반파이든 동일하게 출력 전류방향이 정해졌으므로 절댓값을 씌운 것이며, 저항에 지수 −1을 집어넣은 것은 분자가 1이고, 분모는 R인 식을 멋있으라고 지수형태로 다듬은 것에 다름 아니다. 뭔가 있어 보이는 이런 식을 볼 때 괜히 기가 죽을 필요가 없다. 결국 입력 전압을 전류로 바꾸는 회로라는 명칭에 걸맞게 작동 했다.

트랜지스터 초장부터 약간 곁 길로 새었는데 다음부터는 본격적으로 트랜지스터를 다루어 보기로 하자. 전류증폭률이니, 동작점이니, 트랜지스터 효율이니, 증폭기 등급이니 등등이 우리를 하염없이 기다리고 있다. 종종 걸음으로 대면해서 극복해 보기로 한다.

2-3. 트랜지스터 직류 바이어스

트랜지스터에 어떤 일정한 직류전압 (bias 라고 한다.)을 걸어 주어야 정상적인 동작을 하는지 진도 나가기로 하자. 이미 우리는 컬렉터를 개방하고 베이스와 에미터에 순방향전압을 걸어 준 것을 보았고, 마찬가지로 에미터를 개방하고 베이스와 컬렉터 사이에 순방향전압을 걸어 주어 보기도 했다. 이런 경우에는 다이오드가 순방향전압이 걸린 것처럼 동작한다고 했다.

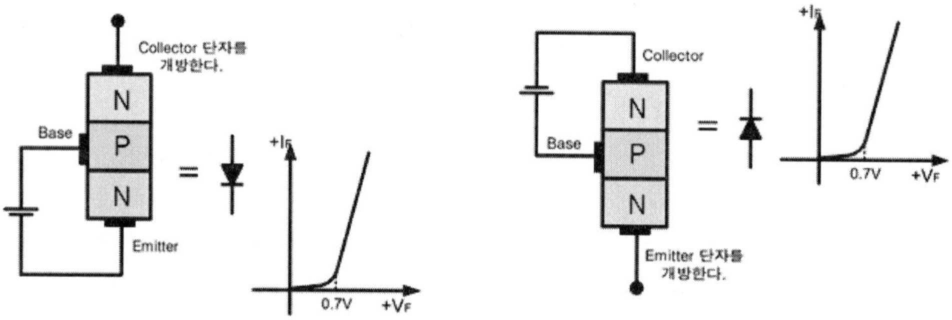

그림 2-3-1. NPN 트랜지스터에 컬렉터와 에미터를 개방하고 직류전압을 걸어준 상태

위와 같이 직류전압을 걸었을 때는 각각이 다이오드로는 동작하지만 트랜지스터의 특성이 나오지는 않는다. 에미터나 컬렉터가 개방되었기 때문에 아주 당연한 귀결이다. 그렇다면 트랜지스터의 제대로 된 동작을 위해서는 또 다른 방식의 직류전압을 어떻게 걸어야 할지 더 앞으로 진도 나가 보기로 한다.

아래와 같이 직류전압을 걸어 주었을 때는 어떤 현상이 일어나는지 실험하는 기분으로 지켜보자.

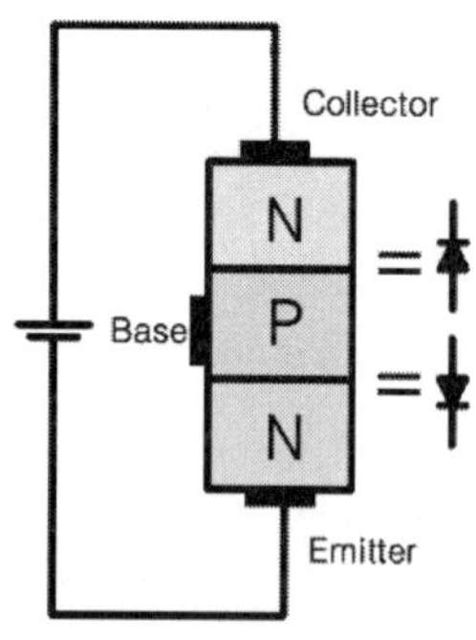

그림 2-3-2. NPN 트랜지스터에 베이스 단자를 개방하고 직류전압을 걸어준 상태

직류전원 (+)극성과 (−) 극성을 뒤 바꾸어도, 전체적으로 다이오드 한쪽이 역방향 전압이 걸려 전류가 전혀 흐르지 않게 된다. 이렇듯 베이스나 에미터, 컬렉터를 개방하고서는 트랜지스터가 트랜지스터다운 동작을 전혀 하지 않는다는 것을 알았다. 사정이 그러하다면 트랜지스터에 여러 가지 직류전압을 걸었던 방식들을 조합해야만 적정한 동작을 뽑아 낼 수 있을 것 같다.

여기서 트랜지스터의 올바른 직류전압을 어떻게 거느냐 하는 문제를 더 소상하게 설명하기 전에 왜 트랜지스터에서는 직류전원 (트랜지스터에 인가하는 직류전압을 Bias 라고 한다고 했다. 바이어스의 원뜻은 띄운다는 의미를 갖는다. 직류전원으로 전압을 어떤 상태로 띄우는 것을 의미하는 것이다.)으로 전압을 설정하는지 먼저 속뜻을 알아보아야 한다.

트랜지스터에 관련된 책을 보면 항상 **대신호 해석**(large signal analysis)**과 소신호 해석**(small signal analysis)으로 나누어서 설명들을 한다. 트랜지스터를 공부할 때 이런 구별을 염두에 두지 않는다면 자기가 지금 무엇을 공부하고 있는지 현황파악이 어려워진다. 그럼 트랜지스터에서 말하는 대신호는 무엇이고, 소신호는 무엇인가?

트랜지스터는 직류를 인가하여 바이어스를 걸어주지 않으면 교류의 증폭이 이루어지지 않는 소자다. 예를 들어 직류를 인가할 때 전압의 단위는 보통 V가 된다. 그러나 교류는 수십~수백 μV 단위로 전압차이는 1000~10000배 정도 차이가 난다. 그리고 직류전압을 걸어 줄 때를 일러 바이어스 (bias)를 건다고 불러준다고 했다. 바이어스란 0V 대해서 어느 정도 전압이 떠 있는 직류를 가리킨다. 따라서 직류 바이어스는 교류신호보다 상대적으로 월등하게 크기 때문에 트랜지스터에서는 직류해석을 대신호 해석이라 하고, 교류해석을 소신호 해석이라고 나누어준다.

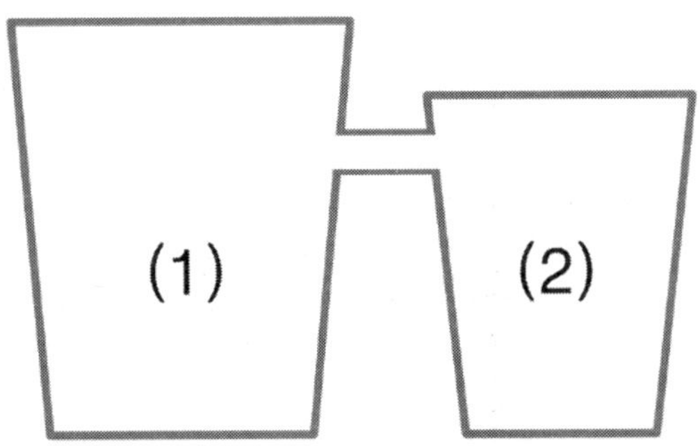

양동이 두개를 연결한다.

그림 2-3-3. 트랜지스터 직류 바이어스를 양동이 두 개를 연결하여 비유적으로 설명

직류 바이어스 없이는 교류증폭이 곤란한 이유를 비유적으로 살펴보자. 양동이에 담긴 물로 설명하는 것이 최고다.

양동이 두 개가 윗 쪽에 파이프로 연결 되어 있는 구조를 상정해 보기로 한다. 첫 번째 양동이에서 두 번째 양동이로 수면에 이는 파동을 크게 해서 전달하고자 한다면, 먼저 해주어야 하는 일은 두 개의 양동이에 물을 파이프 근처까지 부어 주어야 한다. 이 비유는 마치 트랜지스터 회로는 있지만 어떤 전원도 연결되지 않은 상태라고 볼 수 있다.

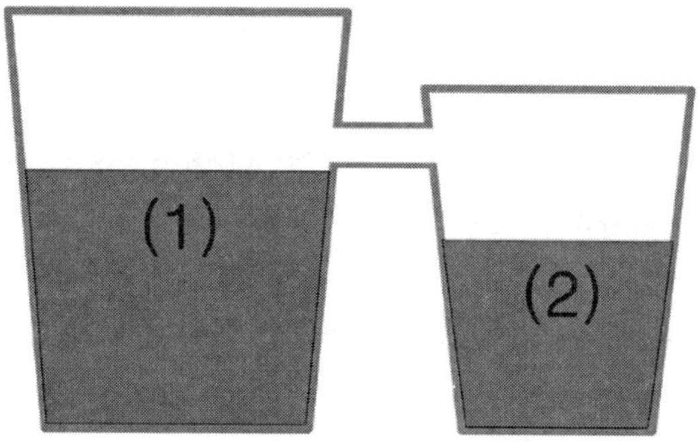

두 개의 양동이에 물을 채운다.

그림 2-3-4. 두개의 양동이에 물을 담는 것은 트랜지스터에 직류전압을 건 것과 같다.

양동이에 물을 채워 넣는다고 해서 첫 번째 양동이의 수면 파동이 두 번째 양동이로 넘어 갈 수는 없다. 이 비유는 드디어 트랜지스터 회로에 직류전압, 즉 바이어스를 인가한 상태로 볼 수가 있다.

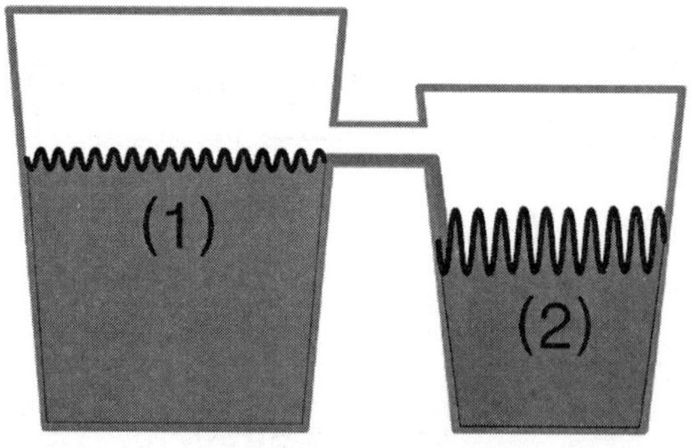

그림 2-3-5. 물을 채운 양동이에 파동을 일으키는 것은 교류입력 신호를 인가하는 것과 같다.

첫 번째 양동이에 파동을 일으키면 이 파동은 파이프를 통해 다음 양동이에 전달이 되고 수면 낙차에 의해 파동을 더욱 크게 일으킨다. 그러나 파동의 주파수는 동일하다. 한 가지 재미있는 사실은 첫 번째 양동이의 파동의 고(高), 저(低)를 생각해 보면, 파동이 클 때 다음 양동이에서는 물이 세게 내려가므로 저(低) 상태가 되고, 처음 양동이 파동이 저(低) 상태가 되면 두 번째 양동이에는 고(高) 상태가 되어 상이 반전이 되어 버린다. 공통 에미터 증폭기에서 실제로 트랜지스터 베이스에 교류신호를 입력시키면 컬렉터 단에서는 상이 반대인 증폭된 신호가 출현하기 때문에 양동이 비유는 너무 적절한 것 같다.

첫 번째 양동이의 파동이 두 번째 양동이에서는 진폭이 몹시 커진 것을 확인할 수가 있는데, 이를 증폭되었다고 말해준다. 따라서 트랜지스터는 신호를 증폭시키는 소자라고 하는 것이다. 증폭은 없던 에너지가 불쑥 생겨나는 것이 아니라, 직류전압에 파동을 크게 재현시킬 때 출현하는 것이므로 증폭이 무에서 거저 생겨난다고 하는 오해를 불식시키자. 수사학적으로 표현 하자면 증폭은 직류 바이어스를 먹고 파생된 파동의 거대화 작용 이라고 볼 수 있다.

양동이에 물을 채우는 상태는 트랜지스터의 직류 전압, 바이어스를 인가하는 것에 정확히 대응하고, 양동이에 파장을 일으키는 것은 트랜지스터에 바이어스가 걸려 있는 상태에서 교류신호를 입력시키는 것에 대응시킬 수 있다.

그래서 트랜지스터에 관한 교과서에는 항상 직류 바이어스를 걸었을 때를 분석하고, 그 다음에는 교류 신호가 인가되었을 때를 나누어 분석해 주게 되는 것이다. 직류 바이어스를 걸었을 때 들이대는 분석을 대신호 해석이라고 하고, 교류 입력신호를 다룰 때는 소신호 해석이라고 하는 것을 반드시 명심해 주기로 한다.

그러면 이제는 NPN 트랜지스터에 직류전압을 어떻게 걸어야하는지 감이 오기 시작한다. 부분적으로 바이어스를 걸었던 것을 종합적으로다가 걸어 주어 보기로 한다. 아래 그림은 트랜지스터에게 가장 알맞은 직류전압을 걸어 넣은 상태가 되겠다.

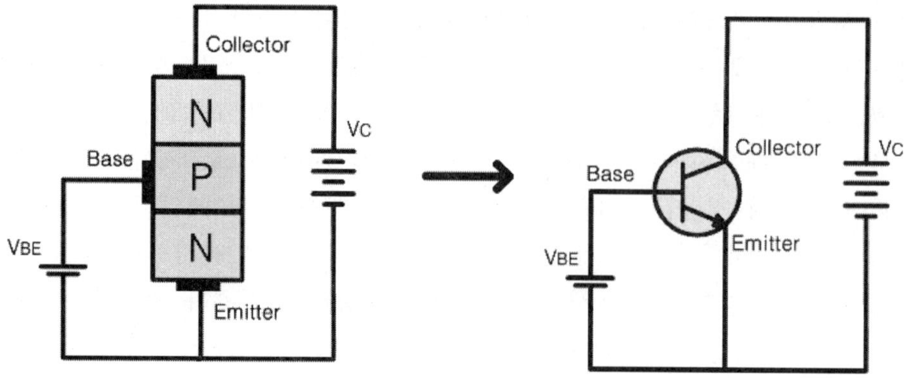

그림 2-3-6. 트랜지스터 직류 바이어스 올바른 연결방법

우리가 여태껏 분석한 것을 밑천으로 상식적?으로 동작을 예상해 보면, 베이스-에미터간에는 0.7V 이상이면 도통 되니, 전류가 베이스에서 에미터 쪽으로 확 흐를 것 같고, 컬렉터와 에미터간에 인가된 직류전압은 역방향 바이어스가 걸린 곳이 있게 됨으로 항복전압이 일어나지 않는 한 별로 영향을 미치질 못할 것 같다. 따라서 그저 베이스와 에미터 사이에 P-N접합의 다이오드 동작만 일어날 것 만 같은 기분이 사록사록 든다. 어째서 저 따위로 직류 전압을 걸어 논 상태가 올바른 바이어스 방법이란 말인가?

이런 젠장 헐!~ 우리가 예상한 동작과는 딴판으로 행동하는 불상사가 벌어질 것 같다.

일단 각 단에서 흐르는 전류를 베이스전류 (I_B), 컬렉터 전류 (I_c), 에미터 전류 (I_E)라고 정하고 전류동작은 어떤지 실험적으로 파악하자.

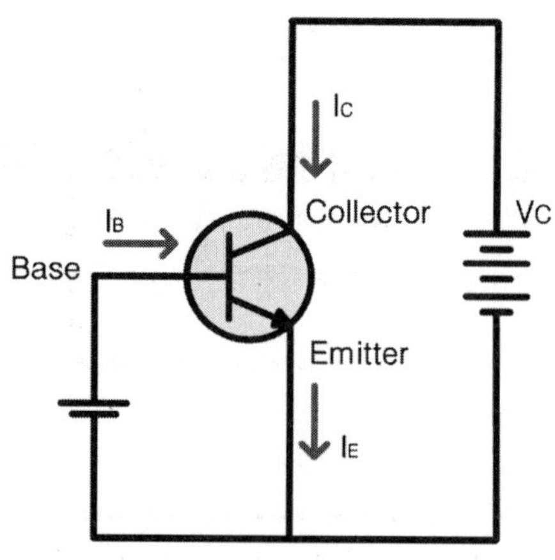

그림 2-3-7. 직류 바이어러스를 건 상태에서 전류의 방향

머릿속에서는 컬렉터와 에미터 사이에 전류가 흐를 것 같지 않으나 실험적으로는 위의 회로도에서 보는 바와 같은 전류가 흐르는 현상이 발생해 버린다. 어째서 저런 현상이 발생해 버리는 것일까? 분명 우리가 베이스에 전압을 걸지 않고, 컬렉터와 에미터 사이에만 직류전원을 걸었을 때에는 전류가 도대체 흐르지 않았는데 말이다. 변한 것은 베이스에 전압을 걸어 주었다는 단순한 사항이 추가 된 것뿐이다.

우리 예상과는 다르게 트랜지스터가 왜 버젓이 딴 짓을 하는 것일까? 이론적으로 메스를 들이대자. 전류의 흐름을 가져오는 것은 전자(electron)의 농간이니, 전자의 입장이 되어 역지사지로 사고해 보기로 한다.

- 베이스-에미터간에 순방향 전압이 걸렸기 때문에 전자는 (+)극을 향하여 총진군하게 된다. 고난의 공핍층을 뚫고 애당초 목표였던 베이스단 쪽으로 행진하려고 하는데, 혼란에 빠진다. (+)극이 컬렉터에서도 버젓이 보이는 것이 아닌가? 그것도 아주 강력하게...

- 선도군은 베이스단이나 컬렉터단 쪽으로 양단간에 결정을 내려 주어야 한다. 판단해 보니 베이스단은 좁고, 컬렉터단은 면적이 넓어 전자들의 행군에 방해가 되지 않을 것 같다. 그래서 컬렉터단으로 총 진격!!!!!!!!!!!!!! 그러면 전자의 방향과 반대로 전류가 흐르니 컬렉터 단에서부터 에미터단 쪽으로 왕창 전류가 흘러 들어오게 된다. 실제 베이스층은 상당히 얇고, 정공의 농도도 매우 낮다. 전자에게 매력이 별로 없는 곳이다.

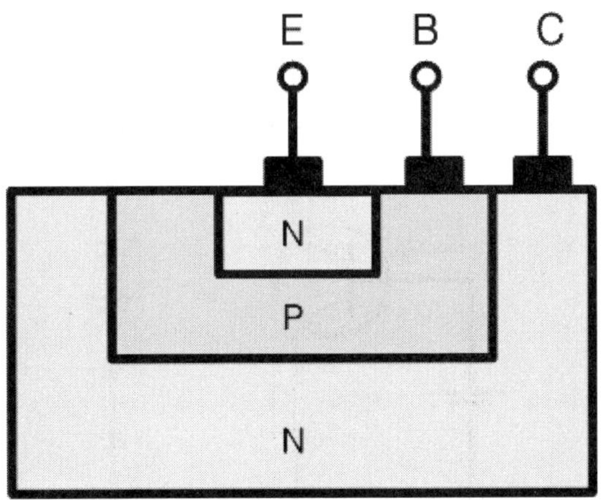

그림 2-3-8. 트랜지스터 실제 구조

그림을 보시라 컬렉터의 품이 얼마나 넓은지를!! 전자들의 입장에서 볼 때는 베이스 뒷골목 보다는 컬렉터 유라시아 대평원에 풀도 풍부하고, 면적도 넓어 넉넉하게 먹으면서 지날 수 있기에 이 좋은 곳을 놓칠 리가 없다. 항상 그렇듯이 삐딱해서 딴짓거리 하는 애들은 있게 마련이다. 컬렉터의 터가 아무리 좋아도 주구장창 골목길을 고집하는 전자 아이들이 있기 때문에 쥐꼬리만 한 전류가 베이스에서 에미터로 흘러들어 오게 되는 것이다. 베이스에서 흘러 들어오는 전류는 컬렉터에서 흘러 들어오는 전류에 비해 보통 50~300배 정도 작다는 역사가 전해 내려온다.

2-4. 트랜지스터의 전류증폭률 : β, α

베이스전류 (I_B), 컬렉터 전류 (I_C), 에미터 전류 (I_E)간의 관계를 확립해 보자. **키르히호프의 전류의 법칙**(Kirchhoff' s current law)에 따라 한 절점에서 흘러 들어오는 전류의 양과 흘러 나오는 전류의 양은 같다는, 에너지 보존의 법칙의 방계 법칙에 따라 관계는 확고하게 틀이 지어진다. 직류이던 교류이던 관계없이 항상 성립하는 법칙이다.

키르히 호프의 법칙 중 전류의 법칙을 간단하게 되짚어 보고 설명을 이어가기로 한다. 개인차가 있으나 회로 해석할 때 전류의 법칙으로 해석하면 쉽게 풀이 할 수 있는 것들이 많기 때문에, 적극적으로 키르히 호프법칙 중 전류의 법칙을 숙지하라고 권하고 싶다.

키르히 호프의 전류의 법칙은 아주 명료하다. 회로의 어느 **한 절점 (동작 되는 회로의 어떤 점을 임의로 잡아도 전혀 무방하다.)을 기준으로 들어오고, 나가는 전류의 총합은 같다는 법칙이다.** 따라서 임의 절점에서 들어오는 전류에서 나가는 전류의 총량을 빼면 0가 되는 것은 불문가지다. 아래 (2-4-1)회로를 보고 수식으로 정리해 보도록 한다.

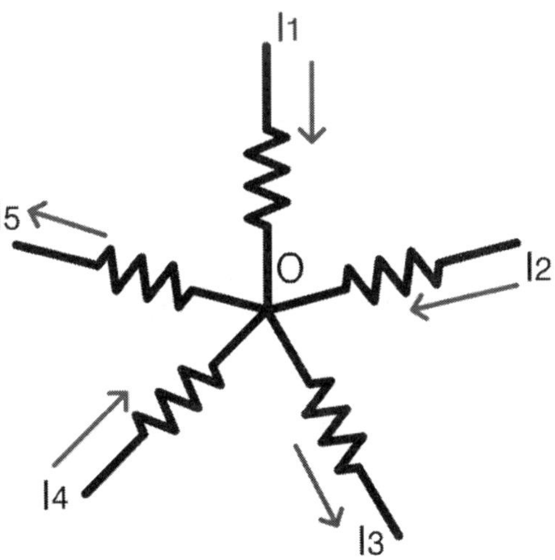

그림 2-4-1. 회로의 어느 절점에 들어오고, 나가는 전류의 합은 같다.

임의 절점은 O로 잡았다. 들어오는 전류는 I_1, I_2, I_4 이고, 나가는 전류는 I_3, I_5 일 때 전류의 방향이 두 가지 이므로 방향에 따라 극성을 정해 주어야 한다. 들어가는 것을 (+)로 잡던지 (−) 로 잡던지 결정은 해석하는 사람의 자의에 따른다. 예를 들어 그렇다는 것이지 실제로는 전압이 높은 데서 전압이 낮은 데로 전류가 흐른다는 것은 불문가지다. 한쪽을 (+) 방향으로 정했으면, 나머지 다른 방향을 (−)로 잡아 주어야 한다.

여기서는 들어오는 전류를 (+)로 잡고, 나가는 전류를 (−)로 잡아 주기로 한다. 그러면 키르히 호프의 전류 법칙에 따라 들어오는 전류와 나가는 전류의 합은 같게 된다.

$$I_1 + I_2 + I_4 = I_3 + I_5$$

간단한 착상으로 전류에 대한 식을 얻어 올 수 있었다. 또한 전류방향에 따라 전류의 극성을 정해 주면 식은 이항하여 아래와 같이 사용하기도 한다. 이 식이 의미하는 것을 굳이~ 말로 풀어 본다면 절점에서는 전류가 쌓이지? 않고 없다는 말이 된다. 나가는 것이 들어오는 것과 같으므로 이는 당연하다.

$$I_1 + I_2 + I_4 - I_3 - I_5 = 0$$

여기까지 사고하면 트랜지스터의 전류를 해석하는 데에는 모자람이 없다. 그러나 키르히 호프의 전류법칙을 완벽하게 이해하기 위해 문제적 문제를 하나 건드려 보고 진도 나가기로 하자.

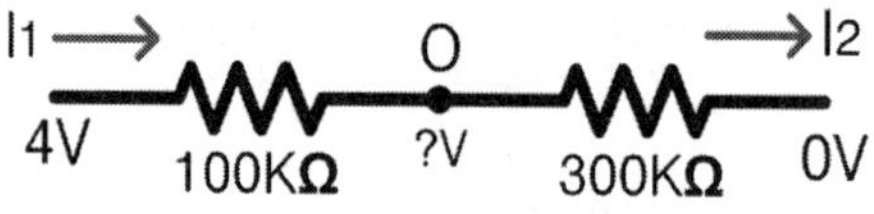

그림 2-4-2. O 점의 전압은?

이런 문제는 회로 해석 할 때마다 자주 부딪히는 것이므로 간단하지만 중요하다고 할 수 있다. 위의 그림에서 절점 O의 전압은 얼마가 될까? 눈치로 때려잡는 데는 한계가 있으므로 여기서부터는 키르히호프의 전류의 법칙을 가동해야 한다. 절점의 전압은 모르니까 일단 xV 라고 한다. 모르면 미지수로 대체하는 것은 상식이다.

O점을 기준으로 들어오는 전류는 I1이고 나가는 전류는 I2이다. 키르히 호프의 전류법칙은 임의의 절점에서 들어오는 전류와 나가는 전류의 합은 같으므로 버벅거리지 않고 식을 지금 즉시 세울 수가 있을 것이다.

$$I_1 = I_2$$

자~ 이제 다음 단계의 문제로 넘어간다.

어떻게 전류 I_1 ,I_2 를 구하는가? 그렇다 전기전자의 아주 기초적인 법칙인 오옴의 법칙 (ohm's law)을 적용해야 전류의 식을 저항과 전압의 관계식으로 바꿀 수가 있는 것이다. 아래는 중학교 과학시간부터 우리 뇌에 세뇌(洗腦) 되었던 오옴의 법칙이다.

$$I\ (\text{전류}) = \frac{V(\text{전압})}{R(\text{저항})}$$

이제야 해결점이 보인다고 생각한 순간~ 어리둥절해 마지않는다. 저항값은 알겠는데, 전압은 어떻게 처리해야 할지 난감해 진다. 분명히 법칙에서는 전압이 달랑 하나 표기되어 있는데....4V로 넣어야 하나? 아니면 xV로 넣어야 하나 아리송해진다.

이점에서 우리의 사고는 외연을 좀 더 확장해야 한다. 회로를 해석할 때 대부분 전류를 구하는 경우에는 오옴의 법칙의 식처럼 하나만 주어지는 경우는 매우 드물다. 그러나 교과서에서는 사실 이점이 묵과 되어 나오는 경우가 태반이다. 아래 회로의 전류를 구해 보면 단박에 알 수 있다.

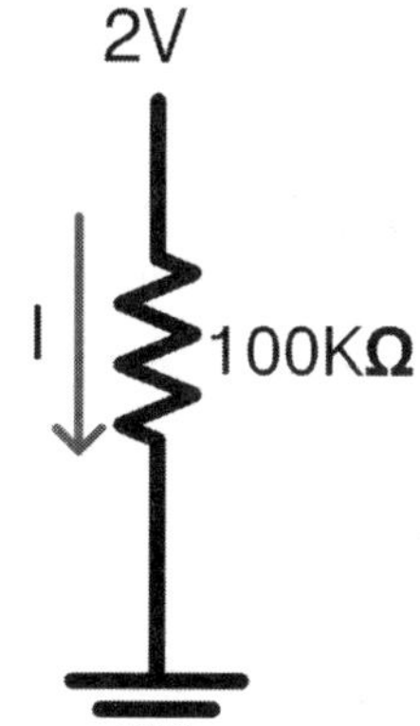

그림 2-4-3. 저류 I는 간단히 구해진다.

이런 경우 대부분은 전류 I를 구할 때 주저함 없이 구해낸다.

$$I\ (\text{전류}) = \frac{2V}{100K\Omega} = 20uA$$

이렇게 구하면 되는데 그런데 무엇이 문제란 말인가?

이런 사고로는 애초 우리가 문제로 낸 회로의 절점전압을 구하기는 묘연해 진다. 사고의 외연을 확장하라고 한 말은 이제부터는 전압을 한쪽 측면에서만, 하나로만 보면 절대 안 된다는 것이다. 즉 저항 양단의 전압차이를 저항으로 나누어 주어야 정확한 이해에 도달하게 된다. 따라서

$$I\ (\text{전류}) = \frac{2V - 0V}{100K\Omega} = 20uA$$

결과는 같았지만 과정상 품질이 천지차이가 난다. 접지의 전위를 꼭 고려해야만 한다는 것이다. 이 보시게!! 전압 0V는 쓰나 안 쓰나 마찬가진데 그리 까다롭게 굴 것 있느냐 하고 반문하고 싶겠지만, 사고 방식상 꼭 저항 양단의 전압, 전위차를 고려하라고 강조하는 것이다. 식을 쓸 때 대부분 0V는 쓰나마나 한 것이기 때문에 전혀 고려하지 않았었다. 아니 그런가. 따라서 애초에 문제적 문제였던 절점의 전압을 구하는 방법적 수단이 사고의 외연을 확장한 결과로 마련이 된 것이다. 두 전압 차이에 의해 전류가 흐른다는 것은 아주 당연한 사실이지만 오옴의 법칙만 디리 외우게 되면 살짝 간과 해 버리게 되고, 결국 사고가 굳어 버리게 마는 것이다.

그림 (2-4-2)를 다시 생각해 보기로 한다. O점을 기준으로 들어오는 전류와 나가는 전류는 같으니까 전류의 식은 아래와 같다. 위에서 확인 한 바 있다.

$$I_1 = I_2$$

가 되고, 오옴의 법칙을 적용하여 각각의 전류는 전위차를 저항으로 나누어 얻을 수 있게 되었다.

$$I_1 = \frac{4V - xV}{100K\Omega}$$
$$I_2 = \frac{xV - 0V}{300K\Omega}$$

두 전류가 같아야 하므로,

$$\frac{4V - xV}{100K\Omega} = \frac{xV - 0V}{300K\Omega}$$

$$12V - 3xV = xV$$

$$4xV = 12V$$

$$\therefore \ x = 3V$$

절점의 전압은 3V로 구해졌다. 검산은 직접 해 보시라. 양단의 전압이 구해 졌으니 나머지는 산수가 된다. 이제 강조하고자 하는 점이 명확해졌다. 오옴의 법칙에서 전압의 항은 저항의 양단 전위차라는 것을 꼭 가슴깊이 새겨야 한다. 대뇌 피질에 아로새겨 넣기로 하자.

그렇다면 트랜지스터회로에서 각단에 흐르는 전류는 트랜지스터를 하나의 절점으로 생각하면 서로간의 전류관계식이 쉽게 얻어진다. 아래 트랜지스터 회로의 전류관계식을 구하는 것은 식은 죽 먹기다. 뜨거운 스프로 입천장과 혓바닥 표면을 왕창 데어 본 사람만이 식은 죽 먹기의 손쉬움을 알리라.

키르히호프의 전류법칙을 알아보았으니 이를 토대로 하여 트랜지스터에 직류 바이어스를 건 상태에서 각 단에 흐르는 전류를 키르히호프의 전류 법칙에 적용해 보기로 한다.

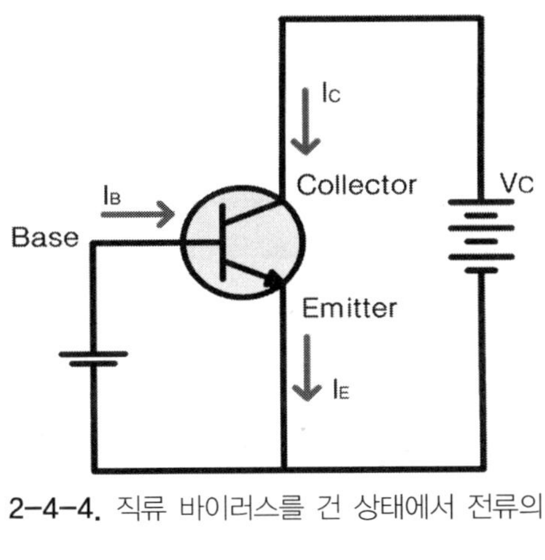

그림 2-4-4. 직류 바이어스를 건 상태에서 전류의 방향

식은 아래와 같이 아주 간단하게 세울 수 있다고 했다.

$$I_E = I_B + I_C --- (2.4.1)$$

위의 식 (2.4.1)은 너무나 타당하고, 당연한 귀결이지만 트랜지스터가 나오면 반드시 염두에 두어야 하는 식이다. 그 만큼 트랜지스터에서는 전류해석의 기본이 된다.

인간은 간편한 것을 지향한다. 변수가 많아지면 골치 아프기 때문에 변화하는 수들을 삭제하는 방향으로 노력을 기울이게 된다. 트랜지스터의 각 단자에 흐르는 관계식에서 우변을 보면 베이스전류 (I_B), 컬렉터 전류 (I_C)가 더해진 형태가 되어 있는데, 만약 컬렉터 전류 (I_C)를 베이스전류 (I_B)로 표현할 수만 있다면 식은 두 변수간의 관계로 간단명료하게 탈바꿈 될 것이다. 과연 길이 열릴 수 있을까?

현상적으로 접근하면 컬렉터 전류 (I_C)는 베이스전류 (I_B)보다 수십에서 수백 배 큰 값으로 나온다는 사실이다. 하나가 다른 하나에 비해 적당하게 배수로 나온다면 길이 열릴 수 있다. 그것도 고정해서 정해진다면 금상첨화(錦上添花)일 것이다. 페어차일드 社에서 나온 KSC945를 눈여겨보기로 하자.

표 2-4-1. KSC945 직류전류이득

Electrical Characteristics Ta=25℃ unless otherwise noted						
Symbol	Parameter	Test Condition	Min	Typ	Max	Units
h_{FE}	DC Current Gain	V_{CE}=6V, I_C=1.0mA	40		700	

KSC945 안에도 전류증폭률에 따라 종류가 나누어진다. 아래 표는 전류증폭률(=직류전류이득)에 따른 기호의 분류이고 참고로 하면 좋다.

표 2-4-2. 알파벳에 따른 직류전류이득의 구분

h_{FE} Classification					
Classification	R	O	Y	G	L
h_{FE}	40~80	70~140	120~240	200~400	350~700

이를 **전류증폭률** (current amplification factor, **電流增幅率**)이라고 정의한다. h_{FE}는 에미터접지 전류 증폭률이라고 한다. 보통은 온도에 굉장히 민감한데 페어차일드 社

에서 나온 KSC945에서는 온도에 따라 변화하는 전류증폭률이 제시되어 있지는 않다. 제조회사에 따라 컬렉터-에미터간 전압에 따라 전류증폭률이 어떻게 변화하는지도 그래프로 제공된다.

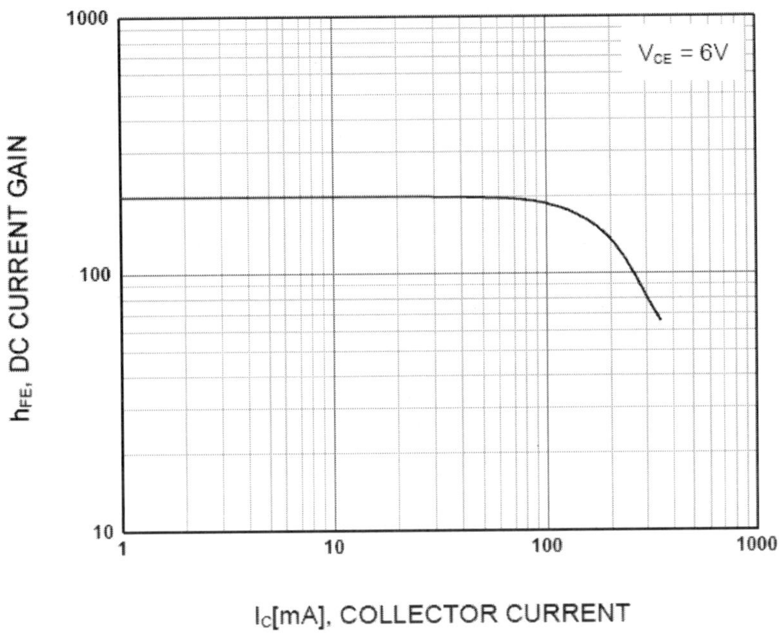

그림 2-4-5. 컬렉터 전류 변화에 따른 직류전류이득의 변화

페어차일드 社에서 나온 KSC945는 컬렉터전류 100㎃까지는 직류전류증폭률이 거의 200 정도에서 안정된 모습을 보여 주고 있다. 에미터 접지 전류증폭률은 베이스전류 (I_B)에 따라 증폭되는 컬렉터 전류 (I_C)의 비로 아래와 같이 정의된다.

$$h_{FE} = \frac{I_C}{I_B} = \beta --- (2.4.2)$$

이를 보통 β라고 쓰기도 한다. 한 가지 더 고려 해 주어야 하는 것은 위의 h_{FE} 특성 그래프의 y축을 보면 Current Gain이라고 명칭이 붙여 있는 것에 유념해 주어야 한다는 것이다. Gain, 즉 이득은 입력 대비 출력의 관계식이기 때문에 결국은 입력 전류대비 출력전류의 비(比)가 h_{FE}라는 것이다. 바야흐로 컬렉터 전류 (I_C)를 베이스 전류 (I_B)로 표현할 수 있는 길이 비로소 열렸다고 볼 수 있다.

예외 없이 이득(Gain)은 수학적으로 표현할 때 입력대비 출력의 비이기 때문에, 입력은 분모에 출력은 분자에 넣어 준다. 값이 크게 되면 로그를 취해 주기도 한다.

정의 되었던 (2.4.2)식을 보기 편하게 변형시켜 보기로 한다. β는 일정하게 주어지는 값이므로 바로 활용할 수 있는 값이 된다. 컬렉터 전류를 전류증폭률과 베이스 전류로 환원 시킬 수 있다. 아래는 정의
식에서 약간의 변형을 가하면 나오는 식이다. 이 관계식은 기억해 주어야 한다.

$$I_C = \beta I_B --- (2.4.3)$$

사정이 이러하다면 식(2.4.1)은 아래와 같이 해까닥 하고 간단하게 변태될 터이다.

$$I_E = I_B + I_C = I_B + \beta I_B = (1+\beta)I_B$$

그런데 위에서 확인 했듯이 전류증폭률 β는 100이상의 큰 값이므로 1에 비해서는 비교도 안 되게 큰 값이다. 현장성은 간단한 것을 지향하기 때문에, 현장성을 감안하여 1을 가감하게 삭제하면 식은 더 빠삭 졸여진다.

$$I_E \cong \beta I_B$$

헉~ 일이 요상스럽게 돌아가 버리기 시작한다. 식 (2.4.3)을 보면 컬렉터 전류(I_C)도 $\beta \times I_B$ 이었지 않았는가!!!!!!!!! 꼬리가 9개인 여우한데 홀렸나? 컬렉터 전류와 에미터 전류가 같아져 버리는 결과가 튀어 나왔다. 이것은 값이 컸던 전류증폭률 β를 도입하여 얻어낸 하나의 전리품이다.

$$I_E \cong \beta I_B = I_C$$

컬렉터 전류 (I_C)는 이러구저러구, 여차여차해서 결국엔 에미터 전류 (I_E)와 같아지게 되었다. 왜 이런 사태가 벌어지고야 만 것인가? 원인은 베이스전류 (I_B)가 컬렉터 전류 (I_C)전류에 비해서 너무너무 작기 때문에 무시당하게 된 것이다. 해서 구질 맞게 생각하기 싫은 사람은 다음부터는 컬렉터 전류 (I_C)와 에미터 전류 (I_E)는 같은 값이라고 치부해도 무방하다.

한 가지, 전류 증폭률이 꼭 β만 있지는 않다. 지금까지 우리가 고려해 온 회로는 에미터 접지방식에 있어서 전류 증폭률이었다.

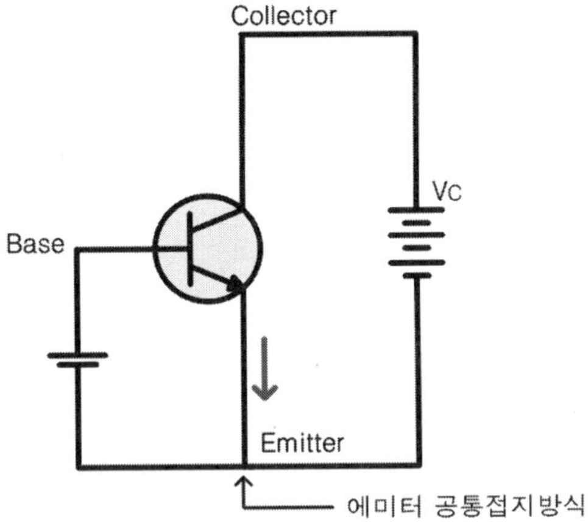

그림 2-4-5. 공통 에미터 접지방식

그럼 이런 회로는 어떤 방식이런가?

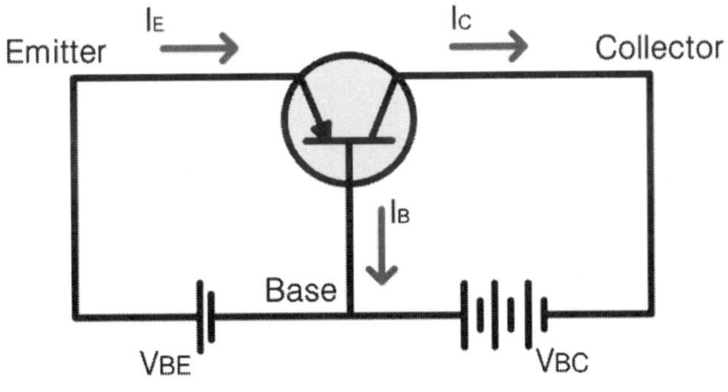

그림 2-4-6. 공통 베이스 접지방식

베이스 접지방식의 회로이다. 에미터 공통접지 방식은 입력이 베이스였지만, 이때는 입력이 에미터가 된다. 따라서 이때는 전류증폭률을 베이스접지 전류증폭률이라고 불러 주고 기호로는 h_{FB}라고 써준다. 입력전류와 출력전류가 있다면 전류증폭률은 식 (2.4.4) 와 같이 정의 된다.

$$h_{FB} = \frac{I_C}{I_E} = \alpha --- (2.4.4.)$$

베이스 공통접지 회로의 전류증폭률은 너무 쉽다. 제조회사 부품 규격 표에서도 나오지 않는다. 왜냐하면 얘는 0.95~0.99 정도의 값을 갖기 때문에 항상 거의 1에 가깝다고 간주 해주는 편이 쉽다. 트랜지스터에서는 컬렉터 전류 (I_C)와 에미터 전류 (I_E)가 거의 같다고 하지 않았는가? 기억나는가? 그래서 그냥 1로 간주한다. 이런 면이 설렁설렁 계산할 때 아주 편해진다. 컬렉터 전류 (I_C)를 에미터 전류 (I_E) 형식으로 바꿀 수 있게도 되었다.

$$I_C = \alpha I_E --- (2.4.5)$$

여기서 그냥 정의만하고 진도 나가면 좀 섭섭하다. 많은 책들에게서 전류증폭률 α와 β 사이를 관계 지어 놓은 식들을 널브러뜨리기 때문에 한 번은 짚고 넘어가는 것이 좋을 듯싶다. 식 (2.41)을 다시 보기로 한다.

$$I_E = I_B + I_C$$
$$I_B = I_E - I_C$$
$$I_B = I_E - \alpha I_E = (1-\alpha)I_E$$

여기서 정의된 β의 식을 슬쩍 들이밀자.

$$\beta = \frac{I_C}{I_B} = \frac{\alpha I_E}{(1-\alpha)I_E}$$

$$\boxed{\therefore \beta = \frac{\alpha}{(1-\alpha)} --- (2.4.6)}$$

(2.4.6)식을 전개하면 전류증폭률 α의 값이 전류증폭률 β의 관계로 나온다.

$$\beta = \frac{\alpha}{(1-\alpha)}$$
$$\alpha = (1-\alpha)\beta = \beta - \alpha\beta$$
$$\alpha + \alpha\beta = \beta$$
$$\alpha(1+\beta) = \beta$$

$$\boxed{\therefore \ \alpha = \frac{\beta}{(1+\beta)} --- (2.4.7)}$$

간단한 계산식을 하나 풀어 보기로 하자.

만약 β=200인 트랜지스터에 베이스전류가 30μA 라고 할 때 컬렉터 전류 (I_C)와 에미터 전류 (I_E)전류는 쉽게 구해진다. 식 (2.4.3)에 의해,

$$I_C = \beta I_B = 200 \times 30uA = 200 \times 30 \times 10^{-6} = 6mA$$

꼼꼼하게 따지면 에미터 전류는

$$I_E = (1+\beta)I_B = (1+200) \times 30uA = 201 \times 30 \times 10^{-6} = 6.03mA$$

대충 때려잡아서 6㎃가 되어 컬렉터 전류에 근사(近似) 한다. 이 정도쯤은 이제 자유롭게 계산해 낼 수 있어야 한다. 초등학교 수학인데 못할 수는 없는 노릇 아닌가?

여기까지 설명한 것을 정리하도록 하자. 간단한 문장으로 트랜지스터에 관한 명제 하나를 만들어 보자는 말이다. 트랜지스터는 베이스전류 (I_B)를 흘려주기만 하면, 컬렉터 전류 (Ic)와 에미터 전류 (I_E)가 흐르는 소자이다. 굉장히 압축적이지 않은가! 지금까지 너절하게 해석해 왔지만 요약한 명제에 주석을 단 격이다.

나중에 교류신호를 해석할 때 접하는 식이 있다. 예방접종 하는 의미로 복잡해 하지 말라고 전류증폭률 h_{FE}로 가공한 식을 잠깐 거들떠보자.

$$I_E = (1+h_{FE})I_B$$

라고 했다. 따라서

$$I_B = \frac{I_E}{(1+h_{FE})}$$

라고 쓰기도 하고, 식 (2.4.3)에서

$$I_C = h_{FE} I_B = \frac{h_{FE}}{(1+h_{FE})} I_E$$

라고 변형하여 쓰이기도 한다. 그러나 헷갈려 할 필요가 전혀 없다. 반복해서 풀어 봤던 것이기 때문에 눈빛으로 지그시 밟아 주기로 한다.

2-5. 트랜지스터를 정전류 회로로 사용하기.

직류전류이득 h_{FE}를 정의함으로 트랜지스터는 전류를 증폭해 주는 소자라는 것을 확실히 감을 잡았을 것이다. 전류에 관계된 회로로 정전류 회로라는 것이 있다. 주변 상황이 좀 변화된다 손 치더라도 일정한 전류를 흐르게 하는 작용은 회로에서 많이 사용하게 된다.

예를 들어 DAC (Digital Analog Converter) 내부회로에서 끌어당기는 전류가 일정하지 않으면 DAC의 동작이 전혀 이루어지지 않기 때문에 내부에 정전류 회로를 꾸며 주게 된다. 알게 모르게 정전류 회로는 우리 주위에서 적지 않게 사용이 되고 있는 것이다.

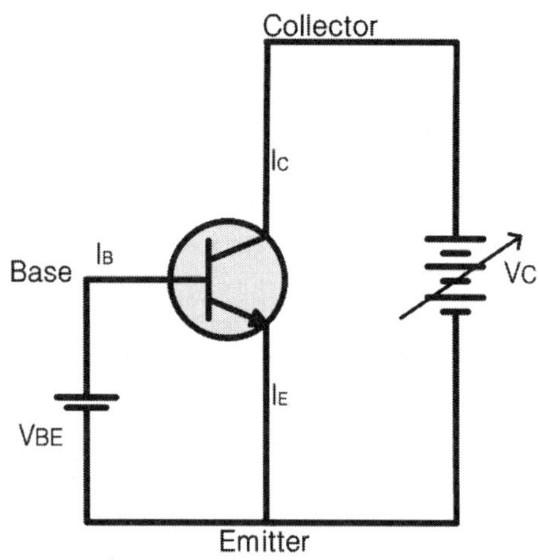

그림 2-5-1. 트랜지스터의 V_{CE}-I_C 그래프 이해를 위한 정전류 회로

베이스-에미터간 P-N접합이 도통 되도록 전압 V_{BE}을 일정하게 유지한 상태에서, 컬렉터에 인가하는 전압 V_C를 0V에서 부터 점점 상승시켜 보기로 한다. 어떤 현상이 일어날까? 상승되는 전압만큼 컬렉터-에미터간에 걸릴 것 같은데, 아뿔싸 트랜지스터는 우리의 예상을 빗나가게 동작을 해댄다.

그럼 대체 어떻게 동작한다는 말일까? 특성그래프를 가져와서 보는 것이 수월하다. 페어차일드 社에서 나온 KSC945의 부품 규격 표를 펼쳐 보자.

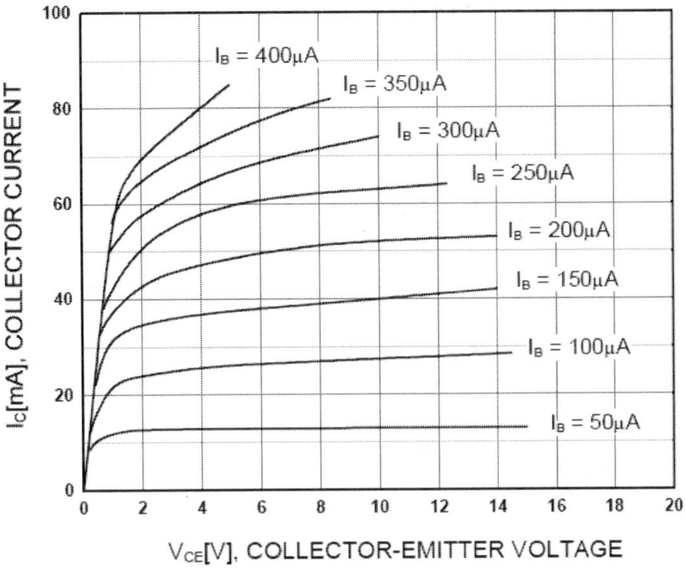

그림 2-5-2. KSC945 V_{CE}–I_C 동작 특성그래프

트랜지스터를 공부하는 데 있어 가장 큰 어려움 중의 하나는 특성 그래프에 대한 이해이다. 특성 그래프만 나오면 얼이 빠지는 경향이 대체로 있는데 차근차근 짚어가면 그리 혼란스러운 것만도 아니니다. 이해하고 익히는 것이 매우 중요하다.

V_{CE}–I_C 간의 특성을 이해하는 데 방해가 되는 것은 베이스 전류 (I_B)의 각각 다른 값을 여러 개 동시 다발적으로 그래프에 때려 넣어 아리송해진 탓이 크다. 그림 (2-5-2)의 V_{CE}–I_C 간 특성 그래프에서 베이스 전류가 동일한 시간에 저런 값을 가지는 것은 절대 아니니다. 사실은 하나의 베이스 전류에 대해서 V_{CE}–I_C 특성이 그려진 것인데 이를 동시에 같이 그려 넣어서 혼란스러운 것일 뿐이다. 따라서 동시에 베이스 전류 여러 개를 보지 말고 하나만 죽도록 추적해 주면 된다.

베이스 전류 (I_B) 여러 개 중에 I_B =50㎂ 인 그래프만을 유심히 보기로 한다. 그래프에서 I_B =50㎂을 그려 놓은 것은 베이스 전류 (I_B)가 일정하게 50㎂ 흐를 때를 의미하는 것이다. 재삼 강조하지만 동시 다발적으로 생각해 주지 말고 베이스 전류 (I_B) 각각을 개별적으로 따져 주면 된다. I_B =100㎂ 이면 아항~ 베이스전류 100㎂를 트랜지스터에 흘려보낼 때를 의미하는 것이구나 하고 꼭 감을 잡고 진도 나가야 한다.

그렇게 베이스전류를 일정하게 한 다음에 컬렉터-에미터간 전압 V_{CE} 전압을 0V부터 서서히 증가시켜 나가면 컬렉터에 흐르는 전류가 어떻게 되는지 보는 것이 이 그래프가 나타내고자 하는 의도가 된다. V_{CE}-I_C **특성곡선**이라고 불러준다.

컬렉터-에미터간 전압(V_{CE})을 0V에서 부터 점점 높여 가면, 일정한 베이스전류 I_B =50㎂에 의해 컬렉터 전압이 전류증폭률 β만큼 크게 나타난다. 그런데 놀랍게도 컬렉터 전류 Ic는 컬렉터-에미터간 전압(V_{CE})이 0.2V 정도 될 때쯤 거진 일정하게 포화(Saturation)되어 버리고 만다. saturation의 뜻은 더 이상 치고 올라 갈 데나, 혹은 치고 내려갈 데가 없어진 상태를 의미한다. 뷔페식당에 가서 배가 차도록 먹고 더 이상 먹지 못하는 상태를 배가 터지는 상태, 즉 포만이라고 하듯이 전기전자에서도 그런 상태가 존재한다.

전기전자에서 포화(Saturation), 또는 세츄레이션 되었다고 하면 손댈 수 있는 상황이 지나가 버린 상태라는 것을 눈치 채 주어야 한다. 제조회사에서는 컬렉터-에미터 간 포화전압(V_{CE})을 특성표에 제시해 준다. 아래는 페어차일드 社에서 제시한 KSC945의 부품규격표이다.

표 2-5-1. 컬렉터-에미터 간 포화전압(V_{CE})

Electrical Characteristics Ta=25℃ unless otherwise noted						
Symbol	Parameter	Test Condition	Min	Typ	Max	Units
V_{CE}(sat)	Collector-Emitter Saturation Voltage	I_C=100㎃, I_B=10㎃,		0.15	0.3	V

인간이 누구던가? 이성적 동물 아니던가! 이런 속수무책(束手無策)일 것 같은 포화상태도 선용(善用) 해서 쓸 수 있는 능력을 가지고 있는 것이 사람이다. 어디에 적용하면 끝내 줄 수 있을까? 그렇다 전류를 일정하게 흐르게 만드는 정전류(定電流) 회로에 적용하면 금상첨화(錦上添花)다. 그림 (2-5-2) 특성곡선에서 컬렉터 전류 Ic는 12㎃ 정도로 일정하게 유지되는 것을 확인할 수 있다.

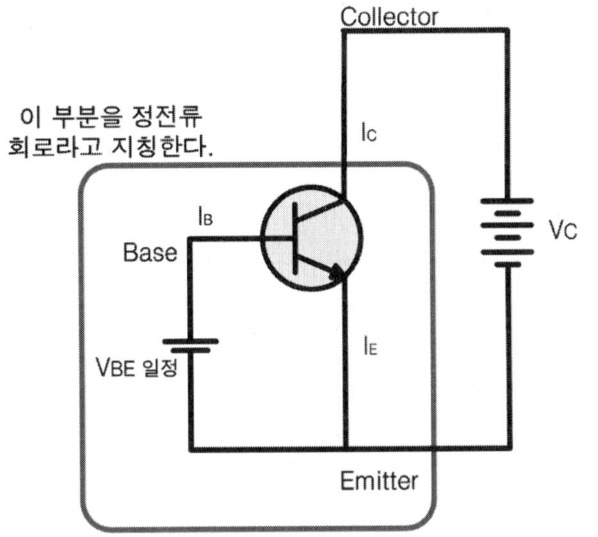

그림 2-5-3. 트랜지스터 정전류회로

물론 정전류 회로는 다종다양하다. 여기에서는 트랜지스터를 설명해 나가는 중이기 때문에 트랜지스터로 구성할 수 있는 정전류 회로에 초점을 맞추는 것이다.

정전류 회로는 하나의 단위로 묶어 생각할 수 있기 때문에 다른 기호를 써서 대표적으로 사용을 하게 된다. 아래 그림 (2-5-4)이 정전류 회로의 기호들이다. 차후에는 저런 표시가 회로도에 기입되어 있으면 아항~ 전류가 일정하게 흐르는 소자가 있다는 표시구나~ 하고 거들 떠 보아주면 된다. 동그란 것과 마름모는 차이가 있다. 동그란 것은 독립적으로 운영되는 전류원이지만, 마름모꼴은 종속적으로 만들어 지는 전류원이다. 예를 들면 트랜지스터를 등가회로로 그릴 때 출력단에 전류원이 생기게 되는데, 그것은 자체로서 독립적인 전류원이 아니라는 의미에서 마름모꼴로 나타내 주게 되는 것이다.

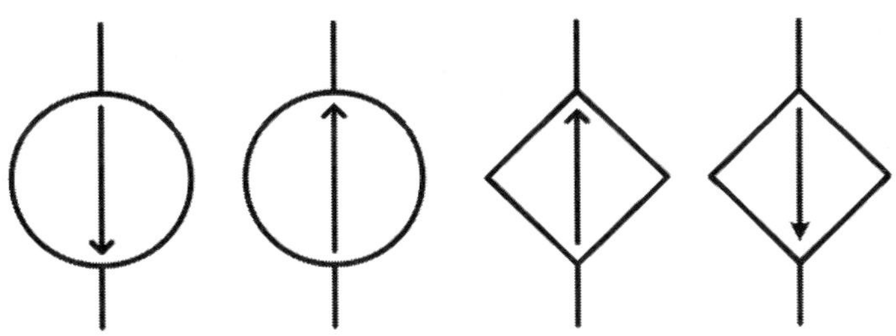

그림 2-5-4. 정전류 회로기호 독립(원형), 종속 (마름모)

기호 안에 그려져 있는 화살표는 전류의 방향을 가리킨다.

재미있는 형태의 정전류원이 있어 가져와 계산해 보기로 하자.

물론 이 형태는 트랜지스터 자체로 정전류가 되는 것은 아니고, 외부에 달린 저항과 연산증폭기가 어우러져 만들어진 정전류원이지만 계산해 볼 만 하다. 일정하게 흐르는 전류가 우리 손아귀에 쥐어 지는 것이다.

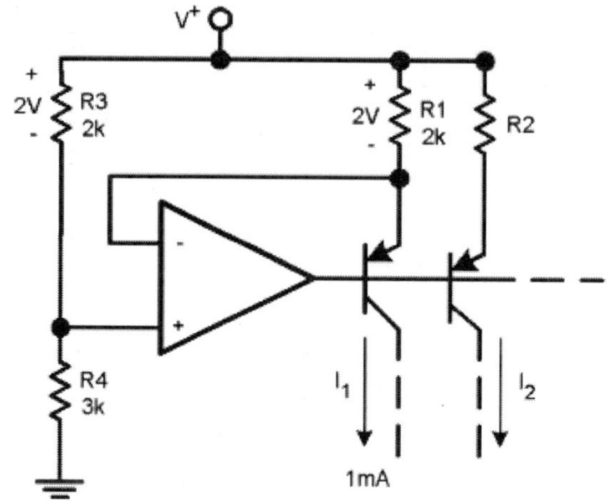

그림 2-5-5. 트랜지스터와 연산증폭기를 이용한 정전류회로

- 연산증폭기 전압 팔로워를 알면 문제없는 회로이다. 전압 팔로워는 입력이 그대로 출력에 나타나는 회로이다. 그림 (2-5-5)에서 V_{CC} 5V는 R_4와 R_3에 의해 분압 된다. R_3 2kΩ에 2V 전압이 걸리고 R_4에는 나머지 3V가 걸린다. 연산증폭기는 궤환이 형성되어 있으므로, 출력 A점은 R_4에 걸린 전압 (전압 팔로워의 입력에 해당 한다.)과 마찬가지로 3V가 된다.

- 따라서 컬렉터에 흐르는 전류는 R1저항에 흐르는 전류와 같으므로, (5V-3V)/2kΩ = 1mA 가 된다.

- PNP 트랜지스터는 에미터에 비해 베이스단이 0.7V 작으므로 B단은 2.3V가 된다. 베이스가 B점이고 베이스단은 트랜지스터 사이에 단락 되어 있기 때문에 C점은 베이스 보다 0.7V 높아 2.3V +0.7V = 3V가 A점과 똑 같은 전압이 걸린다.

- 마찬가지로 I_2는 R_2에 걸린 전압을 R_2 저항으로 나누어 주면 되므로 2V/R_2가 된다. R_2에 굳이 저항 값을 넣지 않은 이유는 사용자가 마음대로 전류를 만들어 낼 수 있게 구성하였기 때문이다.

  만약 사용자가 I_2에 흐르는 전류를 4mA로 얻고 싶으면 R_2 저항을 500Ω으로 해

주면 되고, 2mA로 흐르게 하고 싶으면 1kΩ을 달아주면 된다. 2V/1kΩ = 2mA

이 정전류 회로에서는 에미터 전류와 컬렉터 전류를 같다고 보고 계산이 되고 있다. 여하튼 트랜지스터 전류를 사고 해 줄 때 에미터 전류와 컬렉터 전류가 같다는 발상은 매우 편리하게 적용할 수 있는 금과옥조(金科玉條)같은 명제이다.

이제 전류증폭과 정전류 기능을 가지고 있는 트랜지스터를 등가적으로 변환시켜 보기로 한다.

앞에서 트랜지스터의 전류 증폭기로서의 특징과 정전류 특성설명 하였다. 이러한 연고로 설명한 것을 바탕으로, 등가적 트랜지스터를 그리기도 하는데 눈으로 한 번 밟아 주면 족하다. 등가회로는 사물의 특징을 콕 짚어 낸 것이기 때문에 눈으로 보기에 훨씬 편하다. 직감을 사용하도록 권장하기 때문이다. 자료를 볼 때 이런 그림이 나오면 이제부터는 고개가 자연적으로 끄덕일 것이다.

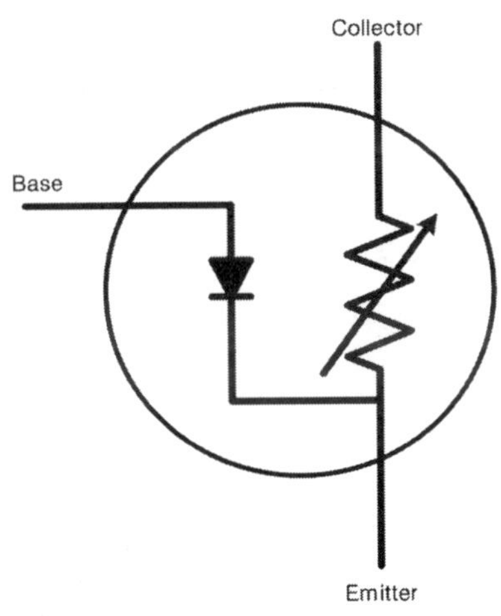

그림 2-5-6. NPN diode-rheostat 등가모델

이 등가형태는 **NPN diode-rheostat 모델**로, rheostat는 가감저항기라는 의미로 가변저항이라고 생각하면 된다. 베이스-에미터에 걸리는 전압에 따라 컬렉터-에미터 간에 도사리고 있는 저항이 변환되어 전류가 많고, 적게 흐르는 것을 제어 할 수 있음을 보여 주는 등가형태가 되겠다. 저항이 가변된다고 했다. 저항 값이 변화 된다는 의미를 짚어 보기로 하자. 저항이 커지면 이 저항에 흐르는 전류는 작아지고, 저항이 작아지면 이 저항에 흐르는 전류가 커지기 때문에, 저항이 변화 된다는 의미는 전류의 변화가 있다는 것을 내포하고 있다. (에미터-컬렉터 간 사이 전류)

그런데 NPN diode-rheostat **모델** 등가회로를 보는데 하나 주의할 점이 있다. 베이스와 에미터 사이에 다이오드 등가가 있기 때문에 항상 전압이 0.6~0.7V만 걸릴 것이라 지레짐작 하면 절대 안 된다. 그 전압을 기준으로 좌우편으로 갈수록 전류가 더 늘어나거나 더 줄어드는 것을 상정해야 한다. 따라서 이 지점 즈음에 다이오드 특성그래프를 꼭 상기해 보셔야 한다. 순방향전압 그래프가 0.7V에서 일직선상으로 뻗어 있지 않고 약간 기울기를 갖는다는 것은 증폭작용과 관련해서 굉장한 의미를 펴 담고 있다!!! 이를 염두에 두어야 한다.

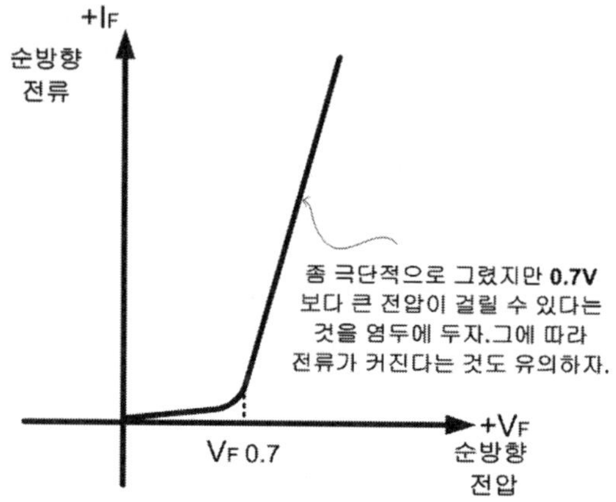

그림 2-5-7. 다이오드 순방향 그래프

게다가, 트랜지스터가 베이스-에미터에 걸리는 전압이 일정하다면, 다른 말로 베이스 전류가 변하지 않고 일정 하다면 정전류원이 된다는 발상으로 만들어진 등가형태도 있다.

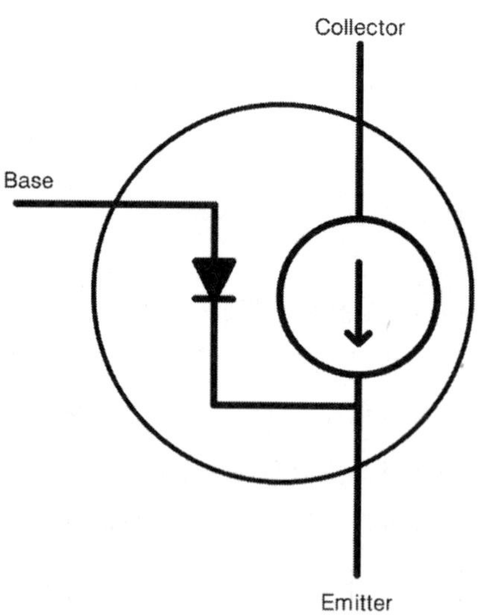

그림 2-5-8. NPN diode-current source **모델** 등가모델

이 등가형태는 NPN diode-current source **모델**로 이미 설명한 정전류 특성을 감안하여 등가형태를 만든 것에 불과하다. 이제는 자료에서 트랜지스터의 등가형태들이 등장하면 급 당황할 필요가 전혀 없게 됐다. 어떤 책에서는 트랜지스터 맨 이라고 해서 아예 전류조절자로 사람을 때려 박은 것도 있다.

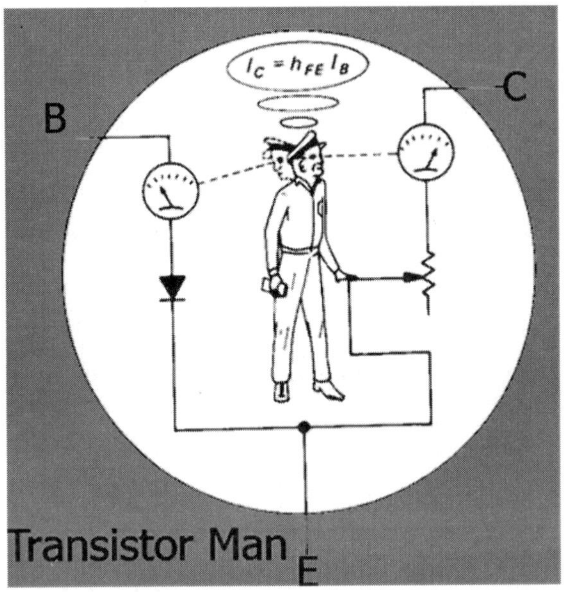

그림 2-5-9. 트랜지스터 맨

등가적으로는 NPN diode-rheostat 모델로 보시면 되겠다. 트랜지스터의 동작 설명을 트랜지스터 맨 그림이 아주 잘 나타내고 있다. 생각해 보라 베이스로 입력되는 전류가 직류전류증폭률 만큼 크게 커져 출력 전류로 나타나는 것이기 때문에 트랜지스터 맨은 베이스로 들어오는 전류 유입량을 보고, 저항을 가변해서 출력전류를 조절하고 있다. 저항이 작으면 전류가 커지고, 저항이 크면 전류가 작아진다는 것은 상식이다. 트랜지스터 맨의 왼쪽 손을 잘 보시라. 베이스 전류를 보고, 저항기의 값을 조정하고 있다. 조정하는 원칙은 직류전류증폭률만큼 전류가 흐르도록 저항을 조정하는 것이다.

간단하게 트랜지스터를 등가적으로 생각해 보았다. 여기서 나온 등가는 전류를 증폭하고, 정전류로서 동작하는 것을 대체해서 생각해 준 것이다. 그렇다면 트랜지스터가 또 어떤 용도로 사용되는지를 연속적으로 더 살펴보기로 한다.

2-6. 트랜지스터를 스위치로 사용하기.

트랜지스터는 기능적으로는 크게 두 가지 동작으로 나눌 수 있다. **하나는 스위치로서, 하나는 증폭기로서 사용할 수가 있다.** 스위치로는 FET가 대부분 많이 사용된다. 여하튼 반도체소자로 스위치를 구성했다면 딱딱한 돌멩이로 만들어 졌다고 해서 Solid State Switch 라고 꼬아 부르기도 한다. 아래 그림은 트랜지스터를 스위치로 사용 할 때 전형적으로 구성해 주는 회로가 되겠다. 뭐 베이스가 문 역할을 한다면 스위치로 구성 될 것이라는 것은 뻔히 알 수 있는 구조가 된다. 그런데 달라붙은 저항들의 의미를 되새겨야만 할 것 같다.

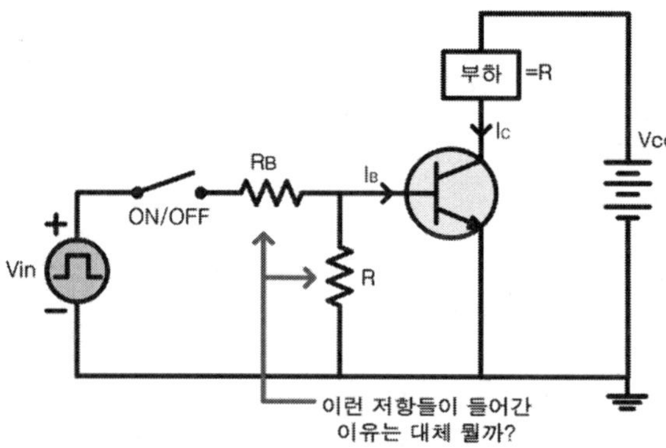

그림 2-6-1. 트랜지스터 스위치회로

트랜지스터를 스위치로 사용할 때는 화끈하게 동작해야 한다. 애매한 상태는 배제된다. 화끈한 상태는 이것 아니면 저것이어야 하지, 이것도 아니고 저것도 아니면 죽도 밥도 안 된다. 따라서 스위치로서의 트랜지스터는 차단(컬렉터-에미터간 불통)과 통과 (컬렉터-에미터간 도통) 상태만이 존재해야 한다. 차단과 통과를 제어 하는 단자는 베이스 단이 된다.

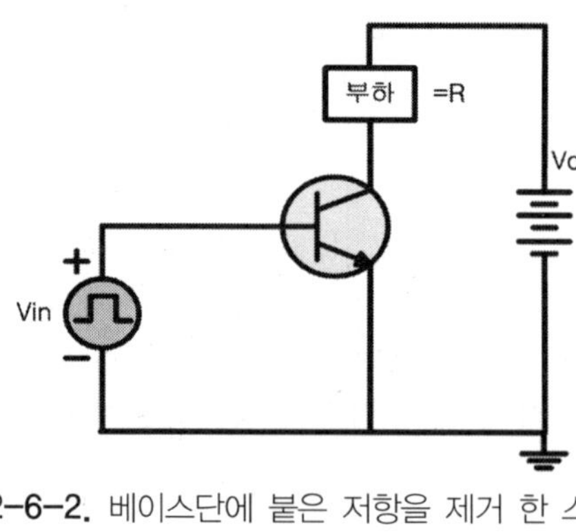

그림 2-6-2. 베이스단에 붙은 저항을 제거 한 스위치회로

수동소자들의 치장 없이 쌩얼로 트랜지스터를 스위치로 사용하면 어떤 문제가 있을까?

베이스-에미터간에 전압을 가하면 베이스 전류 (I_B)가 흐르고, 적정한 바이어스가 걸려 있다면 베이스 전류 (I_B)가 트랜지스터로 입력되어 컬렉터 전류 (Ic)와 에미터 전류 (I_E)가 흐른다는 것은 불문가지(不問可知)다.

여기서 베이스전압-컬렉터 전류 (또는 에미터 전류)가 어떻게 변화하는지 페어차일드 社에서 나온 KSC945의 부품 규격표 그래프를 가져 온다. 그런 한 가지 주의해서 볼 것은 y축에 컬렉터 전류로 되어 있지만, 에미터 전류로 넣어도 그래프는 동등하게 같다는 것을 알아주어야 한다.

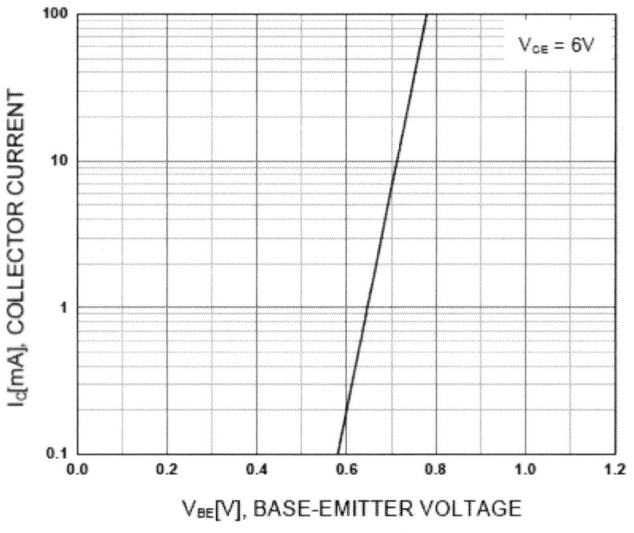

그림 2-6-3. V_{BE}-I_C 간 특성곡선

베이스-에미터간에 전압 (V_{BE})가 0.6V가 되면 컬렉터 전류 (컬렉터 전류 Ic, 또는 에미터 전류 I_E라고 봐도 괜찮다고 했음!!!!!)가 급격하게 늘어나는 것을 볼 수 있다. 보통 베이스단자에 제어하는 신호전압은 TTL Level로서 HIGH 이면 5V, LOW이면 0V 가 들어오게 된다. 0.6V 근처로 오면 좋겠는데 스위치 신호들은 그런 애매한 신호는 적극 피한다. 따라서 극단적으로 이게 날것으로 베이스단자에 입력된다고 하자.

그림 (2-6-2)회로를 보고, 여기에 극단적인 값을 넣어 보도록 하여 어떤 문제가 야기 되는지 확인하기로 한다. 베이스 단에 TTL 전압레벨 5V로 ON신호가 들어 왔을 때, 그림 (2-6-3) $V_{BE}-I_C$ 또는 I_E 간 특성 곡선에서 그래프를 벗어난 얼마인지 모를 전류가 흘러 버린다. 가상적으로 200㎃가 흐른다고 하자. 여기서부터는 좀 터무니없지만 극단적으로 생각하는 것을 양해하기 바란다. 다리걸기 하지 말라는 의미이다. 부하와 V_{CC}의 값을 정해 주어 가상적이지만, 구체적으로 계산해 사료해 주기로 하자.

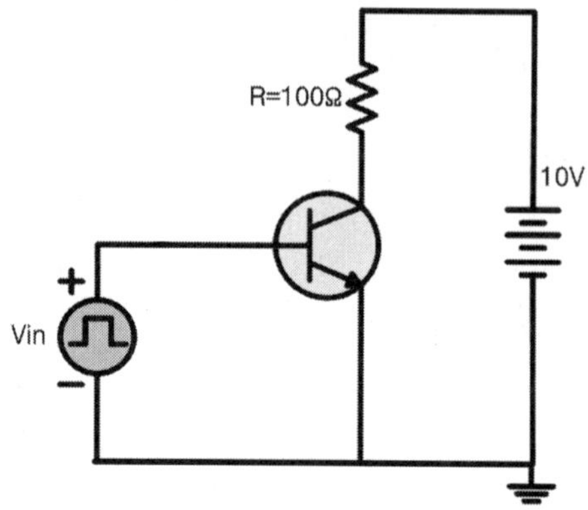

그림 2-6-4. 부하저항 100Ω 과 V_{CC}가 10V가 인가된 미완성 스위치 회로

입력된 펄스형태의 베이스 전압에 5V 때문에 가상적이고, 임의적으로 에미터 전류가 200㎃ 가 흐른다고 했다. 그런데 트랜지스터는 포화 되었을 때 0.2V라고 했다. 트랜지스터의 $V_{CE}-I_C$ 특성곡선에서 확인 했던 바가 있다. 그렇다면 이때 컬렉터 전류를 구할 수가 있다. 트랜지스터가 포화된 상태에서 컬렉터 전류를 구하기 때문에 컬렉터 전류는 이 이상 절대 흐를 수는 없다는 것을 미리 밝혀 둔다. 컬렉터 값을 구해 보자. 여기서 부하저항은 컬렉터 단자에 붙은 100Ω이다.

$$I_C = \frac{V_{CC} - 0.2V}{100\Omega}$$

이것이 바로 컬렉터 전류의 최댓값이 된다. 이 값 이상으로 컬렉터 전류는 뽑아낼 수가 없다. V_{CC}=10V이므로 전류값이 계산 될 것이다.

$$I_C = \frac{10V - 0.2V}{100\Omega} = 98mA$$

여기서 수식 (2.4.1)을 가지고 전류를 파악해 보기로 한다.

$$I_E = I_B + I_C --- (2.4.1)$$

에미터 전류와 컬렉터 전류가 구해졌으니 당연히 베이스 전류도 구해질 것이다.

$$200mA = I_B + 98mA$$
$$\therefore\ I_B = 200mA - 98mA = 102mA$$

위에 계산한 것과 같이 베이스 전류가 지속적으로 102mA가 흘러들어 온다고 하면 스위치로 사용하는 트랜지스터는 아마도 파괴되고 말 것이다. 실제로 이런 일이 벌어지기 때문에 뭔 조치가 필요해 진다. 이를 타개하기 위한 한 수는 어떤 것이 좋을까?

전류가 베이스 단자로 왕창 흘러 트랜지스터가 맛이 가는 것을 방지하기 위해서는 우리가 너무나도 잘 아는 저항기 하나로 큰 전류제한하기 신공을 써주면 되시겠다.

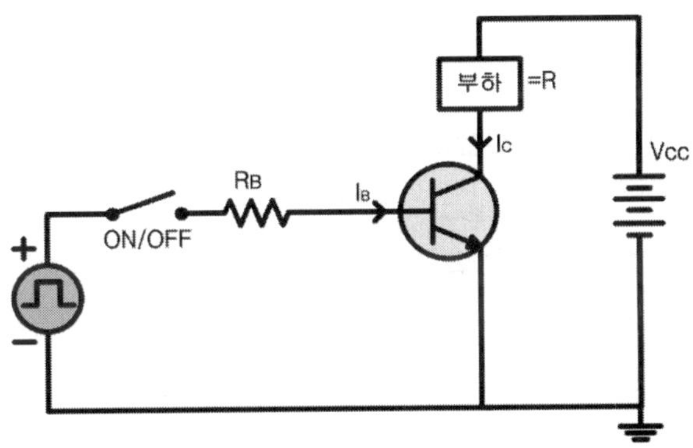

그림 2-6-5. 베이스단에 전류제한저항을 직렬로 연결한다.

그러면 무조건 큰 저항을 삽입하면 만사 OK냐? 꼭 그렇지는 않다. 적당한 것이 최상이다. 페어차일드 社에서 나온 KSC945의 부품 규격 표에서 h_{FE}=200 정도라고 했다. 만약 컬렉터 저항에 100mA를 흘려주고 싶은데 필요한 베이스 전류를 아래와 같이 계산해서 달아주면 잘 될까? 식(2.4.3)에서

$$I_C = \beta I_B --- (2.4.3)$$
$$I_B = \frac{I_C}{\beta} = \frac{100mA}{200} = 500uA$$

따라서 저항 R_B는

$$R_B = \frac{5V - V_{BE}}{500uA} = \frac{5V - 0.6V}{500uA} = 8.4K\Omega$$

을 달아 주면 될까? 사실 직류전류증폭률이라는 것이 온도나 여러 가지 요인에 의해 편차가 많이 발생하기 때문에 스위치 회로에서 항상 일정하게 β=200이 된다는 보장이 없다. 전류가 작으면 스위치가 도통하지 않은 문제가 있지만 적당히 크면 트랜지스터에 손상이 가지 않게 되므로, 베이스 전류를 3배 정도 키워 준다. 이를 오버드라이버라고 한다. 큰 추동력이라고 할까?

트랜지스터 스위치 회로에서 또 한 가지 고려해야 할 요소는 본질이 다이오드의 역포화전류 같은 **차단전류**의 문제가 도사리고 있다. 트랜지스터 스위치가 입력전압이 없는 불통상태라고 하고 회로를 들여다본다.

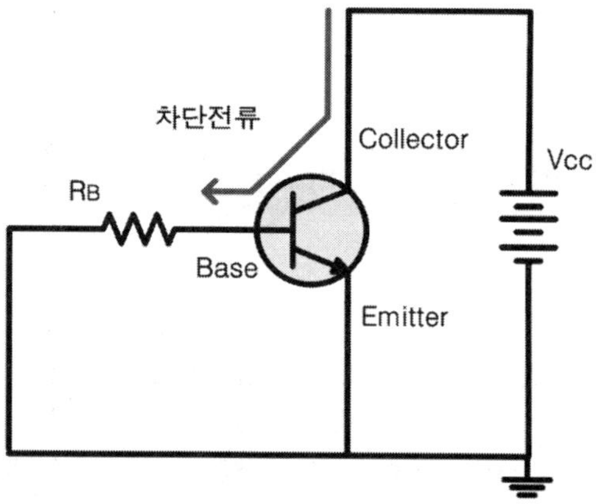

그림 2-6-6. 차단전류의 방향

역시 트랜지스터는 종잡을 수 없을 때가 있다. 스위치가 불통 상태일 때는 컬렉터에서 베이스로 전류 따위는 흐르지 않을 거라고 예상 했는데 아뿔싸 뒤통수를 때린다. 왜 저런 현상이 생기는 것일까? 다이오드의 특성 그래프를 보면 좀 이해하는 데 도움이 될 수도 있다.

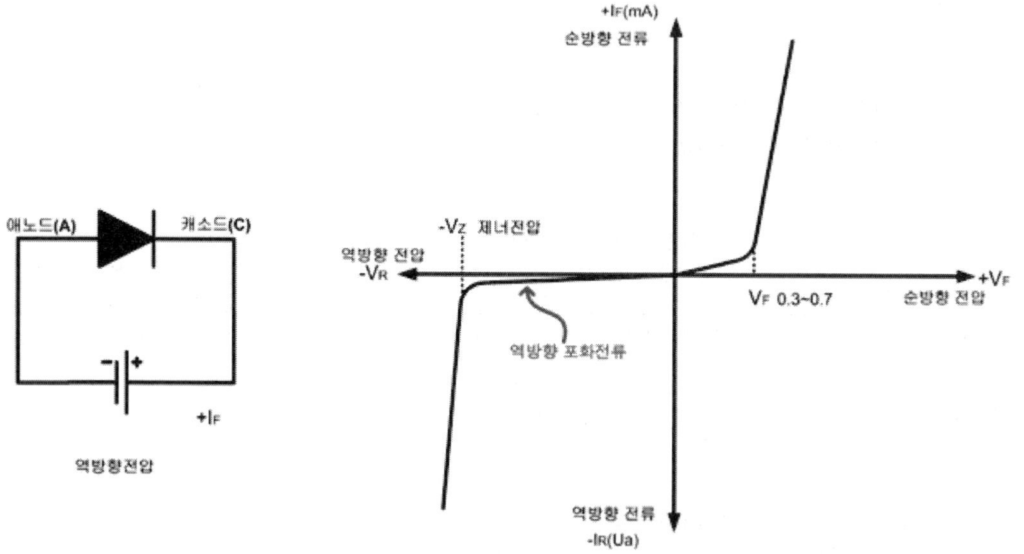

그림 2-6-7. 다이오드의 역방향 순방향 그래프

다이오드에 역방향전압을 걸어주면 전류가 완전히 통하지 않는 것이 아니라 애노드 보다 전압이 높게 걸린 캐소드에서 애노드 방향으로 아주 미소한 전류가 살살 흐르게 된다. 이 전류를 일러 역방향 포화전류라고 부른다. NPN 트랜지스터도 컬렉터와 베이스간에 역방향 전압이 걸려 있으므로 역방향 포화전류가 조금 질질 새는 것은 어쩔 수 없다.

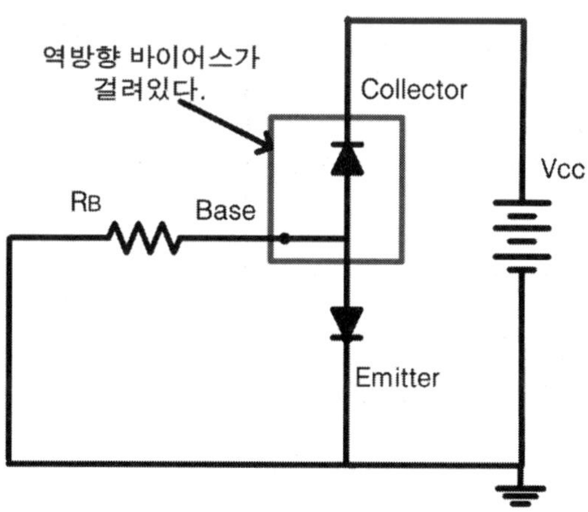

그림 2-6-8. 트랜지스터를 다이오드로 대체해 준다.

뭐 어쩔 수 없이 물성적으로 꼭 새어야 한다는 것은 샌다고 쳐주자, 허나 이 전류가 원하지도 않은 주책을 부리는지가 관건이 된다. 스위치 회로에 영향을 미치지 않으면 고려 대상이 되지 않을 테지만, 가끔 농간을 부릴 때가 있어 골 때린다.

차단전류(cut-off current)는 중요한 특성인 만큼 제조사 마다 부품 규격 표에 제시하여 준다. 페어차일드 社에서 나온 KSC945 와 도시바의 2SC4315를 비교해 보자.

표 2-6-1. KSC945와 2SC4315 I_{CBO} 비교

Electrical Characteristics Ta=25℃ unless otherwise noted						
Symbol	Parameter	Test Condition	Min	Typ	Max	Units
I_{CBO}	Collector Cut-off Current	V_{CB}=40V, I_E=0㎃,			0.1	㎂

페어차일드 社에서 나온 KSC945

Electrical Characteristics Ta=25℃ unless otherwise noted						
Symbol	Parameter	Test Condition	Min	Typ	Max	Units
I_{CBO}	Collector Cut-off Current	V_{CB}=10V, IE=0㎃,			1	㎂

도시바社의 2SC4315

차단전류가 크면 어떤 현상이 벌어질까?

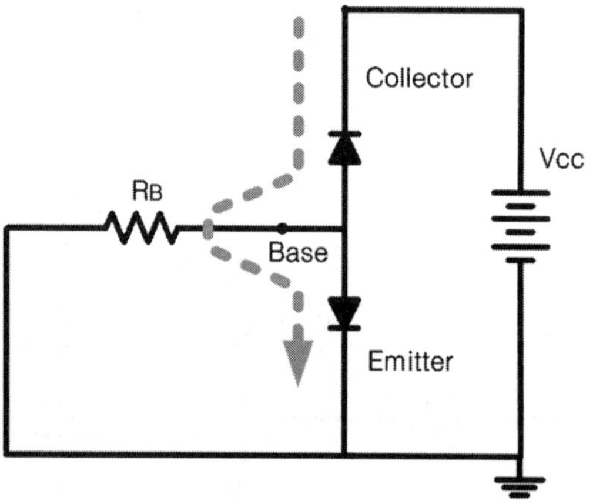

그림 2-6-9. 차단전류는 베이스에 있는 저항 때문에 에미터로 흘러들어 간다.

차단전류가 베이스단으로 기어 가다가 커다란 암벽 R_B를 만나면 저항이 적은 곳을 찾아 잽싸게 찾아 들어 가는데, 빠져나갈 구멍은 에미터 단쪽 밖에 없으므로 지금 즉시 이 곳으로 향한다. 그러면 값이 얼마나 되나 대략 계산해 주어 보기로 하자.

I_{CBO}가 큰 것은 1㎂ 이고, 직류전류증폭률 β=200 이므로, 컬렉터 전류는

$$I_C = \beta I_B = 200 \times 10^{-6} = 200uA$$

반도체 소자는 열에 특히 약하기 때문에 차단전류는 대략 온도 10°가 올라가는 것에 따라 2배로 커진다. 이렇게 되면 차단전류에 의해 트랜지스터의 불통상태에 영향을 미치는 수가 있다. 베이스에 입력 전압을 걸어 주지 않았는데도 이런 전류가 스멀스멀 나타난다는 것은 오동작의 위험이 도사리고 있다는 것이다. 대책을 세우지 않으면 트랜지스터를 스위치 회로로 사용하기에는 안정적인 동작을 기대하기 어렵다. 어떻게 하면 될까? 막다른 골목으로 밀어붙이지 말고, 우회로(迂廻路)를 열어 주어 딴 데로 샐 수 있도록 전류를 빼 주어야만 해결 될 것 같다.

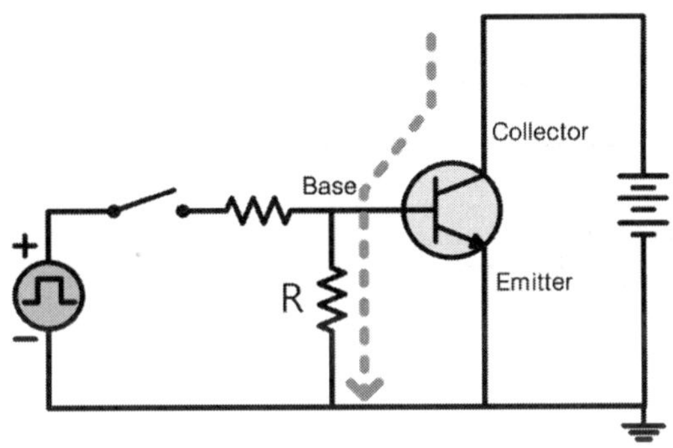

그림 2-6-10. 차단전류의 우회로를 만들어 준다.

전투에서도 상대편 적을 배수진 치게 만들어 버리면 죽이 사자 덤벼들기 때문에 이기기 어렵게 된다. 이 때는 살 수 있다는 길을 열어 주면 상대편 적의 전투의지가 약해져 이길 수 있는 여지가 충분해 진다. 차단전류를 빠져 나갈 곳이 없게 만들어 주면 처단하기 어렵게 된다. 우회로가 안성맞춤이다. 그림 (2-6-10) 회로에서 R이 우회로(迂廻路)이다. 살길을 열어 주니 자기가 알아서 빠져 준다. 이 아니 기쁘지 아니한가. 이렇게 되어 트랜지스터를 이용한 스위치 회로가 완성이 되었다.

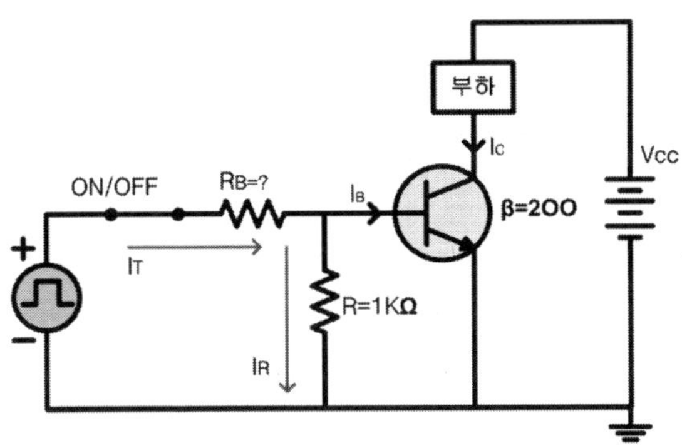

그림 2-6-11. 완성된 스위치 회로

트랜지스터의 계산 능력을 키워 주기 위해 R_B를 재설정한 값을 계산해 주기로 하자. 부하(컬렉터 전류)에서는 100㎃가 흘러야 한다고 하자.

$$I_T = I_B + I_R$$

$$I_R = \frac{V_{BE}}{1K\Omega} = \frac{0.6V}{1K\Omega} = 0.6mA$$

이고, 베이스 전류 I_B는 오버드라이버를 생각해서 3배 정도 여유를 주어야 한다고 생각하면,

$$I_B = \frac{I_C}{\beta} = \frac{100mA}{200} = 0.5mA$$

오버 드라이버 3배를 주면

$$I_B = 1.5mA$$

따라서 재설정한 R_B은 아래 식에서 구할 수 있다. 스위치를 도통시키기 위한 전압이 5V이므로,

$$5V = I_T R_B + 0.6V$$

$$\therefore\ R_B = \frac{5V - 0.6V}{I_T} = \frac{4.4V}{2.1mA} \cong 2.1K\Omega$$

이렇게 해서 실전적인 문제까지 고려하여 계산해 보았다.

2-7. 증폭기로서의 트랜지스터 : 특성그래프에서 바이어스 의미 캐기.

여기까지 트랜지스터는 스위치 작용을 한다는 것을 확인하였다. 다음으로는 트랜지스터가 어떻게 증폭작용을 하는지 세심하게 따져 주기로 한다. 트랜지스터는 증폭을 위해 태어난 소자라고 하면 너무 몰지각한 소리인지 몰라도 트랜지스터와 증폭작용은 떼어 놓기 어려울 정도로 관념이 서로 최 접근해 있다. 트랜지스터를 생각할 때 **부하선(load line, 負荷線)**을 구하고 하는 부산을 떠는 것이 요란하지 사실 증폭기의 원리라고 하는 것은 그리 어렵지 않게 우리 뇌로 흠뻑 개념을 빨아들일 수 있다.

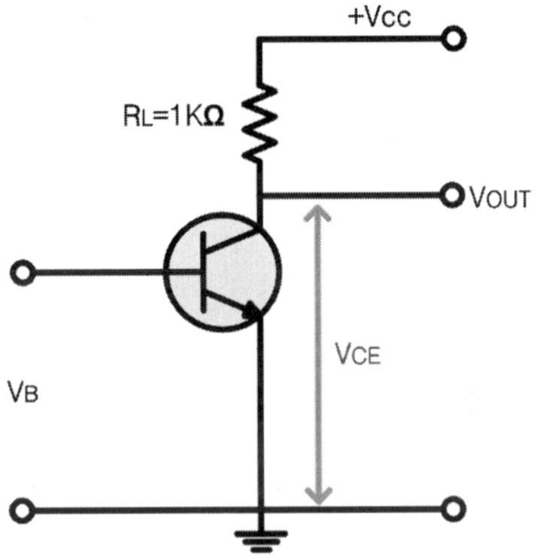

그림 2-7-1. 바이어스의 핵심을 잡기 위한 회로
컬렉터 단에 부하저항만 있다.

위와 같은 그림 (2-7-1)회로에서 트랜지스터 증폭의 원리와 핵심이 어디에 있는지 인식하기로 한다. 우리는 이미 직류전류증폭률을 정의하면서 입력을 베이스로 하고, 출력을 컬렉터에 설정하면 전류가 거진 몇 백배까지 커진다는 것을 확인하였다. 증폭의 낌새는 이미 전류에서부터 냄새를 진하게 풍겨 왔다.

이를 전압으로 전환하여 익혀 보자는 것이다. 페어차일드 社에서 제시하는 KSC945의 부품 규격 표에서 $V_{BE}-I_C$ 특선곡선으로 사고해 보자.

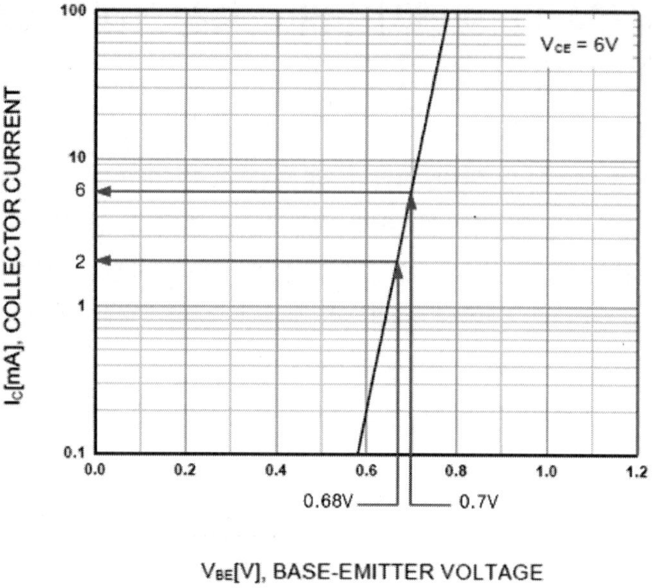

그림 2-7-2. V_{BE}-I_C 특성곡선

회로에서 베이스단에 입력되는 전압 $V_B=V_{BE}$ 이고, 베이스-에미터간 전압을 0.68V에서 미소하게 0.7V로 움직인다고 하자. 이때 컬렉터 전류는 얼마인가 보면

V_B=0.68V 일 때 Ic=2mA
V_B=0.7V 일 때 Ic=6mA

컬렉터 전류를 출력전압으로 환산해 보기로 하자. 부하저항 R_L은 계산하기 쉽게 1 kΩ으로 한다. V_{CC}는 10V가 걸렸다고 하면 출력전압은 아래 식같이 계산이 된다.

$$V_{OUT} = V_{CC} - I_C \times R_L$$

그렇다면 그림 (2-7-2)에서 컬렉터 전류 I_C=2mA(V_b=0.68V)일 때, 출력전압은 아래와 같이 계산 되고,

$$V_{OUT} = V_{CC} - I_C \times R_L = 10V - 1K\Omega \times 2 \times 10^{-3} = 8V$$

컬렉터 전류 Ic=6mA(V_b=0.7V) 일 때, 출력전압은 마찬가지로 아래와 같이 계산 된다.

$$V_{OUT} = V_{CC} - I_C \times R_L = 10V - 1K\Omega \times 6 \times 10^{-3} = 4V$$

앵? 이상하다. 입력전압이 커지면 출력전압도 커져야 하는데, 반대로 작아지다니 이럴 수가? 제대로 증폭이 된 것은 맞는가? 제대로 증폭이 된 것이 맞다. 변화분에만 초점을 맞추어 계산해 보자.

V_B 전압이 0.02V 변하는 것에 따라 출력전압은 4V가 변했다. 몇 배로 변화한 것인가? 4/0.02=200배

공교롭게도 페어차일드 社의 KSC945 직류전류증폭률 h_{FE}=200만큼 변화 했다. 물론 회로에서 부하저항이 바뀌면 증폭도가 200에서 다른 숫자로 바뀌기 때문에, 음~ 트랜지스터에서 전압증폭 하는 것도 직류전류증폭률처럼 똑 같이 200배가 되는구나 하고 판단을 굳혀 버리면 일반화의 오류가 된다. 중요한 요점은 전압도 무쟈게 증폭이 된다~가 되겠다. 사정이 이러하다면 트랜지스터는 증폭이 된다는 것이 확실해 졌다.

그런데 상이 반대로 뒤집힌 것은 어쩔꺼야?

하면 그리 신경 쓸 필요가 없다고 말해주고 싶다. 원위치 시키고 싶으면 트랜지스터 증폭기를 하나 더 써서 증폭도 늘리고 상도 다시 반대로 뒤집어서 원래의 상을 찾아가면 그 뿐이다. 여하튼 하나만 더 정리하고 넘어가자. 베이스입력을 받아 출력을 컬렉터에서 뽑아내고자 하면 상이 부침개 뒤집어 지듯이 반대로 된다는 것을 인식하도록 하자.

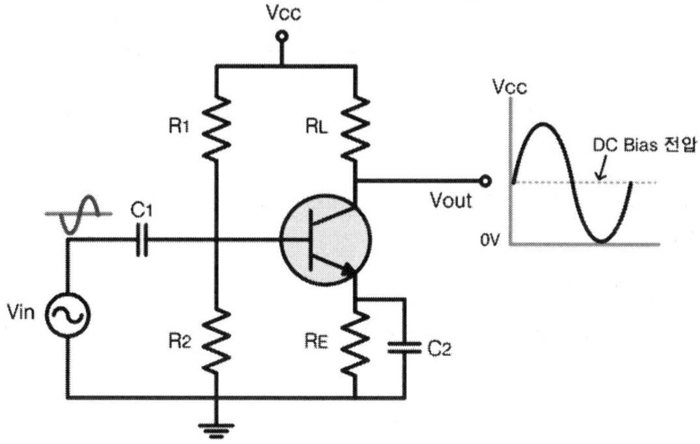

그림 2-7-3. 트랜지스터 증폭기의 동작

우리는 변화분에 대해서 생각해 주었다. 결국 변화하는 것은 교류라고 할 때 베이스의 입력교류 신호가 컬렉터 출력에서는 무지하게 증폭이 되어 나타난다고 하는 점, 그리고 상이 뒤 바뀐다는 점을 확인사살하고 넘어가자. 그래서 베이스입력-컬렉터 출력의 입출력신호 그림으로 그려 줄 때는 항상 아래와 같이 반전 변화된 모습으로 나타나는 것이다. (상을 보시라 반대로 뒤집혔다)

그림 (2-7-3)을 보니 증폭기에 대해서 아직 넘어야 할 산이 많다는 것을 느낄 것이다. 주변소자들의 의미를 캐어물어 봐야 한다. 여기서부터는 직류바이어스 (그라운드에 대해 얼마큼 떠 있는 직류 전압)에 관해서 사고를 진행시켜야 할 것 같다. 트랜지스터 하면 감초처럼 등장하는 **직류바이어스**(DC bias)에 대해서는 이미 언질을 충분히 드렸다.

생각나시는가? 바이어스를 양동이에 비유해서 설명한 것을... 양동이에 차있는 물이 만약 없다면 찰랑거리는 작은 파동신호의 증폭은 물 건너 간 것이라고 했었다. 차에 있어서 내비게이션이 중요한 만큼 트랜지스터 증폭에 있어서 바이어스는 그 쯤 된다.

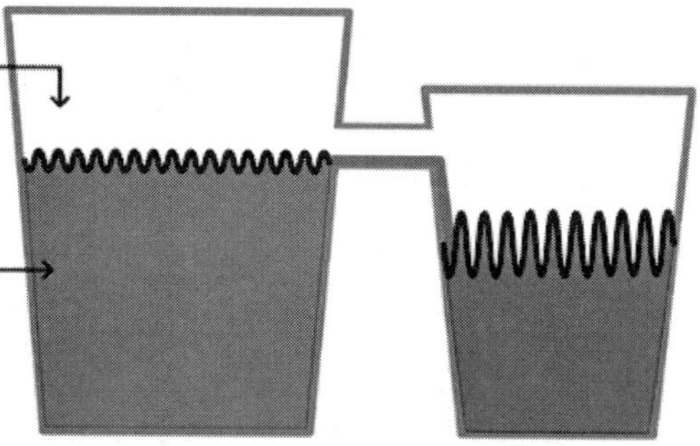

그림 2-7-4. 트랜지스터 증폭작용을 양동이의 물로 비유함

그러면 바이어스가 얼마나 중요한지 사지선다형(四枝選多型) 질문으로 풀어 보기로 하자. 페어차일드 社 KSC945 부품 규격표 $V_{BE}-I_C$ 특성그래프를 다시 가져와 보기로 한다. 또한 그래프에서 직류바이어스 전압에 대응하는 것이 어떤 그림인지 연상이 되도록 하기 위해 적절한 문제제기가 될 것 같다.

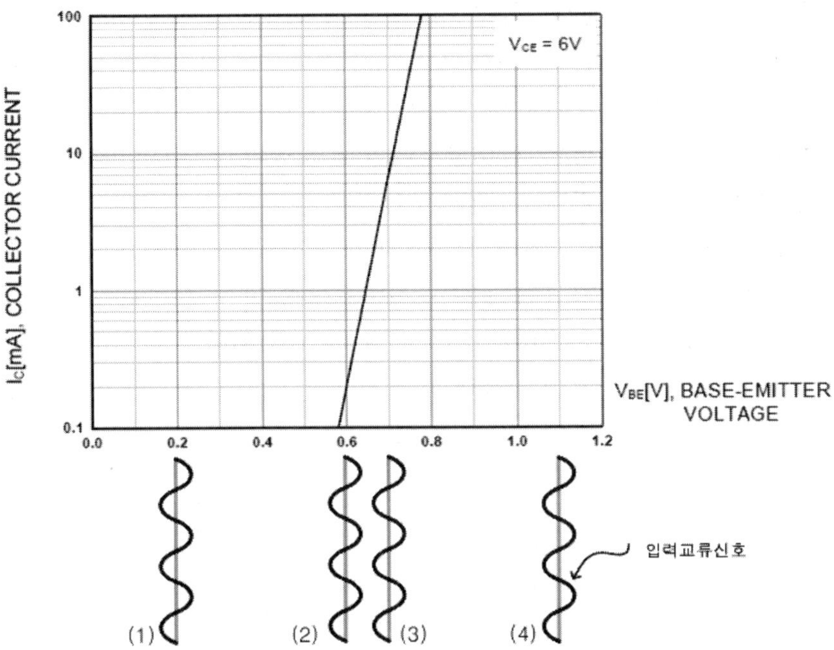

그림 2-7-5. V_{BE}–I_C 특성곡선과 3개의 베이스단 입력

교류신호 4개가 베이스단으로 그림 (2-7-5)와 같이 들어온다고 할 때 증폭이 제대로 될 신호는 몇 번일까?

(1) 번은 V_{BE}가 0.2V를 중심으로 파동을 그리지만 컬렉터 전류 Ic는 요지부동(搖之不動) 출현하지 않는다. 즉 출력 전류가 없는 경우가 되시겠다.

(2) 번은 V_{BE}가 0.6V를 중심으로 파동을 그리지만 0.6V 이상이면 컬렉터 전류 Ic가 흐르지만, 0.6V 이하이면 컬렉터 전류 Ic가 나타나지 않는다. 한마디로 불안정하다.

(3) 번은 V_{BE}가 0.75V를 중심으로 파동을 그리면서 컬렉터 전류 Ic는 건강하게 움직여 준다.

(4) V_{BE}가 1.1V를 중심으로 파동을 그리지만 컬렉터 전류 Ic는 보이지도 않는다. 한마디로 어딘가에 쳐 박혀 버린다.

트랜지스터의 증폭을 원한다면 (3)번과 같은 위치에 있어야 한다는 것을 트랜지스터 특성그래프를 통해 확연히 알게 되었다. 그러면 입력 신호들을 막 그려 댄 것일까? 그림에는 숨어 있지만, 각각의 교류신호에는 직류전압이 떠 있는 것으로 봐 주어야만 눈이 확 열린다.

예를 들어 신호 (1)번을 보면 V_{BE}가 0.2V를 중심으로 파동을 그려 내고 있다. 신호의 첨두값대 첨두값은 0.2V를 중심으로 ±0.05V의 파형을 그려 내고 있다. 사정이 그러하다면 들쭉날쭉 하는 신호의 중심축을 형성하고 있는 0.2V는 무엇을 의미하는 것일까? 그렇다!!!!!!!!!!!!!! 바로 직류성분이었던 것이다. 그런데 (2)번과 같이 직류를 띄워 주면 죽도 밥도 안 된다. 교류파형이 불통영역에 갈 수도 있기 때문이다. 이미 살펴본 대로 (3)번 같이 0.75V정도 바이어스, 즉 직류전압이 떠 있어야 트랜지스터의 증폭현상이 제대로 나타나게 되는 것이다. 각 입력 신호에서 교류를 제외한 중심선은 직류바이어스 전압을 의미하고, 0V에서부터 얼마나 떠 있는지를 나타내게 된다. (2)번 신호의 경우는 직류 바이어스 전압은 0.6V가 되고, (4)번 신호의 경우는 1.1V가 된다.

이것이 바로 바이어스의 중요성이다. 노파심에서 한 번 더 강조 하지만 이런 직류바이어스전압의 해석을 대신호 해석이라고 하고, 교류신호의 해석을 소신호 해석이라고 한다 했다. 그런데 위의 예에서는 그 전압 차이가 크지 않는데 굳이 대신호, 소신호 나눌 필요가 있냐고 대들면....저것은 그냥 알기 쉽게 설명하기 위한 예라고 말씀 드리겠다. 실제로는 μV 와 V 사이만큼 차이가 크다.

그래서 회로들을 보면 입력단에 직류바이어스와 교류신호를 짬뽕해서 알아먹기 쉽게 그려 주게 되는 것이다. 그림에서는 신호원에서부터 아예 직류전압이 걸려 있는 것으로 그려졌으나 실상은, 물론 나중에 보게 되겠지만 트랜지스터 증폭기 자체에 직류바이어스 전압을 걸어주는 회로가 추가 되게 된다. (전압분배 바이어스가 범용으로 사용된다.)

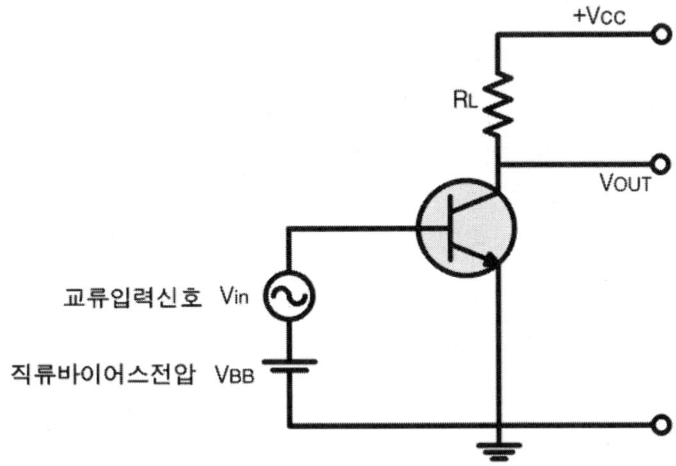

그림 2-7-6. 베이스에 직류바이어스를 건다.

특성 그래프를 통해 바이어스전압을 이해했으니, 트랜지스터에서 항상 애를 먹였던 부하선(load line, 負荷線)을 어떻게 그려 내고, **동작점**(operating point, **動作點** 또는 Q점이라 한다.)을 어떻게 찍어 내는지 논리를 전개시켜 본다. 트랜지스터 직류분석의 정점은 부하선과 동작점이라고 할 수 있다.

2-8. 부하선 이해하기.

부하선(load line, **負荷線**)은 말 그대로 컬렉터 단에 있는 부하주변에 걸리는 전압과 흐르는 전류의 관계를 파헤쳐 보겠다는 것이다. 부하선은 단지 증폭작용을 이해하기 위한 하나의 수단에 불과하다. 사람들이 증폭동작을 손쉽게 이해하는 데 참조하라고 만들어진 것인데, 전도되어 왜 부하선을 그려야 하는지 모를 뿐 아니라, 급기야는 공부하는데 물먹은 소금가마니 같이 짐으로 되어 부하선에 도리어 끌려 다니는 역전현상이 종종 목격 되곤 한다.

부하선에 대해 그 동안 우리 시야에서 짐짓 버리고, 놓쳤던 내용들을 짚어 냄으로써 부하선 개념의 불씨를 살려 보도록 한다.

먼저 트랜지스터의 증폭 동작을 알기 위해 동원 했던 회로를 써 먹자. 노파심에서 확인하는 것이지만, 아래회로에서 출력은 어디에서부터 어디까지의 전압인 줄 바로 볼 줄 알아야 한다. 출력이 컬렉터 단에서 뽑아져 있기 때문에 V_{CE} 간에 걸린 전압이 출력 전압이 되는 것이다. 접지에서부터 컬렉터에 걸려 있는 전압, 이것이 출력전압이 되는 것을 눈치 채 주자. 따라서 부하에 걸린 전압이라는 말도 부하 양단 사이의 전위차라고 할 수 있겠다. V_{CC}에서 부하 양단에 걸린 전압을 빼면 V_{OUT} $(=V_{CE})$ 전압이 된다.

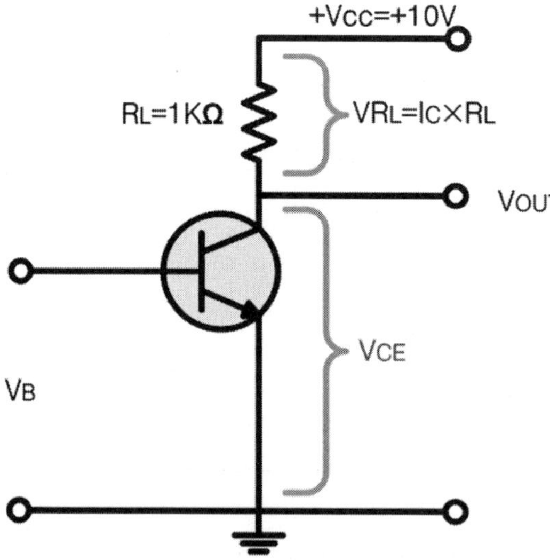

그림 2-8-1. 부하선의 핵심을 잡기 위한 회로.
마찬가지로 컬렉터 단에 저항이 달려 있다.

먼저 부하선은 어떻게 그려지는지 설명하고, 그 숨은 의미를 캐내어 보기로 한다. 뭐든 생각의 갈피를 잡기 위해서는 극단으로 사고하면 편할 때가 부지기수다. 이번에도 이 극단적 사고를 적용해 본다. 컬렉터 전류 Ic의 최대, 최솟값을 구해보기로 하자. (V_{CE} 간 전압은 무시!!)

컬렉터 전류(I_C)의 최댓값은 부하 양단에 V_{CC} 전압이 다 걸렸을 때 이므로 아래와 같이 수식이 정리된다.

$$I_{C\_MAX} = \frac{V_{CC}}{R_L} = \frac{10V - 0V}{1K\Omega} = \frac{10V}{1K\Omega} = 10mA$$

컬렉터 전류(Ic)의 최솟값은?? 생각하고 자시고 할 것이 없다. 트랜지스터가 동작하지 않고 개방회로가 되는 때이므로 0mA. 따라서 위의 회로에서는 죽었다 깨도 컬렉터 전류(Ic)는 0mA~10mA 사이값일 수밖에 없다. 이것을 그래프로 그려 주어야 하는데 xy좌표상의 y 축상에다 그려 준다. 왜 꼭 y축상에 컬렉터 전류를 그려 주느냐? 의문을 갖는 사람들이 있을 수 있다. 그래 꼭 y축일 이유는 없다. 그러나 나중에 부하선을 그리고 증폭기 특성을 분석해 들어 갈 때는 컬렉터 전류 (I_C)가 y축상에 있어야 할 필요가 존재하게 된다. 관례대로 그냥 넘어가자.

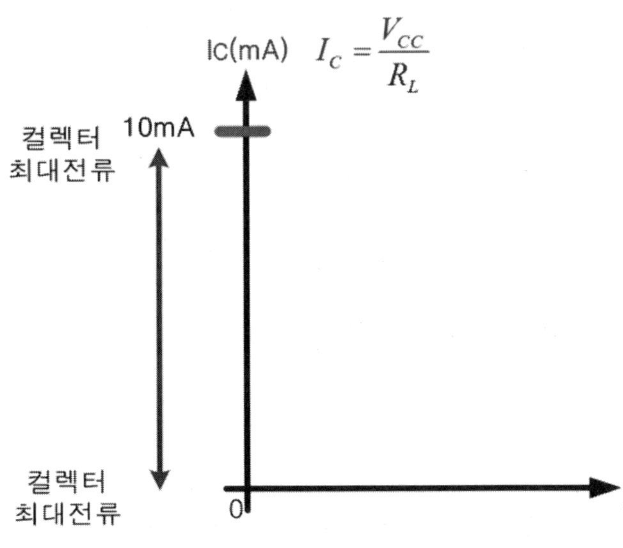

그림 2-8-2. 컬렉터 전류는 y축에 그려 주고 최댓값을 표시해 둔다.

부하에 흐르는 컬렉터 전류를 구했으므로, 부하에 걸리는 전압을 제외한 V_{OUT}를 구해준다. 마찬가지로 극단적인 사고로 최댓값, 최솟값을 구한다. 출력전압이 최대로 될 때는 트랜지스터가 개방 되었을 때이므로, 컬렉터 전류 (Ic)가 전혀 흐르지 않게 된다. 즉 0㎃ 일 때이다. 그러면 트랜지스터는 개방 회로가 되어 저항이 ∞가 되어 버리기 때문에 Vcc 전압자체가 아예 출력 V_{OUT}, 그림 (2-8-1)회로에서는 V_{CE}에 전부 걸려 버리게 된다. 보나마나 10V가 출력 될 것이다.

최솟값은 컬렉터 전류 (I_C)가 최대로 흘러 부하, 그림 (2-8-1)회로에서는 R_L에 전압 10V가 다 걸려 버릴 때 이므로 V_{OUT}은 0V가 걸린다.

혹시 왜 이렇게 출력전압이 나오는지 아리송한 분들이 있을 것이다. 기본이기 때문에 강조하는 의미에서 구체적으로 구해 보기로 하자. 트랜지스터 V_{CE} 간에 저항이 있다고 가정하고 회로를 봐준다. 이 저항을 R_{CE}라고 하자.

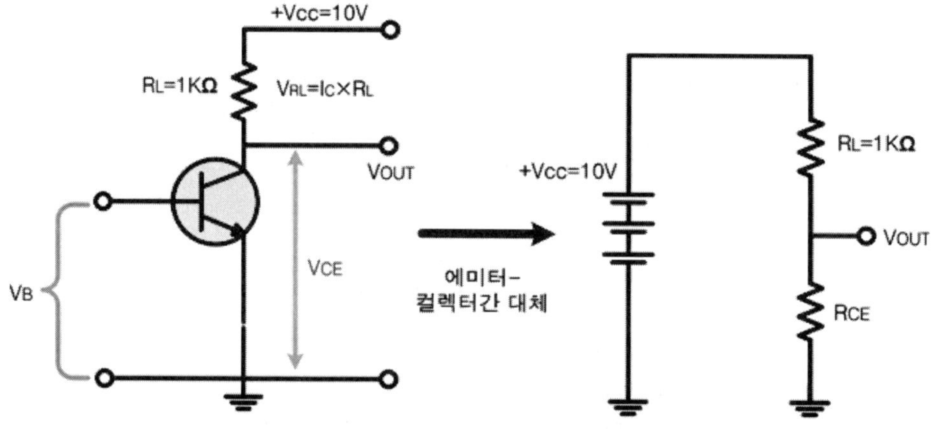

그림 2-8-3. 에미터-컬렉터간 회로를 저항만의 회로로 대체해 본다.

전압분배는 아래 식에 의해서 이루어 질 것이다.

$$V_{OUT} = \frac{R_{CE}}{R_L + R_{CE}} \times 10V$$

트랜지스터가 불통 된다는 것은 저항이 무지막지하게 크다는 것을 의미한다. 쉽게 말해 저항이 ∞ 라는 말이다. 그럴 때 출력전압은?

$$V_{OUT} = \frac{\infty}{R_L + \infty} \times 10V = \frac{\infty}{\infty} \times 10V = 10V$$

가 되고,

전류가 확 흘러 트랜지스터가 도통 되면 V_{CE} 간 단락이 되어 출력전압은 0V가 된다고 볼 수 있다. 아니~ 컬렉터-에미터간에 저항이 있는데 여기에도 전압이 발생할 것이 아니오? 라고 항의하면 일리 있는 항의가 되겠다. 그러나 흐르는 전류에 의해 Vcc 전압이 부하저항에 다 걸려 버리기 때문에 컬렉터-에미터간에 있다고 가정한 저항에는 남아돌아가는 전압이 콩가루만큼도 남아 있질 않다. 따라서 출력전압은 0V가 된다.

그러면 이제 부하선의 x축, 출력전압을 그려 넣을 수 있을 것 같다. 그리고 최대치 컬렉터 전류 10㎃와 최대치 출력전압을 한 줄로 이어 준다. 출력에 붙은 부하 쪽 사정이라고 해서 부하선이라고 한다.

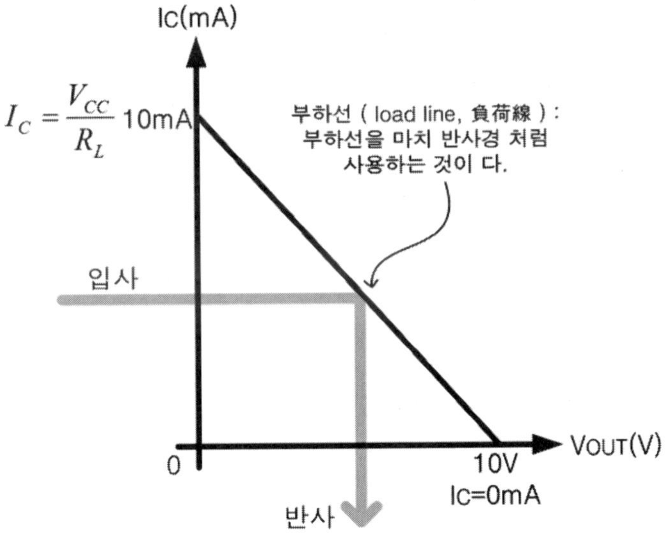

그림 2-8-4. 부하선의 완성

이것이 바로!! 부하선이 된다. 기울기 자체가 저항의 역수인 모오가 되므로 역시 저항성분임에는 분명하다. 그래서 부하라는 말이 붙는 것이다. 부하는 우리가 흔히 저항으로 간주한 대상이었다.

왜 이선을 트랜지스터에서는 금과옥조(金科玉條)로 여기고 그래프로 그리려고 기를 쓰는 것일까? 숨은 배경을 알아내는 것이 중요할 것 같다.

트랜지스터 증폭기에서 결국 얻어내려고 하는 것은 베이스 입력에 따라 컬렉터 출력이 얼마만큼 증폭 되서 나오는가를 보는 것이다. 또한 어떤 영역에서는 증폭이 안되거나 왜곡되는지를 보는 데에는 부하선을 이용하는 것이 아주 적절하다.

그럼 부하선을 어떻게 이용하면 될까? 부하선을 마치 반사경처럼 사용하면 된다. 반사경처럼 사용한다는 것이 도대체 무슨 의미인지 또 들여다보자.

지금까지 설명해 왔던 증폭의 과정을 순서대로 되짚어 보면 아래와 같다.

① 베이스 입력 전압 V_{BE} 특성 곡선 → ② 컬렉터 전류 (Ic)구하기 →
③ 부하선 에서 튕겨주기 → ④ 최종 부하출력전압 (Vout)에 대응시킴.

잘 생각해 보자.
페어차일드 社 KSC945 부품 규격표 V_{BE}−Ic 특성그래프에서는 V_{BE}에 따라서 컬렉터 출력 전류를 일대일 대응해서 바로 찾아 낼 수 있었다. 그러면 V_{BE} 입력전압의 변동에 의해서 컬렉터 부하단에 있는 최종 출력전압을 끄집어 낼 수 있는 방법은??? 그렇다 컬렉터 전류 (I_C)와 출력전압을 이어 주는 매개 그래프...부하선 그래프만 있으면 입력에 대해 출력을 통째로 알아 버리는 사태가 벌어진다.

백문이 불여일견(百聞−不如一見)이다. 그림을 보면 이것이 무엇을 뜻하는지 직감이 간다.

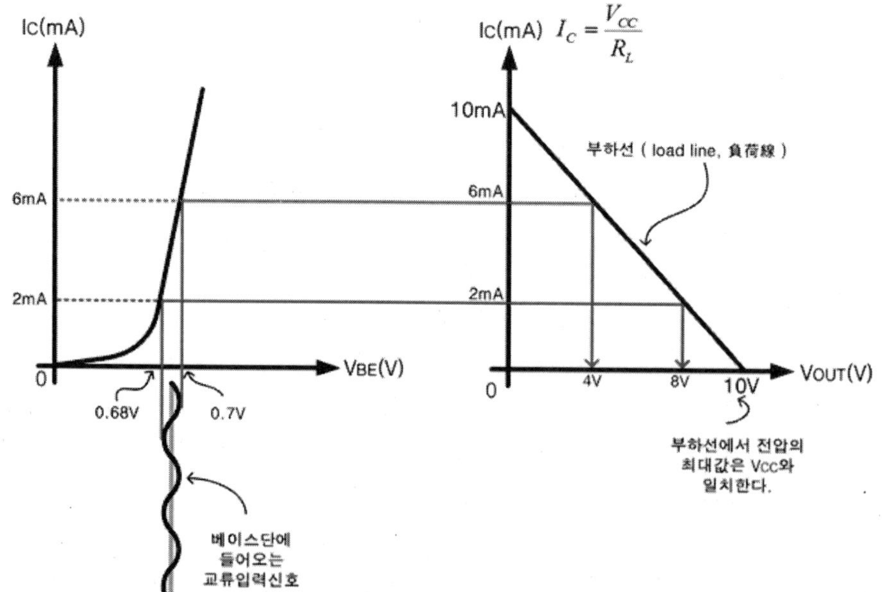

그림 2-8-5. 입력신호가 부하선에 반사되어 출력값을 바로 구할 수 있게 된다.

무엇을 진술하려고 애 쓰는지는 알아 차렸을 것이다. 확실하게 하기 위해 계산해 주자. 입력신호가 최저의 첨두치일 때 V_{BE}는 대략 0.68V이고, 입력신호가 최고의 첨두치일 때 V_{BE}는 대략 0.7V이다. 이것은 위에서 한 번 구했던 계산인데 다시 한 번 기술해 주면

V_B=0.68V 일 때 Ic=2mA
V_B=0.7V 일 때 Ic=6mA 이고,

$$V_{OUT} = V_{CC} - I_C \times R_L$$

계산식에 의해 출력전압이 각각 구해지는데 계산 값은 아래와 같다고 했다. 컬렉터 전류 Ic=2mA(V_B=0.68V)일 때, 출력전압은,

$$V_{OUT} = V_{CC} - I_C \times R_L = 10V - 1K\Omega \times 2 \times 10^{-3} = 8V$$

컬렉터 전류 Ic=6mA(V_B=0.7V) 일 때, 출력전압은,

$$V_{OUT} = V_{CC} - I_C \times R_L = 10V - 1K\Omega \times 6 \times 10^{-3} = 4V$$

해서 입력전압으로 인해 출력전압이 4V에서 8V 사이, 이 범위에서는 제대로 된 증폭 작용을 열심히 하고 있구나 하고 판단하는데 도움을 주는 게 부하선의 역할이다.

정리하자면
우리는 V_{BE}-Ic 특성그래프를 읽는 법을 알았다. 입력신호에 따라 출력단의 컬렉터 전류가 어떻게 변화하는지를 알았던 것이다. 그러면 부하선은 V_{BE}-Ic 특성그래프와 어떤 연관을 갖는다는 것이 중요한 초점이 된다. 부하선은 I_C축은 같은데, V_{BE} 대신 출력단의 전압이 덜컥 들어 앉아 있다. 놓치지 않아야 할 점은 컬렉터 전류 I_C가 두 그래프의 매개의 역할을 수행한다는 것이다.

1) V_{BE}-Ic 특성그래프를 통해 V_{BE} 전압에 따라 I_C 알아 낼 수 있다.
2) V_{BE} 전압에 따라 I_C 구한 것을 부하선의 컬렉터 전류 I_C 전사하여 대응 시킨다.

3) 마치 빛이 거울에 반사 되듯이 I_C 선을 연장시켜, 부하선에 사영(射影)될 때, 튕겨 주어 출력전압에 대응시키다.

4) 만약 매개된 컬렉터 전류 I_C를 지우개로 지우면 바로 입력전압 V_{BE}가 변하는 것에 따라 출력전압이 그대로 구해지게 되는 것이다.

이것이 바로 부하선의 역할이 되겠다!!!!

2-9. 동작점이란 무엇이고, 어떤 점(點)을 말함인가?

실제적으로 트랜지스터의 증폭하는 동작을 더 심화학습하기 위해 **동작점(operating point, 動作點)**을 생각해 보기로 하자.

부하선이 나오면 뒤따르는 내용이 동작점이다. 동작하는 한 점(點)을 표시하기 때문에 바로 이 점(點)이 아니면 절대 동작하지 않는다는 점(點)이라서 동작점일까? 그런 의미는 아니다. 동작점은 증폭기가 동작하기 위한 직류전압의 적정 동작값을 암암리에 내포한다.

물론 적정하다는 것은 사용자에 따라 적용이 서로 다른 상대적인 개념일 뿐이지만 말이다. 상대적? 이 무슨 선문답이냐? 할 것이다. 증폭기에서 A급이니, B급이라는 말은 들어 보셨을 것이다. 물론 나중에 자세히 설명하겠지만, 사용자가 원하는 동작이 A급이면 A급에 해당하는 동작점이 유용할 터이고, 사용자가 원하는 동작이 B급이면 B급에 해당하는 동작점이 유용할 터이기 때문에 동작점의 적정성은 매우 상대적이라고 말하는 것이다.

이해를 더디게 사태를 더 꼬지 말고 바로 동작점에 대해 알아 두는 것이 급선무이다. 다양한? 동작점을 다루기 전에 동작점의 본질을 먼저 밝혀내어 확실하게 개념으로 펴 올려 보기로 한다.

엄밀하게 정의 된 네이버의 사전적인 의미를 먼저 읽어 보자. **동작점이란**

> **트랜지스터나 전자관 등 전자 장치의 특성 곡선상의 동작 원점.**
> **일반적으로 입력 신호가 가해지지 않은 때의 값을 말하지만,**
> **입력 신호가 가해진 때의 평균값**

이라고 한다. 사전적인 의미에서 '동작 원점'은 교류신호의 기준점을 의미하고, '입력신호가 가해지지 않을 때의 값'도 마찬가지로 교류신호의 기준점, 즉 직류전압을 다른 말로 풀어 쓴 것인데, 간단하게 한 마디면 끝날 것을 친절하게 풍선처럼 부풀려 쓴 것이다.

그러나 '입력신호가 가해진 때의 평균값'이라는 정의(定義)에는 약간의 혼란이 온다. 그 이유는 우리가 항상 깨끗한 정현파형을 입력과 출력으로 고정시켜 분석한 영향 때문이다. 정현파가 기준선을 중심으로 파동을 그리면 평균값은 생각 하나마나 정확히 기준점이 된다. 입력신호가 음성신호 같은 것이라면 원래의 기준점을 찾기가 곤란할 것이나 이론적으로는 음성신호라도 평균을 내면 모든 신호의 중간으로서 동작점이 찾아질 것이다. 그래서 입력신호가 가해진 때의 평균값이라고 정의를 내린 것이다. 절대 틀린 말이 아니다. 좀 생각해야 할 정의이기는 하다.

하여튼 동작점은 본질적인 한마디면 끝난다. 그 한마디가 무엇일까? 조금 뒤에 나온다. 인간은 눈과 귀로 읽고, 듣는 것보다 눈으로 보는 것이 훨씬 직관하는데 빠르기 마련이다. 일단 너절한 설명 보다 부하선 그림으로 동작점을 직관 해 본다.

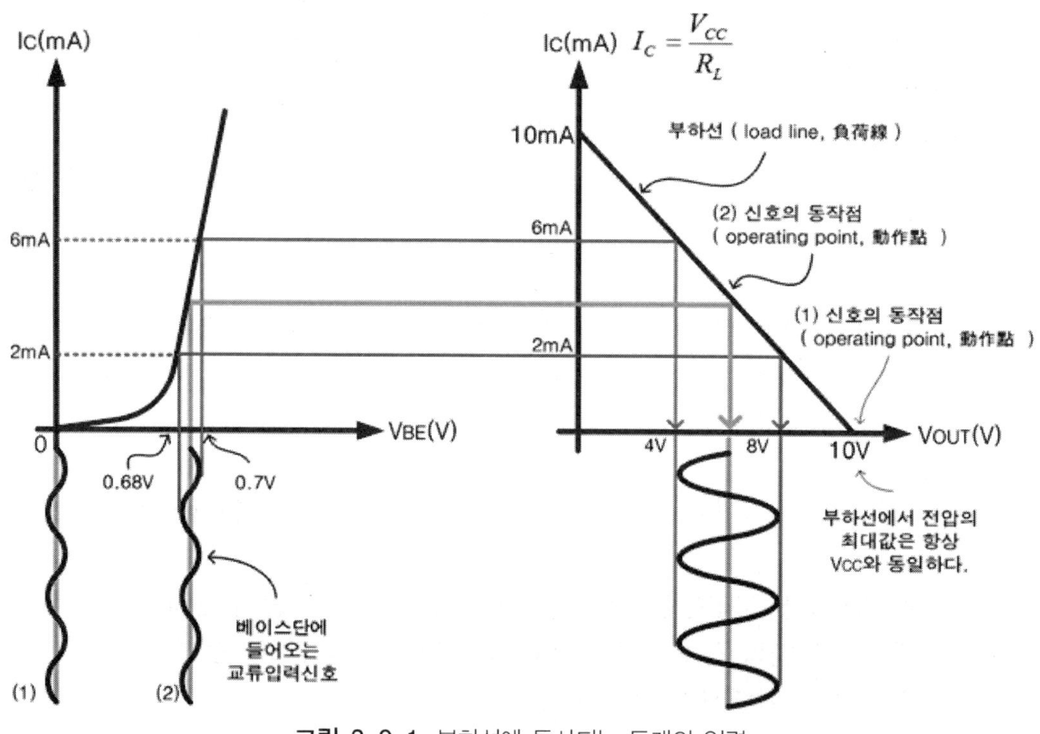

그림 2-9-1. 부하선에 투사되는 두개의 입력

먼저 (1)번과 (2)번처럼 두 개의 입력교류신호가 베이스단으로 들어온다고 가정하자.

(1)번 입력신호는 V_{BE}=0V 를 기준으로 교류신호가 파동을 그리며 입력된다. 그러나 바이어스 전압이 잘못된 관계로 출력은 10V로 세츄레이션 (포화) 되고 만다. (교

류 입력 신호 중 바이어스 전압 보다 큰 쪽은 출력이 미세하게 나오게 되겠지만 여기서는 무시하고 그저 10V로 쳐 박힌다고 간주한다.)트랜지스터가 불통 되면 V_{CC} 전압이 다 걸려 버린다. 왜냐하면 트랜지스터가 불통이면 저항으로 따질 때 저항이 무한대이므로 모든 전압이 다 걸려 버리는 것이다.

이때 (1)번 신호에서 V_{BE}=0V 일 때, 부하선에서 10V를 **동작점(operating point, 動作點)**이라고 지칭해 준다. 동작점이란 본색이 직류 바이어스전압이다. 그런데 전압이면 전압이지 왜 점(點)이라고 꼭 짚어 말했을까? 이유는 부하선에 반사되는 점이 있기 때문에 동작점이라고 불러 준 것이다.

(2)번 신호를 보자. 앞서 설명한대로 직류 바이어스 전압이 제대로 떠 있어서 증폭 작용을 제대로 하고 있다. (입력 교류 신호가 출력에 그대로 재현 된다는 가정하에서) 이 입력 교류신호의 기준전압은 대략 V_{BE}=0.69V가 되고 컬렉터 전류(Ic)는 4mA가 된다. 이를 부하선에 꼭 찍어 보자. 허면 부하선에 어느 하나의 점이 찍힐 것인즉 그것이 바로 입력 교류신호 (2)번의 동작점이 되시겠다. 따라서 동작점이란 입력신호의 직류 바이어스를 부하선에 그려 줄 때 찍힌 점으로 간단하게 이해 할 수 있겠다. 더 요약해 보면, 한마디로 본질을 드러내면 **부하선에 찍힌 베이스 직류바이어스 점!!!**이다.

이런 의미에서 동작점을 또한 Q-point 라고도 한다. Q는 Quiescent의 첫 자로 조용한, 휴지상태(休止狀態)의~ 라는 의미를 갖고 있다.

보통 자료들에게서 I_{CCQ} 라는 문자가 느닷없이 튀어 날 올 때가 있다. 이때는 부하선의 중심점을 의미한다고 보면 된다. I_{CCQ}라고 했으니 컬렉터에 흐르는 전류가 최대와 최소의 정확하게 중간점에 있다는 것을 나타내는 기호가 된다.

의역으로 영(零=0)점이라고도 한다. 왜 동작점이 조용한 점일까? 동작점은 입력신호의 성분 중 교류신호를 제외한 직류바이어스를 부하선에 찍은 점이라고 했다. 직류바이어스는 파동을 그리며 춤추지 않는다. 입력교류신호에 비해서는 마치 정지한 것과 같은 값을 갖는다. 그리고 입력 교류신호가 증폭하기 위한 조건, 또는 정적인 상태를 유지해 주는 성질을 가지고 있기 때문에 조용하고, 또는 휴지상태라는 의미로 Quiescent를 사용한 것 아닐까?

영점이라고 의역한 것은 절댓값 영(零 = 0)은 아니지만 입력교류파동의 중심점이라는 의미에서 기준점을 의미하기 때문에 붙여진 이름일 것 같다. 전자공학에서는 대체로 소자의 특성값 명칭 중에 Quiescent 라는 말을 곧잘 사용하곤 한다. 이런 접두어가 붙으면 직류바이어스가 인가된 상태만을 관념적으로 떠 올려 주면 된다. 입력이 허벌나게 춤추며 들어 올 때가 아니라는 말이다. **정동작전류** (quiescent current)라고 해서 특성표에 나오는데, 이는 입력이 없는 상태로 직류바이어스만을 건 상태에서 전원으로부터 잡아먹는 전류라는 의미를 갖는 것이다.

여기에 10V 전원이 있다고 가정하자. 회로에서 입력이 없는데도 불구하고, 직류바이어스로 전류를 끌어다 쓴다면, 의당 전원은 정작 입력 때문에 출력이 나와야 하는 동작을 하지 않는데도 불구하고 전력을 소모하게 된다는 것쯤은 미루어 짐작이 간다. 그래서 전력 소비 면에서 이는 중요한 관심을 받게 된다. 소비전력이 많으면 아무래도 나쁘지 않겠는가! 이건 효율의 문제가 된다. 효율을 따지는 것은 추후에 증폭기 등급 분류를 하는 곳에서 상세히 전개 된다. 하여튼 **정동작전류**를 의역을 해서 **영(零)입력전류**라고 하는 자료도 있다.

동작점이 부하선 상에서 어디에 위치해 있는가를 아는 것은 증폭 동작이 제대로 될 것인지, 헛발질만 할 것인지를 알려 주기도 하거니와 전력 소비 면에서 증폭기를 A, B, AB급 C급 등으로 분류할 때 요긴하게 써 먹을 수가 있게 된다. 부하선과 동작점 만으로 증폭기의 특징 대강(大綱)을 간접적으로 알려 주기 때문에 증폭기에 대한 분석이 좀 더 깊다면 깊어진다고 할 수 있겠다. 이러구저러구 부하선과 동작점은 증폭을 이해하기 위한 하나의 수단에 불과하다는 것을 인지해 주고 겁먹지 말자.

어떤 곳에서는 부하선을 아래와 같이 묘사해 주는데 이는 전혀 동일한 것을 나타내는 것이니 트랜지스터의 또 다른 부하선이라고 혼동을 일으킬 필요가 아예 없다. 책이나 자료마다 같은 내용이라도 저자의 개성이 묻어 나기 때문에 개성을 파악한다는 의미에서 인용하는 것이다. 그리고 약간 틀린 부분을 인용하는 것은 헐뜯자는 심사가 아니라, 좀 더 이해하고자 하는 방향에서이기 때문에 오해하지 마시기 바란다.

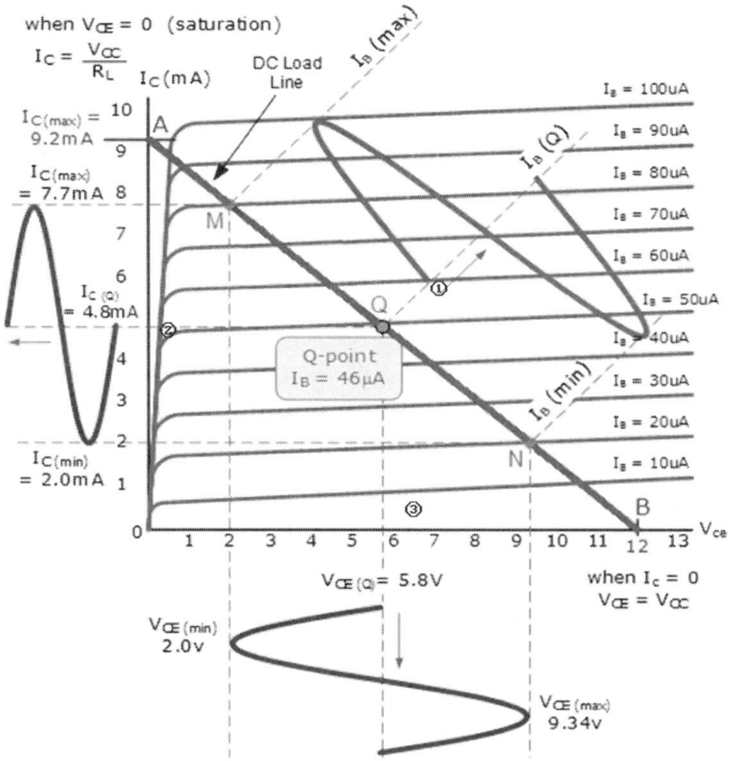

그림 2-9-2. 부하선의 쓰임새

흐미 복잡한 잡것 같으니라고! 사전 설명 없이 이 그림을 훑으면 뒤죽박죽 정신이 없어진다. 그림 위에 그림을 덧 그리고, 뭔 짓거리들을 꾸미고 있는 것인지...저런 그래프만 나오면 괜히 주눅이 드는 것이 사실이다. 복잡다단하지만 영변의 약산 진달래꽃을 사정없이 밟듯이 우리는 그저 사뿐히 지르밟아 주고 가자.

여러 가지로 동 떠렁진 그림들을 한데 모아 한눈에 쌈박하게 읽어 내려고 시도한 것까지는 좋았는데 초보자가 보기에 약간 괴롭다. $V_{CE}-I_C$ 특성곡선에 베이스 입력전류와 부하선, 동작점, 출력전류(I_C)와 출력전압(V_{CE})을 짬뽕시킨 그림이다 〈출처 : http://www.electronics-tutorials.ws/amplifier/amp_2.html〉 짬뽕이야 다양한 재료를 섞으면 섞을 수록 맛이 우러나지만, 공학은 뭔가 뒤섞어 놓으면 섞어 놓을 수록 입맛이 당기지 않는다.

예민한 분들은 그림에서 이상한 점을 발견하실 수 있을 것이다. 그림 (2-9-2)에서 ①번 표시된 것은 교류입력신호에 따른 베이스 전류의 변화를 $V_{CE}-I_C$ 특성곡선 위에 얹은 것이다. 뒤에 설명하기로 하고, 이상한 점부터 지적 질하고 넘어가자.

그런데 ②번의 화살표는 좀 이상하다. ①번의 교류입력전류, 즉 베이스전류의 시작점이 화살표로 표시된 것을 보면 정현파의 파형과 동일하다. 그렇다면 컬렉터 전류도 마찬가지로 크기만 다를 뿐이지 똑 같은 형태의 정현파형을 나타내야 하는데, ②번 화살표 방향대로 이해 하자면 (−)정현파와 같이 된다. 즉 화살표 ②번이 그림대로 (←) 왼쪽방향을 지시하고 있는데, 정확한 그림이 되려면 (→) 오른쪽으로 지시하는 방향이 되어야 맞게 된다. 아니면 정현파형을 π를 기준으로 좌우대칭으로 다시 그리던가 해야 맞게 된다. V_{CE} 출력전압을 시간순서상으로 나타내는 ③번은 또 제대로 표시가 되어 있다.

부하선을 굳이 그려 주는 이유는 작은 베이스 입력전압에 따라 입력전류의 크기가 변하고, 이것을 컬렉터 전류로 환산하여 β만큼 커진 값을 부하선에 사영(projection, 射影)시켜 주고, 결국 공통 에미터 증폭기에서는 출력전압 V_{CE}을 얻는 데 일차 목적이 있다고 했다.

위의 그림(2-9-2)에서는 우리가 설명하지 않았던 베이스 전류가 떡 허니 그려져 있다. 실상은 별거 아니다. 베이스 전류와 컬렉터 전류만 시야를 한정 시켜 주어 보자. 베이스 단에서 직류바이어스 전압을 중심으로 입력 교류 신호가 파동을 그리며 들어온다는 말은 입력전압의 고, 저에 따라 베이스 전류의 고, 저가 생긴다는 말과 동일한 것이다. 베이스 전류의 고, 저가 얼마만큼 인지를 눈으로 확인시켜 주는 그림이다.

위의 (2-9-2) 그림에서 바이어스전압이 걸렸을 때와 이를 기준으로 파동을 그리는 교류입력신호가 들어 올 때 최고와 최저전류를 쉽게 알아 낼 수 있다. 입력 전류의 변화량을 찾는데 정현적인 교류신호를 보고 찾으면 땡이다. 어디를 보아야 알 수 있는가?

그렇다!!! 바로 부하선상이다.

베이스에 걸린 직류 바이어스 전압에 대응 되는 베이스 전류는 어디일까? 바로 그림에서 'Q' 점이라고 명시한 곳을 보시면 되겠다. 전류는 $I_B=50\mu A$ 인 곳이다. 베이스 입력 교류신호가 제일 큰 곳일 때의 베이스 전류는? 그림 부하선 위쪽 부분의 'M' (Max)이라고 명시한 곳이 입력신호에 따른 베이스 전류가 최고의 정점을 찍는 곳이 되겠다. 값은 I_B=80㎂임을 알 수 있다. 그렇다면 베이스 입력 교류신호가 제일 작은 곳일 때의 베이스 전류는 얼추 값이 찾아 질 것이다. 입력신호에 따른 베이스 전류가 가장 큰 것에서 동작점 전류를 뺀 값이 80㎂−50㎂=30㎂이기 때문에 동작점을 기준으로 베이스전류의 저점의 차이는 30㎂가 될 것이기 때문에 50㎂−30㎂=20㎂가 된다. 위의 그림에서 부하선상의 점, 'N'(miN)이 바로 입력 베이스전류의 최저점이 되시겠다. 그 나머지 컬렉터 전류와 출력 전압은 우리가 이미 설명해 본 바와 동일하다.

한 가지, 자료에서 인용한 그림들을 볼 때 유념해 두어야 할 것이 있다. 위의 그림이 주어지지 않고 $I_C(Q)$ 같은 기호들이 막 튀어 나오는 경우가 태반이다. 부하선과 동작점을 익혀 두었으므로 $I_C(Q)$ 는 컬렉터 전류이긴 하지만 임의의 신호에서 동작점의 컬렉터 전류라는 것을 꼬옥 명심하여야만 한다.

한편, 어라~ 부하선에서 출력전압이 V_{OUT}가 아니라 V_{CE} 가 됨은 어찌 됨이뇨?

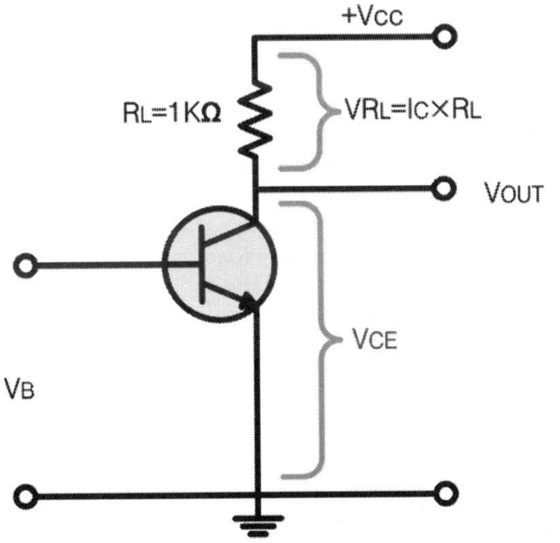

그림 2-9-3. V_{CE}는 V_{OUT}이다.

회로를 보면 V_{OUT} 나 V_{CE} 나 그놈이 그놈이고, 같은 놈...한마디로 셈셈이다. 뇌에 화두가 확 열리시는가? 아직 닫혀 있다고....?? 자료에 나오는 복잡한 그림은 여하튼 여태껏 전압의 각도로 설명한 것과 같은 교류입력신호를 전류의 각도에서 조망하고 있는 셈이다. 다음에는 부하선을 어떻게 부려 먹는지 좀 더 사고를 진전시켜 보기로 한다.

2-10. 에미터 저항은 왜 꼭 필요한 것인가

휴~ 이 정도면 대충 다 끝났다고 생각하면 오산이다. 아직 7부 능선도 아니기 때문이다. 대체 또 뭐가 문제랍디까? 부하선과 동작점이 무엇인지 개념 땜빵 했지만, 실제 트랜지스터 증폭기의 문제에 대해서는 언급하지 않았기 때문에 6.5부 능선쯤 될까? 무슨 문제가 똬리를 틀고 도사리고 있을까?

만만한 페어차일드 社 KSC945 부품 규격표 V_{BE}−Ic 특성그래프를 유심히 관찰한다.

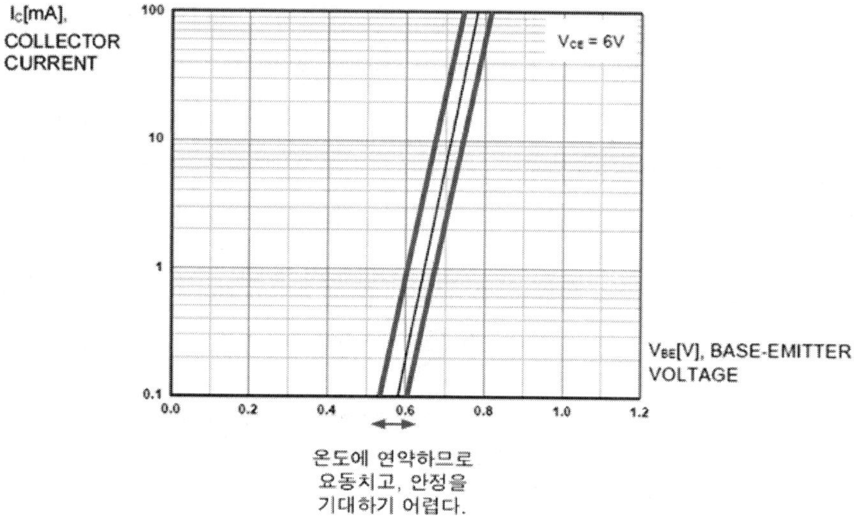

그림 2-10-1. V_{BE}−Ic 특성곡선. 온도에 의해 영향을 받을 때

입력전압이 운신할 수 있는 폭이 실제는 너무 좁다. 이 말을 다른 말로 바꾸면 여러 가지 변종이 튀어 나온다. 예를 들면 온도에 취약한 반도체 소자이기 때문에 온도에 따라 그래프가 요동을 칠 수 있다는 점에서 쌩으로 쓰면 신뢰성에 타격을 입을 수밖에 없다. 변하면 동작점이 자칫 위로 쳐 박혀 증폭은 고사하고 신호가 바람과 함께 사라져 버릴 수 있다. 반쪽이 날라 가거나.

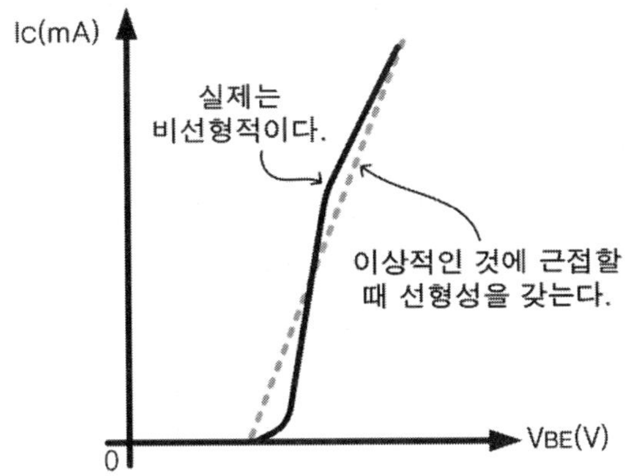

그림 2-10-2. V_{BE}-I_C 특성곡선의 실제는 비선형적이다.

V_{BE}-I_C 특성그래프에서 찾을 수 있는 트랜지스터의 약점이자 맹점은 이상적인 선형성을 가지고 반듯하게 그려지지 않아서 특성을 탄다고 할 수 있겠다. 출력이 찌그러진다는 것이다. 한 번 어처구니없게 극단적으로 그려보자. 그래야 찌그러지는 현상을 생생이 목도하게 된다. 신호가 음악이고, 귀가 있는 자라면 차마 들어 줄 수 없는 정도의 품질이다.

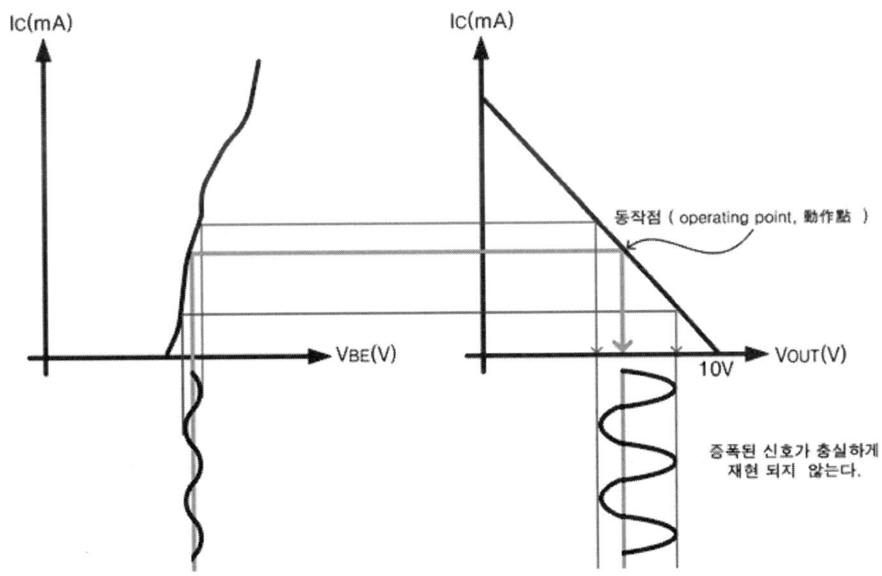

그림 2-10-3. V_{BE}-I_C 특성곡선의 실제는 비선형적이기 때문에 왜곡된 출력이 나타난다.

출력신호가 심하게 왜곡 되어 나타나게 된다는 현상을 감 잡았을 것이다. 알기 쉽게 정현파를 넣었는데도 저렇듯 찌그러지는데 만약 음성신호라고 해 보자.....사태를 짐작하시겠는가! 사태가 만만찮게 돌아간다. 시급히 해결책이 있어야 할 것 같다. 해결책은 무엇일까?

방법론적으로는 급격한 기울기를 누그러뜨리면 될 것도 같다. 모난 돌이 정 맞는다고 성질이 급해 맞은 것도 두드려서 누그려 뜨려야 하듯 기울기를 조절해 보기로 하자. 다른 차원의 세계?가 열려질 것이다. 열려라 참깨!

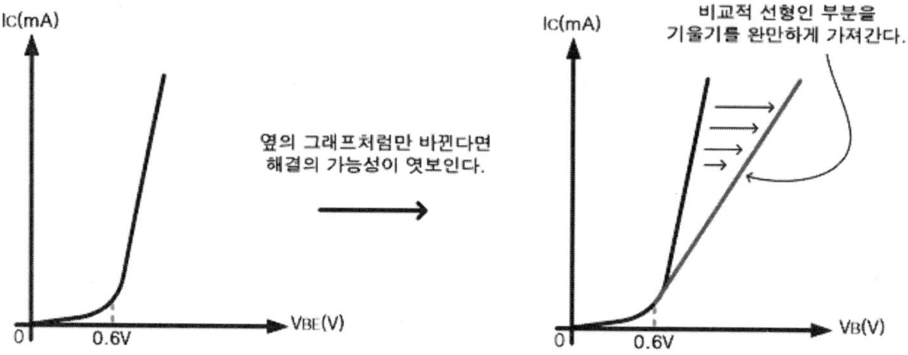

그림 2-10-4. V_{BE}-I_C 특성곡선에 변화를 주어 기울기를 완만하게 해준다.

기울기를 조절할 수만 있다면 온도에 의해 좀 그래프가 이동이 된다고 해도 문제될 것이 없어 보인다. 그리고 바이어스 전압이 조금 크건, 작건 0.6V 이상만 되면 끄떡없을 것 같다.

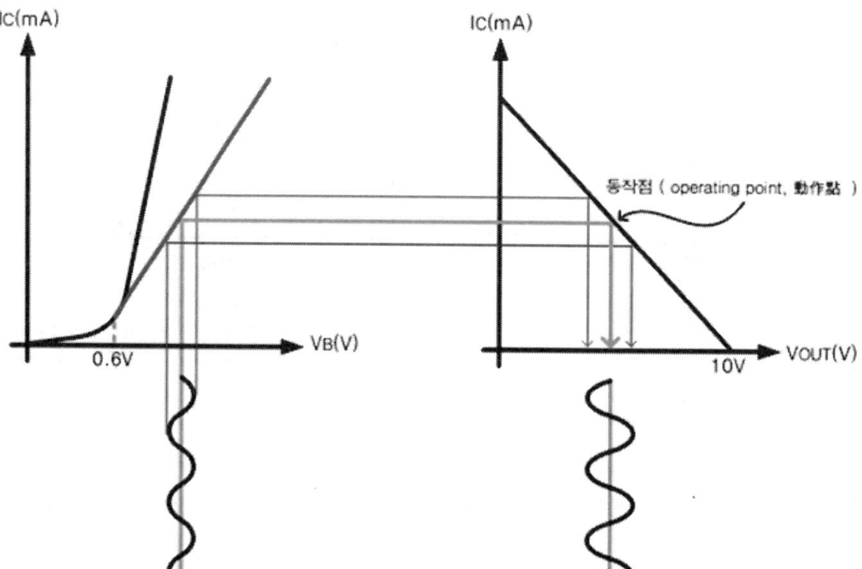

그림 2-10-5. V_{BE}-I_C 특성곡선에서 기울기를 완만하게 하면 출력에 왜곡이 없어진다.

온도에 의해 축이 변화한다고 해도 전체적으로는 별 영향이 없을 것 같다. (그림이 겹치기 때문에 동시에 그리지 못했지만 저 그림을 보고 상상은 가시리라). 동작점이 조금 움직인다고 해도 대세에는 지장이 없을 것 같다. 그리고 짜그러지는 현상도 제거해 줄 수 있다. 자~ 방법은 확인되었다. 구체적으로 해결점은 무엇을 어떻게 해 주어야 하는가? 기본으로 돌아가자!!!!!!

무슨 말인지~ 기울기를 조절하는 방법으로 있을 수 있는 문제들을 해 치웠는데, 그렇다면 구체적으로 어떻게 어떤 방식으로 기울기를 완만하게 만들고, 선형성을 높여 주는가가 관건이 된다. 산수의 1차 함수 (변수 x의 지수가 1차인 함수. 예를 들면 y=x 같은 형식) 로 접근해 보자.

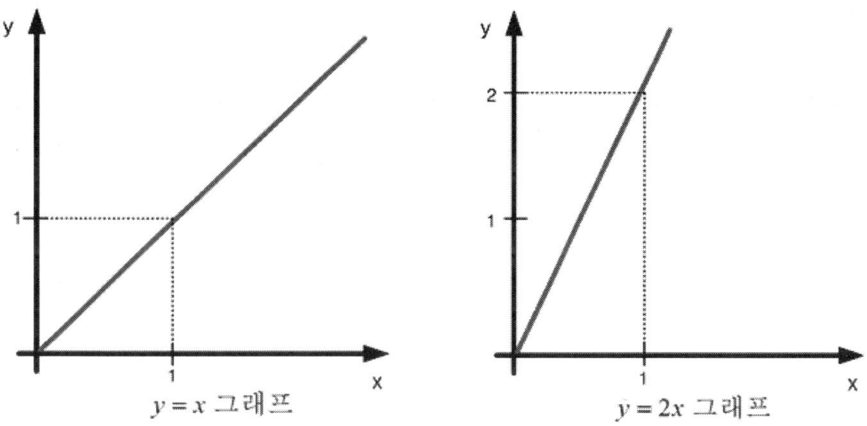

그림 2-10-6. 기울기 크기에 따른 그래프 비교

1차 함수를 분석해 보면 y와 x가 비례관계에 있다는 것을 엿볼 수 있다. 비례관계란 y가 커지면, x도 덩달아 커지는 관계를 말한다. 그런데 전기전자의 생기초인 기본법칙 중에 오옴의 법칙에서 비례관계인 것이 팍 떠오른다. 전압과 전류관계가 바로 비례관계가 된다.

$$V = R \times I$$

$$R = \frac{V}{I}$$

전압과 전류는 비례관계인데, 저항을 비례상수로 보면 그래프는 1차 함수의 모양으로 나타날 것이다. 그렇지 아니한가? 전압 V를 y로, 전류 I를 x로 보면 산수의 1

차 함수 그래프와 딱 일치한다.

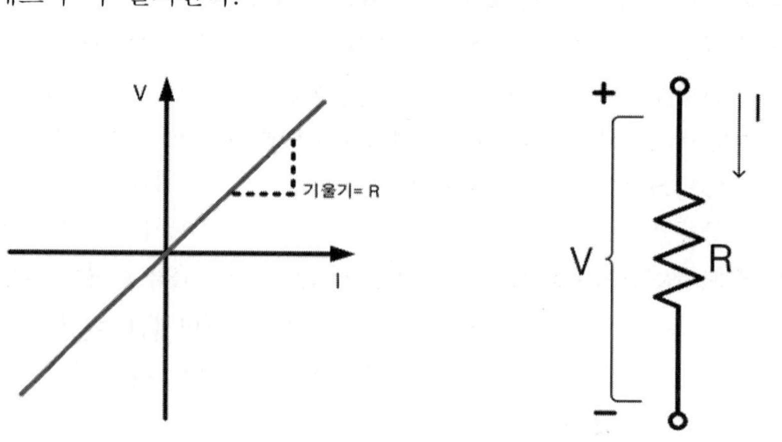

그림 2-10-7. I–V 좌표상의 그래프는 저항이다.

전압과 전류의 비례관계를 그려 주고, 기울기가 있는 그래프로 나타난 놈의 정체는 바로 저항이 된다는 것을 말끔히 증명했다. 이런 사실이 뭐 어땠다는 말인가? $V_{BE}-Ic$ 특성그래프를 보면 답이 저절로 나온다. 이 그래프도 전압과 전류의 관계곡선이 되기 때문에 그래프에서 기울기를 가진 인자는 저항이 된다는 것이다!! x축이 전압이고, y축이 전류면 기울기 자체는 1/R 이 되어 단위는 모오(mho)가 되나 저항이 성질을 벗어난 놈은 절대 아니다. 그냥 저항이다.

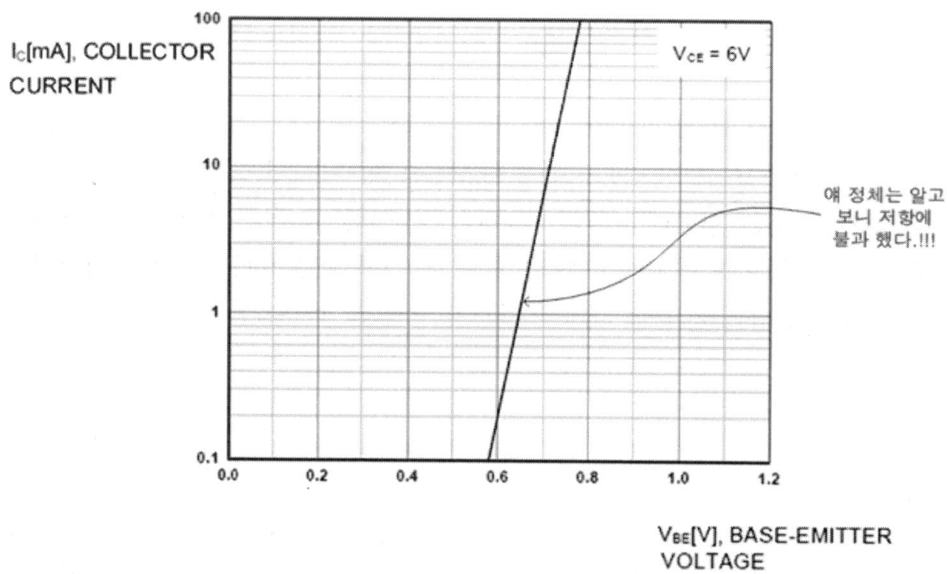

그림 2-10-8. V_{BE}–I_C 특성곡선의 정체는 저항 성분이었다. !!!

중요한 돌파구가 마련된 셈이다. 결국 저항의 값을 바꿈으로 해서 기울기를 누그러트리는 것이 핵심중의 핵심이 되고, 문제해결의 열쇠를 거머쥔 것이 된다. 그래프에서는 y가 컬렉터 전류가 되고, x는 V_{BE} 전압이 되므로 기울기는 저항의 역수인 모오 (mho)가 되므로 함수관계를 다시 설정해 주어야 한다.

$$\frac{1}{R} = \frac{I(\text{전류})}{V(\text{전압})}$$

역시 저항 R의 크기가 변하는 것에 따라 1차 함수의 그래프가 어떻게 변하는지 직접 그려 보자.

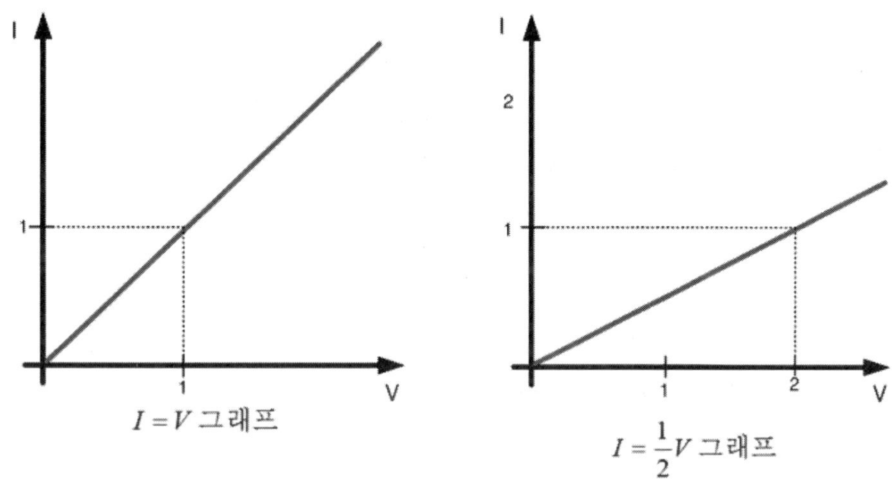

그림 2-10-9. V-I 그래프. mho 크기에 따른 기울기 변화

자~ 우리가 원하는 답은 저항을 바꾸는 것에 있다는 것을 알았고, 위 1차 함수의 그래프에서 또 하나 확인이 되는 것은 저항 R이 커지는 방향에 있어야 그래프가 완만하게 뉘어지는 것을 눈 감고도 감 잡을 수 있다.

구체적으로 두 가지 해결책을 얻게 되었다.

① 트랜지스터 증폭회로에서 어디인지는 아직 모르지만 어쨌든 저항을 바꾸어야 한다.
② 저항을 바꾸되 크게 바꾸어야 한다. 모오 (mho)이면 1/R로 저항이 분모에 들어가기 때문에 저항 자체로는 큰 것이 들어가야 한다. 그래야 기울기가 완만해 지기 때문이다.

그러면 트랜지스터 증폭회로에서 어디쯤에 저항을 달아야 트랜지스터 증폭기가 삐딱선 타지 않고 우리가 원하는 대로 증폭작용을 무리 없이 해낼까? 그걸 보기로 하자.

우리는 트랜지스터가 온도에 취약하고, 선형성이 덜 떨어졌다는 것을 확인하였고, 이 문제를 처리하기 위해 구체적으로 두 가지 해답을 얻어 냈다. 첫째는 트랜지스터 증폭회로에서 저항을 바꾸어야 한다는 것이었고, 두 번째로는 저항을 바꾸되 되도록 크게 바꾸어야 한다는 점을 해결책으로 짚어 냈다. 그렇다면 문제 해결 저항을 어느 부분에 위치 잡아 줄지가 다음 과제로 대두된다.

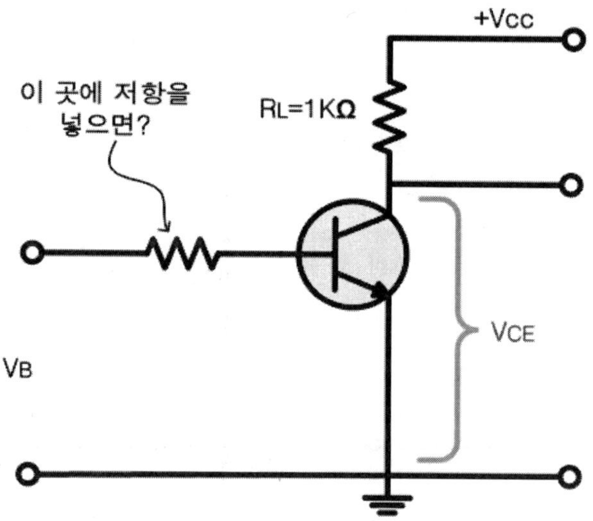

그림 2-10-10. 베이스단에 저항을 직렬로 넣으면 $V_{BE}-I_C$ 특성곡선의 기울기가 완만해 지나?

문제 해결 저항을 저 따위로 넣는다면 문제가 해결될까? 한 번 가늠해 본다. V_{BE} 특성곡선이었기 때문에 베이스에 먼저 조치를 취해 본다. 저항이 비교적 커야 하기 때문에 베이스 전류가 제한되어 트랜지스터가 제대로 동작 될지 심히 우려된다. 문제를 더 키우는 방법이지 해결책은 못되는 것 같다. 트랜지스터로 스위치 회로를 구성할 때 트랜지스터가 파괴 되는 것을 방지하기 위해서는 쓸모 있을지 모르겠으나 증폭을 제대로 하기 위해서는 적절한 방법이 되지는 못한다.

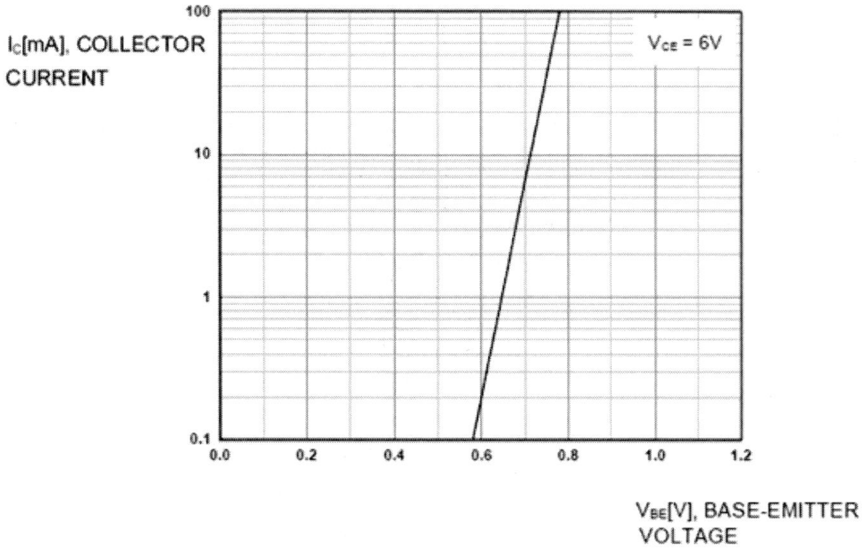

그림 2-10-11. V_{BE}–I_C 특성곡선을 어떻게 해야 완만하게 할 수 있나?

그림 (2-10-11)은 트랜지스터 자체의 특성이었다. 베이스단에 직렬로 큰 저항을 달아 넣는 것은 아무 소용도 없거니와 증폭이 될지도 의문스러워진다.

베이스 자체의 특성이라고 했는데 특성은 크게 두 가지로 갈린다. 하나는 **정특성**(static characteristic, **靜特性**)이고, 하나는 **동특성**(dynamic characteristic, **動特性**)이다. 정특성이란 트랜지스터 자체의 특성을 지칭하는 것이고, 동특성은 트랜지스터 자체가 아니라 주변에 저항이나 콘덴서가 덕지덕지 붙었을 때의 뭉치적 특성을 말한다.

따라서 베이스단과 직렬로 대빵 큰 저항을 삽입하는 것은 자격과 수준미달이었다. 그러면 전압이 V_{BE}, 즉 베이스-에미터간 전압이므로 저항을 삽입할 나머지 위치는 에미터 쪽에 걸어 주는 방법 밖에는 없다. 사고를 진행해 주자.

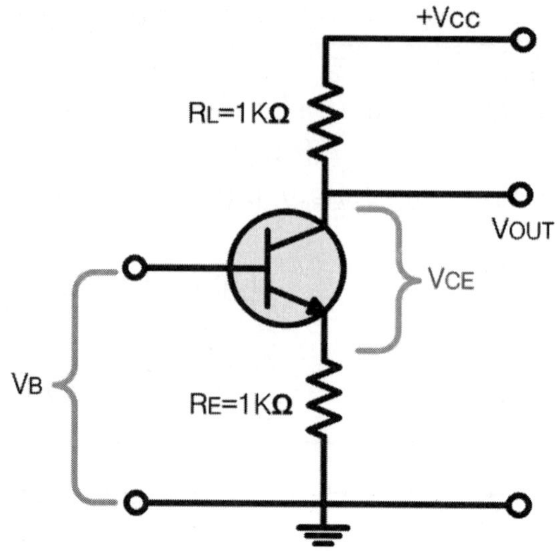

그림 2-10-12. 에미터단에 저항을 직렬로 넣으면 V_{BE}–I_C 특성곡선의 기울기가 완만해 지나?

R_E저항에 임시로 1kΩ을 달고, 컬렉터 전류를 1mA, 1.5mA, 2mA가 흐른다고 나누어서 생각해 본다.

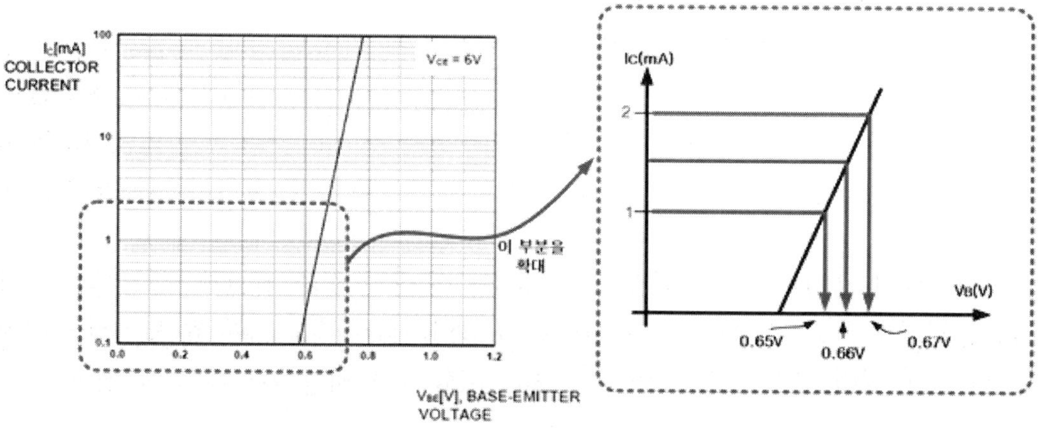

그림 2-10-13. 입력단에 세 가지 입력전압을 시험적으로 넣어 본다.

V_{BE}−I_C 특성 확대 그래프 그림 (2−10−13)의 우측에서 보듯이,

① Ic=1mA 이면 V_{BE}=0.65V

② Ic=1.5mA 이면 V_{BE}=0.66V

③ Ic=2mA 이면 V_{BE}=0.67V

가 된다는 것을 확인할 수 있다고 하자. 그리고 에미터 저항 R_E에 걸리는 전압은??? 에미터에 흐르는 전류를 알아야 에미터에 걸리는 전압인 $I_E \times R_E$로 구할 수 있으므로, 에미터 전류를 먼저 구한다. 다 아는 내용인데 다시 한 번 음미하는 의미로 식 (2.4.1)을 가져와 써보자.

$$I_E = I_B + I_C \;---(2.4.1)$$

또한 베이스 전류는 아래식과 같이 정의되었었다.

$$h_{FE} = \frac{I_C}{I_B} = \beta \; h_{FE} = \frac{I_C}{I_B} = \beta$$
$$I_B = \frac{I_C}{\beta} \qquad I_B = \frac{I_C}{\beta}$$

식(2.4.1)에 베이스 전류를 대입하면,

$$I_E = I_B + I_C = \frac{I_C}{\beta} + I_C = \frac{I_C + \beta I_C}{\beta} = \frac{(1+\beta)I_C}{\beta}$$
$$\beta I_E = (1+\beta)I_C$$

직류전류 β는 보통 100배 이상 이므로 1에 비해서는 굉장히 크다 따라서 1+β=β로 쓸 수 있으므로 식은 아래와 같이 된다. 이미 한 번 해 보았던 전개과정이다.

$$I_E \cong I_C$$

공학에서는 가능한 한 복잡한 식을 간단히 하기 위하여 두 수가 있을 때 상대적으로 아주 작은 값을 무시하고 식을 전개하기를 즐겨 한다. 여기서도 예외는 없다. 100:1에서 1은 제거해도 문제없다. !!!

따라서 저항 R_E에 걸리는 전압을 V_{RE}라고 하면 V_{RE} 아래와 같이 구해진다.

① Ic=1mA 이면 I_E=1mA 이고, 따라서 V_{RE}=1mA×1kΩ=1V
② Ic=1.5mA 이면 I_E=1.5mA 이고, 따라서 V_{RE}=1.5mA×1kΩ=1.5V
③ Ic=2mA 이면 I_E=2mA 이고, 따라서 V_{RE}=2mA×1kΩ=2V

최종적으로 $V_B=V_{BE}+V_{RE}$ 이므로

① Ic=1mA 이면 I_E=1mA 이고, 따라서 $V_B=V_{BE}+V_{RE}$ =0.65V+1V=1.65V
② Ic=1.5mA 이면 I_E=1.5mA 이고, 따라서 $V_B=V_{BE}+V_{RE}$ =0.66V+1.5V=2.16V
③ Ic=2mA 이면 I_E=2mA 이고, 따라서 $V_B=V_{BE}+V_{RE}$ =0.67V+2V=2.67V

계산 결과를 그래프로 그려보기로 하면,

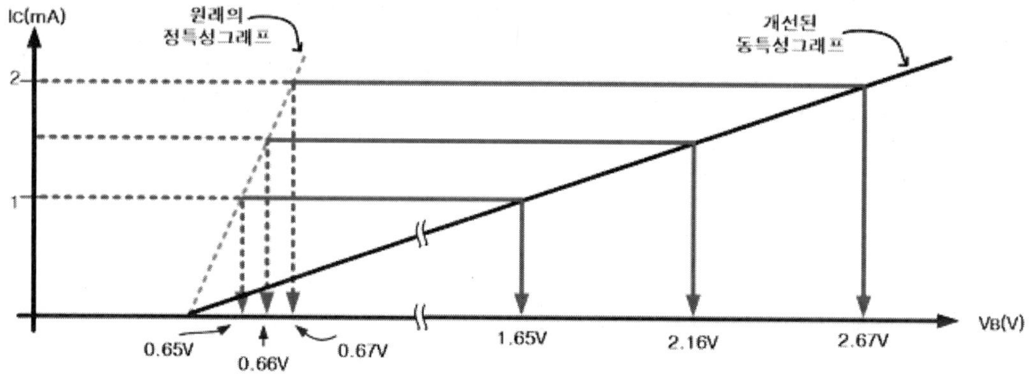

그림 2-10-14. 에미터단에 저항을 직렬로 넣으니 V_{BE}-I_C 특성곡선의 기울기가 완만해 졌다.

그림이 좀 극단적으로 그려지긴 했으나 요체만 파악을 하기로 한다. 요지는 기울기가 급격하게 기운 정특성을 좀 널널하고, 너그럽게 기울기를 누그러뜨리는 것이었으므로 목표로 한 회로적 보강이 이루어지게 된 것이다.

여하튼 성격이 훨씬 관대 해졌다. 개선 전에는 예민해서 조그만 수 틀려도 팍 삐쳐 출력을 쓰레기통에 집어넣어 나오지 않게 하곤 했는데, 성격개조 후에는 동작점을 적정하게 올려 주어, 착하고 어진 바이어스 전압이 걸려만 준다면 출력은 문제없이 나오게 생겼다. 역시 인간이나 공학이나 후덕해야 좋은 법이다. 성격 까칠한 사람과 몇 시간 대화 해 봐라 머리에 스팀이 팍팍 나온다.

이제는 만족하겠거니 생각했는데 곰곰이 사료한 결과 다른 문제가 튀어 나온다. 사물에는 명암이 있듯이 역시 해결점을 찾았는데도 불구하고 어두운 구석이 기회를 엿보고 있었던 것이다. 에미터 저항의 어둠침침한 면을 훔쳐보자.

에미터 저항 R_E는 불완전한 회로에 안정을 가져다주었지만, 안정을 주는 대신 증폭이 제한된다는 치명적인 약점을 안고 있다. 그래프로 확인하는 것이 장땡이다.

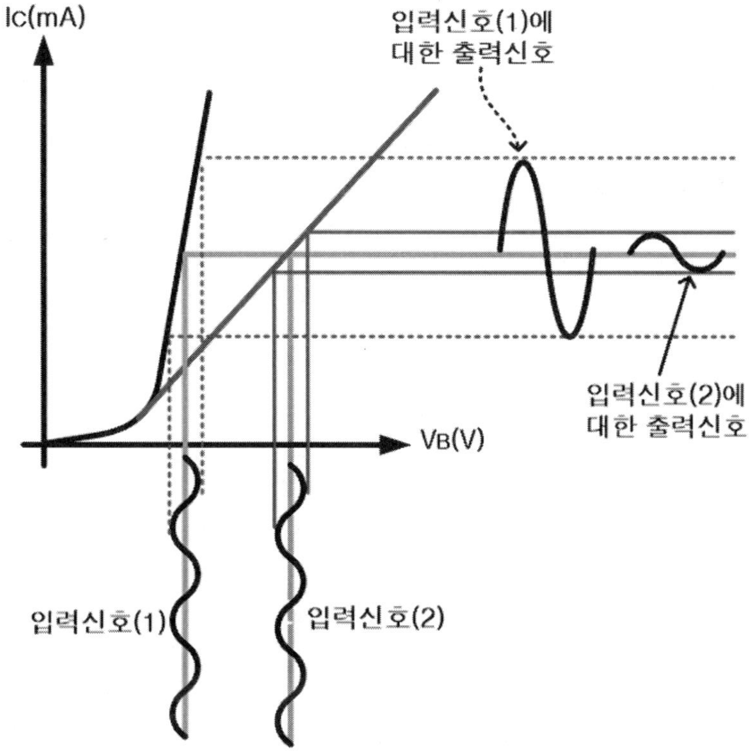

그림 2-10-15. 에미터단에 저항을 넣으면 안정된 동작을 하나증폭이 작아진다.

온도 특성이나, 직선성은 좋아 졌으나, 증폭이 줄어드는 것을 확인할 수 있다. 실제 값을 넣어 계산해 보면 더 확실히 증폭이 줄어드는 것을 수치로 인지할 수 있다.

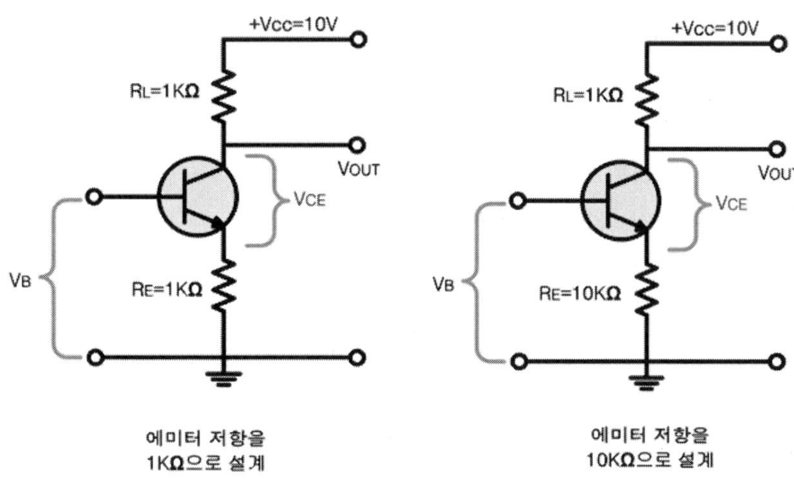

그림 2-10-16. 에미터 저항 크기를 달리해서 어떤 영향이 있는지 본다.

여기에 입력신호를 계산하기 쉽게 큰 값으로 넣어 주기로 한다.

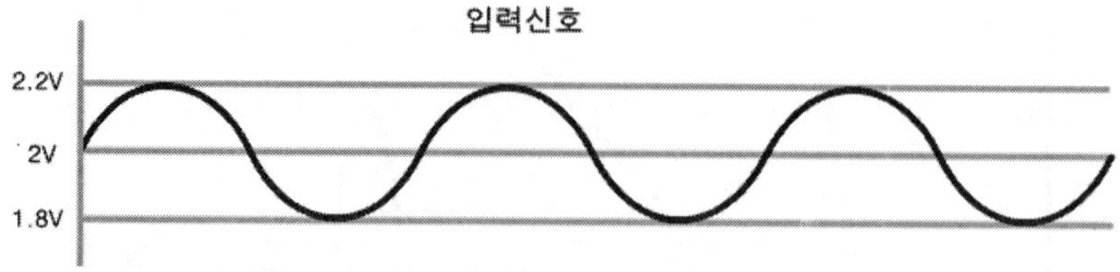

그림 2-10-17. 입력신호

컬렉터 전류는 다음 식으로 구해진다.

$$I_C = \frac{V_B - V_{BE}}{R_E}$$

입력 V_B 전압에서 에미터-베이스간 전압 V_{BE}를 빼면, 에미터 저항 R_E에 걸린 전압이 나오고, 이 전압을 에미터 저항 R_E로 나누면 에미터 전류 I_E를 구할 수 있다.

에미터 저항이 1kΩ일 때.

① V_B=2.2V 일 때 I_C= (2.2V−0.6V)/1kΩ=1.6mA
② V_B=2V 일 때 I_C= (2V−0.6V)/1kΩ=1.4mA
③ V_B=1.8V 일 때 I_C= (1.8V−0.6V)/1kΩ=1.2mA

컬렉터 전류의 (+),(−) 첨두치만 보면 증폭의 대략적 관계를 확인할 수 있다. 바이어스전압을 빼고 신호성분만 추출하면 0.4mA (1.6mA−1.2mA)가 된다.

에미터 저항이 10kΩ일 때.

① V_B=2.2V 일 때 I_C= (2.2V−0.6V)/10kΩ=0.16mA
② V_B=2V 일 때 I_C= (2V−0.6V)/10kΩ=0.14mA
③ V_B=1.8V 일 때 I_C= (1.8V−0.6V)/10kΩ=0.12mA

바이어스전압을 빼고 신호성분만 추출하면 0.04mA (0.16mA−0.12mA)가 된다.

얼마나 증폭이 작아 졌는가? 10배가 작아 졌다. 이래 가지고서는 증폭기 역할을 제대로 수행한다고 볼 수 없다. 난관에 부딪혔다. 증폭기의 안정을 위해서는 에미터 저항이 꼭 들어가야 하지만, 증폭크기가 제한되는 모순을 겪는다. 안정을 위해 증폭크기를 버릴 수는 없다. 왜냐하면 애시당초 트랜지스터 증폭기를 위해 우리는 회로를 생각해 왔기 때문이다. 그렇다고 증폭을 위해 안정을 버릴 수도 없다. 불안정한 증폭기는 쓸모없기 때문이다. 그래서 어찌 보면 모순이라는 것이다. 만약 안정과 증폭이 서로를 역으로 제한하는 성분이라면 제로섬 게임이 될 밖에 없는 것인가?

트랜지스터 증폭기의 문제를 도출하고 해결을 한 순간에 또 하나의 문제가 불거져 나오게 된 것이다. 다른 한 수, 묘안이 필요하다.

문제는 에미터 저항이 삽입돼서 일어난 모순이다. 그런데 문제해결 방안은 에미터 저항이 있으면서도 (증폭기의 불안정성 제거), 있지 않는 상태(증폭성능 향상)로 만드는 것이 관건이다. 있으면서도 있지 않은 상태. 대체 이런 저항은 존재하기라도 하는 것인가? 해결점은 없다는 말인가? 필요할 때만 나타나는 투명저항을 만들어 볼까? 4차원 저항을 제작해야 하나? 앞에 대두한 문제가 만만치 않게 되었다. 혹 떼려다 배나 붙인 격이 되어 버렸다. 헤쳐 나갈 길이나 있나 모르겠다. 방법을 모색해 보기로 하자.

2-11. 에미터단 바이패스 콘덴서의 역할

직류 바이어스전압이야 그렇다 치고, 신호성분인 교류에 대해서만큼은 에미터 저항을 없애 주어야만 하는 과제에 봉착 했다. 존재하면서 무의 상태가 되는 저항이 필요하다. 물론 그런 저항은 존재하지 않는다. 사고를 전환해서 이중적인 접근을 시도해야 할 것 같다. 직류 바이어스 동작점을 위해서는 에미터 저항이 절실히 필요하다. 그런데 교류 신호성분에 대해서는 전혀 불필요한 존재가 에미터 저항이라면, 저항의 장치를 두 개 해주면 될 것 아닌가? 하나는 직류에 대한 저항, 또 하나는 교류에 대한 저항이라는 이중 장치를 해주면 뭔가 수가 날 것 같다.

이 참에 **콘덴서의 임피던스(Impedance)**에 대해 선수 쳐서 알아보기로 하자.

임피던스는 한마디로 주파수에 따라 변하는 저항 값이라고 보면 된다. 주파수에 따라 저항이 변하는 소자는 대표적으로 두 개가 있다 하나는 코일이고, 하나는 축전지라 불리는 콘덴서가 그것이다. 코일은 많이 사용하지 않으니 콘덴서를 임피던스의 관점에서 바라보기로 한다. 콘덴서의 임피던스는 Zc라고 표기해 준다. 엄밀하게 말하면 임피던스는 저항과 코일 또는 콘덴서의 리액턴스(reactance) 성분으로 구성이 되어 있으므로, 콘덴서의 저항 성질은 리액턴스라고 불러 준다. 잘 알다시피 콘덴서의 리액턴스 식은 아래와 같이 써 준다.

$$Z_C = \frac{1}{\omega C} = \frac{1}{2\pi \times f \times C}$$

이 때 두 가지 경우를 극단적으로 생각해 주기로 한다. 주파수가 ∞ 쪽으로 크거나, 주파수가 0일 때, 즉 직류로 나누어 생각해 준다.

– 주파수 f가 ∞ 가까이 높으면 콘덴서의 임피던스 식은 아래와 같이 된다.

$$Z_C = \frac{1}{\omega C} = \frac{1}{2\pi \times f(=\infty) \times C} \cong 0\Omega$$

– 주파수 f가 0인 직류에서 콘덴서의 임피던스 식은 아래와 같이 된다.

$$Z_C = \frac{1}{\omega C} = \frac{1}{2\pi \times f(=0) \times C} = \infty\Omega$$

조금 각도를 바꾸어서 주파수는 고정 되어 있다고 하고, 변화되는 변수를 콘덴서의 값(C)이라고 하면 변수를 주파수로 놓을 때와 마찬가지로 C 값이 크면 임피던스(주파수에 의해 변하는 저항...그냥 저항이라고 생각해도 무관하다)는 작아지고, C 값이 작아지면 임피던스는 커진다는 것을 똑 같이 확인할 수 있다.

사정이 그러하다면

우리는 이제 해결책을 찾은 것이다. 에미터 저항에 콘덴서를 떡 허니 갖다 붙여 넣으면 교류신호성분은 에미터 저항에 의해 방해를 받아, 길이 잘 통하는 콘덴서 쪽으로 쫙 흘러 버려 에미터 저항에 의해 교류신호 성분의 증폭도가 낮아지는 난처한 현상을 방지할 수 있는 방법을 소유하게 된 것이다.

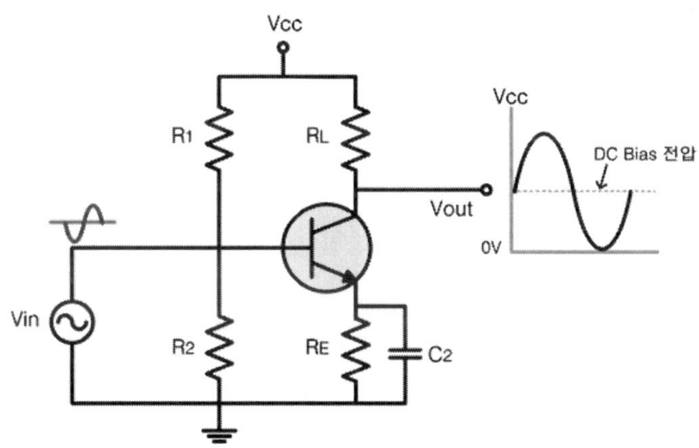

그림 2-11-1. 에미터 저항에 병렬로 달린 콘덴서

에미터 저항에 곁다리 붙은 콘덴서를 **바이패스 콘덴서** (by-pass condenser)라고 하고, 교류신호성분에 대해서는 저항이 아주 아주 작아진다. 따라서 두 마리 토끼를 잡은 셈이 된다. 에미터 저항 R_E가 트랜지스터 증폭의 안정을 위한 조치였다면, 에미터 단에 병렬로 연결한 콘덴서 C_2는 교류신호의 증폭을 광폭으로 늘려 주는 방편이 되는 것이다. 즉 교류신호의 입장에서 볼 때 에미터 저항 R_E 는 바이패스 콘덴서에 의해 저항이 존재하지 않는 것과 같은 효과를 낸다는 것이다.

일반적으로 저항이 큰 것과 작은 것이 병렬연결 되어 있으면 합성저항은 저항이 작은 쪽 값에 가까워진다. 예를 들어 100Ω 과 1Ω의 병렬 저항 값은 거의 1Ω 된다. 따라서 교류입력신호의 관점에서는 에미터 저항이 없는 것이나 진배가 없다. 그렇다면 교류입력신호 입장에서 보면 에미터 저항 때문에 증폭도가 낮아진다는 것은 웃기는 이야기가 된다. 왜냐하면 바이패스 콘덴서로 교류인 신호가 접지로 빠져 나가면 에미터 저항성분은 거의 없는 것과 마찬가지 효과를 갖기 때문이다.

그런데 베이스단에 보면 전압을 분압시키는 저항 R_1과 R_2는 증폭에는 도움이 될 것 같지 않아 보인다. 그러나 이미 에미터 저항 R_E 때문에 직류바이어스 동작점이 널찍해진 이상 회로를 저렇게 가져가도 아무 문제가 없다. 이 직류 바이어스에 교류신호 성분을 띄어 주기만 하면 된다. 베이스단에 걸리는 직류전압을 구하는 것은 식은 죽 먹기다. 이는 R_2 저항단에 걸리는 전압이고, 한쪽이 접지에 연결 되어 있기 때문에 식이 간단해 진다. 간단하지만 너무 너무 중요한 식이라고 예전부터 침 튀기며 강조하던 식이다.

$$V_B = \frac{R_2}{R_1 + R_2} \times V_{CC}$$

이 전압이 직류바이어스라는 이름으로 불리는 것이며, 바야흐로 부하선 그래프상의 동작점(Q점)이 되는 것이다. 이 전압을 중심으로 입력 교류신호가 위, 아래로 춤을 추게 된다.

트랜지스터 증폭기를 2개 이상 연결하는 **다단증폭기(multistage amplifier, 多段增幅器)**는 어떤 결합방식을 가질까? 몇 가지 방법이 있는데 콘덴서를 이용한 결합 방법이 대표적이다. 예전에는 1석 라디오, 2석 라디오라고 문방구에서 팔았다. 여기서 말하는 석이 반도체 돌로 만들어 졌다고 해서 돌 석(石)자를 사용한 것이다. 트랜지스터를 말하는 것이다. 1석이면 트랜지스터가 한 개, 2석이면 트랜지스터 두 개를 사용했다는 의미이다. 아마도 일본의 영향으로 그런 명칭을 아무 여과 없이 사용했다고 보여 진다. 반도체는 출신성분이 돌멩이 이기 때문에 붙여진 명칭이었으리라. 2단 증폭기의 경우를 사고해 줘 본다.

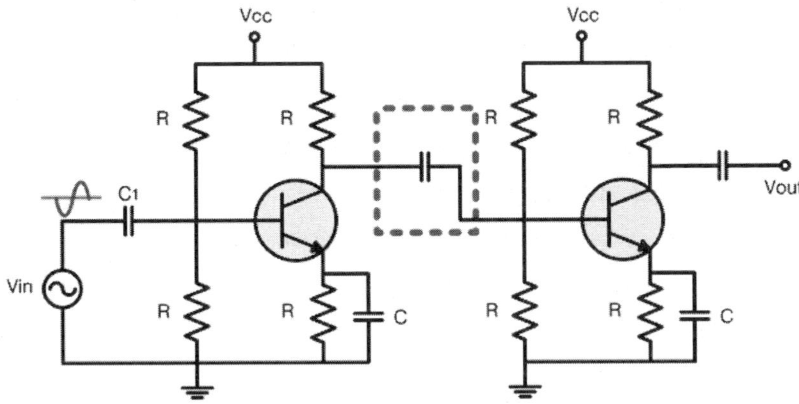

그림 2-11-2. 트랜지스터 증폭기 사이에 위치한 직류 콘덴서

한편 교류신호 입력단에도 콘덴서가 버젓이 있고, 증폭기와 증폭기 사이에서도 콘덴서가 넉살 좋게 있다. 저 회로의 의미는 무엇인가? AC couple이라는 교류결합회로라는 것이 있다. 말이 거창 하지만 회로는 무척 단순하다. 아래 회로가 AC couple 회로이다.

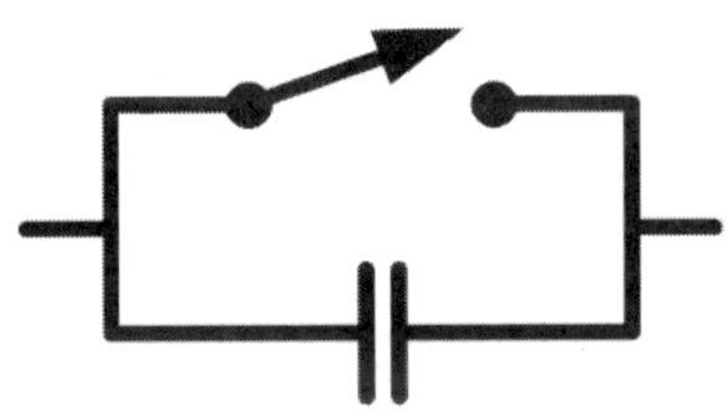

그림 2-11-3. AC COUPLE 회로

콘덴서 하나와 릴레이하나로 구성이 된다. 릴레이를 연결하면 DC coupling 회로가 되고, 릴레이를 연결하지 않으면 AC coupling 회로가 된다. AC coupling회로가 되면 직류는 가로 막히고, 교류는 건너간다고 해서 AC coupling 회로라는 것이다.

다시 한 번 콘덴서의 임피던스 식을 상기하기로 한다. 주파수가 무지막지 하게 높을 때는 저항이 거의 0Ω이 되었고, 주파수가 아예 없는 0Hz 직류에서는 ∞Ω의 저항이 되었다고 했다. 따라서 스위치를 열었을 때 직류는 콘덴서를 건너가지 못하고 교류만 넘어간다고 생각하면 된다.

따라서 트랜지스터 증폭기를 결합할 때 중간에 콘덴서로 연결 하는 이유는 명백하게 신호성분 중에 직류 오프셋이 떠 있으면 제거한다는 입장인 것이다. 트랜지스터의 첫 번째 증폭기에서 직류바이어스가 다음 단의 트랜지스터 증폭기로 가게 되면 두 번째 트랜지스터의 바이어스회로에 의해 값이 겹쳐 처박히는 곤란한 상황에 처하게 된다. 게다가 두 번째 트랜지스터 단에서 증폭까지 하게 되면 일의 결구는 안 봐도 뻔하다. 첫 번째 트랜지스터 증폭기에서 교류신호의 증폭을 위한 직류바이어스는 두 번째 트랜지스터 증폭기에서는 별도의 직류바이어스 단이 있기 때문에 굳이 필요가 없게 된다. 마치 토사구팽(兎死狗烹)처럼 토끼를 잡은 다음에는 사냥개가 삶아진 개고기가 되듯이, 필요 없어진 직류 바이어스는 그저 직류 오프셋으로 전락하여 제거 대상이 될 뿐이다.

직류 바이어스전압은 다음 단의 트랜지스터 증폭기로 넘어가기 전에 불필요한 존재가 되어 제거 되어야만 한다고 했다. 간단하게 콘덴서 하나를 직결하면 사태는 간단히 우리가 원하는 바대로 된다.

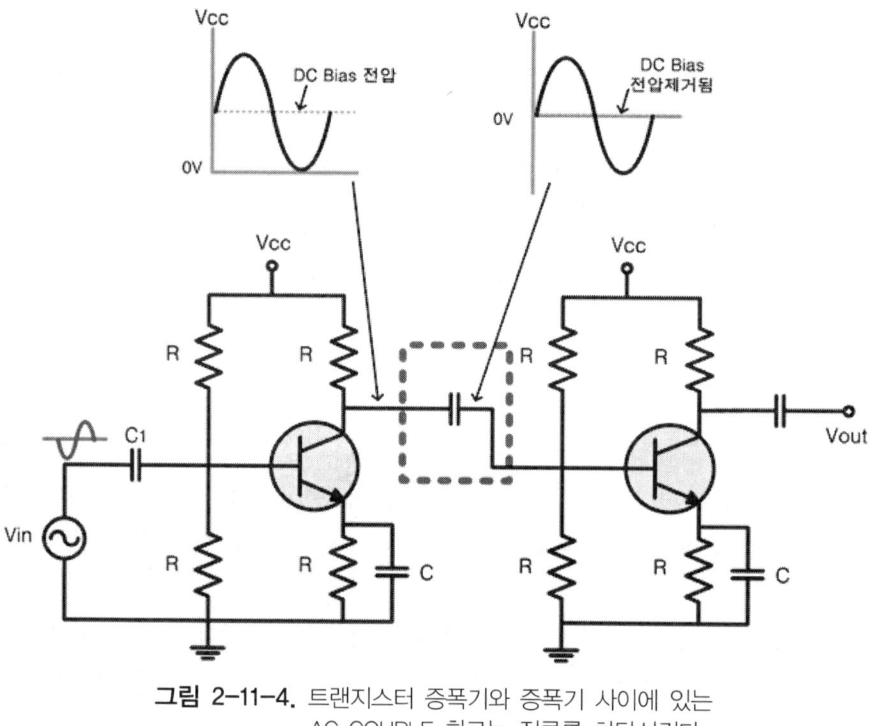

그림 2-11-4. 트랜지스터 증폭기와 증폭기 사이에 있는 AC COUPLE 회로는 직류를 차단시킨다.

따라서 전단의 직류 바이어스 성분을 깨끗하게 말소시키고 다음 단으로 넘어가게 된다는 점은 계속 강조하였다. 직류성분이 세탁되면 다음 단에서는 증폭된 교류 신호성분이 2단 증폭이 되어 더 큰 신호로 증폭이 일어나 쳐 박히는 현상을 해결 될 것이다.

트랜지스터 개념 주워담기 서두에서 주의를 준 것이 있다.

증폭기를 알고 난 다음에 순진한 생각을 가진 분들이 더러 있음을 본다. 야~ 세상에 발전기가 뭐가 필요 있나? 증폭기를 써서 신호를 마구마구 마구잡이로 증폭 해대면 환경에도 안 좋은 원자력 발전소는 폐기 처분해도 되는 것 아니냐???? 과연 그럴까???

전기는 무에서부터 마냥 증폭이 되어 나오는 것이 절대 아니다. 증폭기 회로에서 알 수 있듯이 증폭이 되는 신호는 결국 마냥 얌전한 V_{CC} 전원이 회로에서 입력에 따라 증폭이 되어 출렁거리기 때문에 증폭 현상이 생기는 것이기에, 마땅히 증폭 되어야 할 에너지가 비용으로 투입된다. 증폭은 입력신호만 넣으면 공급되는 전기에너지가 필요 없이 마술처럼 에너지가 무조건 샘솟는 것이 절대 아니다.

증폭기가 나오면 항상 **이득** (gain)을 생각해 주어야 한다. 이득이란 무엇을 말함인지 개념을 주워 담기로 한다. 이득은 **증폭도**(amplification degree)라고도 하는데, 입력과 출력의 비를 대수로 나타낸 것을 의미한다. 식으로 나타내면 아래와 같다. 입력과 출력전압에 대한 단순한 비이다. 따지자면 입력이 몇 배 커졌는지 또는 작아졌는지를 알아보는 척도가 되겠다.

$$G = 20\log_{10}\frac{출력전압}{입력전압} = 20\log_{10}\frac{V_2}{V_1}$$

만약 이득이 20dB 라고 하면 입력에 대한 출력의 비는 10배가 된다.

$$G = 20\log_{10}\frac{10}{1} = 20dB \quad (\because \log_{10}10 = 1)$$

이러한 맥락에 따라 이득이 100dB 라면 입력에 대한 출력의 비는 100,000배가 된다. 따라서 아래와 같이 증폭기를 그렸을 때 증폭도를 아주 간단하게 계산해 낼 수가 있게 된다.

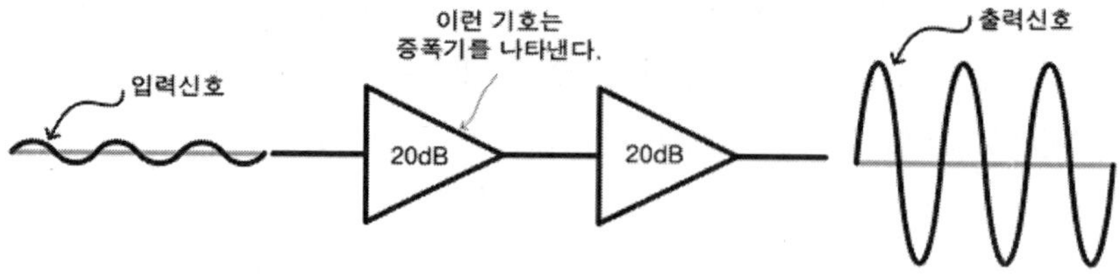

그림 2-11-5. 증폭기를 의미하는 기호

전체 이득은 20dB+20dB=40dB 가 되고 결국 원 신호가 100배 증폭이 되었다는 것을 직 바로 계산해 낼 수 있다. 연산 중에서 가장 쉬운 더하기 연산만 하면 된다.

$$40dB = 20\log_{10}\left(\frac{100}{1}\right) = 20\log_{10}\left(\frac{10^2}{1}\right)$$

$$20\log_{10}\left(\frac{10^2}{1}\right) = 2 \times 20\log_{10}\left(\frac{10}{1}\right) = 2 \times 20\log_{10}(10) = 40dB$$

트랜지스터 증폭기 주변에 있는 소자들의 존재 이유를 그림으로 정리하여 보기로 한다. 지금까지 문제제기를 하고 제기된 궁금증에 대한 답을 발견해 낸 것을 종합한 것이다. 그래서 트랜지스터 증폭기를 그릴 때 이 정도는 프로 바둑기사가 난타전을 치루고 바둑 복기 하듯이, 40분짜리 협주곡을 악보 보지 않고 악상을 토해 내는 피아니스트 같이 전기전자 공학도라면 슥슥 그려 내야 할 것 같다. 그 보다는 쉬워도 너무 쉽지 않은가!!!

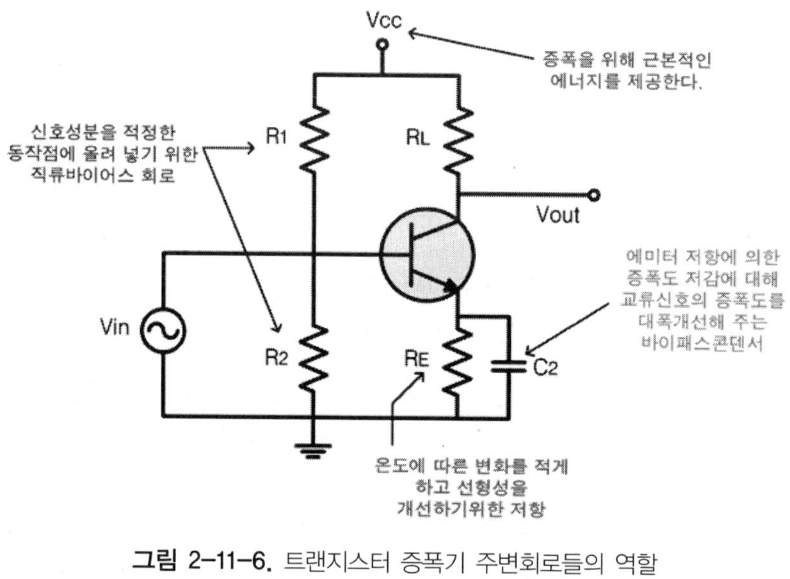

그림 2-11-6. 트랜지스터 증폭기 주변회로들의 역할

트랜지스터 증폭기 중에서 가장 일반적인 공통 에미터 증폭기의 전압분배 바이어스 회로의 직류 해석하기 전에 직류바이어스 회로에는 어떤 것이 있나, 또는 장점과 단점은 무엇인가 잠깐 살펴보고 진행하자.

공통 에미터 증폭기를 기본형으로 해서 몇 가지 종류의 직류바이어스를 거는 형태를 살펴본다. 그래서 어떤 문제가 있는지를 분석함으로써 가장 바람직한 직류바이어스가 어떤 형태인지 찾아 낼 수 있게 될 것이다.

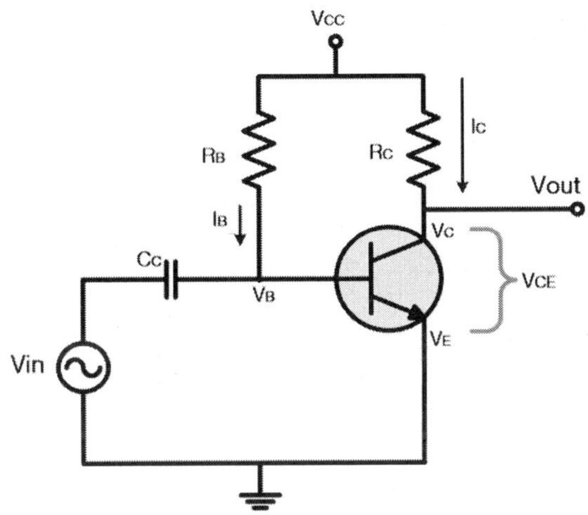

그림 2-11-7. 고정 바이어스회로

위와 같은 형태의 직류 바이어스를 **고정 바이어스** 또는 **베이스 바이어스**라고 한다. 고정 바이어스라고 하는 이유는 $V_E=0V$ 이고 베이스에 걸리는 전압 V_B는 V_E보다 0.7V가 크므로 항상 VB=0.7V가 된다. 이때 I_B는

$$I_B = \frac{V_{CC} - V_B}{R_B} = \frac{V_{CC} - 0.7V}{R_B}$$

가 되는데 이것은 조정할 수 있는 단자가 전혀 없고 항상 일정하게 된다. 우리가 위에서 논의 했듯이 V_B는 동작점이 되는데, 동작점을 조정할 수 있는 것이 아니라 고정 되어 버리기 때문에 고정바이어스라고 불러주는 것이다.

문제는 트랜지스터가 온도에 민감한 소자이기 때문에 직류전류증폭률(h_{FE} 또는 β)이 안정 되지 못하고 이에 따라 동작점이 불안정해 짐으로 선형성에 치명적인 문제

점을 안게 된다. 물론 소자를 덜 쓰고, 베이스 전류가 다른데 새지 않고 베이스로만 흘러 전류의 낭비는 없겠지만 이렇게 동작점이 불안정해서는 사용할 수가 없게 된다.

현장에서는 전혀 사용하지 않는 직류바이어스 방법이 되겠다. 온도가 민감해서 직류전류증폭률이 팍팍 변한다고 해서 민감하게 회로가 반응하면 안정성이 없다고 보여진다. 이를 수치로 한 번 셈해 보기로 하자. 베이스에 붙은 저항 R_B를 구하는 식을 유도하면, 에미터 전류 구하는 식이, 똑 같이 구해질 것이다. **키르히 호프의 전압법칙**(Kirchhoff's voltage law ; KVL)을 적용해서 구한다.

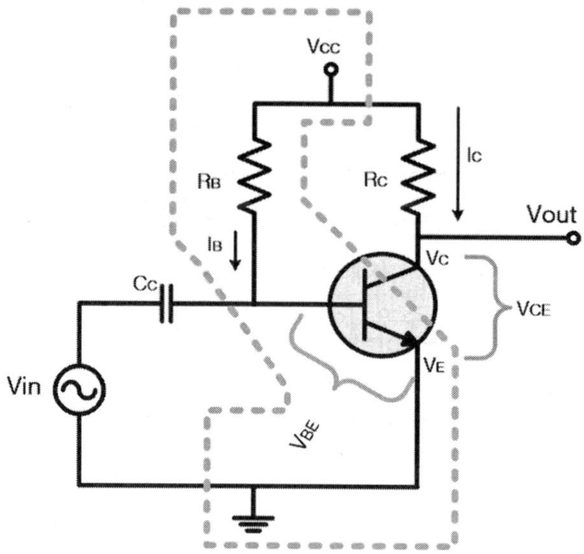

그림 2-11-8. 고정 바이어스회로 상에서 점선의 모양 안에서 KVL식을 세운다.

$$V_{CC} - R_B I_B - V_{BE} = 0$$

$$V_{CC} = R_B I_B + V_{BE}$$

$$R_B I_B = V_{CC} - V_{BE}$$

$$\therefore I_B = \frac{V_{CC} - V_{BE}}{R_B}$$

여기서

$$I_E = (1+\beta)I_B \approx \beta I_B$$

따라서 식은

$$I_B = \frac{V_{CC} - V_{BE}}{R_B}$$

$$I_E = \frac{\beta(V_{CC} - V_{BE})}{R_B} \quad --- (2.11.1)$$

$$\text{또는} \quad R_B = \frac{\beta(V_{CC} - V_{BE})}{I_E}$$

- β=100, V_{CC}=10V, R_B=910kΩ, V_{BE}=0.7 라고 하고 윗 식(2.11.1)에 넣어 본다.

$$I_E = \frac{100(10V - 0.7V)}{910\text{K}\Omega} \approx 1.02mA$$

- 이제 직류전류증폭률이 확 변했다고 가정하고 β=300, V_{CC}=10V, R_B=910kΩ, V_{BE}=0.7 라고 하고 (2.11.1)식에 넣어 본다.

$$I_E = \frac{300(10V - 0.7V)}{910\text{K}\Omega} \approx 3.07mA$$

직류전류증폭률이 100에서 300으로 변화됨에 따라 에미터 전류는 1.02㎃ →3.07 ㎃ 로 변하였다. 변화의 폭이 얼마만큼 큰지는 고정바이어스 자체로 판단하기는 어렵고, 다른 바이어스와 비교를 해야 알 수 있을 것이다.

여하튼 고정 바이어스 또는 베이스 바이어스는 전류의 낭비가 없고, 소자를 적게 써서 대량 제작 시 비용의 절감이라는 장점이 있었다. 이런 장점을 살려 좀 더 나은 직류 바이어스 방법을 고안한 것이 컬렉터 궤환 바이어스라는 것이다.

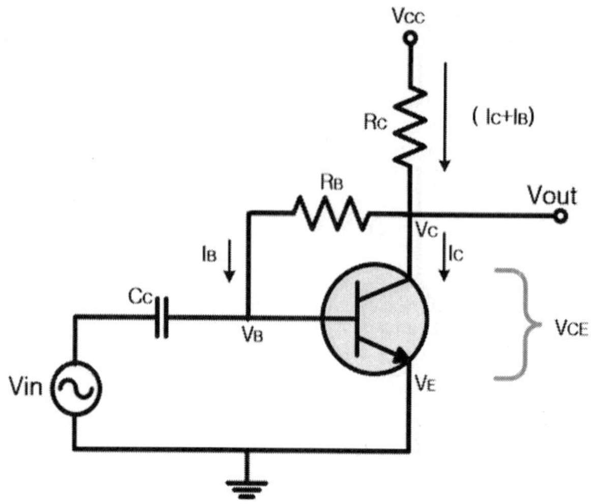

그림 2-11-9. 컬렉터 궤환 바이어스 회로

컬렉터 궤환 바이어스(CFB ; Collector Feedback Bias) 는 고정 바이어스 형태에서 베이스에 걸린 저항 R_B를 V_{CC}에서 트랜지스터의 컬렉터 쪽에 연결한 것을 제외하면 회로적으로 덧붙이거나 뺀 소자가 없는 형태가. 컬렉터 궤환 바이어스의 회로 동작을 살펴봄으로 고정 바이어스 보다 어떤 점이 우수한지를 분석해 보기로 한다.

먼저 R_B 가 V_{CC} 전원전압에 걸린 것이 아니고, 컬렉터에 걸려 있으므로 컬렉터 전압을 구해 본다. 그림에서 보듯이 컬렉터 저항 R_C에 흐르는 전류는 컬렉터에 베이스 쪽으로 연결되는 가지가 있으므로 I_B+I_C가 된다는 점이 달라졌음을 알아 줘야 한다.

$$V_C = V_{CC} - R_C(I_B + I_C)$$

V_B는 고정 바이어스와 같이 V_E=0V 이고 베이스에 걸리는 전압 V_B는 V_E보다 0.7V가 크므로 또한 V_B=0.7V가 된다. 베이스 전류를 구해 보자.

$$I_B = \frac{V_C - V_B}{R_B} = \frac{V_C - 0.7\text{V}}{R_B}$$

당연히 고정 바이어스와는 달라졌다. 바로 이 지점에서 컬렉터 궤환 바이어스의 자기 조절능력이 나타나게 된다. 고정 바이어스처럼 트랜지스터가 온도에 약하므로 동작점이 변한다고 생각해 주자. 이는 결국 직류전류증폭률이 변한다는 말과 동의어가 되겠다.

온도 때문에 직류전류증폭률이 커진다고 가정한다. 직류전류증폭률은 식 (2.4.2.)와 같이 정의 된다고 이미 언급하였다.

$$h_{FE} = \frac{I_C}{I_B} = \beta - - - (2.4.2)$$

식 (2.4.2.)에서 직류전류증폭률이 커진다고 하는 것은 결국 컬렉터 전류 I_C가 커진다는 것을 의미한다.

컬렉터 전류가 커지면 컬렉터 저항에 걸리는 전압이 증가하게 된다. 이 말은 V_{CE} 간 전압이 상대적으로 낮아진다는 것을 의미한다.

V_{CE}간 전압이 상대적으로 낮아진다는 것이 회로적으로 어떠한 영향을 미치는지를 파악하기 위해 그림을 한 번 살펴보도록 하자. V_{CE}간 전압이 낮아진다는 것은 컬렉터 전압 V_C가 낮아진다는 것을 의미한다.

$$I_B = \frac{V_C - V_B}{R_B} = \frac{V_C - 0.7\text{V}}{R_B}$$

이 식에서 V_C 전압이 낮아지면 V_C와 V_B 사이의 전압이 작아져 베이스 전류가 낮아지게 된다. 베이스 전류가 낮아지면 식 (2.4.2.)에서

$$h_{FE} = \frac{I_C}{I_B} = \beta - - - (2.4.2)$$

트랜지스터의 직류전류증폭률 h_{FE} 가 낮아져 결국 컬렉터 전류 I_C가 낮아지게 된다. 이러한 순환과정 때문에 컬렉터 궤환 바이어스는 트랜지스터가 온도나 기타 다른 이유 때문에 잘못된 동작을 할 때 스스로 제어가 되는 기가 막힌 동작을 구사한다.

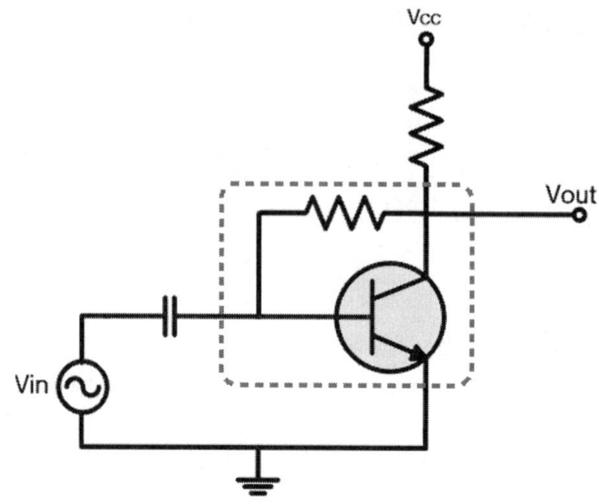

그림 2-11-10. 자기 바이어스회로

컬렉터 궤환 바이어스 회로 중에서 점선 안의 형태를 가리켜서 **자기 바이어스** (self-bias) 라고 불러준다.

고정 바이어스와 마찬가지로 직류전류증폭률의 변화에 따라 에미터 값이 얼마나 춤을 추는지 확인하기 위해 베이스에 붙은 저항 R_B를 구하는 식을 유도하고, 에미터 전류 구하는 식을 같이 구해보기로 한다.

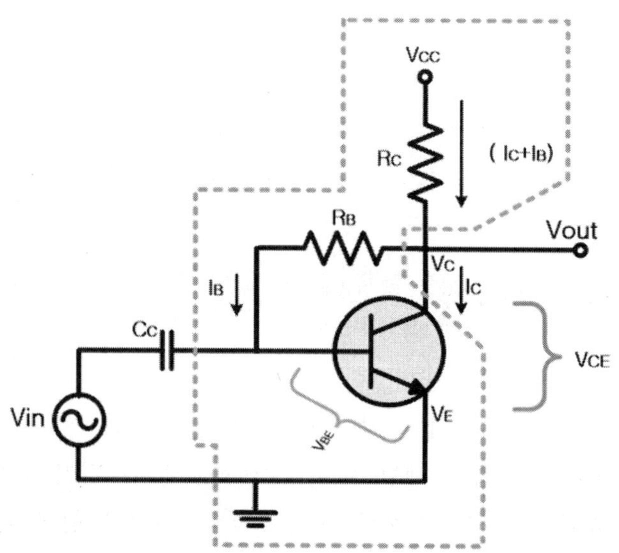

그림 2-11-11. 컬렉터 궤환 바이어스회로 상에서 점선의 모양 안에서 KVL식을 세운다.

키르히 호프의 전압법칙 (KVL)을 적용해서 구한다.

$$V_{CC} - R_C I_C - R_B I_B - V_{BE} = 0 --- (2.11.2)$$

(2.11.2)식을 세웠고, 간단한 형태로 정리하기 위해 아래식과 같이 근삿값을 취해 준다.

$$I_E = (1+\beta)I_B \approx \beta I_B$$
$$I_B = \frac{I_E}{\beta},\ I_E \approx I_C$$

위의 근사적으로 정리한 값을 키르히 호프의 전압법칙 (KVL)을 적용한 식 (2.11.2)에 대입해 준다.

$$V_{CC} - R_C I_E - \left(\frac{I_E}{\beta}\right) R_B - V_{BE} = 0$$
$$V_{CC} - V_{BE} = R_C I_E + \left(\frac{I_E}{\beta}\right) R_B$$
$$V_{CC} - V_{BE} = I_E \left(R_C + \frac{R_B}{\beta}\right)$$
$$\therefore I_E = \frac{V_{CC} - V_{BE}}{R_C + \frac{R_B}{\beta}} --- (2.11.3)$$

(2.11.3)식에서 R_B에 대하여 식을 정리해 준다.

$$I_E = \frac{V_{CC} - V_{BE}}{R_C + \frac{R_B}{\beta}}$$

$$I_E = \frac{V_{CC} - V_{BE}}{\frac{\beta R_C + R_B}{\beta}} = \frac{\beta(V_{CC} - V_{BE})}{\beta R_C + R_B} --- (2.11.4)$$

$$\beta I_E R_C + I_E R_B = \beta(V_{CC} - V_{BE})$$

$$I_E R_B = \beta(V_{CC} - V_{BE} - I_E R_C)$$

$$\therefore R_B = \beta\left(\frac{V_{CC} - V_{BE}}{I_E} - R_C\right)$$

- β=100, V_{CC}=10V, R_C=4.7kΩ, R_B=470kΩ, V_{BE}=0.7 라고 하고 윗 (2.11.4)식에 넣어 본다.

$$\therefore I_E = \frac{10V - 0.7V}{4.7\text{K}\Omega + \frac{470\text{K}\Omega}{100}} = 0.989mA$$

- β=300, V_{CC}=10V, R_C=4.7kΩ, R_B=470kΩ, V_{BE}=0.7 일 때

$$\therefore I_E = \frac{10V - 0.7V}{4.7\text{K}\Omega + \frac{470\text{K}\Omega}{300}} = 1.48mA$$

직류전류증폭률이 100에서 300으로 됨에 따라 에미터 전류는 0.989mA →1.48mA로 변하였다. 여기서부터 직류전류증폭률이 커졌을 때 고정 바이어스회로와 컬렉터 궤환 바이어스회로 간에 표를 만들어 비교를 하기로 하자.

바이어스 분류	β =100	β =300	특징
고정 바이어스	1.02mA	3.07mA	β값에 따라 크게 변한다.
컬렉터 궤환 바이어스	0.989mA	1.48mA	β값에 따라 크게 변하지 않고 안정적이다.

컬렉터 궤환 바이어스회로는 자기제어를 할 수 있다는 장점에도 불구하고, 에미터 저항이 없는 관계로 2-10장 '에미터 저항은 왜 꼭 필요한 것인가'에서 에미터 저항이 없을 때의 문제점을 거론한 바 있다. 따라서 가장 적절한 바이어스 형태는 **전압분배 바이어스(voltage divider bias)**가 될 것이다.

증폭기하면 항상 먼저 떠오르는 회로는 공통 에미터 증폭기였다. 2-10장과 2-11장을 통해 자세히 다루었기 때문에 직류적인 해석만 하기로 한다. 자주 보기 때문에 이 정도 회로에서 직류값을 계산하는 것쯤은 거뜬히 해내야 하기 때문에 예제처럼 직류해석만을 맛보고 가기로 한다.

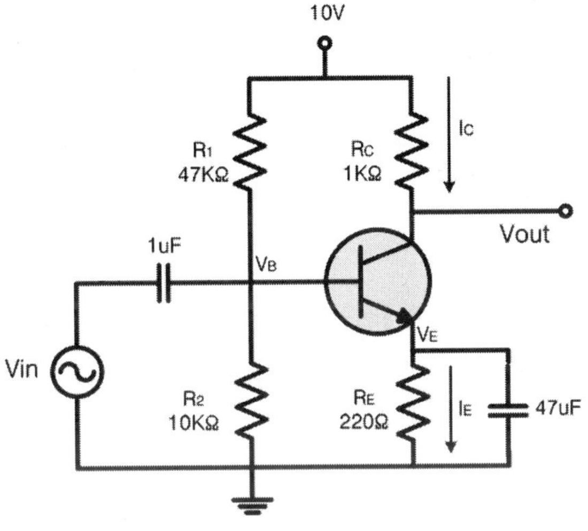

그림 2-11-12. 전압분배 바이어스 회로

먼저 V_B를 구해 보기로 하자. V_B를 구하면 베이스와 에미터 사이는 다이오드의 순방향 도통 전압 인 0.7V 차이가 있게 되므로 V_E를 쉽게 구할 수 있게 된다. 각 단의 전압을 구하면 전류는 오옴의 법칙에 의해 쉽게 구해질 수 있을 터이다.

V_B를 절점이라 하고 이를 기준으로 전류가 흐를 수 있는 방향을 살펴보니 4개나 된다. 왼쪽편의 교류 신호단을 보니 콘덴서가 버티고 있다. 직류입장에서 콘덴서는 ∞의 저항이므로 이 교류 신호원 방향으로는 전류의 흐름이 없다고 여겨 줘도 된다.

V_B의 오른편을 보니 NPN 트랜지스터의 베이스단과 연결되어 있다. 여기에는 작지만 전류가 흐른다. 마땅히 고려해 주어야 할 것이나 전류흐름이 ㎂ 정도라면 무시해

도 된다. 뒤에 보겠지만, 베이스단에 연결된 저항에 흐르는 전류가 mA 단위이기 때문에 대략 1,000배 정도의 크기 차이를 보인다. 이 정도면 베이스단으로 흘러들어 가는 전류는 무시해도 전혀 상관이 없다.

그렇다면 전압 V_B를 아주 쉽게 구할 수 있게 된다.

$$V_B = \frac{10K\Omega}{47K\Omega + 10K\Omega} \times 10V \cong 1.75V$$

바로 베이스에 걸린 두 저항으로 V_{CC} 전압을 나눈다고 해서 전압분배 바이어스라고 이름을 붙여준 것이다. 따라서 $V_E=V_B-0.7V=1.05$가 된다. 각 단의 전압은 이 정도만 구하면 된다. 이를 활용하여 컬렉터 전류와 에미터 전류를 구한다.

$$I_E = \frac{1.05V - 0V}{220\Omega} = 4.7mV$$

에미터 전압과 컬렉터 전압은 베이스 전류만큼 차이가 나기 때문에 거의 같다고 해도 누가 뭐 랄 사람 아무도 없다. ($I_C \fallingdotseq I_E$)따라서 컬렉터에 흐르는 전류는 에미터 전류와 같기 때문에 $V_C=4.7\mu A$ 가 된다.

이제 출력에 걸리는 직류전압을 구하기 위해, 저항 R_C에 걸리는 전압을 구하면 된다. 이 전압을 V_C라고 하자. V_C는 아래와 같이 구해진다.

$$V_C = R_C \times I_C = 1K\Omega \times 4.7mA = 4.7V$$

따라서 출력직류전압은 아래와 같이 계산된다.

$$V_{OUT} = V_{CC} - V_C = 10V - 4.7V = 5.3V$$

이렇게 하여 직류에 관련된 값을 다 계산하여 얻어 낼 수 있다. 그리고 한 가지 부언해 둘 것은 베이스 전압 V_B는 해당 증폭기의 동작점이 된다는 것을 확인하고 넘어가기로 한다.

2-12. 달링턴(Darlington), 스지클라이 (Sziklai).

시인 김지하는 그의 담시(譚詩) [오적(五賊)]에서 재벌, 국회의원, 고급공무원, 장성, 장차관을 을사오적(乙巳五賊)에 비유해 오적(五賊)으로 규정하고, 날이 시퍼렇게 비판하되 서두를 이렇게 시작 했다.

시를 쓰되 좀스럽게 쓰지 말고 똑 이렇게 쓰럇다

세상에 존재하는 모든 시가 김지하 시 외에는 전부 좀스럽지는 않겠지만, 말 한마디 잘못 했다가는 찍소리 못하고 다짜고짜 남산 중앙정보부에 끌려가는 그 시대 상황에 비추어, 30세 이립(而立)도 채 안 된 젊었을 때의 당찬 배짱과 호기가 범상하지는 않은 듯하다. ...어쨌든.... 증폭을 하되 좀스럽게 하지 말고 딱 뿌러지게 왕창 하랐다. ...그래서 등장한 것이 **달링턴(Darlington) 결합과 스지클라이 (Sziklai) 결합**이라는 것이 아니런가!. 두 증폭기 종류가 좀스럽지 않게 어떻게 증폭을 왕창, 폭발적으로 해 대는지 조곤조곤 따져 보시기로 하자. 먼저 외관을 째려 준다.

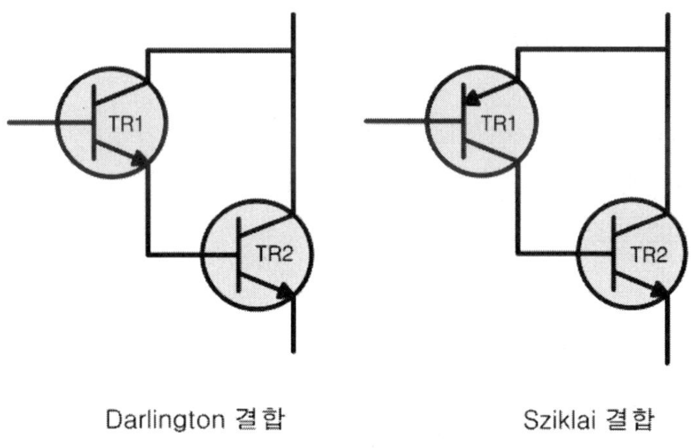

그림 2-12-1. 트랜지스터 달링턴 결합과 스지클라이 결합

달링턴 결합은 척 보면 쓱 하고 답이 나올 것처럼 생겼는데, 스지클라이 결합은 명칭도 참 낯설지만 보통내기가 아니게 생겨 먹었다. 보통은 달링턴 결합을 많이 쓰기 때문에 달링턴 결합만 알아도 충분하다. 곁다리로 스지클라이 결합도 어떤 증폭도를 보이는지 참고로만 알아두도록 한다. 달링턴부터 수식으로 접근한다. 정말 식만 달랑 달랑 달면서 무지 딱딱하게 과정을 밟을 예정이다. 혹시 읽는 뇌가 덩달아 굳

어질지 모르니 조심들 하시라. 그러나 식이고 뭐고 귀찮다고 생각하시는 분이 있다면 달링턴과 스지클라이 회로의 형태만 보고도 출력전류를 어림짐작 해 보시기를 권장 드린다. 식은 한 번 보고 잊어 버려도 누가 뭐라 할 사람 없겠지만, 형태와 구조는 잊지 마시길 바란다.

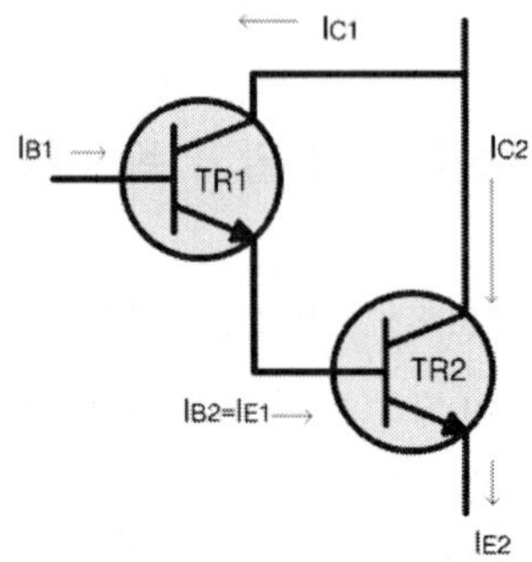

그림 2-12-2. 달링턴 결합에 흐르는 전류 설정

달링턴 결합의 증폭정도를 해석하기 위하여 이전에 준비해 둔 식(2.4.1), (2.4.3) 둘을 등장시켜 보기로 한다.

$$I_E = I_B + I_C - - - (2.4.1)$$

식 (2.4.1)의 관계는 자주 언급 되었으므로 잘 숙지되었을 것이다. 그리고 컬렉터(Collector)전류와 베이스(Base) 전류사이는 더 잘 알아야 한다. 왜냐하면 자주 나오니까!!!! 아래식 (2.4.3.)이 상기가 되시는가?

$$I_C = \beta I_B - - - (2.4.3)$$

그림 (2-12-2)의 첫 번째 트랜지스터 TR1을 식 (2.4.1) 형식으로 표현하면 아래와 같이 되고,

$$I_{E1} = I_{B1} + I_{C1}$$

식 (2.4.3)을 위에 식에다 대입하면 아래식이 전개되어 나온다.

$$I_{E1} = I_{B1} + \beta I_{B1} = (1+\beta) I_{B1}$$

마찬가지로 두 번째 트랜지스터 TR2를 식 (2.4.1) 형식으로 표현하면 아래와 같이 된다.

$$I_{E2} = I_{B2} + I_{C2}$$

TRI의 에미터 전류식을 얻은 것과 같이 식 (2.4.3)에 위의 식을 대입한다.

$$I_{E2} = I_{B2} + \beta I_{B2} = (1+\beta) I_{B2}$$

헌데

$$I_{E1} = I_{B2}$$

이기 때문에, 두 번째 트랜지스터 TR2의 에미터 전류 (I_{E2})는 다음과 같이 고쳐 쓸 수 있다.

$$I_{E2} = I_{B2} + \beta I_{B2} = (1+\beta) I_{B2} = (1+\beta)[(1+\beta) I_{B1}]$$

그런데 우리가 쭉 보아왔던 것처럼 직류전류증폭률 β=200으로 하면 1+β 는 1보다 직류전류증폭률 β가 훨씬 크므로 1은 생략해도 전혀 무방하다. 따라서

$$I_{E2} = I_{B2} + \beta I_{B2} = (1+\beta) I_{B2} = (1+\beta)[(1+\beta) I_{B1}] = \beta \times \beta I_{B1} = \beta^2 I_{B1}$$

이 된다. 자장 곱배기처럼 직류전류증폭률 곱빼기 형태로 결과가 나왔다. 트랜지스터 두 개를 썼으니 직류전류증폭률을 두 개 곱한 것으로 나왔다고 단순하게 암기하자. 구조를 잘 보면 직류전류증폭률이 두 번 곱해진다는 것은 아주 당연할 듯하다.

트랜지스터 하나는 베이스전류가 β배 만큼 커져서 에미터(컬렉터와 에미터 전류는 거의 같음을 상기하시라.)로 나타난다. 그런데 이 전류가 다시 다음단 트랜지스터의 베이스로 들어가니 두 번째 트랜지스터의 출력에는 β×β 가 아니 나올 수 없지 않은가!! 당연한 소리를 소위 동어반복 하고 있었던 것이었다.

그림 (2-12-1)을 보고, 단순한 예를 하나 풀어 보자.

직류전류증폭률 β=200 이라고 가정하고, 입력전류가 I_B=1㎂ 라면, 출력으로 에미

터 전류 I_E는 1㎂×200×200=40㎃ 라는 큰? 전류를 얻을 수 있다. 절댓값으로 40㎃는 하찮게 여겨질지 모르지만, 상대적으로 입력이 얼마나 커졌는지를 가늠한다면 물경 40,000 배!!!!!!!!!!!!가 뻥튀기 된 것이다. 40,000배!!!!!!!!!!

달링턴 결합은 전류를 한껏 부풀려 증폭시키고 싶을 때 많이 가져다 쓰는 회로이기 때문에 제조사들은 아예 달링턴 트랜지스터를 제조하여 사용자에게 제공한다. 5A까지 출력되는 페어차일드 社의 TIP120, 121, 122. NPN epitaxial darlington transistor, 500㎃까지 가능한 Philips 社의 BC517 NPN Darlington transistor 등등이 있다. 각자 구미에 맞게 선택해서 요리하면 되겠다. 그 외로 상당히 다양한 변종들이 널려 있다.

스지클라이 (Sziklai) 결합도 외견상 아리송해 보이지만 달링턴과 같은 방법으로 풀면 쉽게 특징을 잡아 낼 수 있다.

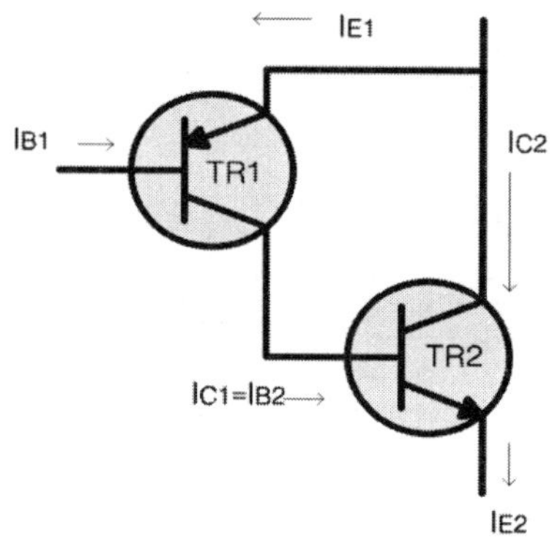

그림 2-12-3. 스지클라이 결합에 흐르는 전류설정

그저 슬슬 슬슬 풀어 젖히면 된다. 잔소리를 중간 중간에 끼워 넣지 않고 담백하게 식을 전개해 보기로 하자. 달링턴을 해석했기 때문에 굳이 이 소리 저 소리 늘어놓지 않아도 되는 것이다.

$$I_{E2} = I_{B2} + I_{C2}$$

$$I_{E2} = I_{B2} + \beta I_{B2} = (1+\beta) I_{B2}$$

헌데

$$I_{C1} = I_{B2}$$

이므로

$$I_{E2} = (1+\beta)I_{C1}$$

그리고

$$I_{C1} = \beta I_{B1}$$

그러므로

$$I_{E2} = (1+\beta) \times \beta I_{B1}$$

마찬가지로 직류전류증폭률 β는 200정도이고 1보다 훨씬 크기 때문에 1+β≒β 따라서 최종적으로 TR2의 에미터 전류는,

$$I_{E2} = \beta^2 I_{B1}$$

결론적으로 달링턴(Darlington)결합과 스지클라이 (Sziklai) 결합으로 얻어지는 전류증폭도는 동일하다!!!!!는 것이 확인이 되었다. 스지클라이 결합도 구조를 보면 결과가 당연한 듯하다. 첫 번째 트랜지스터를 PNP형으로 썼지만, 여하튼 베이스 전류가 β만큼 증폭되어 출력에 나오고, 이 신호가 다음단 트랜지스터의 베이스 입력전류로 들어가기 때문에 두 번째 트랜지스터의 출력은 역시 β×β 가 아니나 나올 수가 없는 구조인 것이다.

여하튼 중간과정 다 무시하고 간단하게 뇌에 저장 하려면 달링턴(Darlington)결합과 스지클라이 (Sziklai) 결합으로 가져갈 때 트랜지스터의 직류전류증폭률, β가 두 번 곱해지는 형태로 똑 같아 진다는 것을 입력해 놓기로 하자. 뭐 직류전류증폭률을 높이기 위해서는 달링턴이든 스지클라이 이든 한 가지 회로 정도만 알면 정녕 무리가 없다고 거듭 장담한다. 그렇지만 가끔 자료들을 보면 스지클라이를 쓴 회로가 보이는데 주변 회로가 약간 달라지는 것을 관찰하게 된다. 왜 그런지는 감을 잡고 넘어가야 할 것 같지 않은가.

노파심에서 증폭에 대한 한마디 건드려 주어야 할 것 같다. 증폭은 입력의 모양과 상관없이 무조건 크게 크게만 출력으로 나오게 하는 것이 절대 아니다. 음성이면 그 음성 신호의 형태가 입력으로 들어 올 때 스피커를 때려 줄 만큼 큰 에너지를 갖고 똑 같은 입력 음성신호의 형태로 커진다고 생각하여야 한다. 증폭, 증폭하면 그런 사정은 도외시 되는 경향이 있기 때문에 정말 노파심에서 한마디 훈수 두는 것이다. 트랜지스터의 증폭을 생각할 때 입력신호에 해당하는 교류신호가 꼭 정현파일 필요는 없는 것이다. 자료에서는 다루기 쉽기 때문에 정현파를 대표적으로 쓰는 것뿐이다. 이 점을 잊지 말도록 하자. 실제 다루는 교류신호는 무척 복잡하다는 것을 또한 잊어버리지 말자. 퓨리에 관점에서 보자면 실제 입력 신호라는 것은 갖가지 종류의 주파수들이 합성 (더해짐)된 것이라고 좀 더 차원 높고, 고급스럽게 생각할 수도 있을 것이다.

여기서 달링턴이 적용된 소자하나를 소개해서 어떤 동작이 일어나는지 보기로 한다.

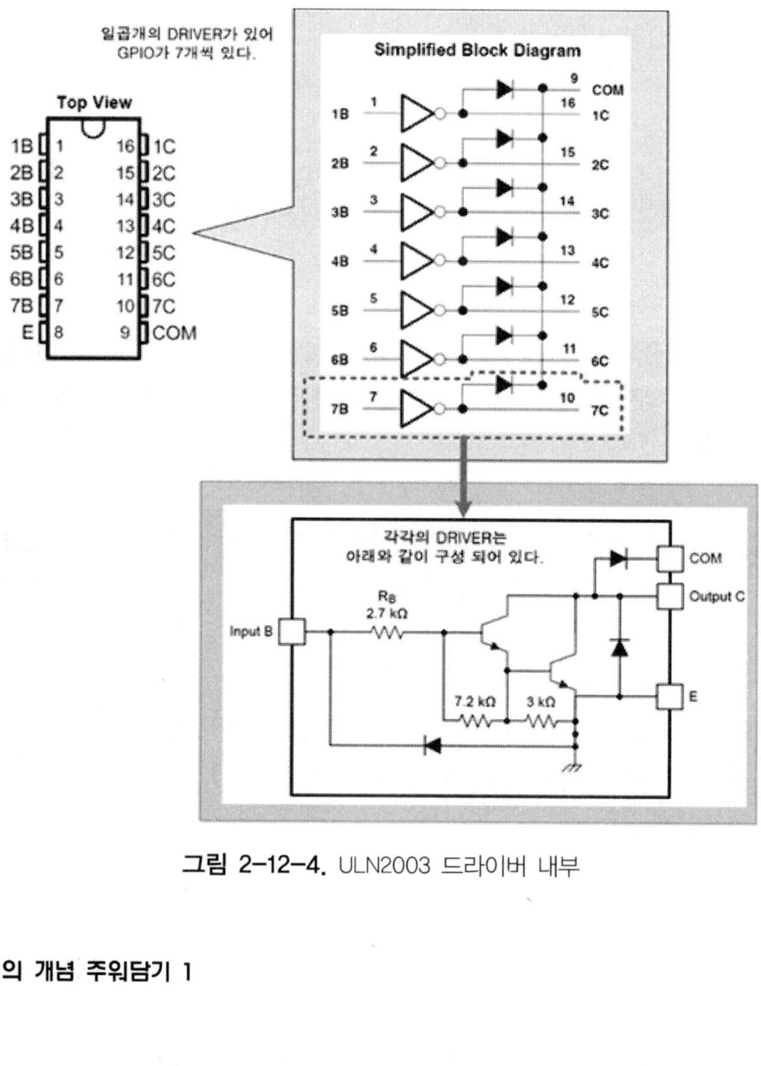

그림 2-12-4. ULN2003 드라이버 내부

ULN2003은 내부에 7개의 드라이버가 있다. ULN2003의 내부 Block Digram에 보면 7개의 드라이버가 보인다. 각각의 드라이버 앞에 동그라미가 있는 것은 입력이 TTL 레벨로 5V가 들어오면 드라이버의 출력은 0(실제는 0.7V, ULN2003의 특성이다.)이 되고, LOW일 때는 COM 단자에 외부에 공급되는 전압이 12V이면 12V 가 걸린다. 제조사에서 제시하는 드라이브 능력은 300㎃까지 sink (전류를 외부에서 내부로 끌어당김)가 가능하다고 제시한다. 소자의 데이터 북을 볼 때 GPIO가 보통 보이는데 이는 그저 입출력단자라는 것을 의미한다. General Purpose Input Output 의 머리글자를 따서 불러준다.

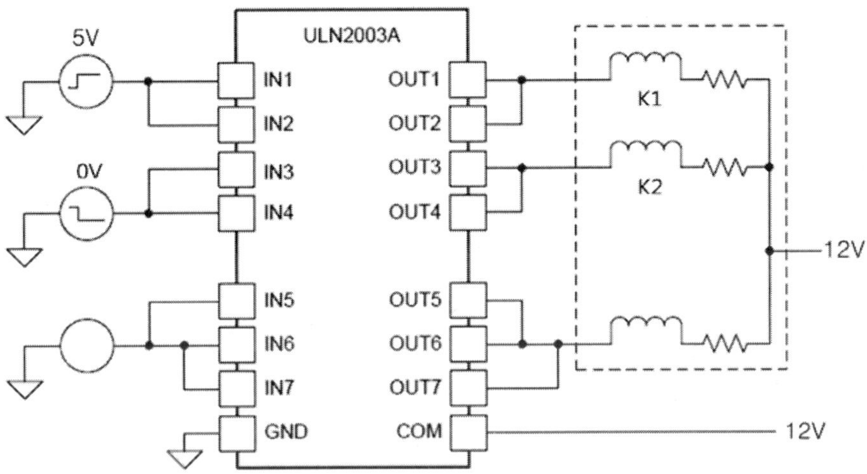

그림 2-12-5. ULN2003 동작 방식

동작은 아주 단순하다. 입력 IN1과 IN2에 TTL HIGH 가 입력되면 OUT1 과 OUT2 (출력이 묶여 있다.)는 0.7V로 떨어져, Relay 에 인가된 전압 12V가 있기 때문에 전류가 내부 달링턴으로 구성된 드라이버로 sink된다. 이때는 계전기(relay)가 동작이 되어 스위치가 도통 상태가 된다.

입력 IN3과 IN4에 TTL LOW가 입력되면 OUT3 과 OUT4는 내부 달링턴이 불통되므로 ULN2003에 인가되는 전압 12V가 출력에 나타나고, 계전기에 인가된 전압 12V가 있기 때문에 동전위가 형성이 되서 코일에 전류가 흐르지 않아 계전기 동작은 일어나지 않게 된다. 스위치가 그냥 그대로 열려 있게 된다. 이렇게 달링턴 회로가 어디에 쓰이는 가도 확인해 보았다.

다음에는 너무나도 자주 들었고, 종종 보았던 **푸시풀 증폭기** (push-pull amplifier)를 달링턴과 스지클라이 결합으로 구성할 때 어떻게 회로가 변주 되는지 차이점을 감상하시기로 하자.

2-13. 푸시풀 증폭기, 컴플리먼터리 회로.

달링턴(Darlington)결합과 스지클라이 (Sziklai) 결합이 사용되는 곳에서, 중요한 것은 아니나 서로 간에 사소한 차이점을 발견하기 위해 먼저 푸시풀 증폭기 (push-pull amplifier)에 대한 이야기에서부터 출발하기로 한다. 아래 보이는 회로는 화장기 없는 **푸시풀 증폭기 (push-pull amplifier)**이지만 동작을 이해하는 데는 더할 나위 없는 회로가 되겠다.

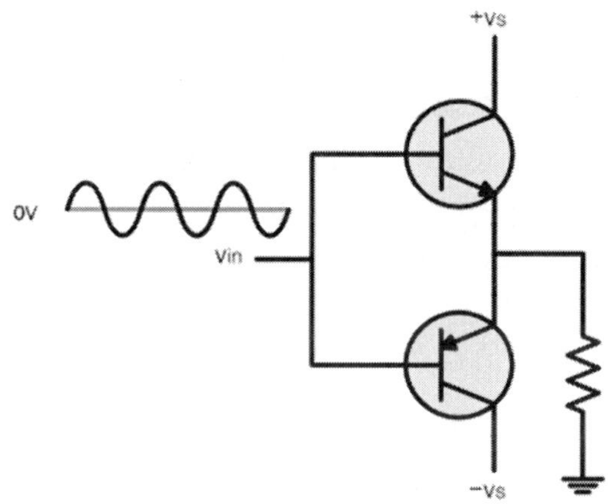

그림 2-13-1. 간단한 푸시풀 증폭기

위와 같이 형태를 또한 **컴플리먼터리 (Complementary)회로**라고 불러 준다. 굳이 번역하자면 **상보대칭(相補對稱)회로**가 되겠다. Complementary라는 단어는 영어로 상호 보완적이라는 의미를 갖고 있다. 무엇이 서로 보완적이라는 말일까? 회로를 암만 쳐다봐도 영어적 의미인 서로 간에 보완이라는 기미를 전혀 찾을 수 없다.

먼저 알아야 할 것은 NPN, PNP 트랜지스터 두 개가 서로 보완적으로 사용되었다는 것을 알아주어야 한다. 그리고 회로에 사용된 NPN, PNP 트랜지스터가 특성이 비슷해야 한다는 것이다. 한 예를 들면 2M3904 라는 NPN 트랜지스터는, 상보대칭 회로로 같이 사용되는 트랜지스터에 2N3906 이라는 PNP 트랜지스터가 딱 들어맞는 천생연분(天生緣分)이 된다.

이제 푸시풀 회로의 개략적인 동작을 살펴봄으로 컴플리먼터리가 어떤 숨은 뜻을 드러내는지 볼 수 있을 것이다. 위의 푸시풀 증폭기 (push-pull amplifier)의 동작을 알려면 오직 한 가지만 알면 된다. 에미터와 베이스 사이에 0.7V 차이만 나면 트랜지스터는 도통 상태가 되어 증폭기의 기능을 수행한다는 점이다.

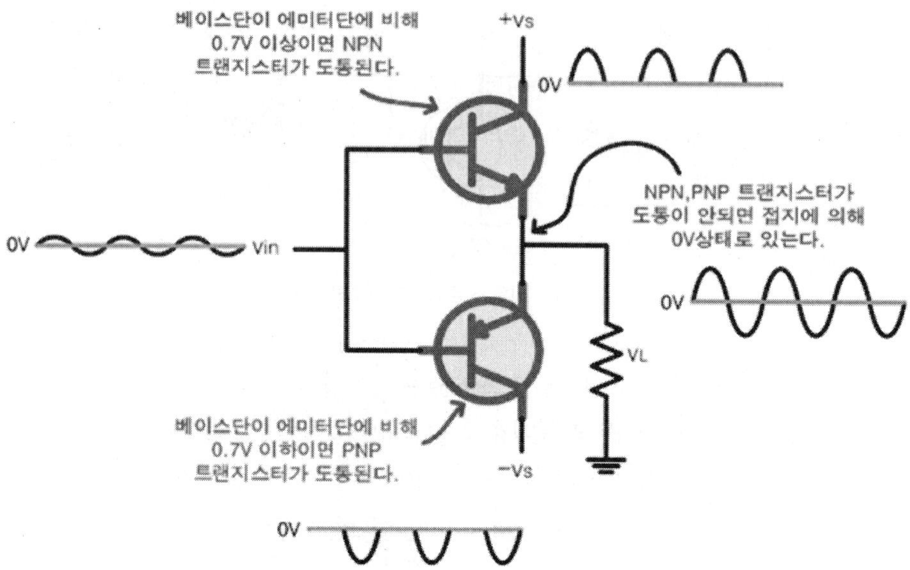

그림 2-13-2. 교류입력에 대한 푸시풀 증폭기 출력

동작을 보면 위의 (2-13-2)회로가 왜 푸시풀 증폭기 (push-pull amplifier)인지를 확연히 알 수가 있게 된다. 일단 베이스와 에미터 사이가 다이오드라고 생각한다. 그림 (2-13-2) 회로에 있는 위쪽과 아래쪽 트랜지스터의 베이스-에미터간 다이오드의 순방향 도통 전압 0.7V를 무시하고 신호가 어떻게 출력으로 나오는지 작동체계만 살펴본다.

입력교류신호가 (+)가 되면 위쪽 NPN 트랜지스터가 도통된다. 이때는 트랜지스터가 전류를 부하 쪽으로 밀어 (push) 버리는 동작을 할 테고, 입력교류신호가 (-)가 되면 부하 쪽이 0V이기 때문에 아래쪽 PNP 트랜지스터가 도통되므로 이때는 반대로 트랜지스터가 전류를 부하 쪽으로부터 당기기 (pull) 동작을 할 것이 명백하다. 보통 전류를 끌어당기고, 밀어 줄 때, 끌어당기는 입장에서는 전류를 sinking 시킨다고 하고, 전류를 밀어 주는 입장에서는 forcing 한다고 말해준다.

푸시풀 증폭기 (push-pull amplifier) 동작이 해명 되는 순간에 컴플리먼터리 (complementary) 구조로 이루어 질 수밖에 없는 이유도 덩달아 감이 오게 된다. 쌩으로 트랜지스터를 쓰는데 한 쪽은 전류 증폭률이 100이고, 다른 한쪽이 직류전류증폭률이 200이라고 한 번 상상을 해 보시라. 출력이 뒤죽박죽이 될 것이 뻔 하기 때문에 상호 보완적인 엇비슷한 특성을 가진 트랜지스터 NPN, PNP를 써야만 하는 것이다.

푸시풀 증폭기 (push-pull amplifier)와 컴플리먼터리 (complementary) 개념을 우겨 넣었으니 이제 회로의 관점에서 그림 (2-13-2) 회로를 비평의 칼날로 날카롭게 대어 본다. 위와 같이 화장발 없는 쌩얼로 사용되는 회로는 어떤 문제를 야기하게끔 되어 있다. 무슨 문제가 똬리를 틀고 앉아 있을까?

밀고 당기는 회로에서 트랜지스터는 베이스와 에미터 사이에 0.7V 정도 차이가 나야 도통이 된다고 했다. 그런데 위의 회로를 보면 출력신호가 반드시 찌그러지게 되어 있다. 좋아하는 그림 중의 하나를 무대로 등장시켜 왜 신호가 짜그러지는지 이유를 찾아보자. 슬로우 비디오 보는 효과를 낸다.

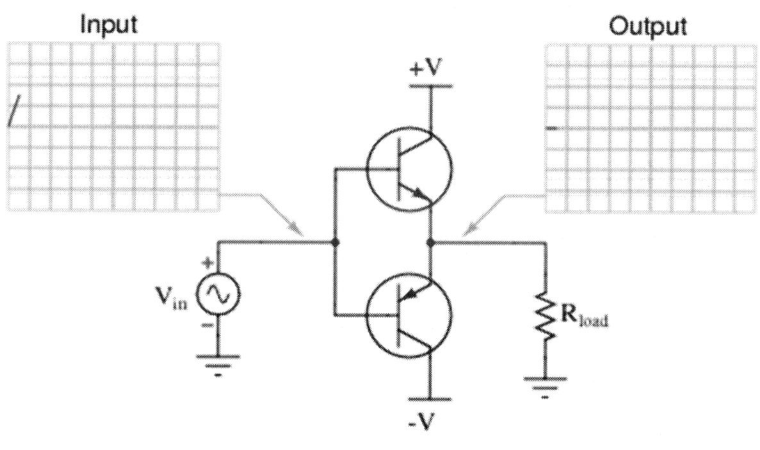

그림 2-13-3. 크로스오버 왜곡 1

입력이 0.6V이상 되지 않으면 푸시풀 증폭기 (push-pull amplifier) 윗 쪽의 트랜지스터가 도통 되지 않는다. 아래쪽의 PNP 트랜지스터는 말할 것도 없이 출력 전압 쪽 (에미터단)보다 입력전압 쪽 (베이스단)이 높기 때문에 개방회로가 된다는 것쯤은 말 할 건덕지도 없다.

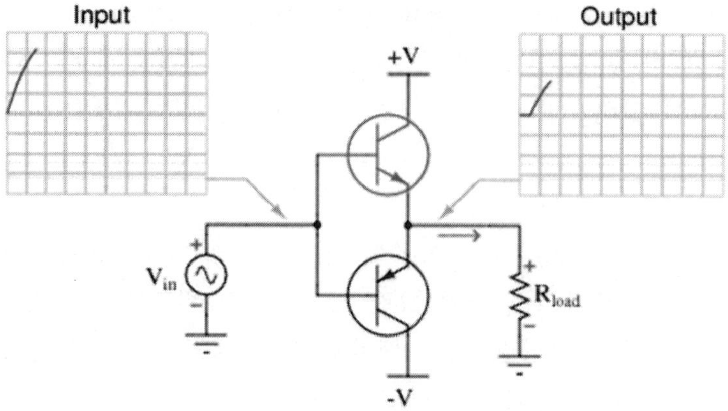

그림 2-13-4. 크로스오버 왜곡 2

입력신호가 0.6V 이상이 되면 윗 쪽 트랜지스터의 베이스와 에미터 사이에 전압차가 생겨 도통이 되어 비로소 출력이 나타나게 된다. 입력과 신호를 1:1로 보기 좋게 나타낸다고 할 때 출력이 0.7V 정도 낮아 있다는 것을 확인할 수 있다. 전류가 부하 쪽으로 흐르므로 푸시풀 증폭기 (push-pull amplifier)입장에서는 밀고 (push) 있는 상태가 되겠다.

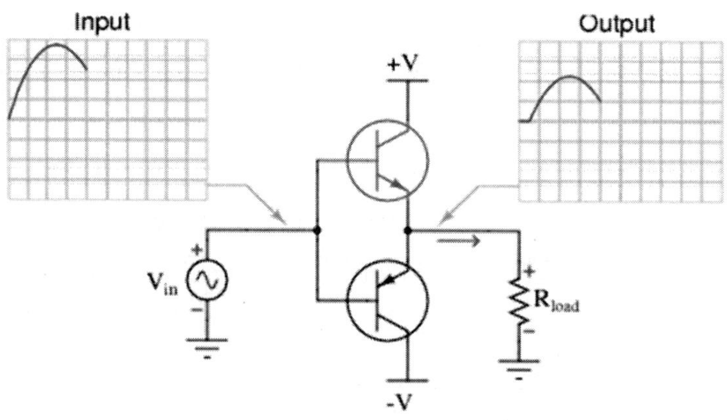

그림 2-13-5. 크로스오버 왜곡 3

위쪽 트랜지스터의 베이스와 에미터 사이에 전압차가 0.7V 이상인 경우에는 트랜지스터가 계속 도통되어 증폭작용을 하고 있게 된다. 전류가 부하 쪽으로 흐르므로 푸시풀 증폭기 (push-pull amplifier)입장에서는 전류를 밖으로 밀쳐 내고 (push) 있는 상태가 되겠다.

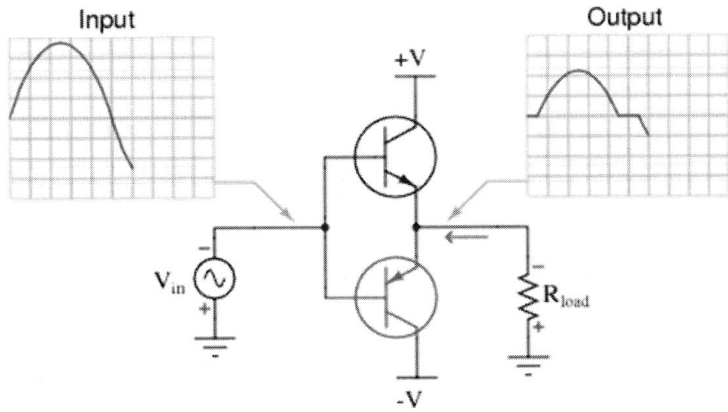

그림 2-13-6. 크로스오버 왜곡 4

입력신호가 ±0.6V 안쪽에 있을 때에는 회로 위, 아래쪽의 NPN, PNP가 도통 되지 않다가, −0.7V 이하가 되고 난 다음에는 PNP 트랜지스터의 에미터와 베이스사이에 0.7V 전압차가 생기므로 도통 된다. 상식이지만 다이오드는 순방향 전압이 0.7V일 때 도통된다는 것은 이미 숙지하였다. 전류가 부하 쪽에서 푸시풀 증폭기 (push−pull amplifier)쪽으로 흘러들어 오므로 끌어당기고 (pull) 있는 상태가 되겠다.

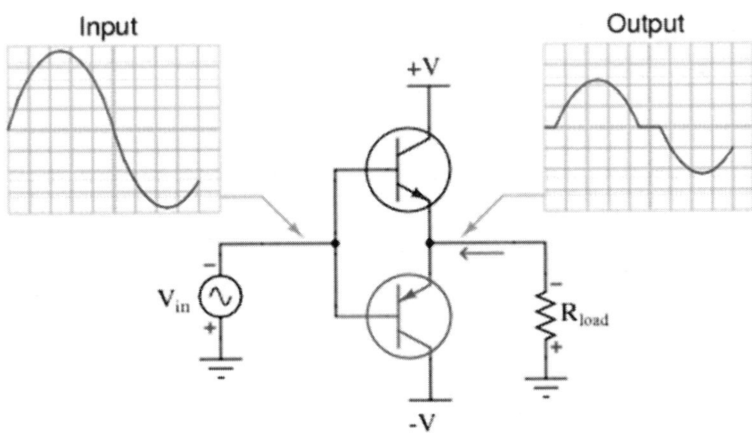

그림 2-13-7. 크로스오버 왜곡 5

아래쪽 트랜지스터의 에미터와 베이스 사이에 전압차가 0.7V 이상인 경우에는 트랜지스터가 계속 도통되어 증폭작용을 하고 있게 된다.

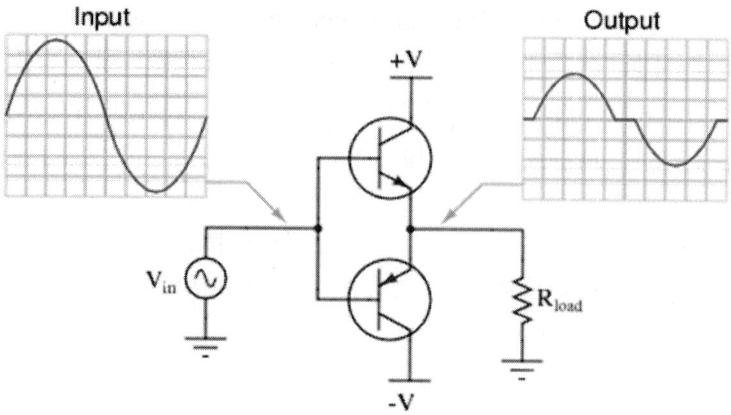

그림 2-13-8. 크로스오버 왜곡 6

입력신호가 ±0.7V 안쪽에 있기 때문에 어떤 트랜지스터도 도통 되지 않는다. 따라서 푸시풀 증폭기 쪽은 개방 회로가 되어 접지 0V가 그대로 출력으로 걸려 나온다.

한 주기만을 관찰 하였는데 출력신호가 입력신호 형태로 나오지 않고 왜곡이 생겨버리고 말았다. 음성신호라면 잡음이 섞인 경우라고 할 수 있다. 이런 왜곡을 **크로스오버 왜곡(crossover distortion)**이라고 불러 준다. 음악에서도 컨트리와 락을 넘나드는 것을 일러 크로스오버라고 하듯이, 신호가 0V를 중심으로 (+) 전압과 (−) 전압을 왔다리 갔다리 할 때, 0V 부근에서 심한 왜곡이 생기기 때문에 크로스오버 왜곡(crossover distortion)이라는 명칭은 자연스럽다.

그렇다면 이 문제에 대한 해결책을 내 놓아야 할 것 같다. 어떻게 크로스오버 왜곡(crossover distortion)을 없애 버리고, 입력신호 그대로의 파형을 출력에 재현시킬까? 해결책은 의외로 간단하다.

2-14. 크로스오버 왜곡의 쌈박한 처리.

푸시풀 증폭기 (push-pull amplifier)를 화장기 없이 쌩얼로 쓰게 되면 **크로스오버 왜곡**(crossover distortion)이 생긴다는 것을 자세히 알아보았다. 원인은 V_{BE} 간 순방향 도통 전압이 될 때까지, 출력에서는 불감대 회로처럼 입력에 대한 응답 없이 잠잠히 0V가 됨으로, 0V 부근에서 찌그러짐이 발생하는 것이다. 부하저항을 스피커로 둔갑시켜서, 스피커에 연결해서 듣는다고 가정하면 싸가지 없는 잡음 때문에 듣기 싫은 소리를 유발할 원인이 될 것이다.

그렇다면 원하지 않는 크로스오버 왜곡(crossover distortion)을 단박에 때려잡는 묘책은 어떤 것이 있을까?

해결방법은 실로 초 간단하다고 했다. V_{BE} 간 순방향 도통 전압에 이를 때까지 출력에서 신호가 짜그러지는 문제이니, 입력이 0V에서 조금만 움직여도 푸시풀 증폭기(push-pull amplifier)가 반응하게 조작해주면 크로스오버 왜곡(crossover distortion)은 자연히 사라질 터이다.

해결책을 알았으니 회로적으로 문제해결을 접근해 보도록 하자. 푸시풀 증폭기(push-pull amplifier)의 NPN 트랜지스터가 입력이 0V보다 조금만이라도 높기만 하면 즉각 응답하도록 하는 회로적 조치란 어떤 것일까?

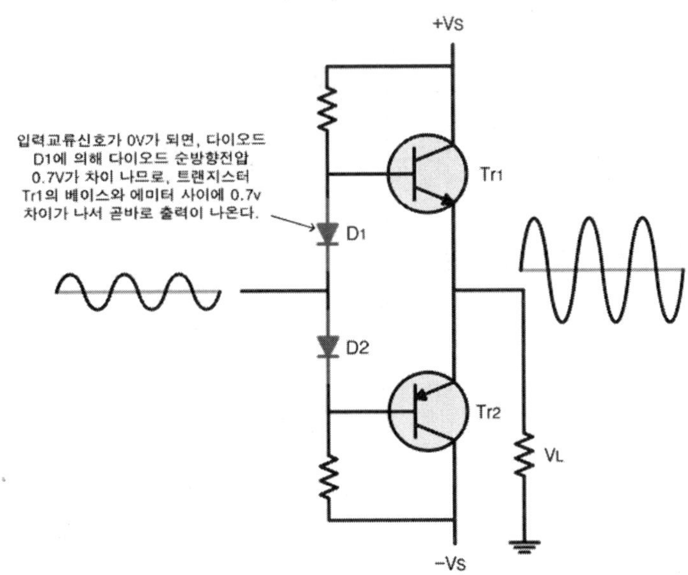

그 림 2-14-1. 크로스오버 왜곡을 없애는 방법

크로스오버 왜곡(crossover distortion) 잡는 데에는 다이오드만 한 것이 없다. 트랜지스터의 도통 전압인 베이스와 에미터 사이의 전압차 0.7V 때문에 생겨난 잡음을, 다이오드 순방향전압 0.7V를 어느 때에나 계속적으로 베이스단에 인가함으로 도통 전압에 이를 때까지의 기다리는 시간을 아예 없애 버림으로써 해결은 쉽게 난다.

입력신호가 없을 때를 생각해 보시라.

이때를 0V라고 하면 전원전압인 $+V_S$전압은 저항에 걸린 전압과 다이오드의 순방향전압의 합으로 나타난다. 예를 들어 전원 전압이 5V라고 하면 다이오드에는 0.7V가 걸려 있고, 나머지 4.3V는 저항에 걸리게 된다는 것이다. 이 상태에서 입력교류전압이 조금만 높아질라치면 출력에도 그대로 입력전압과 같은 형태가 출현할 수밖에 없다. 그래서 제대로 설계된 푸시풀 증폭기 (push-pull amplifier)를 보게 되면 죄다 다이오드가 베이스 쪽에 존재하고 있다. 이유는 앞에서 설명한 그대로다. 푸시풀 증폭기에 곁들여 들어가는 다이오드를 일러 **바이어스 다이오드** (biasing diodes) 또는 **보상 다이오드** (compensating diodes) 라고 한다.

그런데

푸시풀 증폭기 (push-pull amplifier)의 전류증폭이 너무 작다고 생각이 든다면 이때 필요한 것은 트랜지스터 형태를 달링턴으로 바꿔 주기만 하면 만사형통이 된다.

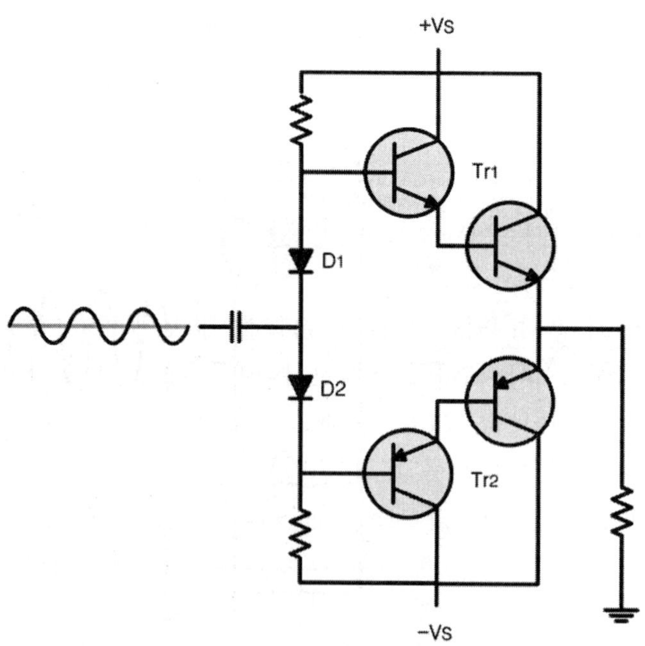

그림 2-14-2. 전류를 증폭하는 형태의 푸시풀 증폭기

전류를 크게 키우려고 트랜지스터 하나 달랑 있는 것을 달링턴으로 바꾸었다. 손색이 없는 회로처럼 보인다. 그러나 설계자가 깜빡 잊어버린 것이 있다. 입력이 들어올 때 크로스오버 왜곡(crossover distortion)을 잡는다고 다이오드를 단 것은 아주 아주 칭찬해 줄 만한 품질 좋은 포석이었다.

아쉬운 점은 다이오드를 한 개 써서 크로스오버 왜곡(crossover distortion)문제를 완전하게 해결하지는 못했다는 세기(細技)가 10% 부족했다는 것이다. 회로에서 잘못 설계된 부분이 보이시는가? ....그렇다. 달링턴은 트랜지스터가 두 개 쓰이고 있기 때문에 입력을 그대로 출력으로 받아 낼 수 있으려면 V_{BE} 전압 (=0.7V)×2 가 필요하다. 그런데 한 개 사용 했으므로 잡음 문제는 여전히 계속 되고 있는 것이다.

크로스오버 왜곡(crossover distortion)은 다이오드로 잡아야 한다고 했다. 꼭 그렇다고 단언하기는 어렵지만 대개는 다이오드로 해결하기 때문에 그렇게 봐도 무방하다. 그렇다 이 문제도 다이오드로 간단히 해결 된다. 다이오드 도통 전압 두 개가 필요하므로 베이스단 직류바이어스를 0.7V×2=1.4V로 걸어 주면 된다. 그 말은 다이오드를 두 개 사용하면 여지없이 해결 된다는 말이다. 아래는 더 큰 전류 증폭을 위해 달링턴으로 사용한 제대로 된 푸시풀 증폭기 (push-pull amplifier)가 완성된 모습이다.

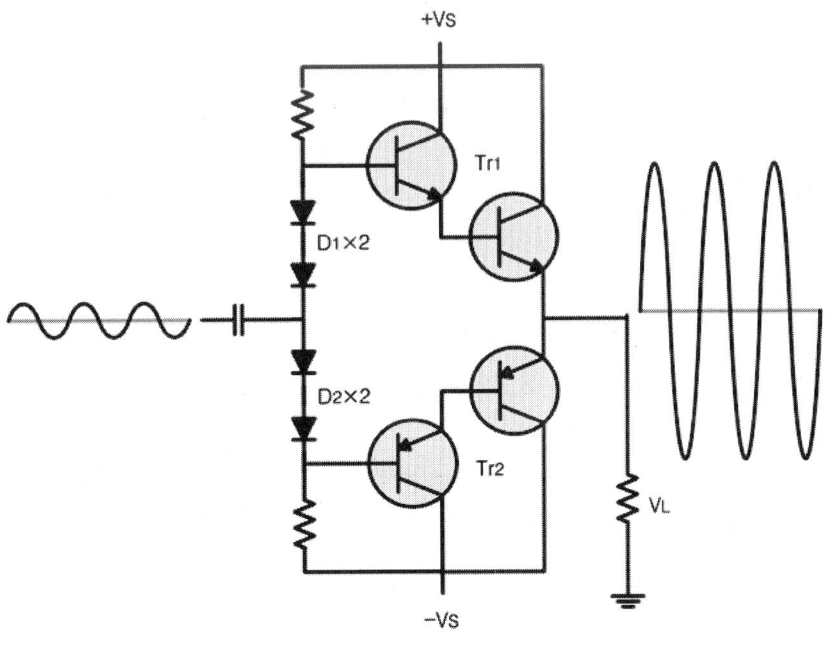

그림 2-14-3. 달링턴 형태의 푸시풀 증폭기의 크로스오버 왜곡을 없애는 방법

완벽한 회로가 구성이 되었다. 출력이 왜곡 없이 멋지게 재현이 되었으며, 원하는 만큼 전류 증폭도 이루어 냈다.

여기 지점부터 달링턴과 스지클라이를 적용했을 때 어떤 점이 차이 나는지 보는 계기가 마련되었다. 애초에 숙제가 주어졌던 것을 기억하시는가? 사소한 차이를 보기로 하겠다.

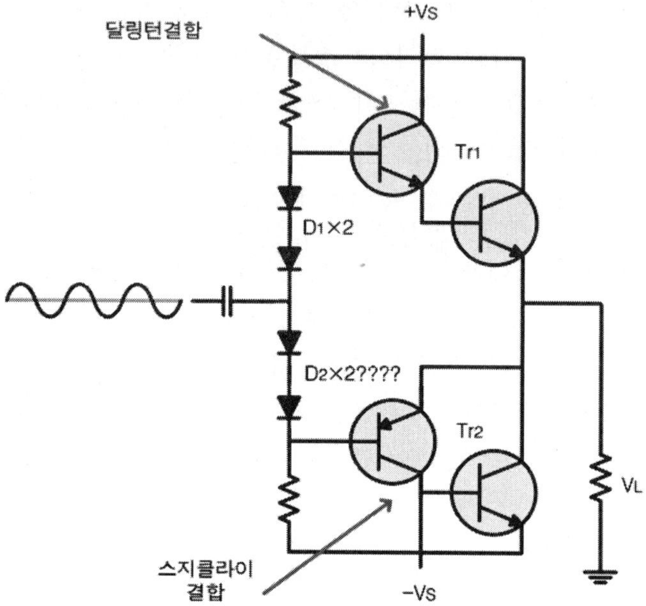

그림 2-14-4. 달링턴 과 스지클라이를 이용한 푸시풀 증폭기

푸시풀 증폭기의 아래쪽 트랜지스터를 스지클라이 방식으로 연결했다. 헌데 베이스단 쪽에 다이오드를 달링턴 결합 때처럼 두 개를 사용하면 어떻게 될까?

입력이 없을 때를 사유해 보자. 출력은 0V가 될 거라고 생각하면 틀리게 된다. 왜냐하면 스지클라이 결합 쪽의 첫 번째 트랜지스터가 베이스단에 있는 다이오드 두 개(−1.4V) 때문에 도통이 되므로 출력에는 −0.7V 바이어스가 떠있게 된다. 다시 말하면, 출력 부하가 접지에 붙어 있어 0V가 될 듯이 보이지만, 이미 애초부터 베이스단이 −1.4V 이기 때문에, 에미터가 베이스보다는 0.7V 높아야 하므로 출력에는 −0.7V직류가 떠있게 된다.

나중에 처리할 수 있지만 굳이 설계를 저 딴 식으로 하여 힘 뺄 필요는 없어 보인다. 게다가 다이오드 하나가 더 들어가 원가에도 영향을 준다. 그깟 다이오드 한 개 더 첨가 됐다고 해서 원가가 널뛰기 하듯 뛰지는 않겠지만, 만약 100,000개를 생산한다고 할 때 작은 규모의 회사에서 바비큐 파티를 화끈하게 치룰 만한 돈은 아끼게 된다.

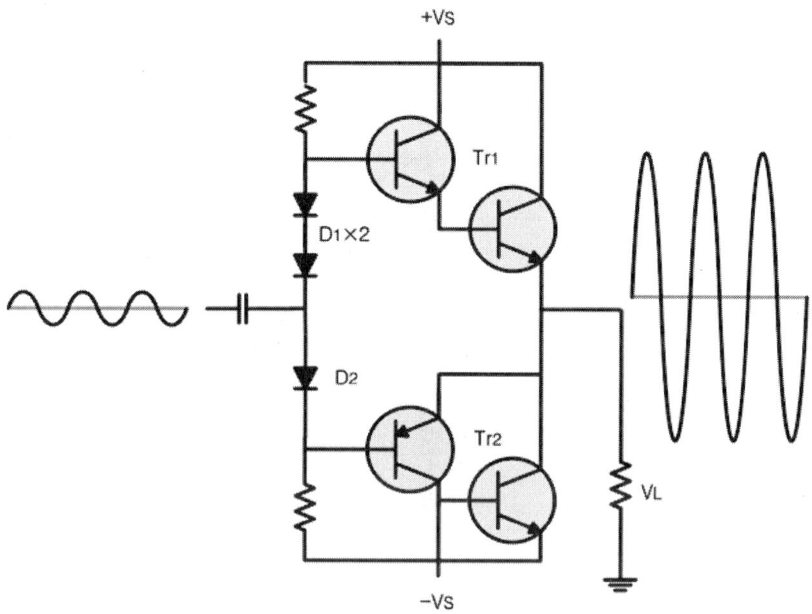

그림 2-14-5. 달링턴과 스지클라이를 결합한 증폭기의 크로스오버 왜곡을 줄이는 방법

스지클라이 결합과 달링턴 결합과의 차이는 푸시풀 증폭기 (push-pull amplifier)로 엮을 때 사소하다고 했다. 동작은 똑 같지만 다이오드 하나는 절감 했다. 회로를 잘 알아야 하는 이유 중의 하나는 이렇듯 작은 부분에서부터 사소한 원가 절감이 하나 둘 쌓여 간다면 회사적으로 적지 않은 비용절감이 이루어지기 때문에 매우 중요하다. 그렇지 아니한가!

한 가지 첨언할 것은 푸시풀 증폭기를 보면 출력이 에미터에서 나오게 되어 있다. 따라서 입력 베이스 전류가 커지면, 덩달아 에미터 전류도 커지기 때문에 입력 교류 신호의 위상이 바꾸지 않게 된다. 그것을 주의 깊게 보시면 된다.

특히 푸시풀 증폭기는 파워를 키워주는 연산증폭기의 전력 부스터와 관련해서 기초적인 회로이기 때문에 꼭 알아 두어야 한다. 연산증폭기의 전력부스터에 사용되면 전압은 연산증폭기가 책임지고, 부하에서 끌어 쓰는 전류는 푸시풀 증폭기가 포함된 회로에서 책임 져 주는 재미있는 현상이 벌어지는데 푸시풀 회로에서 설명한 내용을 염두에 두고 혹시 파워를 크게 하는 회로주제가 나오게 되면 훨씬 회로 보기가 수월해 질 것이다. 여기에서는 연산증폭기를 설명하는 주제가 아니므로 진도 나가지는 않겠다.

이제 다음 주제로 슬쩍 넘어가 보기로 한다.

푸시풀 증폭기 (push-pull amplifier)를 언급할 때 빠지지 않게 등장하는 것이 A급이니, AB급이니 하는 용어들이 불쑥불쑥 튀어 나온다는 사실이다. 군대에는 계급이 있듯이 증폭기에도 계급이 있는 것이 아니라 전력 소모와 신호 품질에 따른 분류라고 해야 할 지는 모르겠으나 증폭기들 간에도 엄연히 특징있게 동작하는 증폭기가 있다는 사실이다. 증폭기 분류 기준과 왜 그러한 분류가 중요한지 알아보는 것이 다음 순서가 아닐까 한다. 부하선만 확실히 뇌 주름에 각인 했으면 별거 없는 내용이 되겠다.

2-15. 증폭기 등급 분류 : A급, B급 증폭기

전류를 밀고, 당겨 주는 Push-pull 회로가 나왔으니, 푸시풀 증폭기에 사용된 증폭기의 급(級)은 무엇으로 설계 되었을까? 궁금하기도 하고, 또한 트랜지스터 증폭기의 등급이란 것이 어떤 방식으로 매겨 졌는지 뇌에 맛이 느껴지도록 잘근잘근 씹어 사료하기로 한다.

경제계에도 투자에 있어 결정적인 영향을 미치는 신용등급이라는 것이 있는데, 일개 사기업에 불과한 무디스 같은 미국 회사에서는 국가 규모에도 국가신용등급 (國家信用等級, country risk)을 분류, 결정해 국제금융시장에서 차입금리나 투자여건을 판단하는 기준으로 삼기도 한다.

그렇다면 증폭기에도 신용상태에 따라 믿을 놈, 못 믿음 놈이라도 있다는 것인가? 그런 것은 아니다. 상황에 따라 입맛에 맞는 알맞은 것을 설계하여 쓰라고 증폭기 종류를 다양화 한 것이다. 좋고 나쁜 가치판단은 자기가 어디에 적용하느냐에 따른 것이지 증폭기 자체가 좋고 나쁜 것은 아니다.

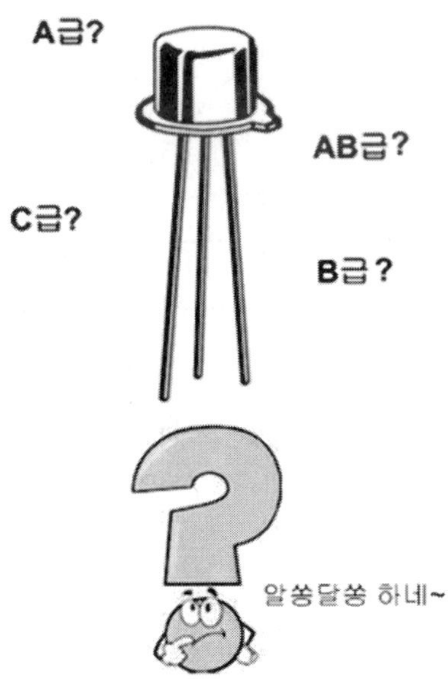

그림 2-15-1. 트랜지스터 증폭기 등급?

그런데 이런 오해들이 충분히 있을 수 있다. 트랜지스터는 증폭기이니까 품질에 따라 트랜지스터 자체에 등급이 매겨져 있어 A급, B급, AB급, C급 등으로 나눌 수 있다는 막연한 생각이 그것이다. 한편 트랜지스터를 사고 팔 때 리드가 멀쩡한 것은 A급이고, 다리가 약간 휘어진 것은 값이 조금 떨어지는 B급 이라는 상거래 비공식 용어는 더더욱 아니다. 분명히 짚고 넘어 가야 할 것은 증폭기의 등급은 트랜지스터가 주변회로로 꾸며져 증폭기로 어엿하게 작용 할 때, **트랜지스터 자체와는 상관없이** 증폭기회로 뭉치들의 등급에 부여 된다는 것을 유념해 주자.

트랜지스터에서 약간 어려운 부분이 증폭기의 종류를 어떻게 나누는 것인가 인데, 부하선을 모르고, 동작점을 모르면 이 부분은 어렵게만 느껴지게 된다. 우리는 이미 부하선을 어떻게 그리는가, 동작점은 어떻게 찍어 줄 것인가 충분히 론(論)해 왔기 때문에 증폭기 등급을 분류하는 작업은 남은 잔반처리 정도 쯤 된다. 하지만 모두가 상기를 잘하는 것은 아니므로, 기억이 가물가물하신 분들은 이 앞에 부하선과 동작점에 대해 친절하게 설명한 것을 피드백 받으시고 오시는 것이 현명할 듯하다. 일단 다시 한 번 짧게 상기하는 시간을 가져 보기로 한다. 척 보기만 해도 알 수 있는 그림으로다가 말이다.

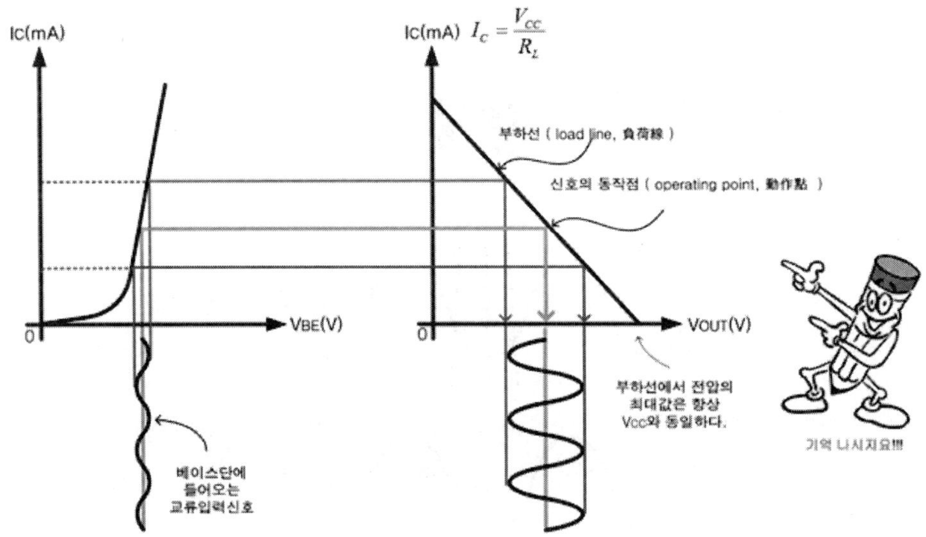

그림 2-15-2. 부하선과 동작점

위의 그림은 입력교류전압이 컬렉터 전류를 매개로 삼아 부하선에 투사되고, 최종적으로 출력전압으로 어떻게 환산이 되는지를 일목요연(一目瞭然)하게 보여 준다고 했다. 우리 관심의 초점을 동작점에 맞추어 보자. 결국 동작점은 트랜지스터 증폭기에 있어서 입력단의 직류 바이어스전압이라는 것을 거듭 거듭 강조한다.

증폭기의 분류는 이 동작점이 부하선에 어디에 찍히는지에 따라 갈려진다. 아래 그림으로 우선 동작점이 부하선 어디에 위치할 때 어떤 증폭기 등급을 때려 맞는지 먼저 살펴보아야 한다.

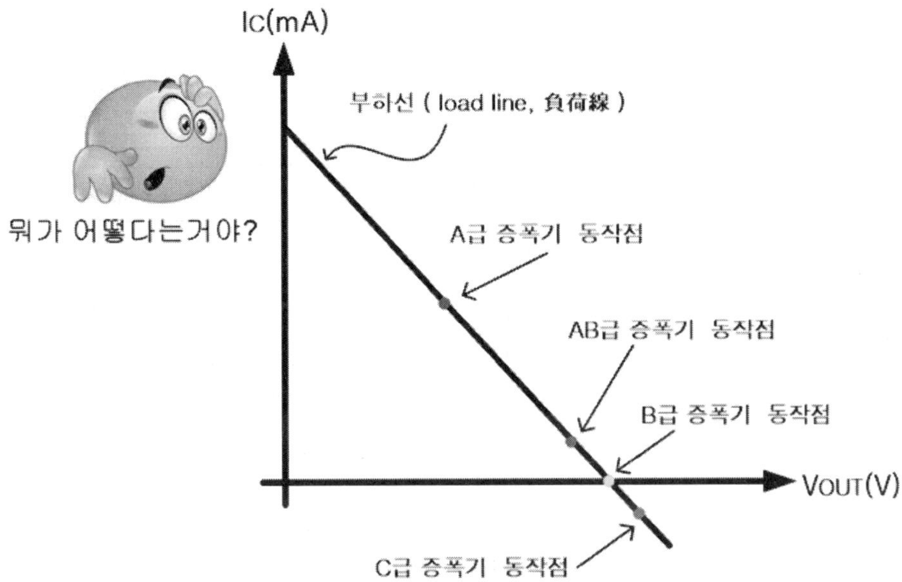

그림 2-15-3. 부하선의 위치에 따른 증폭기 등급

부하선만 하나 달랑 그려 놓으면 또다시 사막 한가운데 남겨진 생텍쥐페리의 심정이 될 수도 있다. 그런 심리 상태는 아직 요점이 정리가 되지 않은 탓이다. (2-15-3) 그림에서 4개 동작점이 보이는데, 다시 한 번 거듭 강조 하지만, 동작점은 입력쪽의 직류 바이어스 전압이라고 해석하면 된다고 했다. 식상한 표현이지만 교류 신호는 동작점을 중심으로 위쪽과 아래쪽으로 파형을 그려 내는 것은 물론이다. 입력신호의 중심점이라고 바꿔 말해도 전혀 지장이 없다. 그런 의미에서 그림은 단순하지만 조금은 다각도로, 상상력을 부여해서, 입체적으로 봐 주어야 한다.

A급 증폭기의 동작점을 보면 부하선의 중간쯤에 위치한다. 입력신호가 없어도 트랜지스터가 도통 상태로 여전히 있어 출력에서는 전압이 걸려 있으며, 전류로 따지자면 전류가 흠뻑 빠져 나가고 있다는 것을 유추해 볼 수 있다. 교류입력이 없음에도! 만약 입력 교류신호가 들어온다고 해 보자. 별일 없는 한 입력신호는 온전하게 증폭되어 출력에 고스란히 나타날 것이 명백하다.

따라서 이렇게 정리해 보기로 한다. 정리하는데 도움이 되는 요소는 신호가 출력에 변질 없이 나타나는 가의 여부, 즉 **신호의 품질**과 신호가 없음에도 출력에 전류가 흘러 전력소비가 쓸데없이 일어나고 있는지의 여부, 증폭기 **효율**로 등급을 대략 판가름 할 수 있을 것 같다. 두 가지 관점에서 A급 증폭기를 판단해 보면, 신호품질은 짱짱하게 왜곡이 없지만, 효율은 와장창 떨어진다는 것을 알 수가 있다. 다소 농친 표로 산뜻하게 단순화 시켜 표현해 보면,

표 2-15-1. A급 증폭기의 특징

구분	신호품질	효율
A급 증폭기	왔따다	칠칠맞게 나쁘다.

이런 연유로 A급 증폭기는 고급 오디오 증폭회로에 사용된다는 전설이 내려온다. 효율은 비록 떨어지지만, 전력 소비가 많다 손 치더라도 돈은 있겠다. 듣는 소리에 민감한 귀는 요물이 되었겠다. A급 앰프를 선택할 수밖에 없는 것이다. 하여 A급, B급..등등 증폭기의 등급이란 아마도 인간이 듣기에 잡음 없이, 때깔 좋은 소리로 증폭하는 품질대로 순위를 매겼음에 틀림이 없을 것 같다. 혹여 증폭기 분류가 머릿속에서 잘 떠오르지 않더라도 효율은 제쳐 두고, 인간 입장에서 듣기 좋게 증폭해 주는 차례대로 등급(等級)이 매겨져 있다는 것만 감 잡으면 오래 기억이 될 것 같다. A급 증폭기의 입력대비 출력신호를 비교해 본다.

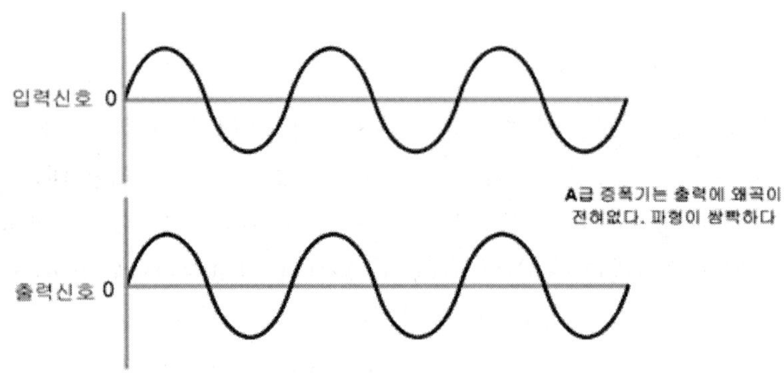

그림 2-15-4. A급 증폭기의 입출력

회로적인 잡음만 없다면 흠 잡을 데 없이 완벽한 재생에 가깝다. 신호를 음성이라고 대치해서 보시라. 다음은 B급 증폭기를 재단해 보기로 하자.

B급 증폭기의 동작점을 보면 부하선과 출력 최고 전압이 만나는 x축상에 있다. 입력신호가 없으면 출력도 없는 화끈한 영역에 있다. 입력단 쪽에 직류바이어스가 걸려 있지를 않아 A급 증폭기처럼 입력 신호가 없을 때에는 쓰잘머리 없는 전류가 흐르지 않게 된다. 대신 입력 교류 신호가 들어 올 때는 NPN이냐, PNP 트랜지스터냐에 따라 (+) 반파만 나오느냐, (−) 반파만 나오느냐 달라진다. 여하튼 신호가 들어올 때 오직 ±반파만 출력에 등장하게 된다고 어림잡아 놓자. 역시 엉성하기 짝이 없는 표로 두루뭉술한 표현을 써서 간단하게 기술해 보자.

표 2-15-2. B급 증폭기의 특징

구분	신호 품질	효율
B급 증폭기	내키지 않을 정도로 썩 좋지 않다.	그런대로 괜찮다.

이쯤해서 B급 증폭기에 있을 수 있는 또 하나의 오해를 풀고 넘어가자. 중요한 것은 아니나 무심코 지나가서 그러니라 했던 것을 책상 정리하듯 말끔하게 해치우고 넘어가자는 말이다. 트랜지스터의 증폭기 하면 자료나 책에서 아래 회로만 주구장창 나오기 때문에 B급 증폭기도 그림 (2-15-5)에서의 공통 에미터 증폭기와 같이 생겨 먹었다고 선입견을 갖고 오해하기 딱 십상 이다. 저런 형태로는 B 급 증폭기가 절대 나올 수 없다.

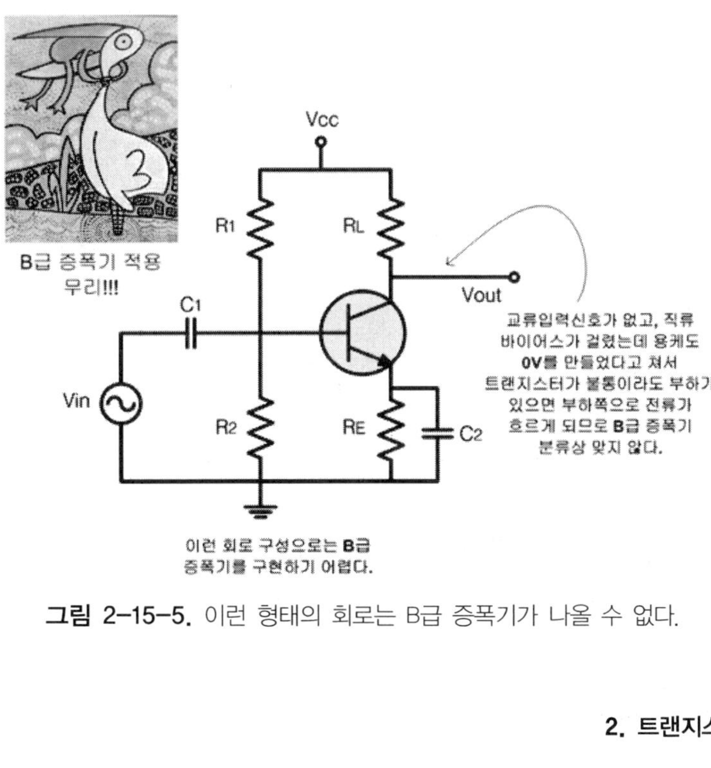

그림 2-15-5. 이런 형태의 회로는 B급 증폭기가 나올 수 없다.

따라서 앞으로 설명할 AB급과 더불어 B급 증폭기는 반드시!!!!!!!!!! **컴플리먼터리 회로에서만** 구성이 가능한 형태임을 가슴깊이 아로새겨 두기로 한다. 아래 그림 (2-15-6) 회로처럼 밀어(Push) 주고 당겨 (Pull)주는 증폭기로 사용할 때만을 말이다.

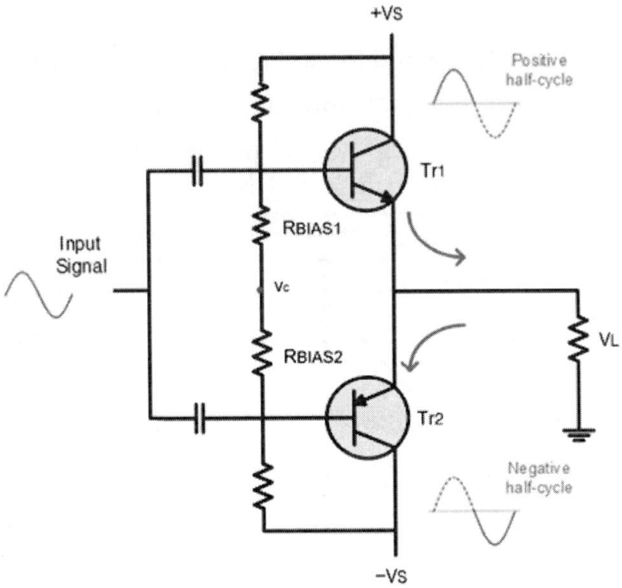

그림 2-15-6. B급 증폭기는 컴플리먼터리 회로에서만 사용된다.

컴플리먼터리 회로로 구성되는 증폭기는 B급이 어울린다.

보통 B급 증폭기를 설명할 때 크로스오버 왜곡이 있는 상태의 증폭기를 B급 증폭기라고 간주해 준다. 그래서 크로스오버 왜곡이 보정되지 않은 푸시풀 증폭기 형태를 B급이라고 한다. 한가지 주의할 것은 푸시풀 회로전체가 B급 증폭기가 아니라 TR1, TR2 각각이 B급 증폭기가 된다.

위의 푸시풀 증폭기 회로에서 하나만 더 언급 하기로 하자. 저항들이 짝으로 값이 같다고 하면, 즉 R_{BIAS1} = R_{BIAS2}, 전원단에 달린 저항 두 개가 같다고 하면, V_C는 0V가 된다. 그 이유인즉 $\pm V_S$ 전원 전압의 중간이기 때문이다. 만약 전원 전압이 ±10V 라고 하면 +10V 와 −10V의 중간 전압인 0V가 되는 것은 너무 뻔하다. 너무 뻔 한 말을 주절거리는 이유는 우리가 회로를 볼 때 항상 기준전압, 0V전압으로 접지만을 생각하기 때문에 회로 내에서 접지와 전위가 같은 0V 전압의 위치를 지적해 주고자 한 것이다.

부하 선에서의 움직임을 보고 부하선에 적응해 주기로 하자.

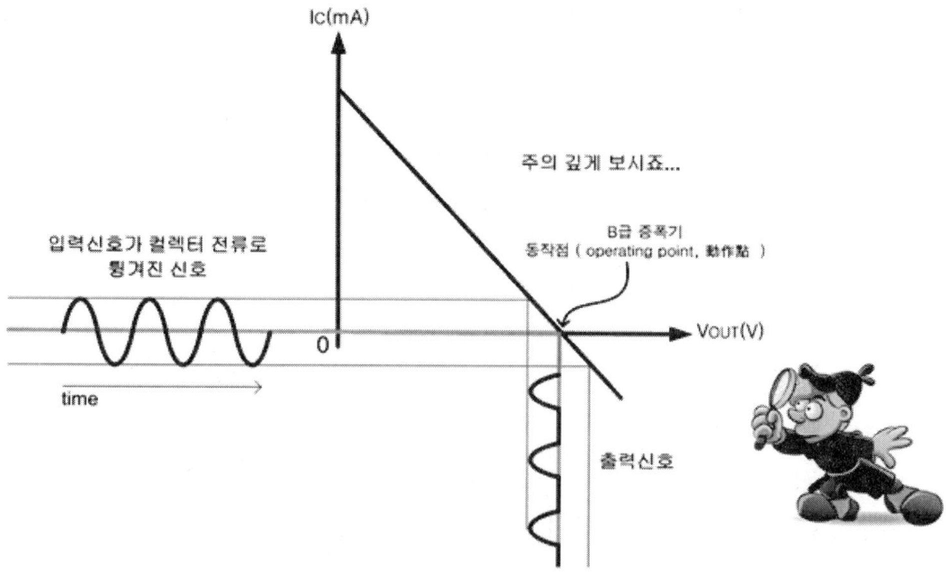

그림 2-15-7. 부하선과 동작점으로 보는 B급 증폭기 동작

입력과 출력을 다시 그려보기로 한다.

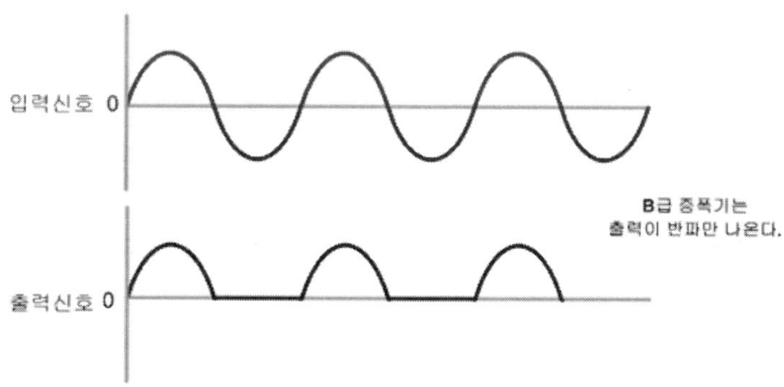

그림 2-15-8. B급 증폭기의 입출력

온전하게 들어왔는데 출력이 조금이라도 삑사리 나면 하여튼 A급은 아니다. 출력 쪽에서는 (+)반파는 보이지만, (−) 반파는 감쪽같이 사라 졌다. 흡사 반파 정류회로처럼 작동한다. 이런 식으로도 반파정류가 된다고 생각하고 다이오드 한 개만 쓸 것을 트랜지스터와 저항으로 설계하는 미련과 부산은 떨지 마시라.

2-16. 트랜지스터 증폭기 분류 : AB급, C급 증폭기

A와 B급 증폭기를 살펴보았다. 이제 나머지 등급인 AB급 과 C급에 대해서 간단하게 설명하고 넘어가기로 한다.

AB급 증폭기는 명칭 그대로 A급도 아니면서, 그렇다고 B급도 아닌 것이 A와 B급의 특징을 조금 공유한다고 해서 붙인 등급이다. 먼저 부하선상에서는 어떻게 동작하는지 보시기로 한다. 부하선이 이래서 유용한 면이 있다는 것을 확인하게 된다.

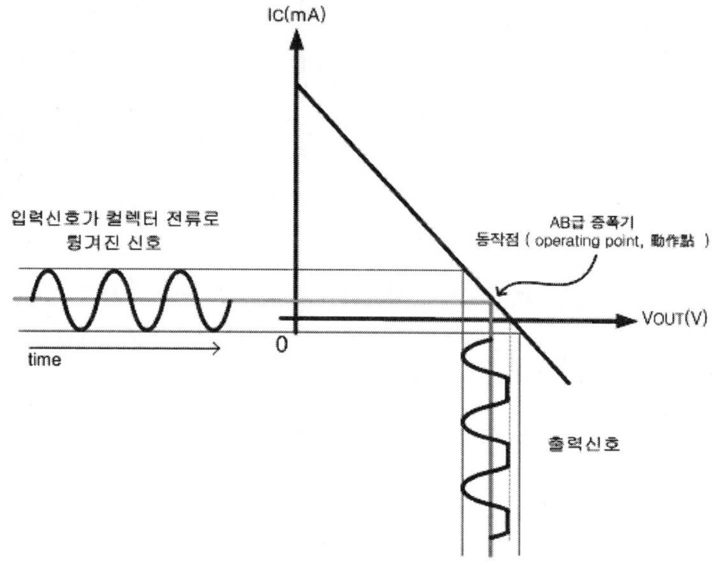

그림 2-16-1. AB급 증폭기의 부하선상의 동작점 위치

그림 (2-16-1)에서 입출력 신호만을 따로 그려보기로 한다.

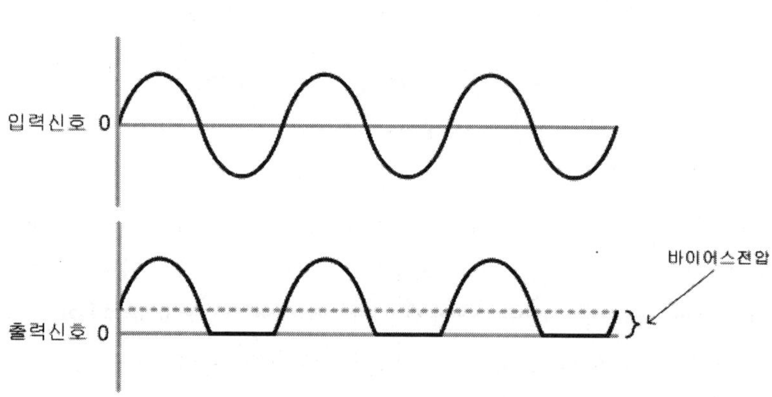

그림 2-16-2. AB급 증폭기의 입출력신호 비교

AB급의 동작점은 A급과 B급의 중간에 있게 됨으로, 입력 파형이 고스란히 재현되지도 않고, B급처럼 반파만 나오지도 않는 애매한 파형이 그려진다. 아래쪽 파형의 찌꺼기가 약간 달라붙은 형태를 띠고 있다.

AB급 증폭기는 B급 증폭기와 더불어 반드시 푸시풀 증폭기에 적용 되어야 한다고 했다. 어떻게 적용 되는지 직접회로를 그려 보기로 한다.

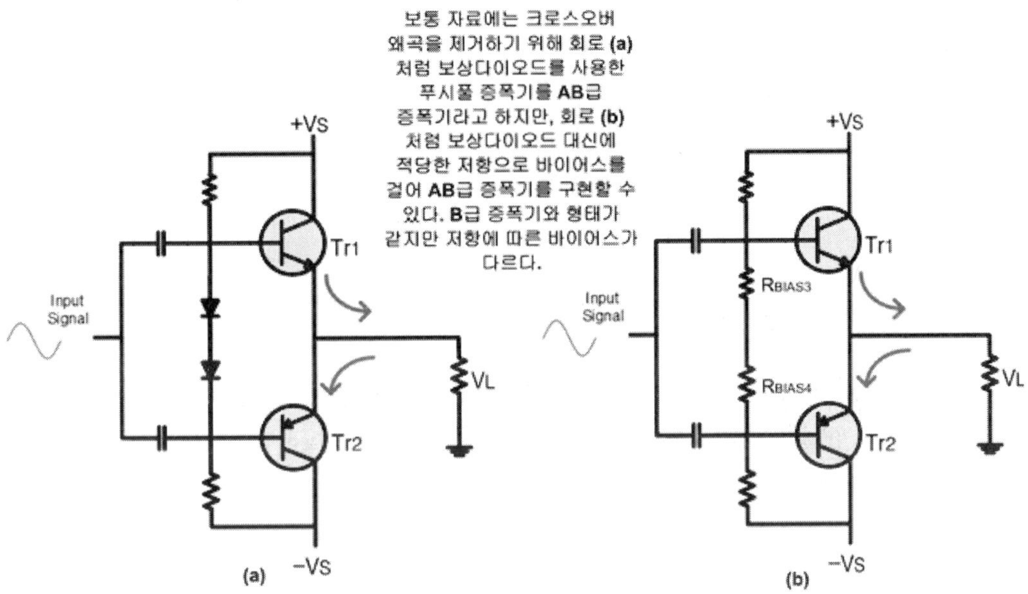

그림 2-16-3. 푸시풀 증폭기 동작

푸시풀 증폭기에서 크로스오버 왜곡(crossover distortion)을 쥐도 새도 모르게 척결하기 위해서는 입력단에 직류 바이어스를 띄워 주는 다이오드를 달아 주어야 한다고 역설 한 바 있다. 이렇게 설계해 준 다이오드를 바이어스 다이오드 (Biasing Diodes) 또는 보상 다이오드 (Compensating Diodes) 라고 한다 했다.

그림 2-16-3에서 보는 바와 같이 보상다이오드 두개를 사용해 크로스오버 왜곡을 쌈박하게 제거한 형태를 AB급이라고 불러 주기도 하고, 적당한 저항을 써서 신호가 없을 때도 작은 전류가 흐르게 바이어스를 걸어 구현할 수도 있다.

신호품질은 A급 보다는 못하지만, B급 보다는 좀 좋을 듯하다. 쥐인지 새인지 모를 박쥐같은 증폭기라 할 수 있다. 조금은 엄벙덤벙한 표로
AB 등급의 증폭기를 단순화 시켜 보면...

표 2-16-1. AB급 증폭기의 특성

구분	신호 품질	효율
AB급 증폭기	썩 좋지도, 그렇다고 나쁘지도 않다. 박쥐같은 인상	그런대로 나쁠 수 있다.

마지막으로 많이 거론 되지는 않으나 C등급 증폭기가 있다. 어떤 것을 C등급이라고 하는 지만 알면 충분하다. 역시 부하선으로 설명하고,

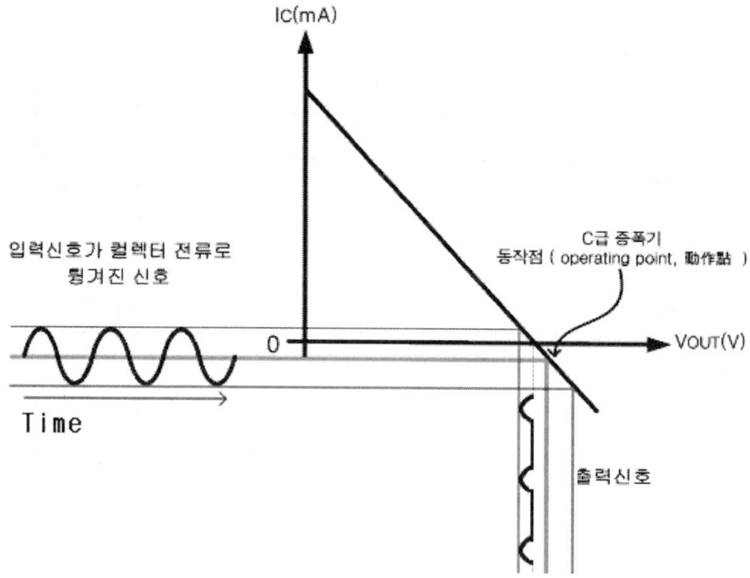

그림 2-16-4. C급 증폭기의 부하선상의 동작점 위치

입력대비 출력을 비교하기로 하자.

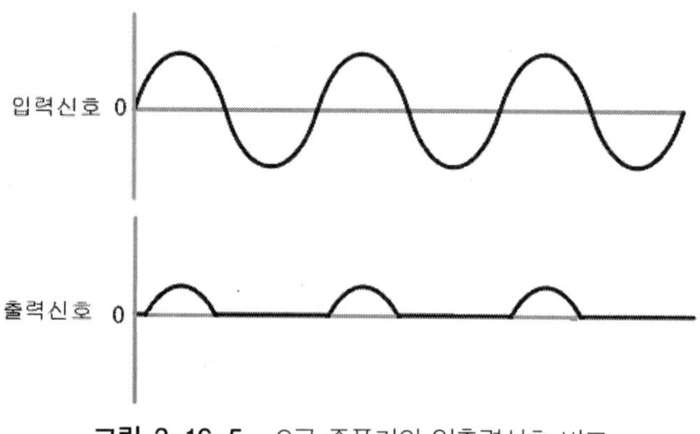

그림 2-16-5. C급 증폭기의 입출력신호 비교

원판은 사라지고 최악의 성형수술이라 할 만한 결과가 출현했다. 그렇다면 C급 증폭기의 사용처는 대체 어디에 있는지 잠깐 그림만 보고 넘어 가자.

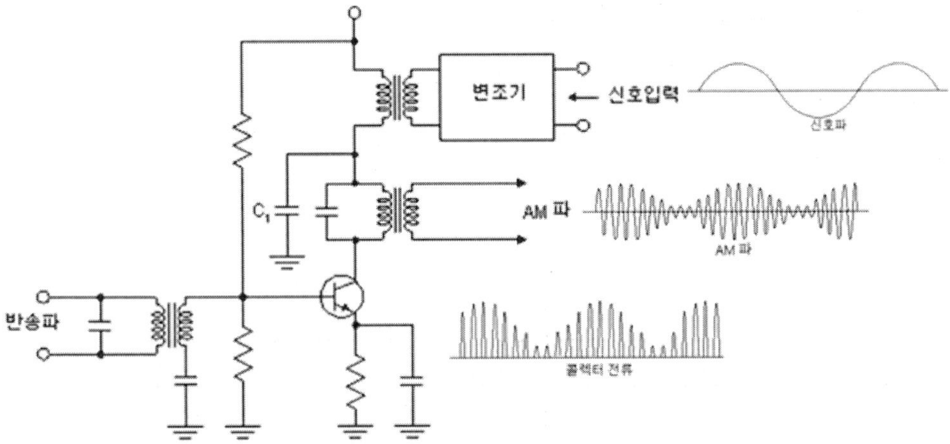

그림 2-16-6. 진폭변조에 사용된 C급 증폭기

통신공학이론을 주제로 설명하는 것이 아니니 개요만 짚어 보자. RF (Radio Frequency)이론에서 변조된 신호를 만들어 내는 회로에 C급 증폭기가 사용된다. 트랜지스터에 의해 증폭된 컬렉터 전류를 보면 C급 증폭기의 출력 패턴이 엿 보이고 있다. 음성신호를 **반송파** (Carrier)에 실어서 **진폭변조**(Amplitude Modulation, **振幅變調, 또는** AM)를 만들어 낸다. 진폭 변조란 **피변조파** (음성 같은 것)의 진폭 크기에 따라 반송파의 진폭을 변화시키는 것을 말한다. 우리가 흔히 듣는 대로 잡음에 굉장히 약하다.

그런가 하면

변조에서 빠뜨릴 수 없는 것에 **주파수 변조**(Frequency Modulation, **周波數變調**)라는 것이 있다. 라디오를 들을 때 FM, FM하는데 이것이 바로 변조하는 방식을 그대로 따서 명칭을 붙인 것이다. 주파수 변조란 음성신호를 반송파에 실을 때 피변조파의 주파수의 진폭이 크면 반송파의 주파수를 빽빽하게 하고, 주파수의 진폭이 낮으면 반송파의 주파수를 느슨하게 해서 **복조** (Demodulation, **復調 ; 수신에서 송신된 신호 그대로 재현하는 것**)때 주파수의 조밀(稠密)한 것을 토대로 피변조파의 원래 신호를 복원하게 되는 방식을 말한다. 이때 쯤 해서 그냥 그런 것이 있구나 하고 간만 보고 지나가자.

표 2-16-2. C급 증폭기의 특성

구분	신호 품질	효율
C급 증폭기	원형복구를 전혀 하지 못한다.	건질 것은 효율밖에 없다.

C급 증폭기의 신호품질은 좀 개판이지만, 입력 신호의 위쪽만 찔끔 출력에 나오기 때문에 효율은 굉장히 좋을 것 같다. A급, B급, AB급, C급 증폭기를 개괄 했으니 일목요연하게 제대로 작성된 표를 사용하여 서로 상대 비교를 해 보면 머릿속에서 짜릿하게 잘 정리가 될 듯하다.

표 2-16-3. 등급별 증폭기 특성종합

구분	A급	B급	C급	AB급	비고
출현 파형각도	360° 나옴	180°	90° 이하	180°~360°	이미 확인
동작점 위치	부하선 중간	정확히 X축	X축 아래	부하선 중간과 X축 사이 중간 어디메쯤	역시 확인
효율	~25%	78.5%	80%이상	25~78.5%	!!!

위의 표만 보면 충분하지만 어떤 자료에 보면 효율을 계산한 곳이 나오기 때문에 수식을 사용하여 진짜 효율이 저렇게 나오는지 확인한 번 해 보아야 할 것 같다. 몹시 번거롭지만 액땜 한 번 하는 심정으로 설파 해 보기로 하자. 감으로 때려잡지 않고 뭔가 계산을 해 주었으니 엄연한 수치 값으로 표기된 것이 아니겠는가!

2-17. 트랜지스터 증폭기 등급별 효율계산 : 실효값, 평균값.

각 등급별 증폭기의 효율을 구하기 전에 교류신호에 있어서 평균값과 실효값이라는 두 가지 개념을 머릿속에 우겨 넣어야 한다. 왜냐하면 교류신호는 실효적으로 탈바꿈한 실효값이 효율계산에 적용되기 때문이다. 실효적이란 실제로 꽤 유용한 이란 의미를 담고 있다. 직류와 같은 전력을 생산하기 때문에 직류적 사고에 익숙한 우리에게 매우 인상적인 값이다. 교류신호의 평균값과 실효값에 대해서는 사골 우리듯이 한 번 더 뭉근하게 우려내 보기로 한다. 평균값과 실효값 그거나 그것, 셈셈 아닌가 하셨던 분들도 귀를 쫑긋 세워 들어 주시길 부탁드린다.

평균값, 실효값에 대해서는 개념도 개념이려니와 평균값, 실효값을 정의하는 식이 나오면 좀 뜨악해 진다. 영 출처를 알 길이 없기 때문이다. 대부분 자료에서는 다짜고짜 결과만 달랑 써 놔서 과정은 매몰되어 버려 공부하는 사람을 질리게 만들곤 한다. 우리를 어안이 벙벙하게 만들었던 식을 먼저 노려보기로 한다.

$$V_{rms} = \sqrt{\frac{1}{T}\int_0^T v^2(t)dt} ---(2.17.1)$$

$$V_{avg} = \frac{1}{T}\int_0^T |v(t)|dt ---(2.17.2)$$

...집중해서 노려봐도.... 이해가 가지 않는 상황은 변하지 않고 여일하다. 이럴 때 죽비로 맞듯 외부 충격이 있어야 깨달음이 있을 수 있다. 이번 참에 반드시 이해하고, 숙지하고, 관념적으로 견고히 하고, 다음에 또 눈앞에 아른거리면 냉소하듯 살짝 미소지어 주자. 먼저 평균값과 실효값이 무엇을 의미하는지 속뜻을 알아보고, 그에 따라 나온 식을 더불어 개념을 때려 박기로 한다. 평균값부터 요리하기 위해 도마에 올려 놓는다.

평균값(average value)은 높이가 들쭉날쭉한 교류를 평균을 취하여 직류적인 하나의 값으로 환산한 것을 의미한다. 시간에 따라 변하는 값의 평균을 구하는 방법이 평균값을 구하는 식에 고스란히 담겨 있다. 평균값을 구하는 식은 아래와 같다고 했다.

$$V_{avg} = \frac{1}{T}\int_0^T |v(t)|dt$$

식을 가만히 뜯어보면 변하는 값에 절댓값을 씌우고, 한 주기 동안 적분을 했으며, 다시 한 주기로 나누어 주어 평균을 구해 내었다. 먼저 절대 값을 씌운 사정을 알아보자. 절댓값을 씌운 것은 살짝 조작의 낌새가 느껴진다.

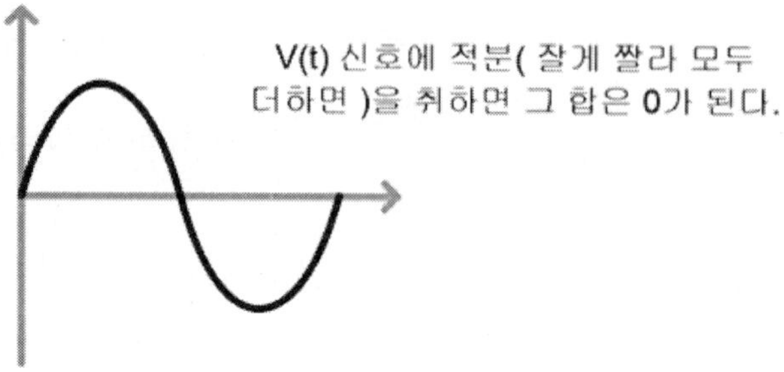

그림 2-17-1. 정현파 한 주기를 적분하면 0이 된다.

교류신호는 어떤 에너지가 분명히 있음에도 순전히 수학적으로 적분을 취하면 계산값은 어이없게도 0 이 나와 버린다. 있을 수 없는 일이 벌어진다. 적분을 취한다는 것은 면적을 구한다고 생각하면 된다. 이래 가지고서는 평균값을 도저히 구할 수 없다. 이쯤해서 납득이 가는 조작이 가해진다. (+) 와 (−) 반파가 서로 상쇄되어 수학적으로 0이 되는 것을 방지하기 위해서 v(t) 신호에 아예 절댓값이라는 월계관을 씌워 준다. 절댓값은 부호에 상관없이 값만 보겠다는 발상이므로 (+)는 (+) 값으로, (−) 도 (+) 값으로 변환이 된다. 그러면 애초에 적분해서 0이 나왔던 신호는 수학적인 조작으로 절댓값을 씌워서 공학적인 입장으로는 전파정류회로의 출력과 같이 변해 버리게 되어 0 값은 회피된다.

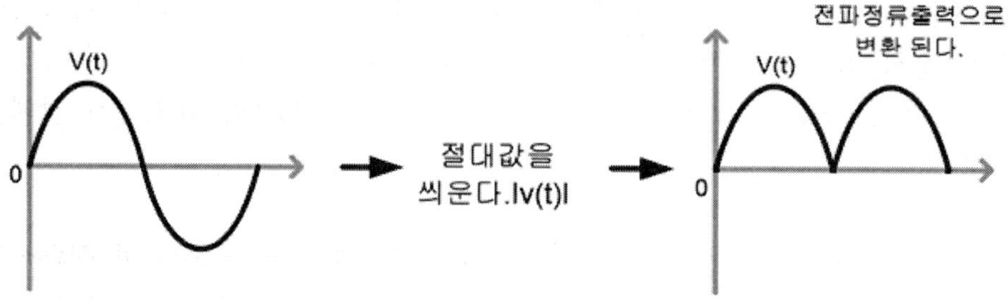

그림 2-17-2. 정현파 한 주기에 절댓값을 씌워준 그림

그리하야 공학에서 교류의 평균값은 원 신호에 절댓값을 덧 입혔으므로, 반드시 **절대 평균값**이라고 지칭 해 주어야만 한다. 원 신호에 절댓값을 씌워야 비로소 0이

나오지 않도록 구간을 잘게 짤라 모두 더하는 기능을 수행하는 적분이 적용 가능해 진다. 그렇다면 왜 적분 구간을 주기 T로 했는지 사족을 붙이지 않아도 알 수 있다. 주기 T로 반복 되는 모든 구간을 적분할 필요가 없다. 주기 T구간만 유의해서 평균값을 구하면 나머지 값은 동일하기 때문에 0~T 구간의 평균값이 바로 원 신호의 대푯값이 되어 버린다.

좋다. 원 신호에 절댓값을 씌우고, 구간 T까지 적분을 취하면 면적이 나온 다는 것을 알았다. 그렇다면 왜 다시금 주기 T로 나누어 주어야 평균값이 될까? 간단하게 좌표상에서 누운 직사각형의 면적을 생각해 보면 답은 확실해 진다.

그림 2-17-3. 주기 T로 나누면 평균값 A를 추출할 수 있다.

위의 직사각형의 면적에서 밑변의 길이 T를 나누어 주면 남는 것은 높이 항 A만 남는다. 그것이 바로 높이가 들쭉날쭉한 교류파형의 직류성분인 **절대 평균값**이 되는 것이다. 다시 한 번 교류신호의 평균값 식을 검토해 보기로 한다.

$$V_{avg} = \frac{1}{T}\int_0^T |v(t)|dt$$

이제야 비로소 위의 식이 눈에 지긋이 밟힐 것이다. 교류신호의 적분이 0이 되지 않게 하기 위해 원 신호에 절댓값을 씌우면, 정현파의 전파정류신호가 되고, 이를 한 주기 동안만 적분해서, 한 주기로 나누어 주면 높이 분, 즉 전체의 평균값이 나올 수 밖에 없는 것이다. 당연한 것을 식으로 표현해지니 대략 난삽해 진 것뿐이다.

문제는 실효값이다.

실효값 (effective value)은 동일한 저항에 직류전압을 가한 것과 같은 전력을 소모하는 교류전압 값을 의미한다. 다시 환언하면 임의 저항 R에 직류 몇 V를 가해서 얻어진 전력과 같게, 똑 같은 전력을 얻을 수 있을 만큼의 교류신호를 인가해 같은 전력을 얻는 값은 얼마 인가가 실효값이 된다. 실효값의 식을 얻는 착상은 바로 여기에서부터 기인한다.

$$P = V \times I(\text{직류}) = v \times i(\text{교류})$$

노파심에서 다시 한 번 주의를 주는데, 위의 식은 같은 저항에 어떤 직류 전압값을 인가하고, 어떤 교류값을 인가했을 때 같은 전력을 냈을 때에만 성립하는 식이다. 아무 때나 휘두르는 전가의 보도 같은 법칙이 절대 아니다. 오옴의 법칙에서 V=R×I이기 때문에 식은 아래와 같이 이런저런 형태로 변주 되서 나타나기 때문에 식 전개에 편리한 것을 골라 사용할 수가 있다.

$$P = R \times I^2(\text{직류}) = R \times i^2(\text{교류})$$

또는

$$P = \frac{V^2}{R}(\text{직류}) = \frac{v^2}{R}(\text{교류})$$

일단 전류관계식 보다 전압관계식으로 풀어 내 보기로 한다. 부하저항에 무한대의 시간 동안 전압을 인가하는 것을 상정해서 계산 할 수 없기 때문에, 교류 정현파를 기준으로 한 주기 동안만 부하에 인가된 전압에 의해 발생되는 전력을 기준으로 식을 풀기로 한다. 먼저 신호의 적분부터 구해야 하니 양변에 적분을 적용하면 식은 아래 (2.17.3)과 같이 성립된다.

$$\int_0^T \frac{V^2}{R} dt = \int_0^T \frac{v^2}{R} dt --- (2.17.3)$$

여기서 유의사항 한 가지! 평균값일 때는 수학적인 조작 없이 쌩으로 적분하면 결론은 0이 나오기 때문에, 절댓값을 취해 주는 조작을 감행 했는데, 실효값 구할 때는 어찌 절댓값을 적용하지 않는 것이요. 상황에 따라 방편적으로 설명하는 것은 아니오? 반문한다면, 신호를 제곱한 형태가 되기 때문에 굳이 절댓값을 취하지 않더라도 신호는 (−) 값이 절대!! 나오지 않기 때문이라고 답할 수 있다. 제곱해서 (−) 값이 나오는 것은 허수 밖에 없는데, 여기서 허수는 고려할 필요 없이 실수만 취한다. 아래 그림은 진폭이 1인 정현파 함수와 그 정현파 함수에 제곱한 그래프다. 정현파 함수에 절댓값을 씌운 그래프와 어떻게 다른가를 비교하시라.

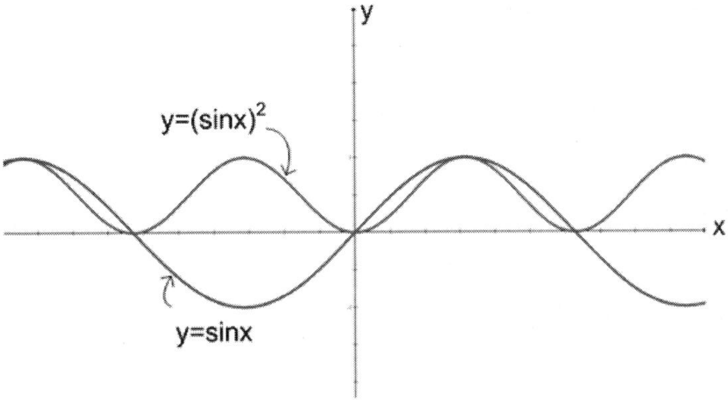

그림 2-17-4. 정현파와 정현자승파

식 (2.17.3)의 적분 계산이 좀 부대끼긴 하겠지만, 먼저 상대적으로 손쉬운 왼쪽 항 직류분 적분부터 계산해 보기로 한다. 왼쪽 항은 값이 시간에 따라 변동하지 않는 직류분이기 때문에 초 간단하게 결과를 얻을 수 있다. 변수항만 적분 안에 넣어두고 상수항은 적분기호 밖으로 끄집어낸다. 상수는 적분기호 안에서는 할 일이 전혀 없다. 적분기호 안에 남는 것은 여기서는 1이다. 상수1을 적분하면 t가 된다.

$$\int_0^T \frac{V^2}{R}dt = \frac{V^2}{R}\int_0^T 1\ dt = \frac{V^2}{R}\Big[t\Big]_0^T = \frac{V^2}{R}[T-0] = \frac{V^2}{R} \times T$$

오른쪽 항 교류분은 신호 v라고 쓴 것은 사실 시간에 따라 변하는 교류이기 때문에 실제의 표기는 함수형태로 v(t)로 해야 한다. 따라서 오른쪽 항은 아래와 같이 계산이 될 것 같다.

$$\int_0^T \frac{v^2}{R}dt = \frac{1}{R}\int_0^T v^2 dt$$

이제 왼쪽 직류항과 오른쪽 교류항이 같다고 등치하면,

$$\frac{V^2}{R}\times T = \frac{1}{R}\int_0^T v^2 dt$$

양변에 저항을 서로 삭제할 수 있다. 왼쪽항의 주기를 오른편으로 옮기면,

$$V^2 = \frac{1}{T}\int_0^T v^2 dt$$

따라서 최종적으로 직류분 전압을 구하면 아래와 같이 된다.

$$V = \sqrt{\frac{1}{T}\int_0^T v^2 dt}$$

이제야 결과물을 얻었다.

애초에 우리는 같은 저항에 직류전압과 교류전압을 걸어 같은 전력을 얻을 때를 가정하고 식을 전개해 나왔었다. 직류분 전압이 저 따위로 나온 의미를 캐어 내면 결국 교류분의 실효값이라는 추론을 얻게 된다. 그러므로 결과식은 아래와 같이 정해 놔도 전혀 무방하게 된다.

$$V_{rms} = \sqrt{\frac{1}{T}\int_0^T v^2(t)dt}$$

이렇게 해서 실효값은 구하는 공식대로, 또는 구하는 회로대로 이름이 붙여져서 Root를 씌우고 평균을 취하여 (Mean) 제곱한 (Square) 값이 된다는 것이다.

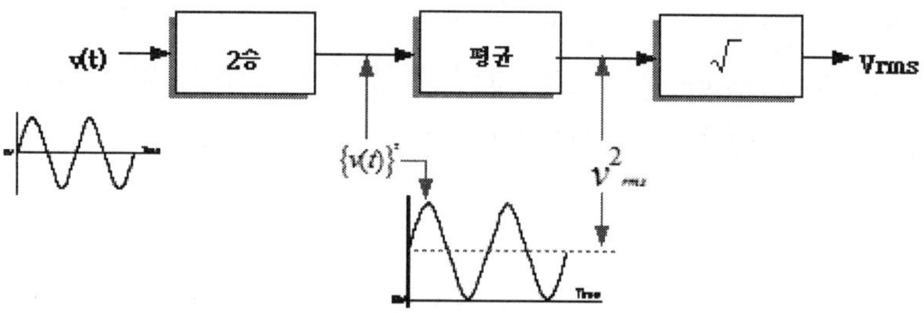

그림 2-17-5. 교류신호의 실효값 구하는 과정

실효값 구하는 공식을 얻었으나 실제 정현파의 실효값을 구하는 것은 그 과정이

만만치 않기 때문에 정현파를 대상으로 실효값을 어떻게 구하는지, 지루하지만 지난한 과정을 거쳐 공식을 얻어 보기로 한다.

전압, 전류가 마찬가지이기 때문에 전압 하나만 구해보면 전류는 곧바로 확인 가능하다. 교류전압을 υ(t)=Vp×sinωt 라고 하자. 식은 다음과 같이 될 것이다. Vp 는 첨두값을 의미한다. Vp−p는 교류 파형의 위 꼭지점부터 아래 꼭지점까지, 첨두대 첨두값을 나타낸다.

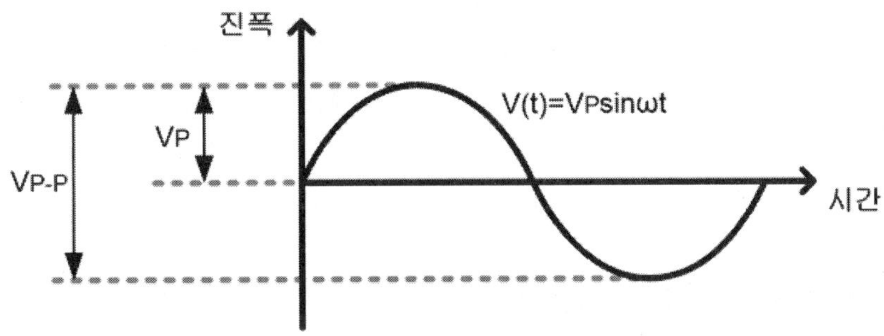

그림 2-17-6. 정현파의 첨두와 첨두대 첨두값

첨두치는 정현파가 가지는 최대의 진폭값이기 때문에 상수 값이다. 예를 들어 v(t)=2sinωt 의 경우는 2V가 진폭 최댓값이 된다. 이 값에 시간에 따라 변하는 정현파값, sinωt을 곱하면 정현파 파형이 그려진다. 실효값을 구하는 공식 (2.17.1)에서,

$$V_{rms} = \sqrt{\frac{1}{T}\int_0^T v^2(t)dt}$$

교류 신호식을 넣어 주면 아래와 같은 식이 전개된다.

$$V_{rms} = \sqrt{\frac{1}{T}\int_0^T (Vp\ \sin\omega t)^2 dt}$$

$$V_{rms} = \sqrt{\frac{1}{T}\int_0^T Vp^2 \sin^2 \omega t dt}$$

위의 식에서 sinω2t를 직접 적분하기는 골을 때리게 되므로 식을 무리가 없는 방

향으로 변경하는데, 삼각함수의 덧셈정리를 이용 한다. 아래 삼각함수의 네 개 덧셈 정리는 꼭 외워 둘 필요가 있다.

$$\sin(\alpha+\beta)=\sin\alpha\ \cos\beta+\cos\alpha\ \sin\beta$$
$$\sin(\alpha-\beta)=\sin\alpha\ \cos\beta-\cos\alpha\ \sin\beta$$
$$\boxed{\cos(\alpha+\beta)=\cos\alpha\ \cos\beta-\sin\alpha\ \sin\beta}$$
$$\cos(\alpha-\beta)=\cos\alpha\ \cos\beta+\sin\alpha\ \sin\beta$$

삼각함수 덧셈정리 중에서 3번 것을 주목해 주기로 하자. cos(α+β) 대신에 cos(α+α) 로 대신하면 식은 아래(2.17.4)식과 같이 전개 될 것이다.

$$\cos 2\alpha=\cos(\alpha+\alpha)=\cos\alpha\ \cos\alpha-\sin\alpha\ \sin\alpha=\cos^2\alpha-\sin^2\alpha---(2.17.4)$$

이쯤에서 정현파 2승식이 나왔다고 덜컥 덤비면 죽도 밥도 안 된다.

$$\sin^2\alpha=\cos^2\alpha-\cos 2\alpha$$

식 안에 다시 여현파 제곱식이 나와 버려 더 꼬이게 된다. 따라서 이 식을 실효값 구하는 데에 쓸 수는 없다. 제곱이 없어지는 방향으로 식을 전개해 나가야 한다. 이 때 필요한 것은 우리가 잘 아는 삼각함수 공식을 가져다 쓰면 된다. 고등학교 때 하도 많이 외워서 누구나 아는 삼각함수 공식이다.

$$\cos^2\alpha+\sin^2\alpha=1$$

이 공식으로 뭔가 돌파구를 마련해 보면 안 될까? 된다. 중요한 것은 정현파 제곱식을 제곱이 없는 꼴로 만들어야 하기 때문에 식을 이렇게 바꾼다.

$$\cos^2\alpha=1-\sin^2\alpha$$

변형된 공식을 식 (2.17.4)에 대입해 준다.

$$\cos 2\alpha = \cos^2\alpha - \sin^2\alpha = (1-\sin^2\alpha) - \sin^2\alpha = 1 - 2\sin^2\alpha$$

$$\therefore\ \sin^2\alpha = \frac{1-\cos 2\alpha}{2} = \frac{1}{2} - \frac{\cos 2\alpha}{2}$$

제곱이 붙지 않은 식을 드디어 발견 해 내었다. 위의 관계를 공식처럼 외울 필요가 충분히 있다. 이 식을 다시 교류실효치 구하는 식에 대입하기로 하자.

$$V_{rms} = \sqrt{\frac{1}{T}\int_0^T Vp^2 \sin^2 \omega t\ dt}$$

$$V_{rms} = \sqrt{\frac{1}{T}\int_0^T Vp^2 \left(\frac{1-\cos 2\omega t}{2}\right) dt}$$

여기서 정현파 파형의 첨두치는 상수 값이므로, 상수는 적분기호 밖으로 튕겨져 나갈 수 있기 때문에 식은 적분하기 쉽게 바뀔 것이다. 상수는 적분기호에서 무조건 빼어 낸다. 기억하시길...

$$V_{rms} = \sqrt{\frac{Vp^2}{T}\int_0^T \frac{1-\cos 2\omega t}{2}\ dt}$$

물론 이 식에서 적분하는 것은 어려움이 뒤 따르지만, 박차를 가해야 한다. 시작했으니 끝맺음을 봐야 하지 않겠는가? 여기서는 정현파와 여현파의 미. 적분 관계를 알아주어야 한다.

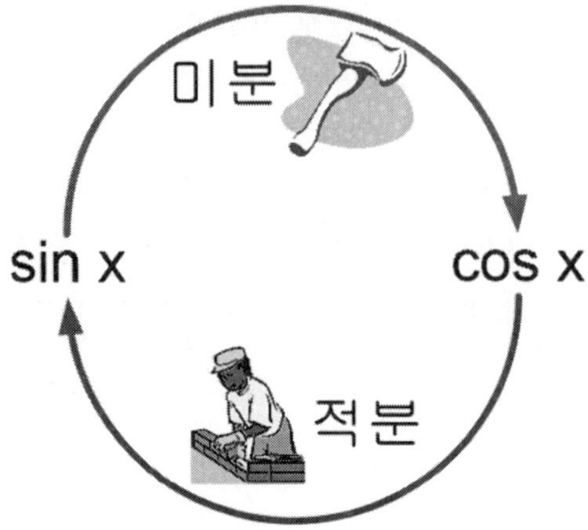

그림 2-17-7. 정현파의 미분과 여현파의 적분

복잡한 증명은 걷어치우고, 이 관계를 야매(野昧)로 알아보는 시간을 가져 보겠다. 어째서 **정현파를 미분하면 여현파가 되고, 여현파를 적분하면 정현파가** 될까? 뭐 미분의 역과정이 적분이니 미분만 알면, 궁하지만 그런 대로 의미는 통한다. 그런데 야매의 기법은 여현파를 적분해 정현파를 기어코 만들어 내고야 만다.

미분이란 간단히 말하면 한 점을 쪼개고 쪼개서 한량없이 쪼개 그 기울기를 알아보는 수학적 기법이다. 따라서 대충 그래프의 기울기를 이어 보면 어떤 형태를 가지게 된다. 여기서부터 정현파형을 미분하여 여현파형으로 둔갑시키는 야매가 시작 된다.

어떤 사람은 야매가 일본말에서 파생 되었다고 하는데 그런 것 저런 것을 떠나 여기서 쓰인 의미는 촌스럽고, 좀 어리석어 보이는~이라는 의미를 담았다. 따라서 정도는 아니나 자기가 이해하기 편리하게, 조악하게 설명하는 것을 이른다고 하는 점을 노파심에서 사족을 단다.

단위원(진폭이 1일 때 단위라는 말을 사용한다. 뭐든지 어떤 분야이든지 간에 '단위'라고 용어가 곁들여 지면 무조건, 하여튼, 좌우지간에 1이라는 숫자를 떠올리자. 1은 복소수 이건 실수 이건 어느 숫자 이건 간에 곱하기로 찰싹 달라붙어 있다. 1은 모든 숫자의 그림자이다. 그래서 단위가 되는 것이다.)을 그리는 정현파를 상정하기로 하자.

단위원을 도는 것을 시간축상으로 펼쳐 놓으니 아래와 같은 그래프가 펼쳐진다. 단위원의 크기가 ±1 안에서 놀기 때문에, 기울기도 크기를 최대 +1에서부터 최소 −1 까지라고 막무가내로 상정해야 한다.

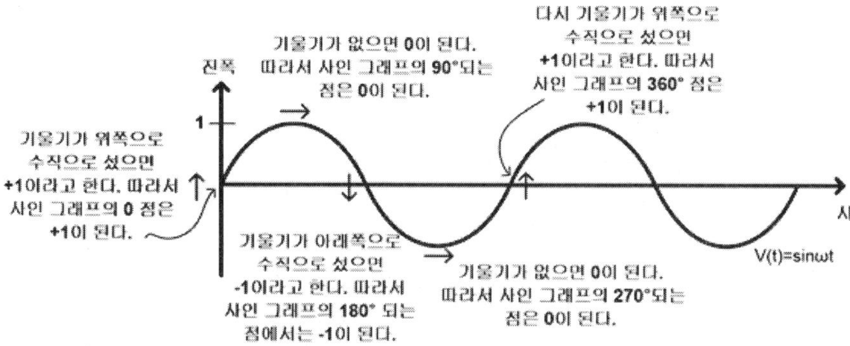

그림 2-17-8. 정현파 미분의 간략한 방법

이 쯤 되면 눈치가 채지는 분들이 있으리라. 위의 단위원을 도는 정현파형을 미분한다고 하자. 그러면 정현파형을 그리는 각 점에서의 기울기가 나타나고, 기울기만을 연속해서 그려 주면 사진이 인화 되면서 점점 사물이 뚜렷해지듯이 미분되어 이어붙인 파형이 두각을 나타내게 된다. 미분 한다고 하는 것은 바로 그 점에서 기울기를 구한다는 말을 고상하게 규정한 것이다. 그런데 바로 그 점이 매우 고차원적인 의미를 가지고 있다. 거의 0에 수렴할 만큼 극히 작은 점이라는 것이다. 상상이 가는가? 이처럼 인간의 이성은 사물을 가지고 논다고 볼 수 있다.

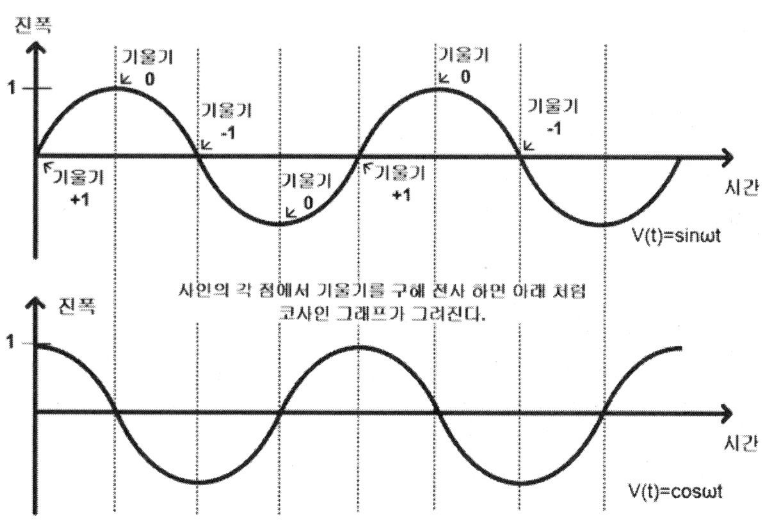

그림 2-17-9. 정현파를 미분하면 여현파가 된다.

정현파의 각 점에서의 기울기를 투사해 보니 결국 여현파 이었다는 본질이 드러났다. 위와 같은 방식으로 여현파를 미분해 보면 (−)정현파 그래프가 그려진다. 위 그림 (2−17−9)에서 보는 여현파 그래프에서 각 점의 기울기를 상상하고 이어 보시라. 따라서 **정현파를 미분하면 여현파가 되고, 여현파를 미분하면 (−)정현파가 된다는 것**을 알았다.

그러면 여현파의 적분은 정현파가 될 것인가? 적분은 쌓아 가는 것이다. 그래서 면적을 구하는 것이 적분이 되겠다.

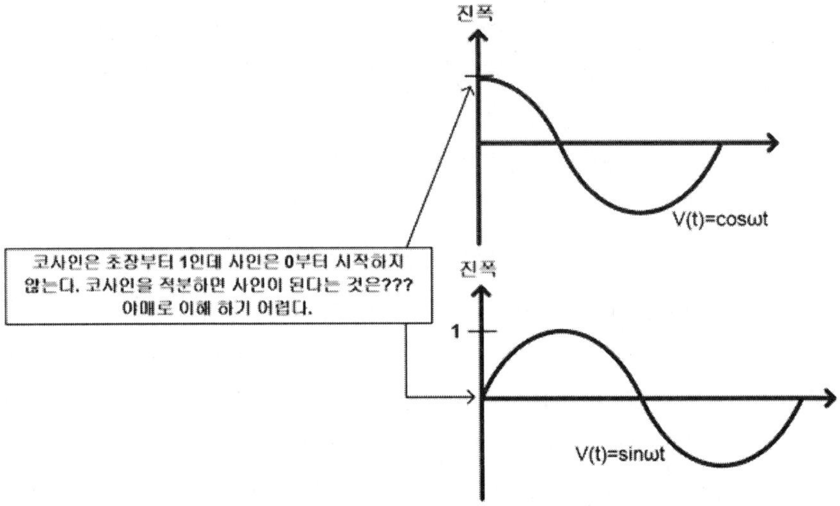

그림 2−17−10. 눈치로 코사인을 적분하기에는 역부족일까?

야매로 여현파를 적분하면 (더하여 쌓아 나가면) 정현파가 된다고 했는데 초장부터 야매의 한계에 봉착한다. 여현파는 0°에 1인데, 그대로 더해 가면 1부터 시작하는 그래프가 그려져야 하건만 정현파를 보면 0°때에 1이 아닌 0인 값이기 때문에 도저히 여현파의 적분은 정현파가 될 성 싶지 않다. 될성부른 나무는 떡잎부터 알아본다고 하는데 처음부터 싹이 노란데 야매로 밀고 나가기에는 역부족하다.

그러나 잠깐, 그런 지극히 상식에 근접한 이성적 사고방식은 하나만 알고 둘을 모르는 소리다. 잉? 그럼 무슨 무리수라도 있다는 것인가? 암만 봐도 적분은 더해 가거나 쌓아 가는 것인데 여현파가 정현파로 될 가능성의 조짐은 저리로서는 아예 없어 보인다. 초장부터 초치지 않았던가!!

그러나 반면에 사고를 색다른 방향으로 확장 해 보자. 여현파 앞 180° 전의 사정을 헤아려 보면 어떨까? 양상은 확 바뀐다. 야매지만 쑥 뜸 화기가 살을 파고들 때 정신이 화들짝 깨듯이 이해의 화두가 바짝 열려 버린다.

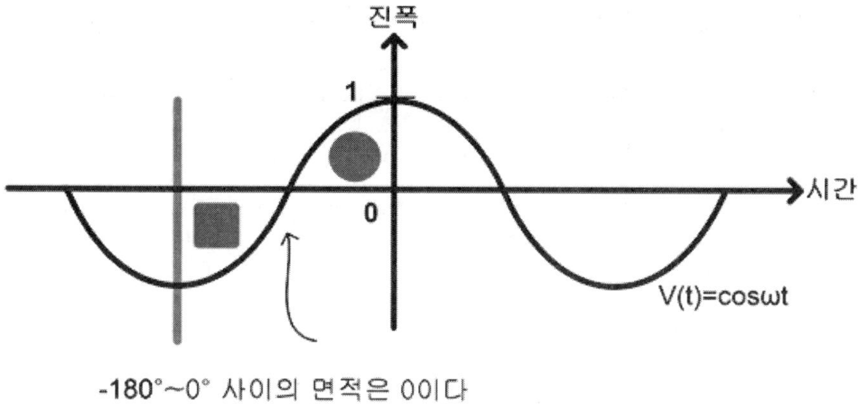

그림 2-17-11. 여현파를 적분할 때 앞의 위상도 고려해 주어야 0° 부근에서 여현파를 적분하면 정현파 의 값 0이 되는 것을 확인할 수 있다.

여현파 0° 전에 −180°에서 부터 적분해 보면 □ 의 면적과 ○의 면적을 합하여 0 이 나온다.!!!!!!!!!!! 적분은 분명 면적을 구하는 것이라 했다. (−)면적이라는 것은 실제 세계에서는 없지만 수학적인 이념세계에서는 존재하므로 분명 여현파 그래프를 보면 면적을 더하고, 빼서 0 이 분명 나온다. 따라서 여현파 자체의 적분을 0°에서 시작하체 반드시 0이 나온다.

비교적 까다로웠던 문제는 해결 되었다. 다만 정현파형이 그 후로 계속 이어 나오는지는 한 번쯤 사고해 주는 것이 예의다. 90° 까지 정현파의 면적은 점점 감소하지만 이 면적들을 더해 가면, 적분해 가면 점점 증가하는 방향이 될 것이지만, 면적이 커지는 크기는 점차로 감소될 것이며, 그리고서는 정점에 가까스로 이를 것이다. 그러다가 정현파가 90°에서 (−)값으로 쳐 박히기 시작하기 때문에, 더하는 면적은 감소 할 수밖에 없다. 그러다가 여현파형이 180° 쯤에서는 비록 (−)값이지만 증가하는 방향으로 틀 때에, 역시 전체 면적은 증가분, 감소분 상쇄가 되어 0이 되어 버린다. 삼각함수는 중요하고도 참 재미있는 성질머리를 가지고 있는 듯이 보인다. 공학하는 사람들은 한 번쯤은 삼각함수와 한바탕 씨름을 벌여야 한다. 샅바를 잡아 봐야 상대방을 어림잡을 수 있는 안목이 생기는 것이다.

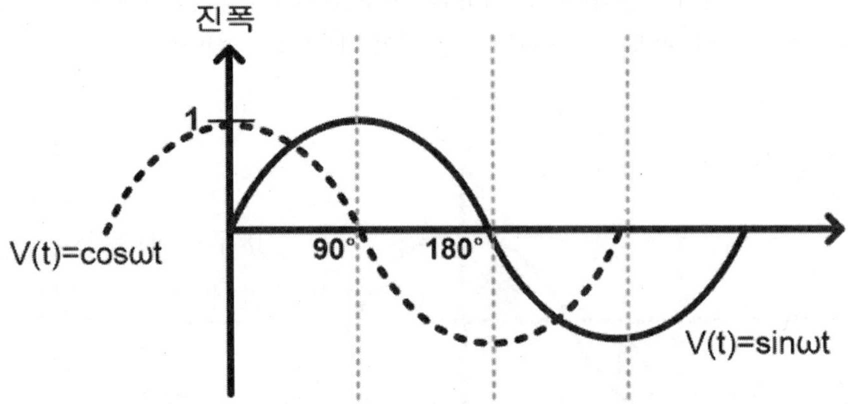

그림 2-17-12. 따라서 여현파를 적분 하면 정현파가 된다.

그래서 그림을 다시 보게 되면 얄짤없이 여현파를 적분한 것은 정현파가 될 수밖에 없다. 결국 여태까지 야료를 부린 것은 정현파를 미분 하면 여현파가 되고, 여현파를 적분하면 정현파가 된다는 것을 얄팍한 수를 써서 밝힌 것이 된다. 정현파, 여현파의 미, 적분이 상기 되지 않으면 이런 방법으로라도 알아 두라고 쉰 소리한 것이다.

또한 처음 당구에 입문시 누워 잠을 청할 때도 최적의 삼각형을 천장에 떠오르게 하여 자꾸 상기해 주면 기억이 되어, 과정이 박탈되고 결과가 자연스럽게 체득이 되게 된다. 위에서 말한 수학적 무기를 가지고 끼적거리다가 말았던 계산을 계속 해 나가기로 한다.

$$V_{rms} = \sqrt{\frac{Vp^2}{T}\int_0^T \frac{1-\cos 2\omega t}{2}\;dt} \;---(2.17.5)$$

여기에서 적분기호 안에 있는 두 항을 적분 하면 어떻게 되는지 따로 따로 계산해 주자.

$$\int_0^T \frac{1}{2}\,dt = \left[\frac{1}{2}t\right]_0^T = \frac{1}{2}T - \frac{1}{2}\times 0 = \frac{1}{2}T$$

$$\int_0^T \frac{-\cos 2\omega t}{2}\,dt = \left[\frac{-\sin 2\omega t}{2\omega\times 2}\right]_0^T = \frac{-\sin 2\omega T}{4\omega} - \frac{-\sin 2\omega\times 0}{4\omega} = \frac{-\sin 2\omega T}{4\omega}$$

따라서 식 (2.17.5)는 아래와 같이 전개 할 수 있을 것 같다.

$$V_{rms} = \sqrt{\frac{Vp^2}{T}\left[\frac{1}{2}t - \frac{\sin 2\omega t}{4\omega}\right]_0^T}$$

$$V_{rms} = \sqrt{\frac{Vp^2}{T}\left[\frac{1}{2}t - \frac{\sin 2\omega t}{4\omega}\right]_0^T} = \sqrt{\frac{Vp^2}{T}\left\{\left[\frac{1}{2}T - \frac{\sin 2\omega T}{4\omega}\right] - \left[\frac{1}{2}\times 0 - \frac{\sin 0}{4\omega}\right]\right\}}$$

$$V_{rms} = \sqrt{\frac{Vp^2}{T}\left[\frac{1}{2}T - \frac{\sin 2\omega T}{4\omega}\right]} = \sqrt{\frac{Vp^2}{T}\left[\frac{1}{2}T - \frac{\sin 2\times 2\pi f\times T}{4\omega}\right]} = \sqrt{\frac{Vp^2}{T}\left[\frac{1}{2}T - \frac{\sin 2\times 2\pi\times\frac{1}{T}\times T}{4\omega}\right]}$$

$$V_{rms} = \sqrt{\frac{Vp^2}{T}\left[\frac{1}{2}T - \frac{\sin 4\pi}{4\omega}\right]}$$

정현파는 π, 2π, 4π, 6π ....에서 값이 0가 된다는 것은 상식이다. 그래프를 보면 더욱 확연해 진다.

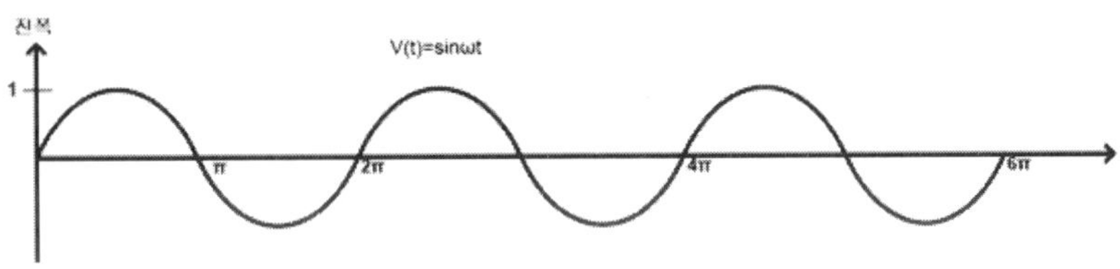

그림 2-17-13. 정현파가 0이 되는 점을 확인

따라서 sin4π는 값이 0이 되므로, 식은 아래와 같이 간단명료하게 환골탈태(換骨奪胎)된다.

$$V_{rms} = \sqrt{\frac{Vp^2}{T}\left(\frac{1}{2}T\right)}$$

이제 거진 정현파의 실효값을 다 구해 간다. 나머지는 뒷정리만 해주면 끝난다.

$$V_{rms} = \sqrt{\frac{Vp^2}{T}\left(\frac{1}{2}T\right)} = \sqrt{\frac{Vp^2}{2}} = \frac{Vp}{\sqrt{2}} = \frac{Vp}{1.414} = 0.707\times Vp \quad \left(\because\ \frac{1}{\sqrt{2}} = 0.707\right)$$

정현파 첨두치에 1.414를 나누어 주면 실효값을 구할 수 있다. 여기서 기호에 대해 잠깐 언급하고 넘어가자. 따라서 첨두치가 1.414V인 정현파가 실효값으로는 1V가 되는 것이다.

$V_P \rightarrow$ 첨두값
$V_{P-P} \rightarrow$ 첨두 대 첨두값
$V \rightarrow$ 아무런 첨자가 없으면 실효값

다시 한 번 말하지만, 만약 교류신호에 대해 1V 라고 하면, 사인파형을 머리에 현상시키면서 파형의 첨두치는 1.414V 라는 것을 직감해 주어야 한다.

2-18. 트랜지스터 증폭기 등급별 효율계산 : A급 증폭기 효율.

그러면 본격적으로 등급별 증폭기의 **전력효율** (power efficiency, **電力效率**)을 구해 보기로 한다. 전력효율을 구하려면 전력효율의 본질적 정의를 알아야 한다. 너절하게 글로 표현하기보다는 일목요연(一目瞭然)하게 그림과 식으로 표현하는 것이 이해하는데 첩경이다.

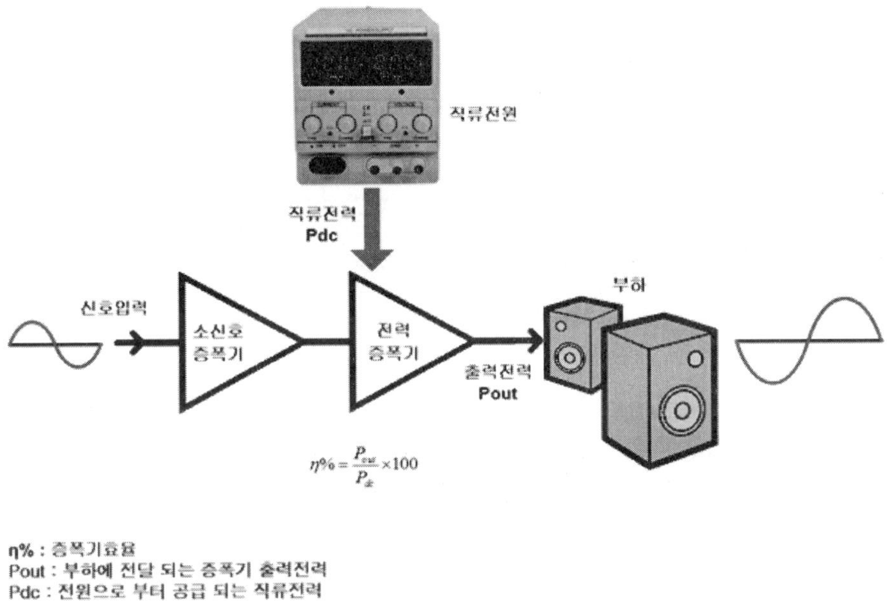

그림 2-18-1. 증폭기의 효율을 구하는 식

더 요약하면 부하에 나타난 직류에 비해 얼마나 큰 교류신호가 나타나는지를 백분율로 표현한 것이다. 여태껏 설명한 용어로 환언하면 신호성분인 교류분의 전력을 직류바이어스에 의한 전력으로 나누어 백분율로 드러낸 것이다.

A급 증폭기의 효율을 구하는데 신호성분의 전력과 직류 바이어스 성분의 전력을 각각 나누어서 구해 주고 나중에 효율식에 넣어 주기만 하면 된다. 신호성분의 전력을 계산해 주기 전에 정현파의 실효값을 좀 상기할 필요가 있다.

정현파의 실효값을 구하는 공식을 얻은 이상 우리는 A급 증폭기의 효율을 계산할 수 있는 산수(算數)적 토대를 마련했다고 볼 수 있다.

위에서 구한 공식은 첨두값에서 실효값을 구하는 식이었다.

$$V_{rms} = \frac{V_p}{1.414} = 0.707 \times V_p \quad \left(\because \ \frac{1}{\sqrt{2}} = 0.707 \right)$$

그러면 첨두대 첨두값에서 실효값을 구하는 방법은 거저먹기가 된다.

$$V_{rms} = \frac{V_{p-p}}{2 \times 1.414} = 0.3536 \times V_{p-p} \quad \left(\because \ \frac{1}{\sqrt{2}} = 0.707 \right)$$

흠~ 왜 2로 더 나누어 주는지 영 모르겠다는 사람은 아래 그림을 참조하시기 바란다. 우리가 구한 식에서는 첨두치를 1.414로 나눈 것이 실효값이었다. 첨두대 첨두값의 반쪼가리가 첨두값이 되기 때문에 2로 나누어 준 것이다.

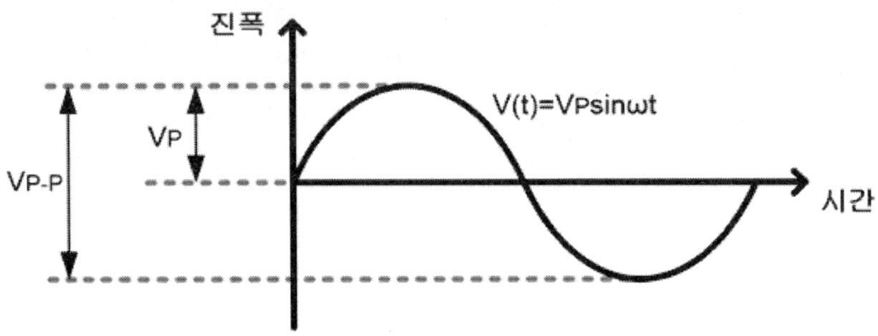

그림 2-18-2. 정현파의 첨두값과 첨두대 첨두 값

첨두대 첨두값과 실효값을 주목해서 식을 다시 쓰면 아래와 같이 쓸 수 있다.

$$V_{rms} = \frac{V_{p-p}}{2\sqrt{2}}$$

첨두대 첨두값에서 실효값을 구한 이유는 A급 증폭기 특성에 무관하지 않다. A급 증폭기는 원 신호가 왜곡 되지 않고 고스란히 출력에 입력신호의 모양이 나타나야 하기 때문에 정현파로 간단하게 생각해 줄 때는 첨두대 첨두치로 고려해 주어야 한다.

전력을 구하려면 전류실효치도 알아야 한다. 위의 식에 의해 전류의 실효치는

$$I_{rms} = \frac{I_{p-p}}{2\sqrt{2}}$$

가 된다.

A급 증폭기의 효율을 구하기 위해서 증폭기가 성능을 발휘하는 끝까지 생각해 줘야 한다. 그래서 그림과 같이 나올 수 있는 최대 효율을 구해 주면, 그 나머지 A급 증폭기는 신호의 품질에 따라 최대효율을 밑도는 값이라고 판단해 주면 된다.

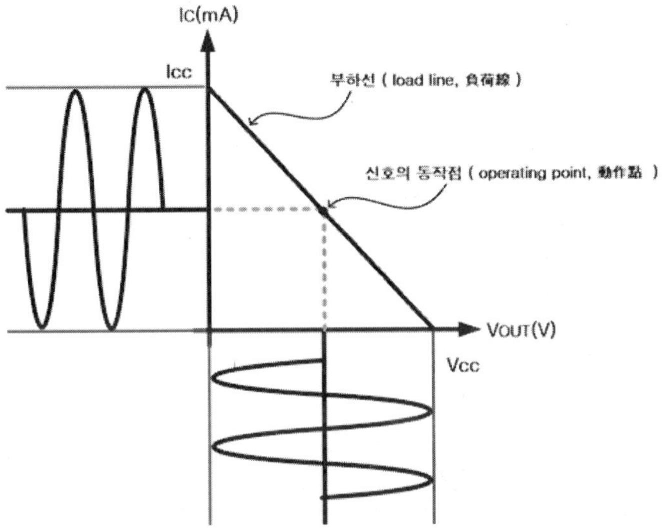

그림 2-18-3. A급 증폭기의 동작

따라서 신호 성분의 전력은 아래와 같이 계산 된다.

$$P_{out} = V \times I = \frac{V_{CC}}{2\sqrt{2}} \times \frac{I_{CC}}{2\sqrt{2}} = \frac{V_{CC} I_{CC}}{8}$$

다음으로 구해야 할 것은 직류 바이어스 전력을 구해 줘야 한다. Pdc가 의미하는 것은 증폭기 전체의 직류전류를 의미하는데 자료들의 대부분은 입력쪽 직류 전류는 아예 거론을 하지 않고, 출력 쪽에만 혈안이 되어 있음을 본다. 왜 그럴까? 일상화 되어 버리면 Pdc 가 의미하는 것이 출력쪽 직류전류라고만 판단해 버리게 된다. 그래서 입력쪽 직류전류까지 계산하게 되면 당황스러워 진다. 그렇다면 왜 입력 직류의 전류는 고려하지 않고, 출력 직류전류로만 효율을 계산하게 되었나? 트랜지스터 증폭기를 보면 답이 확실하게 나온다.

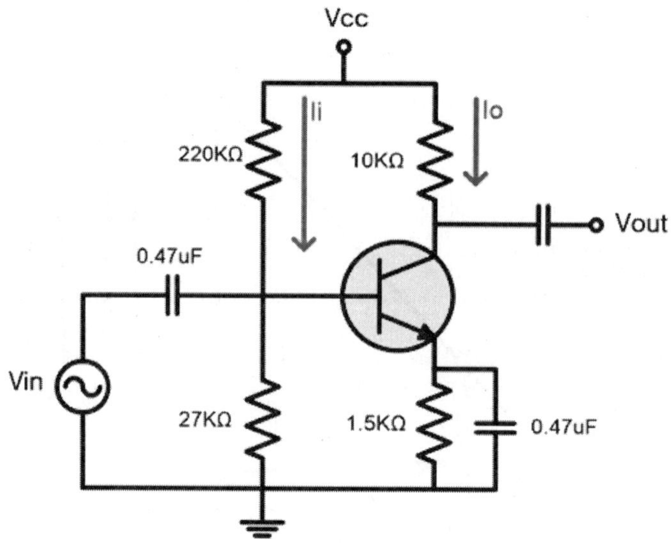

그림 2-18-4. 전압분배바이어스 증폭기의 입력부분과 출력부분의 전류비교

입력쪽 전류와 출력쪽 전류를 감각적으로 비교해 보자. Ii <<< Io 전류를 비교하면 출력전류에 비해 입력쪽 전류는 상당히 작다. 물론 모든 회로에 있어서 입력쪽 직류전류가 출력쪽 직류전류에 비해 항상 작은 것은 아니기 때문에 유념할 부분은 있지만, 거개가 위와 같이 출력직류전류가 크기 때문에 효율을 계산해 줄 때 복잡해 지는 것을 피하기 위해서 입력쪽 직류전류는 무시하게 되는 것이다. 입력쪽 직류전류까지 고지식하게 계산하는 교과서가 있기 때문에, 입력쪽 직류전류를 같이 고려한 효율계산이 틀렸다고 생각하면 오발탄이다.

그래서 입력쪽 직류 전류를 무시하고, 직류 바이어스 전압은 항상 걸려 있으므로 아래와 같을 것이라 착각할 수 있다.

$$P_{dc} = V_{CC} I_{CC}$$

위와 같이 될 것 같지만 호락호락 하지 않다. 보통 책들을 보면 A급 증폭기의 효율을 구할 때 직류분은 밑도 끝도 없이 다음과 같이 쓴다.

$$P_{dc} = I_{CCQ} V_{CC}$$

위와 같이 일방적으로 도입한다. Icc에 대해서는 Q점(동작점)이 되는데 이 식으로는 좀 어리둥절해 진다. 그러나 식이 함유하고 있는 의미는 아주 간단하다. 위의 그림에서 직류 바이어스에 해당하는 A급 증폭기의 동작점을 먼저 관찰해 주자. 딱 중간점이다. 그래서 Q라는 문자를 아래첨자 나부랭이에서 직면 하시면 동작점을 중심으로 식을 써 주었구나 하고 기억해 주어야 한다. 위의 식을 다시 쓰려면 정확하게 2로 나누어 준 것으로 표현해 주어야 한다. 딱 중간이니까!

$$P_{dc} = I_{CCQ}V_{CC} = \frac{I_{CC}}{2}V_{CC}$$

따라서 직류 바이어스 효율을 구했으니 나머지는 정리하는 것 밖에 없다. 효율을 구하는 공식에 구한 값들을 넣어 주기만 하면 정리는 마쳐진다.

$$\eta\% = \frac{P_{out}}{P_{dc}} \times 100 = \frac{\frac{V_{CC}I_{CC}}{8}}{\frac{V_{CC}I_{CC}}{2}} \times 100 = \frac{1}{4} \times 100 = 25\%$$

이쯤에서 종합적으로 만들어 놓은 표를 가져와서 A급 증폭기 효율을 구한 것과 비교를 해 보자.

구분	A급	B급	C급	AB급	비고
출현 파형각도	360° 나옴	180°	90° 이하	180°~360°	이미 확인
동작점 위치	부하선 중간	정확히 X축	X축 아래	부하선 중간과 X축 사이 중간 어디메쯤	역시 확인
효율	**~25%**	**78.5%**	**80%이상**	**25~78.5%**	**계산 끝**

A급 증폭기의 효율은 암만해도 25%가 넘지 않게 되어 있다. 표에서 ~25% 로 기재 되어 있는 것은 A급 증폭기의 최대효율이 25%라는 말이다. 생각해 보라 우리는 A급 증폭기에서 신호가 최대일 때의 효율을 구하였다. 따라서 나머지, 동작점을 중심으로 움직이는 A급 증폭기의 효율은 25%보다 적을 수밖에 없는 것이다.

그래서 보통 A급 증폭기의 효율은 25% 정도야~ 라고 말하는 것은 엄밀한 의미에서는 정확한 말이 아니다. 경우에 따라 A급 증폭기의 효율이 달라지겠지만, A급 증폭기의 최대 효율은 암만 메뚜기처럼 뛰어 보았자 25% 정도밖에 안된다고 하는 말이 꽤 정확한 말이 되겠다.

메뚜기 이야기가 나왔으니 10월 추수 전 벼메뚜기 이야기를 잠깐 해 본다. 논두렁에 가면 햇볕을 쬐던 메뚜기들이 사방으로 팍팍 튀어 나가는 것만 봐도 동심의 추억으로 설레 진다. 이 때쯤이면 암컷과 수컷의 성징 차가 뚜렷이 나타나 암컷은 수컷보다 몸집이 2~3배 커진다. 논에서 메뚜기를 볼 때 어기적거리며 굼뜨게 벼를 타고 내려가는 것은 몸집이 상대적으로 큰 암컷이고, 날쌔게 튀어 오르는 놈은 대개 수컷이라고 보면 된다. 암컷 보다 몸이 작아 가벼우니까 촐싹 되는 것이다. 시기가 무르익으면 짝짓기를 시작하여 일타 투피 찬스가 찾아오기도 한다. 짝짓기 하면 수컷이 암컷 등을 타고 꽉 잡고 있기 때문에 움직임이 매우 둔하다. 순전히 암컷의 움직임에 영향을 받는데 동작이 그리 민첩하지 않아 두 마리를 한꺼번에 잡기가 쉬워진다. 짝짓기 하는 놈들은 주로 볏단 아래에 있기 때문에 아래쪽을 유심히만 관찰하면 어렵지 않게 포획할 수 있다. 아마도 땅 속에 알을 낳기 때문에 볏단 아래쪽에 서성거리는 듯하다. 수컷은 잡기가 매우 어렵다. 훌쩍 튀어서 다른 벼로 잽싸게 옮겨 감과 동시에 날 살려라 죽기 살기로 벼 줄기를 타고 아래로 쭉 기어 내려가기 때문에 사마귀 같이 조심스럽게 다가가지 않으면 놓치기 일쑤다. 몇 년을 논두렁 가에서 헤매본, 베테랑 같은 고도의 손 기술을 요한다. 그 같은 기술 습득은 파리를 맨손으로 잡는 단련이 사전에 없으면 신공을 뻗칠 수가 전혀 없다. 다가 갈 땐 복지부동해 보이는 사마귀처럼, 낚아 챌 때는 물차는 제비처럼 민첩해야 함은 물론이다. 잡은 다음에는 해감 해 주고 콩 볶듯이 볶아 주면 게처럼 빨갛게 익어 간다. 맥주를 곁들여 먹으면 꼭 새우 맛이 나기 때문에 이 계절에 딱이다. 애꿎은 개(犬) 잡지 말고 아이들 손잡고 논두렁에서 고단백질 벼메뚜기 잡는 것이 정서건강에 훨씬 이로울 듯하다. 메뚜기하면 떠오르는 성경상의 달인이 있다. 세례요한. 그는 성경에 메뚜기와 석청(돌꿀)을 먹었다고 기록 되어 있다. 요단강에서 사람들에게 회개하라고 일갈하고 회개의 세례를 주다가 짜개진 이스라엘 좁은 지역을 다스리는 분봉왕 헤롯이 자기 제수와 결혼 할 때 부당하다고 외치다가 참수 당한 대단한 인물이다. 그런 대담하고 통 큰 인물이 한 끼를 위해 광야에서 팔짝 팔짝 뛰어 다니는 메뚜기를 쫓아다니며 가만가만 다가가서 조용히 손을 뻗어 낚아채는 것을 상상하면 그토록 우스꽝스러운 광경은 더 이상 없을 듯도 하다. 메뚜기를 잡아 본 사람만이 성경에서 읽어 낼 수 있는 재미이다.

2-19. 트랜지스터 증폭기 등급별 효율계산 : B급 증폭기 효율.

다음은 B급 증폭기의 효율을 구한다. 효율을 구하려면 반파 정류된 교류의 평균값과 실효값을 계산으로 추출할 수 있어야 한다. B급 증폭기의 효율을 구하는데 있어 평균값이 사태의 실마리를 제공해 줄 것이다. 왜냐하면 B급 증폭기의 출력신호에 있어서 출력에 대한 직류값을 시각적으로 바로 볼 수가 없기 때문에, 직류값을 대신하는 평균값에 주목해야만 한다. 바로 평균값이 변하는 신호에 있어서 직류적 성분으로 평균값을 선제적으로 미리 설명해 두었던 것이다.

여기서 헷갈리지 말아야 하는 것이 평균값이란 교류신호를 직류적으로 생각한 것이긴 하지만 결국 교류 아닌가? 따라서 B급 증폭기의 효율을 구할 때 직류분은 없는 것이 아닌가! 하고 단순 명쾌하게 지적하려 들지도 모르겠다. B급 증폭기의 부하선 그림을 놓고 보면 직류라는 것이 도통 보이지 않는다. 그래서 생각의 가닥을 잡기 어려운 것이다. 그러나 교류분 만큼의 직류분 전류가 흐른다고 발상을 바꾸면 교류신호의 평균값으로 환산하여 직류성분을 넉넉히 증류해 낼 수 있게 되는 것이다.

어떤 분들은 도대체 교류신호의 평균값이나 실효값이 어디에 쓰이는지 답답해하는 것을 본 적이 있다. 그 답답함의 갈증을 해소하는 적용 부분이 드디어 여기에 드러나게 됐다. 갈증을 해소하시길 빈다.

마찬가지로 B급 증폭기가 낼 수 있는 효율을 구하기 위해 신호의 크기를 부하선상에서 최대치가 될 수 있도록 사고해 준다. 꼭 그래야만 하는 이유는 없겠지만 계산하기 번거롭지 않게 된다. 헌데 계산해 보지는 않았지만 직관적으로 아래 그림처럼 큼직하게 신호가 굳이 나타나지 않더라도 비례적으로 효율은 같을 것이라고 판단이 든다. 시간이 남는 분들은 신호를 중간 정도 그리고 계산해 보시라.

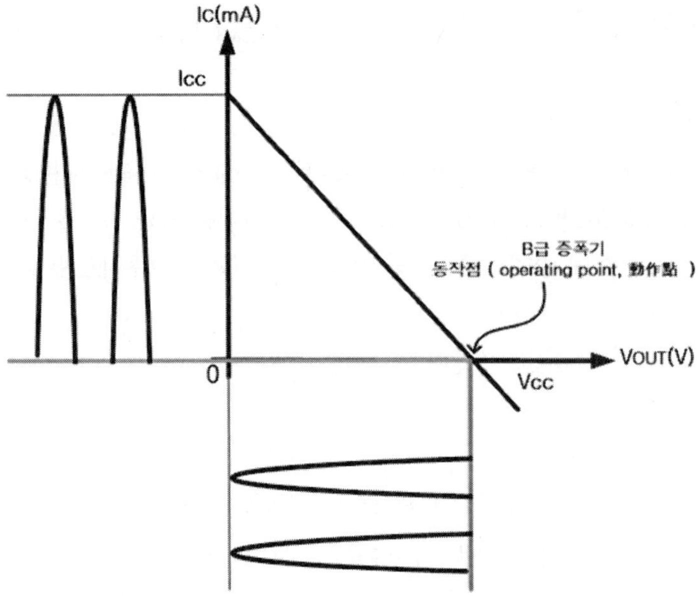

그림 2-19-1. B급 증폭기의 동작

먼저 교류 입력신호의 전력을 구하는데, A급 증폭기와는 달리 반파 정류된 신호로 실효값을 구해야 한다. 전압(V_{CC})과 전류(I_{CC}) 둘 다 반파 정류된 신호이므로 한쪽만 구하면 다른 것은 결과치로 바로 쓸 수 있게 된다. 이미 A급 증폭기에서 온전한 정현파형의 실효값을 구했으므로 그 식을 그대로 가져다가 쓰면 되지만 몇 가지 고려해 줄 사항이 있다. 아래 식은 이미 정현파의 실효값을 구할 때 (2.17.5)를 중간식으로 얻은 바 있다.

$$V_{rms} = \sqrt{\frac{Vp^2}{T}\int_0^T \frac{1-\cos 2\omega t}{2}\ dt}$$

(2.17.5) 식에서 반파 정류된 정현파를 고려해야 하기 때문에 적분구간을 나누어 주어야 한다. 그래서 주기 T를 2π로 대체해서 생각해 준다. 왜냐하면 반파 정류된 신호 중 구간 0~π 까지는 값을 가지는데, 구간 π~2π 까지는 값을 갖지 않기 때문이다. 아래 그림을 보면 확연히 알 수 있다.

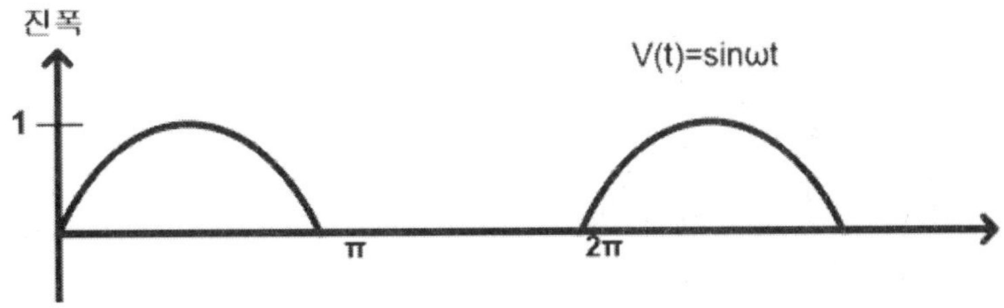

그림 2-19-2. B급 증폭기의 출력

π~2π까지는 값이 없기 때문에 π~2π 적분의 값(그 사이의 면적)은 0이 될 것이다.

$$V_{rms} = \sqrt{\frac{V_P^2}{2\pi}\left[\int_0^{\pi}\left(\frac{1-\cos 2\omega t}{2}\right)dt + \int_{\pi}^{2\pi}\left(\frac{1-\cos 2\omega t}{2}\right)dt\right]} \quad =0$$

0이 아닌 남은 식을 적분해 주기로 한다. 이 과정 또한 정현파의 실효값을 구할 때 언급했으므로 생각이 혹시 나지 않으면 정현파의 실효값 구하는 계산과정을 한 번 살피시고 오시라고 권한다.

$$V_{rms} = \sqrt{\frac{V_P^2}{2\pi}\left[\frac{1}{2}t - \frac{1-\sin 2\omega t}{4\omega}\right]_0^{\pi}}$$

가 되고, 나머지를 계산해 주면,

$$V_{rms} = \sqrt{\frac{V_P^2}{2\pi}\left[\frac{1}{2}t - \frac{1-\sin 2\omega t}{4\omega}\right]_0^{\pi}} = \sqrt{\frac{V_P^2}{2\pi}\left[\frac{1}{2}\pi - \frac{1-\sin 2\omega\pi}{4\omega}\right] - \left[\frac{1}{2}\times 0 - \frac{1-\sin 2\omega\times 0}{4\omega}\right]} \quad =0$$

정현파는 π일 때 0이 되고, π의 배수가 될 때도 0이 되므로,

$$V_{rms} = \sqrt{\frac{V_P^2}{2\pi}\left[\frac{1}{2}\pi - \frac{1-\sin 2\omega\pi}{4\omega}\right]} \quad =0$$

결과적으로 아래와 같은 공식을 얻게 된다.

$$V_{rms} = \sqrt{\frac{\pi \times V_P^{\ 2}}{2 \times 2\pi}} = \sqrt{\frac{V_P^{\ 2}}{4}} = \frac{V_P}{2}$$

반파 전류된 정현파형의 실효값을 알았으므로 B급 증폭기의 교류신호의 출력에 대한 전력을 쉽게 구할 수 있게 된다. 첨두치 Vp는 결국 위의 부하선으로 바꾸어 생각하면 Vcc 임을 알아 채 주어야 한다. 고로 바꾸어 쓸 수가 있다.

$$P_{out} = V \times I = \frac{V_{CC}}{2} \times \frac{I_{CC}}{2} = \frac{V_{CC} I_{CC}}{4}$$

B급 증폭기의 교류신호의 출력에 대한 전력을 구했기 때문에 남은 과제는 직류 전원의 전력을 구해주면 된다. 전원으로 인가한 V_{CC}은 그대로 두고, Icc는 교류입력신호 따라 달라지므로 마찬가지로 반파 정류된 I_{CC}신호를 처리하되 직류분이라고 했으므로, 평균치를 구해 주어야 한다. 평균값은 다음의 공식으로 구해주면 된다.

$$V_{avg} = \frac{1}{T}\int_0^T |v(t)| dt$$

위 식에 T=2π, I(t)=Icc×sinωt를 대입하고, 구하고자 하는 대상을 전압 대신에 전류로 바꾸면,

$$I_{avg} = \frac{1}{T}\left[\int_0^{\pi} I_{CC} \sin \omega t \ dt + \int_{\pi}^{2\pi} I_{CC} \sin \omega t \ dt\right] = \frac{1}{T}\left[\frac{I_{CC}}{\omega} \times (-\cos \omega t)\right]_0^{\pi} = \frac{I_{CC}}{\omega \times T}[(-\cos \omega t)]_0^{\pi}$$

여기서 ω=2πf=2π/T 라고 놓고, π는 한 주기 T의 반이므로 π=T/2 로 대체 한다. 그러면 식은 아래와 같이 간단하게 평균값을 얻는 형태가 된다. −cosπ=1 , cos0=1 이므로,

$$I_{avg} = \frac{I_{CC}}{\omega \times T}[(-\cos \omega t)]_0^{\pi} = \frac{I_{CC}}{\frac{2\pi}{T} \times T}\left[-\cos \frac{2\pi}{T} \times \pi + \cos 0\right] = \frac{I_{CC}}{2\pi} \times 2 = \frac{I_{CC}}{\pi}$$

따라서, 우리가 구하고자 했던 직류전력은

$$P_{dc} = \frac{I_{CC}}{\pi} V_{CC}$$

가 되어 효율을 구하는 공식에 넣어 주면 비로소 B급 증폭기의 효율을 계산할 수 있게 된다. 이 때쯤 해서 머리가 갸웃 해지는 지점이 생긴다. A급 증폭기의 효율을 구할 때도 마찬가지였지만, 왜 직류전력을 구할 때 V_{CC}에는 π로 나누어 주지 않느냐 하는 점이다. 교류 출력과는 달리 직류 전압은 V_{CC}로 항상 같은 값이 걸려 있기 때문에 변하는 전류에만 초점을 맞추면 된다는 것을 혹시 의아해 하시는 분들을 위해 주해처럼 토를 단다. 이렇게 개념을 한 번 질러 주어야 화학조미료 글루탐산나트륨보다 더 진한 감칠맛을 느끼고 지나갈 수 있게 되는 것이다. 바람직한 공학적 자세라는 것은 이렇듯 아무 생각 없이 흐지부지 넘어갈 수 있는 빈틈을 잘 메우어야 주어야 토대가 튼튼해짐은 물론이다.

$$\eta\% = \frac{P_{out}}{P_{dc}} \times 100 = \frac{\frac{V_{CC} I_{CC}}{4}}{\frac{V_{CC} I_{CC}}{\pi}} \times 100 = \frac{\pi(=3.14)}{4} \times 100 = 78.5\%$$

A와 B급 증폭기의 효율을 구했으므로, AB급은 A와 B급 중간 어디엔 가에 값을 가질 것이다. **25%〈 AB급 증폭기 〈 78.5%.** 그리고 **C급은 B급보다 효율이 더 좋을 것**이므로 B급 증폭기의 효율 78.5%보다는 높을 것이라 추론이 된다. 비로소 우리가 처음 제시했던 표를 이해하기에 고개가 끄덕여 진다. 긴가 민가 하다가 만족이 된다. 얼추 때려 맞춘 값이 아니라 그래도 계산을 해서 나온 값이라는 것을 강조해 둔다.

표 2-19-1. 각 증폭기의 효율 정리

구분	A급	B급	C급	AB급	비고
출현 파형각도	360° 나옴	180°	90° 이하	180°~360°	이미 확인
동작점 위치	부하선 중간	정확히 X축	X축 아래	부하선 중간과 X축 사이 중간 어디메쯤	역시 확인
효율	~25%	78.5%	80% 이상	25~78.5%	계산 끝

http://www.ohm.co.kr
E-mail : ohm@ohm.co.kr

소스는 홈페이지 자료실에 있습니다.

트랜지스터의 개념 주워담기 Ⅰ

1판 3쇄	2025년 5월 9일
초판발행	2016년 5월 16일
저　　자	이 용 훈
발 행 인	이 민 희
발 행 처	도서출판 **Ohm사**
주　　소	140-150 서울 용산구 갈월동 17번지 세기B/D
전　　화	02-776-4868~9
팩　　스	02-779-6757
등록번호	1975년 9월 12일 제3-3호

ISBN 978-89-7101-822-4　　정가 25,000원